# Windows 11 操作系统从入门到精通

博蓄诚品 编著

化学工业出版社
·北京·

## 内容简介

本书针对入门读者，通过全彩图解+视频讲解的形式，结合大量实操案例，对Windows 11操作系统的知识进行了详细介绍，从而帮助读者快速掌握Windows 11操作系统的应用技巧。

本书共分10章，主要内容包括Windows 11的基础知识、安装、个性化设置、文件与文件夹的管理、内置工具的使用、账户的设置、网络的设置、性能监控和优化、安全防护以及灾难恢复等，涵盖了Windows 11操作系统常用的各种功能。

本书内容丰富实用，讲解循序渐进，语言通俗易懂，非常适合电脑初学者、Windows 11用户、电脑维修人员、电脑发烧友等使用，也可用作职业院校或培训结构相关专业的教材及参考书。

**图书在版编目（CIP）数据**

Windows11操作系统从入门到精通 / 博蓄诚品编著
. -- 北京 : 化学工业出版社, 2022.9（2025.3重印）
ISBN 978-7-122-41475-5

Ⅰ. ①W… Ⅱ. ①博… Ⅲ. ①Windows操作系统—基础知识 Ⅳ. ①TP316.7

中国版本图书馆CIP数据核字(2022)第085880号

责任编辑：耍利娜　　文字编辑：师明远
责任校对：李雨晴　　装帧设计：数字城堡

出版发行：化学工业出版社（北京市东城区青年湖南街13号　邮政编码100011）
印　　装：三河市航远印刷有限公司
710mm×1000mm　1/16　印张18　字数395千字　2025年3月北京第1版第6次印刷

购书咨询：010-64518888　　售后服务：010-64518899
网　　址：http://www.cip.com.cn
凡购买本书，如有缺损质量问题，本社销售中心负责调换。

定　　价：89.00元

## 编写目的

Windows 11 操作系统于 2021 年 10 月 5 日正式发布。新版操作系统在界面上做足了文章，变得更加酷炫，在按钮布局、功能配置、常用操作、个性化设置等方面也都进行了全面开发，因此对于新老用户来讲，均需要有一个适应过程。本书的编写目的就是让读者快速掌握 Windows 11 系统的操作方法，缩短独自摸索的时间，并进一步将学到的知识应用到日常中，从而提高工作和学习的效率。

## 本书特色

本书紧紧围绕 Windows 11 的各个方面，结合入门读者的学习特点，有针对性地对知识体系进行了优化和重组，让读者能看得懂、学得会。本书重点培养读者的学习兴趣、发散思维和动手能力。另外，本书在基本操作的基础上，介绍了大量的操作技巧，让读者查漏补缺，更加熟练地使用 Windows 系统，极大地提高工作效率。

**（1）结构完整、全面翔实**

本书从 Windows 11 的历史开始讲解，全面地介绍了 Windows 11 常用的设置和功能组件的使用。通过本书的学习，读者使用 Windows 11 时将会毫无压力。

**（2）科学编排、详略得当**

针对入门用户的特点，科学调整知识点的组合和学习顺序。通过系统性的讲解，让读者从易到难，全面掌握所有的知识点，入门无压力，提高有参照。

**（3）实用为先、适用性广**

本书在一些基础操作上做了优化，更符合新手的接受能力。对于有一定基础的读者，书中也有技巧性的讲解，通过对本书的学习，查漏补缺，更加高效地使用操作系统。对所有使用 Windows 11 的用户来讲，均能有不同程度的操作体验。

**（4）体例新颖、丰富多样**

本书通过“上手体验”板块来巩固所学知识，并动手实操。“专业术语”板块和各种理论知识相配合，让读者知其然更知其所以然。读者通过学习可以读懂网上关于 Windows 11 的各种文章，并能参与其中，发表个人意见。“拓展知识”板块起到了开阔视野的作用。在学习及解决问题的同时，培养专业思维和举一反三的能力。

## 内容概述

全书共 10 章，内容简介如下。

| 章 | 内容一览 | 重点标识 |
|---|---|---|
| 第 1 章 | Windows 11 的开发历史、版本号、版本差别、更新通道、新特性、硬件要求及检测方法等 | ★★★☆☆ |
| 第 2 章 | Windows 11 的安装方式、镜像下载、安装 U 盘的制作、BIOS 的设置、安装流程、激活方式、激活步骤、更新方法、启动与关机等 | ★★★★★ |
| 第 3 章 | Windows 11 的桌面的设置、图标设置、窗口的设置、显示设置、声音和鼠标光标设置、开始屏幕设置、任务栏设置、功能区设置、字体设置、视觉效果设置等 | ★★★★★ |
| 第 4 章 | 文件扩展名、文件与文件夹查看方式、排序与分组、打开、新建、重命名、选择、删除、移动与复制、隐藏、属性设置、压缩与解压操作等 | ★★★☆☆ |
| 第 5 章 | Windows 11 内置工具的使用，包括截图、看图、画图、视频播放、音乐播放、视频编辑、相机、记事本、写字板、帮助工具、微软商店、添加或删除程序、计算器等 | ★★☆☆☆ |
| 第 6 章 | Windows 11 中账户的功能、分类、组、账户的创建、切换、设置密码、阻止登录、删除账户、管理账户、设置家庭账户等 | ★★★☆☆ |

续表

| 章 | 内容一览 | 重点标识 |
| --- | --- | --- |
| 第 7 章 | 小型局域网的连接、有线网卡的设置、无线网卡的设置、网卡的管理、故障的处理、资源的共享、Edge 浏览器的使用等 | ★★★★☆ |
| 第 8 章 | Windows 11 任务管理器的使用、电脑性能监控、禁用自启动软件、设置默认应用、系统垃圾清理、磁盘优化、第三方系统优化软件的使用等 | ★★★★☆ |
| 第 9 章 | 病毒木马的概念、中招表现、Windows 11 安全中心的使用、第三方安全软件的使用、访问控制的设置、修复功能、隐私和权限的设置、高级安全防护的设置等 | ★★★★☆ |
| 第 10 章 | Windows 11 中的各种备份还原方法、系统重置、高级启动、注册表和驱动的备份与还原、PE 系统的使用、误删除文件的恢复、账户密码的清空、引导的修复等 | ★★★★☆ |

## 读者群体

- 计算机初学者
- Windows 10 升级用户
- 各类办公人员
- Windows 系统用户
- 系统管理员
- 软件工程师
- 电脑发烧友
- 大中专院校相关专业师生
- 计算机培训机构师生

本书在编写过程中力求严谨细致，但由于时间与精力有限，疏漏之处在所难免，望广大读者批评指正。

编　者

基础入门篇

## 技能进阶篇

## 第⑥章 登记造册做管家——账户的设置 134

## 第⑦章 织网踏浪不求人——网络的设置 164

系统维护篇

## 第⑧章 磨刀不误砍柴工——性能监控及系统优化 195

## 第⑨章 铜墙铁壁铸防线——操作系统的安全防护 215

## 第⑩章 有备无患保安全——操作系统的灾难恢复 238



附 录

基础入门篇

# 第1章 继往开来做先锋——全面认识 Windows 11 操作系统

2021 年 10 月 5 日，微软正式向所有符合条件的用户推送 Windows 11，预装了 Windows 11 的各种新设备也同步上市发售。作为最新的桌面版操作系统，Windows 11 以非常迅速且强势的姿态进入了用户的视野。本书就将带领读者进入 Windows 11 的世界，学习及掌握最新的操作系统的安装和使用方法。本章将向读者介绍 Windows 11 的基础知识。

**本章重点难点：**

- Windows 11 的开发历史 ⟷ Windows 11 的版本及版本号
- Windows 11 的版本差别及选择 ⟷ Windows 11 的更新通道
- Windows 11 的新特性 ⟷ Windows 11 的硬件要求及检测方法

# 1.1 Windows 11 的开发历史

2015 年，在微软 Ignite 开发者大会上，微软高管曾表示 Windows 10 将是“Windows 的最后一个版本”。但微软发布的一份涉及全面复兴 Windows 的列表，引起了大众对于新版本或重新设计 Windows 的猜测。这个新的版本代号为“太阳谷（Sun Valley）”，旨在重新设计使系统的用户界面现代化。

在 2021 年 5 月 25 日的 Microsoft Build 2021 开发者大会上，微软首席执行官萨蒂亚・纳德拉在主题演讲中表示下一代 Windows 很快会揭晓。微软宣布于 2021 年 6 月 24 日美国东部时间上午 11 点开始举行 Windows 特别活动。微软还发布了一段 11 分钟的 Windows 引导声音视频。许多人推测该活动和 Windows 引导声音视频指的是名为“Windows 11”的操作系统。

6 月 15 日，据称 Windows 11 的测试版在网上泄露，其中显示的界面类似于已取消的 Windows 10X，以及重新设计的 OOBE 开箱体验和 Windows 11 标志，如图 1-1 所示。微软随后证实了泄露的测试版的真实性。

图 1-1

6 月 24 日，Windows 11 在微软产品长帕诺斯・帕奈所主持的特别活动中被正式发布。微软也宣布 Windows 11 将在 2021 年底发行，具体日期并没有给出。

6 月 28 日，微软向 Windows 测试人员项目的用户发布了 Windows 11 的第一个预览版本和 SDK（Dev 通道）。

7 月 30 日，微软开始向 Beta 通道推送 Windows 11 预览版。

8 月 31 日，微软宣布 Windows 11 正式版 2021 年 10 月 5 日开始为符合条件的 Windows 10 个人电脑推出免费升级服务。

随后，Dev 通道和 Beta 通道进行了分离，Beta 通道专注于 10 月 5 日正式版的测试，而 Dev 通道专注于 2022 年秋季的大版本功能性更新测试。

10 月 5 日（当地时间 10 月 4 日），微软发布正式版 Windows 11，RTM 版本系统内部代号为 22000.194，与此前的内部测试版本相同（2021 年 9 月 17 日发布的 Windows 11 Beta 版）。Windows 10 2004 及以上版本的用户可以免费通过升级功能升级到 Windows 11，如图 1-2 所示。

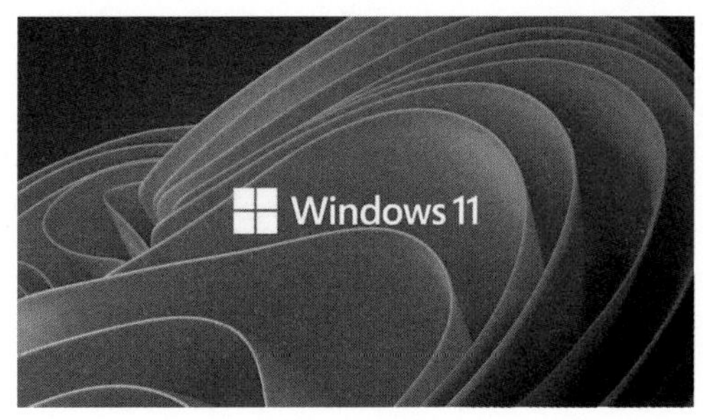


图 1-2

不过比较遗憾的是，此次的 Windows 11 正式版没有包含安卓子系统，但在测试通道中，可以从微软应用商店下载移动应用程序。随着安卓子系统实施计划的推进，在测试版和正式版中都可以通过特殊操作步骤提前感受安卓子系统的魅力。下一步将提高安卓子系统的稳定性和兼容性，相信不久人们就可以使用正式的安卓子系统了。

# 1.2 Windows 11 的版本

## 1.2.1 版本及版本号简介

Windows 的版本可谓五花八门，让新手用户无所适从。这里首先介绍 Windows 版本及版本号的基础知识。

### （1）版本

“版本”指的是 Windows 面向不同的用户群体发布的含有不同功能的 Windows 系统，比如家庭版、专业版、教育版、企业版等。

在下载 Windows 的安装镜像文件（可理解为安装包）时，可以看到 business 版本与 consumer 版本，如图 1-3 所示。

| 文件名 （☐显示校验信息） | 发布时间 | ED2K | BT |
|---|---|---|---|
| Windows 11 (business editions) (x64) - DVD (Chinese-Simplified) | 2021-10-04 | 复制 | 复制 |
| Windows 11 (consumer editions) (x64) - DVD (Chinese-Simplified) | 2021-10-04 | 复制 | 复制 |

图 1-3

“business editions” 的意思是商业版，支持批量授权，一般包含企业版、专业版、教育版、专业教育版以及专业工作站版。

“consumer editions”的意思是零售版，可通过授权码激活，一般包含家庭版、专业版、教育版、专业教育版以及专业工作站版。

可以看出，企业版或家庭版是两者的主要区别。而其他版本，除了激活方式不同外，其他完全一样。比如用户需要安装专业版的 Windows 11，那么不管下载哪个版本的镜像文件都可以。激活方式也可以通过软件修改，用户可根据需要选择。

### （2）版本号

Windows 的“版本号”和其他软件的版本号的功能类似，用于标识当前 Windows 的系统编译时的版本，一般是递增的。在 Windows 系统中，可以通过“Win+Pause（Break）”的组合键调出“关

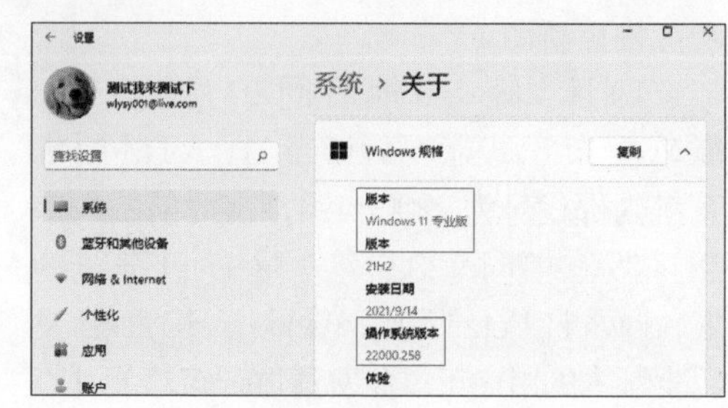


图 1-4

于”界面，查看当前系统的版本号和版本信息，如图 1-4 所示。

可以看出，图 1-4 中的 Windows 版本为 Windows 11 专业版，版本号是 21H2。如 Windows 10 是一年提供两次更新，上半年为年份 +H1，下半年为年份 +H2（最早是以年份 + 月份来表示，如 2004 代表 2020 年 4 月）。而从 Windows 11 开始，每年只会有一次重大的功能更新，一般在 10 月，以后的命名也就会是 Windows 11 22H2、23H2 等。图中的版本是 21H2，代号为“钴”。

**代号**

**除了版本号外，微软还会用代号来代表某个版本。因为是以元素周期表进行排序，所以 2021 年的 21H2 版本代号为“钴”（Co），2022 年的 Windows 11 22H2 版本代号为“铜”（Cu）。另外还有“镍”分支，仅代表开发分支，但不代表具体的版本。**

（3）内部版本号

在“关于”页面，内部版本号也叫作“操作系统版本”。对于高级用户来说，内部版本号更有参考价值。通过内部版本号，可以更加细致地了解到当前系统的版本等级。内部版本号包含主版本号 + 次版本号。通过内部版本号，也可以区分当前系统的通道，了解当前系统的等级以及查询相应的改动和包含的功能。如本例中的内部版本号为 22000.258，是在 10 月 5 日 RTM 版本 22000.194 基础上的第一次更新，更新后，内部版本号就会发生变化以区别更新的版本。

**拓展知识　Windows 版本的支持时间**

**每个版本的系统都有更新支持期限，选择了版本，就确定了该版本的服务支持停止日期，如表 1-1 所示。整个 Windows 10 系统也将在 2025 年停止支持。停止支持后，系统会受到各种新漏洞和 bug 的威胁，解决办法就是尽快升级为新系统。**

表 1-1

| 版本 | 上市日期 | 最后修订日期 | 服务终止日期：家庭版、教育版、专业教育版、专业工作站版 | 服务终止日期：企业版、教育版 |
|---|---|---|---|---|
| 21H1 | 2021-05-18 | 2021-09-01 | 2022-12-13 | 2022-12-13 |
| 20H2 | 2020-10-20 | 2021-09-01 | 2022-05-10 | 2023-05-09 |
| 2004 | 2020-05-27 | 2021-09-01 | 2021-12-14 | 2021-12-14 |
| 1909 | 2019-11-12 | 2021-08-26 | 服务终止 | 2022-05-10 |

### 1.2.2 版本的功能差别及选择

不同的“版本”针对不同的用户群体，包含不同的功能。这些版本按照不同的组合打包成一个镜像文件，安装时在版本选择界面选择需要的版本，如图 1-5 所示。下面介绍常见的版本及其功能。

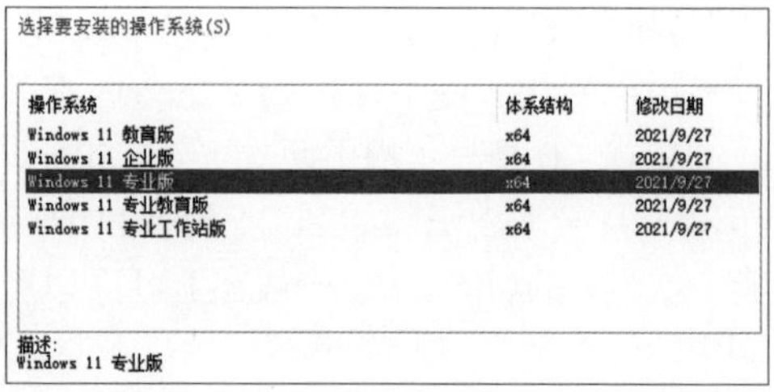

选择要安装的操作系统(S)

| 操作系统 | 体系结构 | 修改日期 |
|---|---|---|
| Windows 11 教育版 | x64 | 2021/9/27 |
| Windows 11 企业版 | x64 | 2021/9/27 |
| Windows 11 专业版 | x64 | 2021/9/27 |
| Windows 11 专业教育版 | x64 | 2021/9/27 |
| Windows 11 专业工作站版 | x64 | 2021/9/27 |

描述:
Windows 11 专业版

图 1-5

（1）家庭版

家庭版是为家庭和普通用户提供的版本，具有最基本的功能。普通用户建议选择此版本，大部分预装系统的品牌机提供的都是家庭版的系统。

（2）专业版

专业版在家庭版的基础上，添加了 Windows Update for Business（WUB）功能，允许用户管理设备及应用、保护敏感企业数据、支持远程及移动生产力场景等，可以让企业管理者更快地获取安全更新，并控制更新部署。有一定基础和兴趣的读者推荐安装该版本。

**专业术语　专业工作站版与专业教育版**

“专业工作站版”在专业版的基础上，增加了服务器的相关功能，支持更多 CPU 和大内存，以及其他服务器常见功能。它主要用于各种高性能工作站，也可以作为简单的内部服务器系统应用。“专业教育版”基于“专业版”而非“教育版”，本质是专业版，针对教育系统的用户，对默认系统参数进行了配置。

（3）企业版

企业版是功能最全的版本，包含所有的功能，主要用于企业级用户使用。经常听说的 LTSB 和 LTSC 是企业版的特殊版本，是一种长期服务版本，在更新时只进行安全性的更新，而不进行功能性升级，并且服务时间长达 10 年（最新的 Windows 11 LTSC 提供的是 5 年的支持期）。这种版本没有应用商店、Edge 浏览器等，相当于企业版的精简版，主要特色是稳定。很多配置不高的机器，或者不希望频繁更新、非常讨厌系统臃肿、又需要非常稳定的可长期使用的系统用户，可以选择这个版本。LTSC 版本也被戏称为“老坛酸菜”版本。

（4）教育版

教育版基于企业版，本质是企业版，主要针对科研机构、学校。它的功能与企业版一样，主要是面向的用户不同，一些默认参数针对教育系统进行了配置。

**〈 拓展知识 〉 其他版本**

Windows 11 还有针对移动设备、嵌入式设备开发的版本，如 IoT Enterprise 版（物联网企业版，服务周期为 36 个月），因为使用范围限于专业领域，所以了解即可。

### 1.2.3 发行渠道的不同版本

常听到的 OEM 版本、TRM 版本、VOL 版本等，主要针对的是 Windows 的发行渠道，也牵扯到激活方式的不同。

（1）VOL 版本

VOL( Volume Licensing for Organizations，团体批量许可证或大量采购授权合约)，该版本属于批量授权版本。上面介绍的“business edition”中的操作系统版本，就是采用这种模式进行激活的。一般大型企业或者政府机关等进行采购，然后通过批量部署的方式安装到多台计算机中。因为设备较多，逐个激活费时费力，所以 VOL 版本通过大规模授权技术自动激活，KMS 技术就是其中一种。在下一章中，将介绍 VOL 版本激活的具体操作。

（2）RTM 版本

RTM（Release to Manufacturing，发布到制造）。正式版的操作系统（比如 Windows 11 正式版）在零售商店上架前，需要一段时间来压片、包装、配销，所以程序代码必须在发行前一段时间就要完成，这个完成的程序代码叫作 final.code，程序代码开发完成之后，要将母片送到工厂大量压片，制作系统光盘，这个版本就叫作 RTM 版。其实 RTM 版已经可以说是正式版了。如果没有收到 Windows 11 升级的推送，还可以手动使用 RTM 版本的镜像升级。

（3）OEM 版本

OEM（Original Equipment Manufacturer，原始设备制造商）主要是面向计算机生产商，不单独出售，一般跟随品牌电脑一起售卖，作为硬件设备自带的系统。OEM 版本系统和原版的系统基本上相同，但 OEM 版本的系统一般会被对应计算机生产商安装硬件驱动以及安全软件和部分应用软件。OEM 版本的系统是正规硬件厂商进行的改动，安全性要高于 GHOST 等非官方修改的版本。

（4）MSDN 版本

MSDN（Microsoft Developer Network，微软开发者网络）版本通常在正式产品之前发布，在 MSDN 网站上提供给付费用户（MSDN 订阅用户）下载。普通用户也可以登录 MSDN 网站注册成为普通会员，虽然不能下载 MSDN 产品，但可以查看相应产品的详细信息，如文件名、邮寄日期和相关校验值。现在 MSDN 版系统往往被冠以“官方原版”的称号，是名副其实的官方原版。

专业术语

**原版镜像**

原版镜像指未经过改动的、微软官方发布的操作系统镜像文件。原版镜像激活后就是正版系统。现在很多 GHOST 系统镜像文件，大多经过了改动，而且会安装大量的垃圾软件并篡改主页，所以不建议读者安装此类系统（包括各种精简版、优化版）。

（5）RTL 版

RTL（Retail，零售版）是正式的零售版，可以通过包装中的正版密钥联网进行激活，一般个人用户购买的正版系统都是 RTL 版。

### 1.2.4 预览版与正式版

Windows 系统和其他软件类似，在正式版前会有各种测试版本。比如 Windows 11 在正式版发布前，会放出多个 Windows 11 的预览版，用来进行测试、收集 bug 和各种数据。一方面要确保正式版的稳定性和安全性，另一方面要了解用户对新功能的接受能力和使用反馈等。

预览版也叫内部预览版（Insider Preview），用户需要申请后才能加入 Windows 预览体验计划（Windows Insider Program），成为预览体验成员（如图 1-6 所示），才能接收到预览版更新。预览版也分很多种，一般和更新通道挂钩。

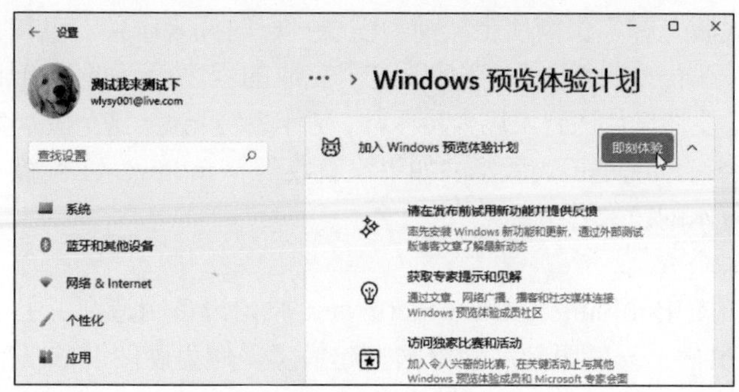


图 1-6

## 1.3 Windows 11 的更新通道

Windows 11 在正式版发售前，是以各种内部预览版的方式向不同的测试用户进行推送的，这种推送的渠道也叫更新通道或更新频道。

### 1.3.1 通道简介

因为 Windows 系统也是一种软件（系统软件），所以通道可以理解成软件发布源。一个通道包括了该通道服务的系统版本、更新方式、目标、作用等策略的集合。

一个系统在某个通道内进行成长、完善，到达一定程度后，就可以交付给订阅对应通道的用户使用了。这也是 Windows 系统包括 Office 系统的主要开发及更新环境。从用户的角度来说，订阅某通道后，只要保持系统更新，就可以获取到最新的功能、安全补丁程序。

## 1.3.2 通道的分类及作用

Windows 11 刚开始测试时，Dev 通道和 Beta 通道发布的版本是一致的，在正式版发布前才进行了分离。各个版本的 Windows 都有各自的通道。经过微软对通道的优化和组合，现在的 Windows 通道包括以下三种，如图 1-7 所示。

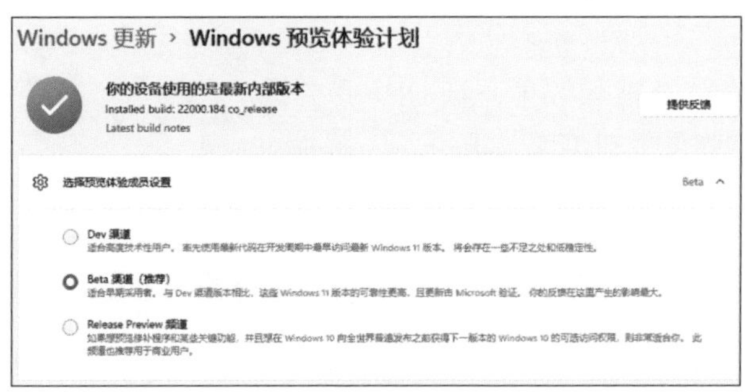


图 1-7

### （1）Dev 通道

Dev 通道也叫作开发版通道，主要是内部测试人员的测试通道，可以最早享受到最新版本的系统和新开发的各种功能。但这个通道也是最不稳定的通道，存在大量的 bug 和错误，不建议普通用户使用该通道。

在正式版本的 Windows 11 发布前，Dev 通道和 Beta 通道分离开来，现在的 Dev 通道专注于 Windows 11 的 22H2 的新功能发布及测试工作。它也会在一定的时候将某些成果交付给 Beta 通道，在大版本更新前，Dev 会跳到下一个大版本的开发流程中去。

### （2）Beta 通道

Beta 通道也叫作测试通道，是最早期的理想版本，是大多数“尝鲜”人员比较喜欢的更新通道。通过该通道发布的系统，不仅可以查看到即将推出的 Windows 功能，还可以获得微软验证的相对可靠的更新。相对于 Dev 通道的版本，Beta 通道的版本稳定性更高，也更加完善，着重点也放在修补 bug 和提高系统稳定性上，为马上发布的正式版系统做好测试工作。

### （3）Release Preview 通道

Release Preview 通道叫作发布预览版通道。因为是正式版发布前的最后一个测试版本，所以该版本具有更高级的质量更新和某些关键功能。如果用户不想在 Dev 和 Beta 通道折腾，又想提前享受新版本，可以使用该通道。

但正式版系统也不一定必须经过该通道，也有可能从 Beta 通道直接变为正式版。

**〈拓展知识〉通道的切换**

通道并不是固定不变的，只要用户加入了预览体验计划，就可以在这 3 个通道之间任意切换。

# 1.4 Windows 11 的新特性

Windows 11 与 Windows 10 等以往的操作系统相比，让人感觉既熟悉又陌生。界面充满各种圆角、毛玻璃效果，且 UI 界面的设计和视觉效果更加美观、华丽，被网友戏称为“果里果气”，如图 1-8 所示。下面来一起看下 Windows 11 到底新在哪里。

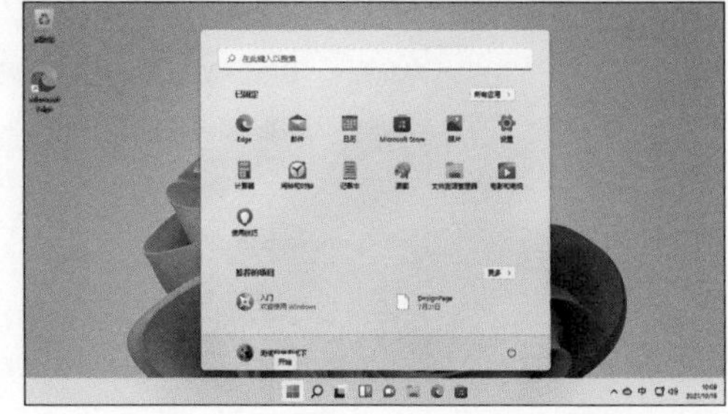

图 1-8

## 1.4.1 图标的变化

Windows 11 系统自带的应用图标也都焕然一新，如图 1-9 及图 1-10 所示。它采用了新拟态图表，整体风格更加酷炫，图标更显立体。针对不同类型的文件夹还用不同颜色进行区分，文件及文件夹图标也会根据内容自动调整，形象直观。

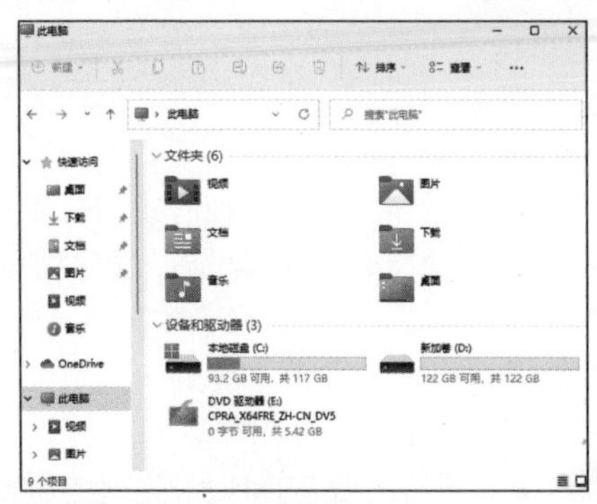


图 1-9

图 1-10

## 1.4.2 任务栏的变化

任务栏最大的变化是开始菜单和各种快捷按钮居中显示，如图 1-11 所示。另外也将一些功能进行了整合。

图 1-11

## 1.4.3 开始菜单的变化

以往的开始菜单主要是单列应用 + 磁贴的显示方式。在 Windows 11 中，变成了系统应用图标 + 最近应用推荐的组合方式，如图 1-12 所示。用户也可以单击右上角的“所有应用”按钮来查看所有程序列表，如图 1-13 所示。

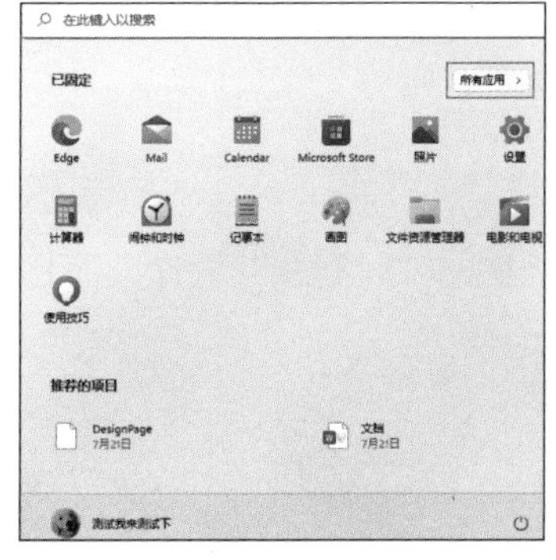


图 1-12

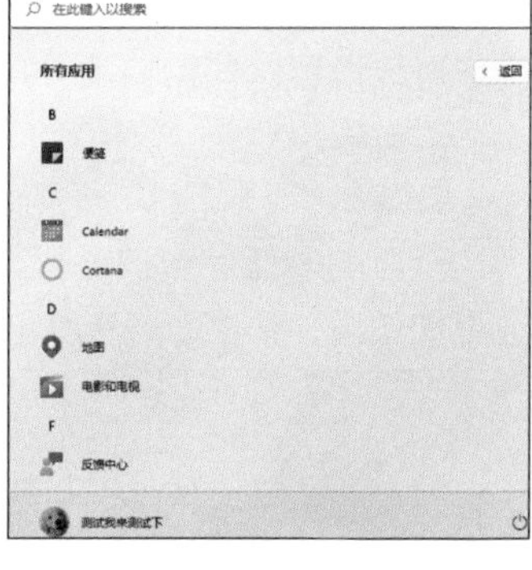


图 1-13

## 1.4.4 控制中心的变化

右下角的通知和控制中心已经消失了，“Wi-Fi / 网络、音量”图标合二为一，成为新版控制中心的入口，如图 1-14 所示，如果使用的是笔记本，还会出现“无线网络”“飞行模式”“节电模式”等按钮。而“日期和时间”已经和“通知中心”合二为一了，如图 1-15 所示。

图 1-14

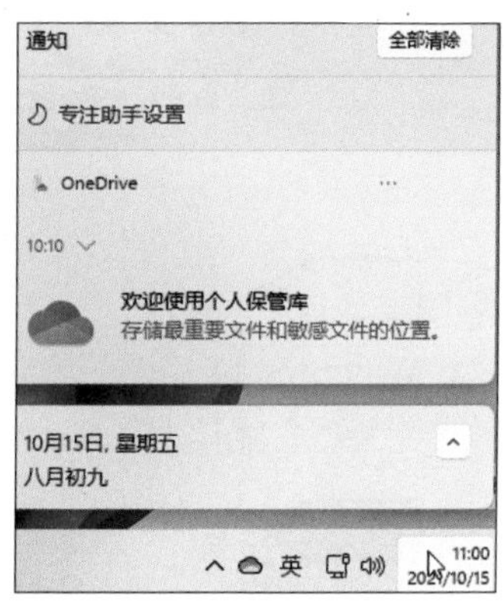


图 1-15

## 1.4.5 新的右键菜单

右键菜单也变得不同了，在桌面上单击后，如图 1-16 所示，而在文件或文件夹上单击，则如图 1-17 所示。常用按钮放在了最上方，整体右键菜单看上去要比之前精简了很多（很多功能在“显示更多选项”中），使用起来需要习惯一段时间。

图 1-16

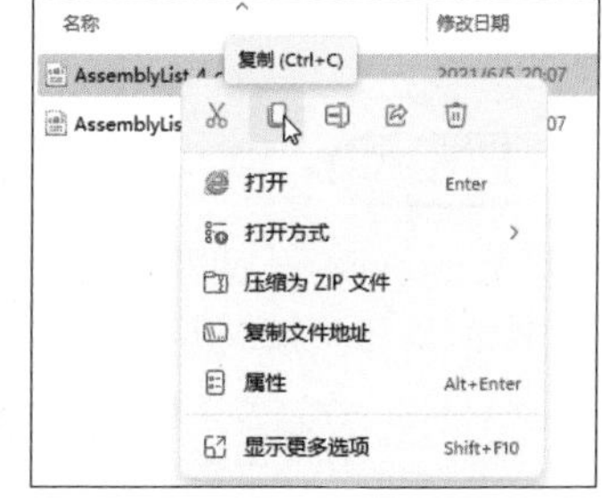


图 1-17

## 1.4.6 新的分屏模式

如果打开了多个窗口，在某窗口“最大化”按钮上悬停鼠标指针，会显示分屏模板，用户可以设置这些窗口的分屏布局，如图 1-18 所示。

## 1.4.7 新的多任务窗口和多桌面

全新的多任务窗口替代了以往的“时间线”设计，而且切换方便，新建桌面的功能也更加直观，如图 1-19 所示。

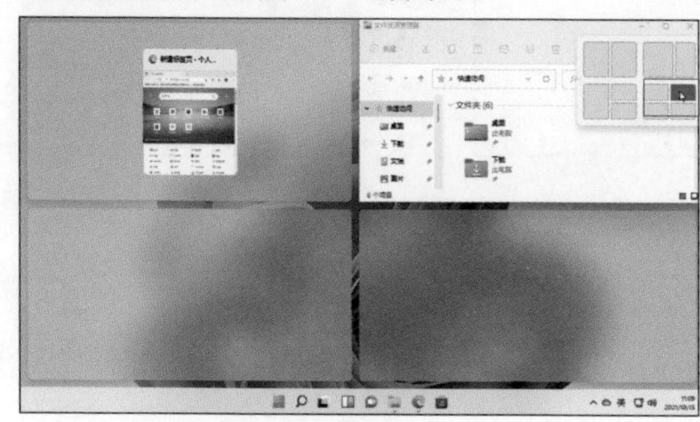

图 1-18

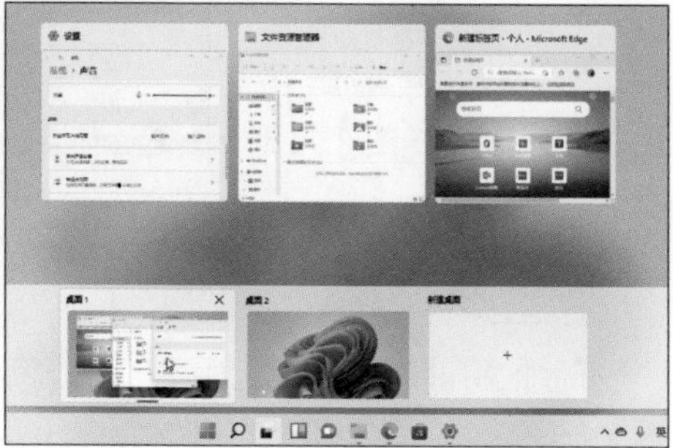

图 1-19

## 1.4.8 全新的音效体验

Windows 11 构建了全新的音效系统，使声音不再单调，各种提示音效、开关机音效节奏舒缓，能让人耳目一新。

## 1.4.9 全新的微软应用商店

以前的微软商店体验比较差，布局不合理，联网经常出问题，使用的人一直不多。改版后，通过“库”可以查看电脑上安装的微软商店应用，还可以通过账号在多设备间同步正在使用的软件，非常方便，如图 1-20 所示。

图 1-20

## 1.4.10 游戏体验的提升

Windows 11 上使用了几种尖端游戏技术来提升游戏体验，充分释放硬件潜力。其中 DirectX 12 Ultimate 可以在高帧率下给玩家带来激动人心的沉浸式画面体验；DirectStorage（直通存储）能够提供更快的加载时间和更精细的游戏世界；

图 1-21

Auto HDR 为玩家提供了更加宽广的色域和更生动的色彩，带来真正引人入胜的视觉享受，如图 1-21 所示。

### 1.4.11 新的系统设置

以前的系统设置中，各板块都有各自独立的入口，跳转像走迷宫，对新手用户不太友好。经过调整后很多功能被集中到了同一页，类似于安卓手机端的系统设置，如图 1-22 所示。

### 1.4.12 新的小组件

小组件的功能类似于现在手机的负一屏，包括了天气、股票行情、新闻、日历等各种资讯，如图 1-23 所示。

图 1-22

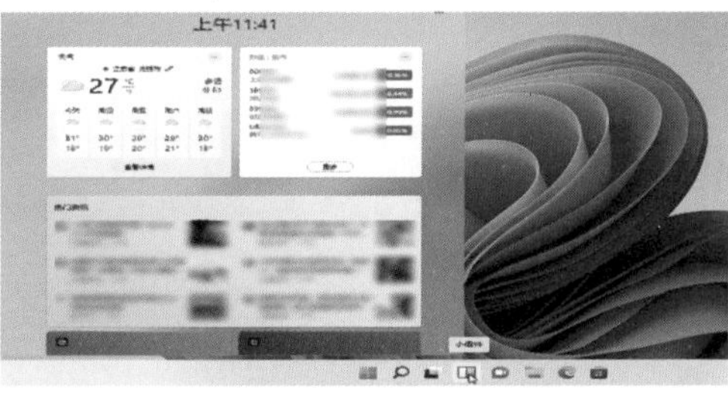


图 1-23

### 1.4.13 全新的触控体验

系统针对平板及其他可触控设备进行了优化，如图 1-24 所示，在手势触控、手写笔的触控方面也进行了调整。

### 1.4.14 与 Intel 深度合作与硬件优化

Windows 11 版可以更好地利用英特尔的新处理器，这是微软与英特尔合作带来的处理器优化结果。但微软表示即便是在比较旧的硬件上，Windows 11 响应速度也非常快，这得益于微软开发团队提供的各种优化机制，包括了内存管理、睡眠恢复、减少磁盘占用、兼容性以及服务模型等。

如内存优先策略，可以对内存管理进行优化，前台应用程序优先级更高可以获得更多的硬件资源。即便当前系统负载已经非常高，但用户启动应用程序时也会立即获得更高的优先级，从而让应用程序流畅地运行等。这种内存优先级策略同时适用于 Windows Shell（负责开始菜单和任务栏等界面）、浏览器以及 Windows 11 本身。

图 1-24

而系统预装的 Microsoft Edge 浏览器默认情况下已经启用自动睡眠功能，即将非获得的标签页睡眠以释放内存。这些策略同时还可以显著节省电量，从而提高笔记本电脑的续航时间，让用户在没有电源的情况下也可以充分使用。更加快速的睡眠恢复，使系统更节电，更适合笔记本等可移动设备。另外 Windows 11 对硬盘空间占用也进行了优化，微软改进了数据压缩技术，同时对非关键应用不提前预装，使用时自动下载。

### 1.4.15 全新的升级体验

在 Windows 10 的基础上，Windows 11 利用网络的优势，优化与调整了在线升级功能，不仅大幅度减小了升级包的体积，而且在升级的速度、稳定性、可控性等方面做出了极大的改进。除非出现严重的病毒、存储灾难等情况，否则重装系统的情况会变得越来越少。

## 1.5 Windows 11 的硬件要求

和以往的系统要求不同，Windows 11 对硬件有了更严格的要求，其实主要影响 Windows 11 安装的因素是 CPU 和 TPM。

### 1.5.1 整体硬件要求

Windows 11 需要达到表 1-2 所示的硬件指标才能安装。

表 1-2

| 硬件 | 要求 |
|---|---|
| 处理器 | 1 GHz 或更快的支持 64 位的处理器（双核或多核）或系统单芯片（SoC） |
| 内存 | 4 GB |
| 存储 | 64 GB 或更大的存储设备 |
| 系统固件 | 支持 UEFI 安全启动 |
| TPM | 受信任的平台模块 (TPM) 2.0 版本 |
| 显卡 | 支持 DirectX 12 或更高版本，支持 WDDM 2.0 驱动程序 |
| 显示器 | 对角线长大于 9in（1in=2.54cm）的高清 (720P) 显示屏，每个颜色通道为 8 位 |
| 电脑健康检查<br>互联网连接和<br>Microsoft 账户 | Windows 11 家庭版要求具有互联网连接和 Microsoft 账户，所有 Windows 11 版本都需要联网才能执行更新 |

## 1.5.2 CPU 要求

虽然表 1-2 中只说了 1GHz 或更快的 64 位处理器，但实际上至少需要 Intel 8 代酷睿系列处理器（7 代部分 CPU 仍需要硬件制造商兼容）及同期的赛扬、奔腾、至强、Atom 系列处理器。AMD 锐龙 2000 系列，以及同期的霄龙、速龙、线程撕裂者及以上的 CPU 才能安装 Windows 11。读者可以登录微软官网进行查询或用软件进行检测，来判断自己的 CPU 是否支持。

按照微软官方所说，这些支持的 CPU 可以与 Windows 11 发挥出 1+1>2 的效果，而且非常稳定。

## 1.5.3 TPM 要求

Windows 11 还有一个 TPM 2.0 的要求，引起了较大争议，大量的旧设备因为不支持 TPM 而无缘 Windows 11。

TPM（Trust Platform Module，可信平台模块）是一种行业标准，目前最新标准为 TPM 2.0，于 2016 年制定。上一代标准为 TPM 1.2，于 2011 年制定。相较于 TPM 1.2，TPM 2.0 的兼容性更好，安全性更高。如果想要使用 TPM 2.0，就需要电脑里有符合 TPM 2.0 标准的安全芯片，因此完整的 TPM 2.0 模块可以理解为 TPM 2.0 标准 + 安全芯片。

TPM 模块主要作用是加密，通过芯片内置的加密算法生成密钥，可以有效地保护电脑，防止非法用户访问。同时因为 TPM 芯片本身具有存储能力，所以有些电脑的指纹识别、磁盘加密功能也会通过 TPM 模块来实现。

### 上手体验 查看是否支持 TPM 2.0 模块

扫一扫 看视频

**用户可以使用下面的方法检查自己电脑的 TPM 是否已经开启，属于什么版本。**

**使用“Win+R”组合键启动“运行”对话框，输入“tpm.msc”，单击“确定”按钮，如图 1-25 所示。**

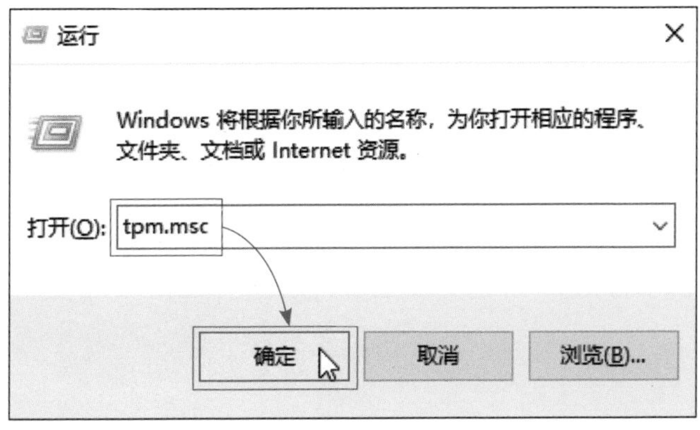


图 1-25

如果具有模块，且模块开启，则显示如图 1-26 所示。如果没有 TPM 模块或未开启，则会显示如图 1-27 所示。

如果确定设备上有 TPM 2.0 模块，可以通过 BIOS 开启。开启方法将在下一章介绍。

图 1-26

图 1-27

## 1.5.4 使用软件检测电脑是否符合 Windows 11 要求

除了自己检测外，还可以使用软件检测电脑是否符合 Windows 11 的要求，软件检测相对来说更加便捷和准确。微软官网很贴心地提供了检测工具，用户可以到官网上下载并安装该检测工具 WindowsPCHealthCheckSetup.msi。

安装完成后，启动该工具，单击“立即检查”按钮，如图 1-28 所示。

如果不符合要求，会直接显示无法运行的提示，如图 1-29 所示。如果可以升级，则会显示 1-30 的提示信息。

图 1-28

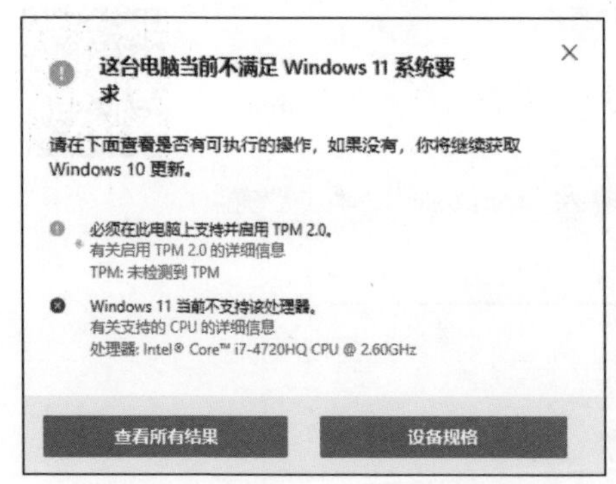


图 1-29

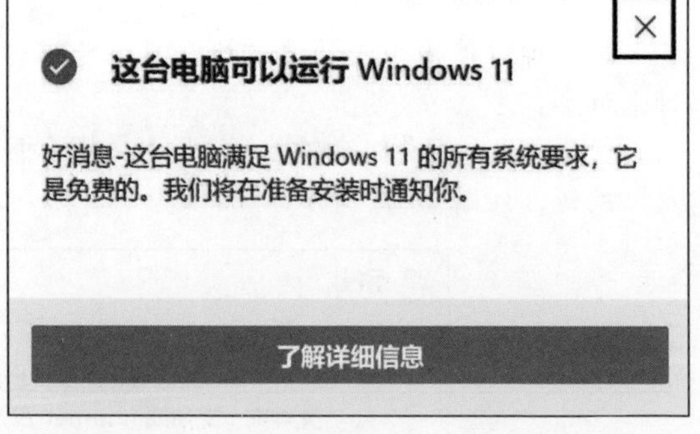


图 1-30

微软会根据市场占有率和销售策略调整升级计划，会逐渐地扩大可升级范围。如果可以升级，会收到 Windows 11 的更新推送。喜欢 Windows 11 的用户，也可以购买新设备体验。

## 上手体验 使用第三方工具检测硬件要求是否合标

扫一扫　看视频

使用微软工具可以快速地给出检测结果，但检测结果过于简单。用户可以使用一款绿色工具“WhyNotWin11”来检测，检测结果非常具体。

因为是绿色版，所以双击启动软件即可自动显示检测结果，如图 1-31 所示。

WhyNotWin11
v 2.4.1.0

此设备 Windows 11 兼容性检测结果如下
* 以下检测结果基于 Microsoft 公开的配置要求。仅供参考。

| 状态 | 项目 | 结果 |
| --- | --- | --- |
| | 架构 (CPU + OS) | 64 位 CPU<br>64 位操作系统 |
| | 引导方式 | UEFI |
| x | CPU 兼容性 | 不支持 |
| | CPU 核心数 | 4 核<br>8 线程 |
| | CPU 主频 | 2600 MHz |
| | DirectX + WDDM2 | DirectX 12 & WDDM 2 |
| | 磁盘分区形式 | 分区形式为 GPT |
| | 内存大小 | 8 GB |
| | 安全启动 (Secure Boot) | 支持 |
| | 可用磁盘容量 | 96 GB C:<br>2 个磁盘满足升级要求 |
| x | TPM 版本 | 不存在 TPM 模块或被 BIOS 禁用 |

检查更新
Intel(R) Core(TM) i7-4720HQ CPU
NVIDIA GeForce GTX 960M, Intel(R) HD Graphics 4600

图 1-31

其中绿色代表符合要求，红色代表不符合，黄色代表正在检测。如果显示红色，可以将鼠标指针移到后面的叹号上，会显示说明具体信息，如图 1-32 及图 1-33 所示。

在大量老设备不满足安装 Windows 11 条件、但本身性能完全够用的情况下，微软提供了一个绕过 CPU 和 TPM 2.0 检查的方法。

引导方式　UEFI
x　CPU 兼容性　不支持
指在计算机中安装的 CPU 型号。兼容性列表可能会发生变化。如果您使用的是台式电脑，则需要更换 CPU；笔记本电脑一般无法更换。
CPU 核心数　8 线程

图 1-32

x　TPM 版本　不存在 TPM 模块或被 BIOS 禁用
指 Windows 使用的安全模块。所有现代 AMD 处理器和一部分现代 Intel 处理器自带此模块。请检查主板中的 BIOS/UEFI 设置。具体请参阅您的主板使用手册。
检查更新　Intel(R) Core(TM) i7-4720HQ CPU

图 1-33

该方法是在注册表中添加一个注册表键值，再使用官方软件制作的可启动的媒体进行安装。不过该方案仍然需要 TPM 1.2 的支持，而且在安装时，会弹出在不受支持的硬件上安装 Windows 11 的隐患提示，同意后才能安装。

### 1.5.5 绕过 CPU 检查及 TPM 2.0 检查

当 Windows 11 还在预览版通道中时，就已经不断有各种绕过 CPU 检查及 TPM 2.0 检查的方法被网友开发出来。总体来说，主要有以下几种。

(1) 替换法

将 Windows 11 安装包中的 Install.wim（主要的系统文件）替换到 Windows 10 的安装包中，启动 Windows 10 的安装程序后，就能绕过。不过笔者认为此方法不是非常干净。

(2) 修改注册表

注册表是系统各种功能的开关和参数的集合，检查的设置也在其中。所以通过修改注册表，将参数写入，就可以不进行检查了。主要修改的包括 TPM、安全启动、内容、硬盘检查的键值和微软官方给出的跳过 CPU 和 TPM 2.0 检查的键值。通过这几个键值的创建或导入，就可以跳过检查了。

(3) appraiserres.dll 的更改

找到并删除或重命名该文件，也可以跳过检查。

由于电脑硬件和配置不同，有些设备只要修改部分注册表键值或者删除 appraiserres.dll，就可以跳过检查。为了提高跳过检查的成功率，现在主要是采取修改注册表 + 对 appraiserres.dll 的更改 + 断网的方式，基本上可以完全跳过检查，而且适合升级或者全新安装，非常灵活。

**拓展知识 PE 的更新**

现在已经有 PE 带有 Windows 11 的安装环境了，也就是在 PE 中将注册表准备好了，用户在 PE 中也可以使用普通的模式安装 Windows 11 而不需要使用其他工具了。另外也有部分 Windows 11 的安装镜像文件被加入了第三方的修改补丁，这种镜像文件也可以直接安装。

(4) 使用部署工具

部署工具是 Windows 的一项功能，用来在多台设备上进行系统的安装或修改。使用部署工具配合安装镜像，可以在不修改任何系统参数的情况下干净地安装系统。不过这种方法不能进行系统的升级，只适用于全新安装。

随着技术发展，跳过检测的手段、工具、方法都会升级，而且越来越简单。读者可以根据实时的流行方案来安装 Windows 11。

# 第2章 化繁为简装系统——Windows 11 安装与启动

Windows 11 已经正式向符合要求的设备推送了，收到推送后，可以一键从 Windows 10 升级到 Windows 11。但如果系统出现问题或者没有系统，就需要手动安装了。本章将带领读者学习 Windows 11 的安装、配置、激活、更新以及最常见的启动和关机等操作。通过本章的学习，读者可以独立更新或安装属于自己的系统。

**本章重点难点：**

- Windows 11 的安装方式 ↔ Windows 11 的镜像下载
- Windows 11 的安装及配置 ↔ Windows 11 的激活
- Windows 11 的更新 ↔ Windows 11 的启动及关机操作

# 2.1 Windows 11 的安装方式

Windows 11 的主要安装方式包括了自动升级和手动安装两种。

## 2.1.1 自动升级

Windows 11 正式版主要采用的是推送更新方式。换句话说，只要设备符合 Windows 11 的配置要求，在 Windows 10 更新中，会收到升级到 Windows 11 的提示信息。此时，用户单击“下载并安装”按钮后会自动下载 Windows 11 的升级文件，下载完毕后会自动进行安装，而且会保留用户文件和软件。不过自动推送根据不同设备和系统，不是统一更新而是分批推送。没有收到推送的用户可以等待一段时间再尝试，或者可以采用手动升级的方法进行升级。

采用自动升级的模式并不是第一次，在 Windows 10 大版本，如 20H2 到 21H1 等升级中，也采用的是这种模式。如果用户的电脑系统正常，且符合升级条件，网络也正常的情况下，都可以采用这种安全且简单的方式进行升级。在升级后，如果感觉系统不稳定或出现大问题，可以降级到之前的系统，文件和软件也不会丢失或需要重装。

**〈 拓展知识 〉 自动升级后的操作**

**自动升级的方式已经比较成熟，建议符合要求的用户采用该方法进行升级。升级后如果系统比较稳定，可以删除 C 盘的系统备份文件“Windows.old”，以增大系统的可用空间。**

## 2.1.2 手动在线升级

所谓手动在线升级，就是在系统满足升级要求且可以联网的情况下，下载 Windows 的安装助手“Windows11InstallationAssistant.exe”。通过这个工具，可以手动进行升级。如果接收不到更新提醒，或者“Windows 更新”出现问题，可以使用该工具手动升级。下载并运行该程序后，同意协议，如图 2-1 所示。

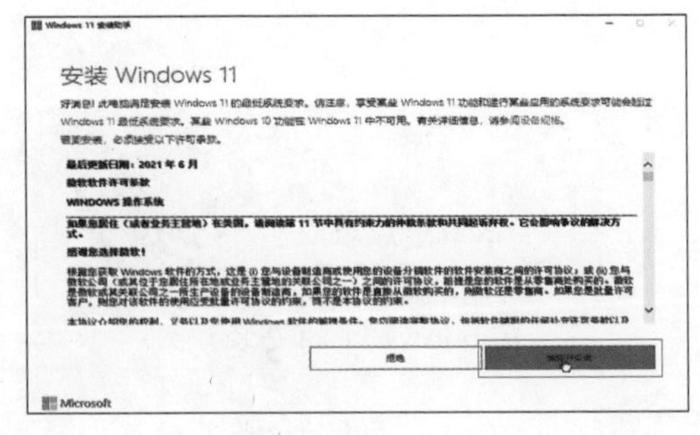


图 2-1

图 2-2

软件会连接微软的服务器，自动下载各种安装包并更新系统，如图 2-2 所示，接下来自动进行重启，配置完成后就可以使用 Windows 11 了。

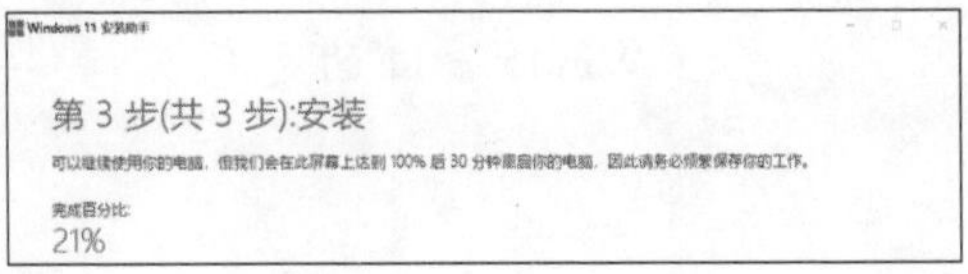

采用升级的方式来更新系统，用户安装的软件和各种文件都可以得到保留。系统安装时间较长，但因为不必安装软件，也不影响用户的文件，所以总体时间短。更新完毕即可使用，不会耽误工作。而且升级前只要是激活的系统，升级后同样变为激活状态。

因为保留了以前系统相关设置的问题，在升级后有可能造成系统的不稳定和奇怪的故障。如果需要对硬盘重新分区，或者第一次安装操作系统，或者无法进入系统的状态下，就无法使用升级功能了。

另外，如果系统出现问题，如系统设置出错，顽固病毒影响系统等情况无法恢复，用户可以尝试使用升级工具对系统进行升级，这种升级效果不仅相当于重装了系统，更重要的是所有之前安装的软件和文件都可以正常使用。

### 2.1.3 手动离线升级

如果当前可以进入系统，但无法联网，或者系统不满足 Windows 11 硬件要求的情况下，可以采用手动离线升级的方式来更新系统。该方式和自动更新一样，可以保留系统中安装的所有软件和文件。要采用该方法更新，首先需要到微软官网下载 ISO 镜像文件，然后解压到非系统分区的某文件夹中。接着运行文件夹中的“setup.exe”文件，如图 2-3 所示（不符合条件的电脑需设置注册表，删除文件后，禁用网络再运行安装程序）。接下来根据向导提示，执行“下一步”，当弹出警告信息时，接受即可，如图 2-4 所示。

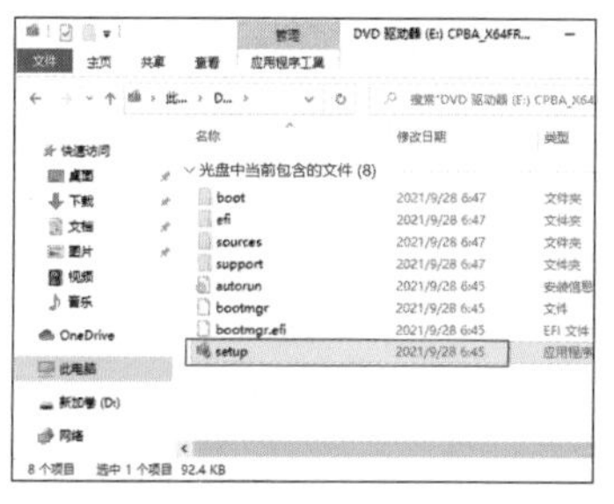


图 2-3

图 2-4

接下来选择是否保留文件的选项，如图 2-5 所示，向导执行完毕后，会自动执行系统更新操作，如图 2-6 所示。

无论采取的是自动升级还是手动升级，都建议读者提前对重要的文件进行备份。

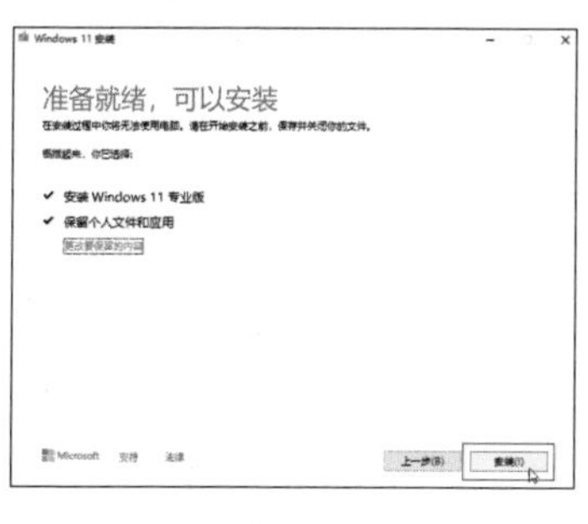


图 2-5

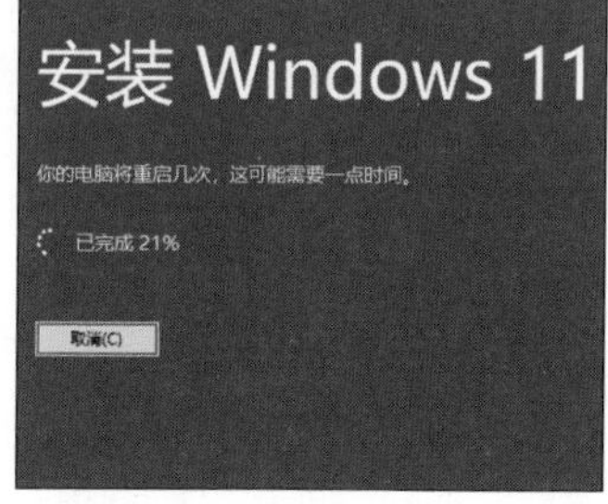


图 2-6

### 2.1.4 通过部署进行全新安装

如电脑未安装操作系统，或系统出现严重的故障，或者被顽固病毒感染，都可以通过重新安装获取到全新的 Windows 11。全新安装相对于升级来说，需要一定的电脑操作水平。如果操作不当（一般指分区），会造成硬盘数据的丢失。所以在安装前，需要备份所有的重要数据。全新安装的方法也非常多，比较常见的就是使用部署工具进行部署。

### 拓展知识 需要备份哪些数据

除了系统中各分区的重要资料外，桌面重要资料也要备份，因为桌面实际是系统分区的一个特殊文件夹。一般来说，稍有经验的用户只要备份系统所在分区的重要资料即可，对于新手来说，整个硬盘重要的数据都需要备份。

部署工具比较常用的就是“Dism++”等。该软件使用十分方便，在系统中启动该软件，从“恢复功能”选项卡中，选择“在 RE 中运行”选项，如图 2-7 所示。重启后，进入 RE 环境并自动启动软件，从“恢复功能”选项卡中，选择“系统还原”选项，如图 2-8 所示。

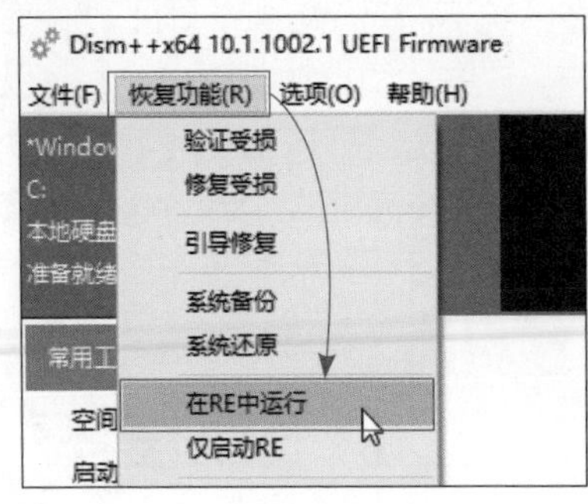


图 2-7

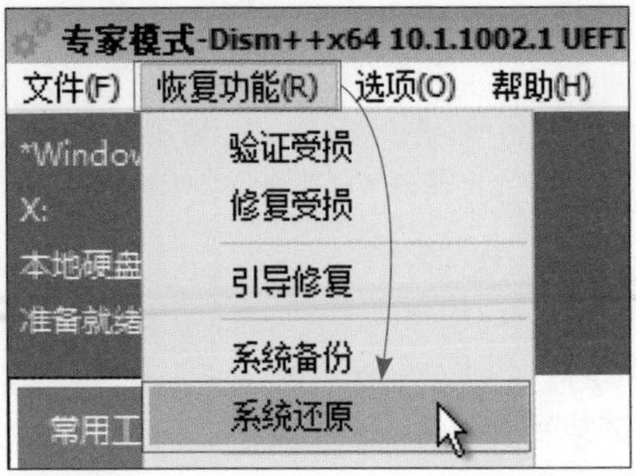

图 2-8

### Windows RE 和 PE

Win RE（Recovery Environment, 恢复环境）本质上和 Win PE（Preinstall Environment，预安装环境）是一样的，是一种特殊的 Windows 环境。Windows 的安装界面使用的其实就是这个环境。

在还原界面中，选择 Install.wim 的位置，选择安装的 Windows 11 的版本，选择安装的系统分区，勾选“添加引导”和“格式化”复选框，单击“确定”按钮，如图 2-9 所示。部署完毕后，就可以根据提示，重启系统后自动继续安装，整个过程非常简单。

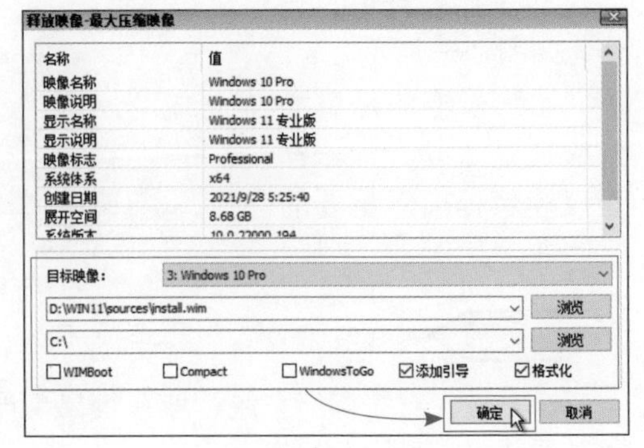


图 2-9

如果无法进入系统，可以制作 PE 启动盘，将该软件拷贝到 U 盘中，进入 PE 环境再启动该软件使用，如图 2-10 所示，很多第三方 PE 里也自带 Dism++。当然部署工具还有很多，其他常用的还有 WinNTSetup，如图 2-10 所示，设置方法和 Dism++ 类似，指定 install.wim 的位置、系统版本、引导分区、启动分区后，就可以安装了，如图 2-11 所示。

图 2-10

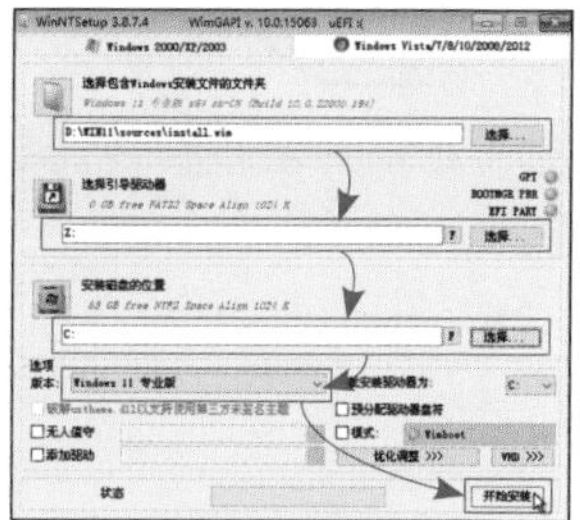

图 2-11

**〈 拓展知识 〉 通过部署安装的特点**

**通过部署安装的方式，可以自动跳过 Windows 11 升级或者正常安装（执行 setup.exe 程序）时需要检测电脑硬件是否符合要求的步骤。而且在部署安装时可以格式化系统盘，可以执行非常干净的全新安装。另外，部署安装操作简单，安装速度快，非常适合新手使用。**

## 2.1.5 从测试通道升级为正式版 Windows 11

之前加入了 Beta 或者 Release Preview 测试通道的用户，如果要体验正式版的 Windows 11，只要从测试通道退出，也就是退出预览体验计划，待升级后即可转换为正式版的 Windows 11。而 Dev 通道因为内部版本号过高，需要重新安装系统才可以，否则只能等到明年的 22H2 正式版发布后，才能升级为正式版。

要退出预览体验计划，可在 Windows 11 的“更新”界面中，单击“Windows 预览体验计划”，如图 2-12 所示。

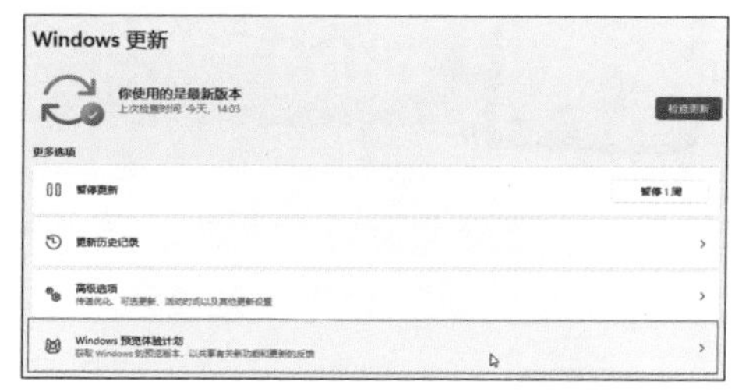


图 2-12

展开“停止获取预览版本”选项，单击“关”按钮，打开“下一版本的 Windows 发布时取消注册此设备”功能，如图 2-13 所示。这样在下个正式版出来后，就可以更新到正式版了。

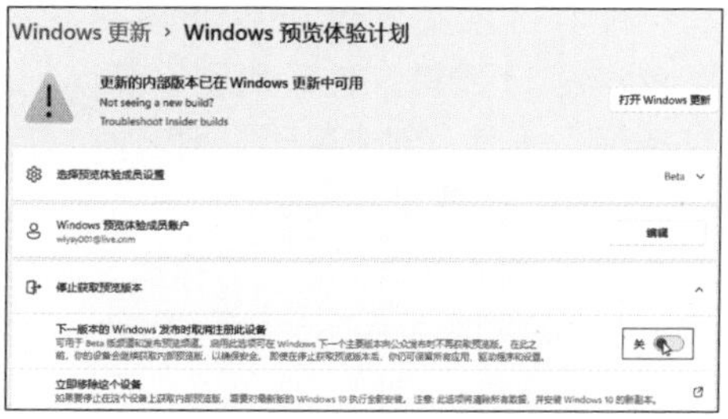

因为 Windows 正式版的升级是使用内部版本号判断其具体版本，然后将低版本号的系统升级为高版本号的系统，且不支持降级。所以退出测试通道后，只要新的正式版高于之前的测试版本号，就会自动升级为高版本的稳定版。而 Dev 通道的版本本身就是为了下一个大版本准备的，所以内部版本号跨越非常大，即便退出测试通道，最近一年的所有稳定版版本号也没有它高。所以要么全新安装，要么等第二年的新版本正式上线。

图 2-13

### 2.1.6 正常的全新安装

正常的全新安装需要使用系统的 ISO 镜像文件，通过刻录到 U 盘上，做成系统启动引导介质进行安装；或者进入 PE 环境中执行 setup.exe 程序全新安装。无论哪种方式，全新安装时都可以重新分区，并非常干净地进行操作的安装。下面将详细介绍正常的全新安装 Windows 11 的步骤。

## 2.2 Windows 11 的镜像下载

镜像相当于系统的安装文件。常见的镜像文件都是以“.iso”结尾，大小根据不同的系统有区别。不建议下载修改版或 GHOST 版的系统。如果用户可以获取到 OEM 系统，也可以安装。

微软在官网上整合并提供了前文所介绍的手动升级工具、启动 U 盘制作工具以及镜像的下载，如图 2-14 所示。

安装助手的使用方法前面已经介绍过了，Windows 11 磁盘镜像的下载按照提示，选择语言、版本等就可以了。

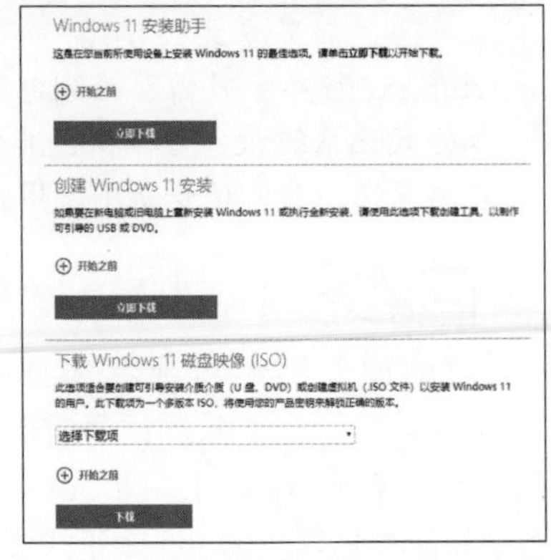


图 2-14

## 2.3 Windows 11 的安装准备

系统镜像准备好后，如果系统可以使用，就可以直接升级了。如果系统不可用或者无系统，除了准备镜像外，还要做一些安装准备工作。

### 2.3.1 制作启动 U 盘

启动 U 盘不仅仅可以使用启动系统，而且系统启动后会直接读取 U 盘中的 Windows 11 安装文件，启动安装向导。下面就介绍使用微软官方的“创建 Windows 11 安装”工具，创建启动 U 盘。

下载“创建 Windows 11 安装”工具“MediaCreationToolW11”，插入 U 盘，启动软件。同意协议后，选择操作系统的语言和版本，如图 2-15 所示，在接下来的界面中，选择创建为 U 盘，并提示 U 盘大小至少为 8GB，单击“下一页”按钮，如图 2-16 所示。在这里也可以创建 ISO 文件，和直接下载的 ISO 文件是一样的。

按照向导提示，选中 U 盘进入下一页后，软件会自动下载“Windows 11”的安装程序，如图 2-17 所示。完成后自动写入 U 盘内。

图 2-15

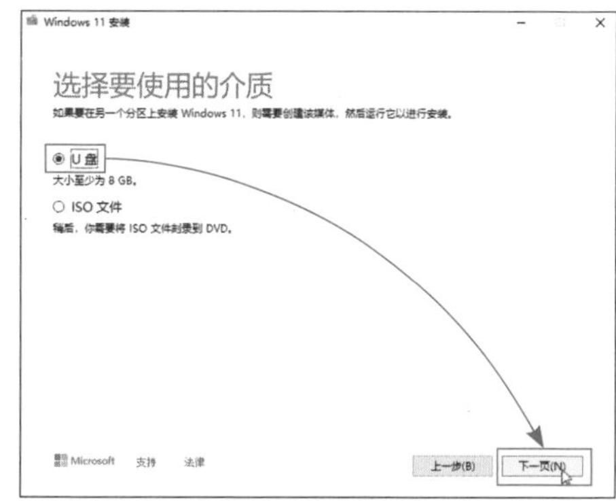


图 2-16

## 〈 拓展知识 〉 启动 U 盘使用时的注意事项

在使用该种方法进行系统安装时，仍然会检测用户的硬件是否达标。所以对于不符合要求的设备，可以在安装过程中，使用“Shift+F10”进入命令提示符界面，使用命令将几项跳过检测的键值导入到注册表中，或者执行可以跳过检测的程序。

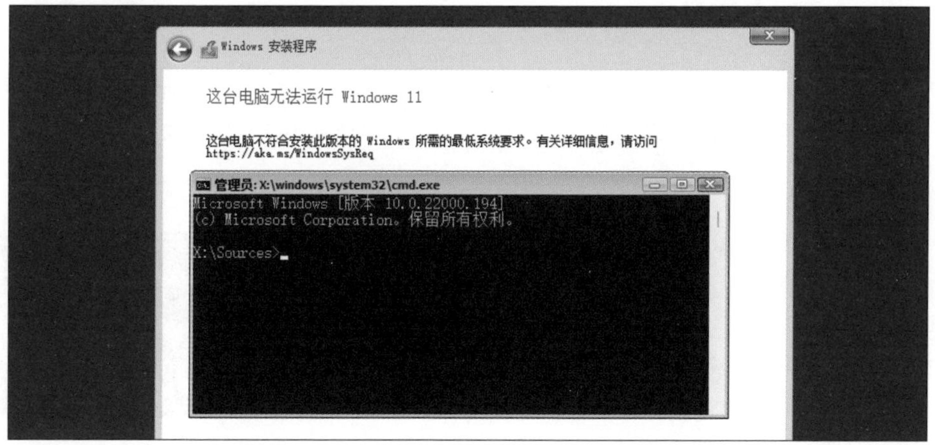


图 2-17

## 〈 拓展知识 〉 其他制作工具

除了使用官方的工具外，用户也可以通过 ISO 镜像文件和写入工具，将安装文件写入 U 盘中，比如常见的“Rufus”“Ventoy”“UltroISO”等。以“Rufus”为例，启动软件，选择镜像后，就可以制作了，如图 2-18 及图 2-19 所示。

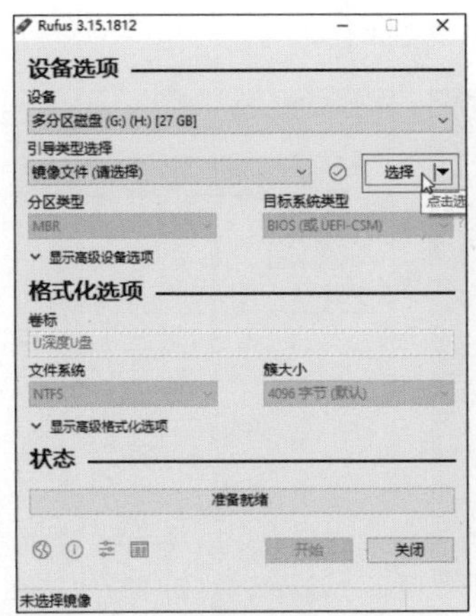


图 2-18

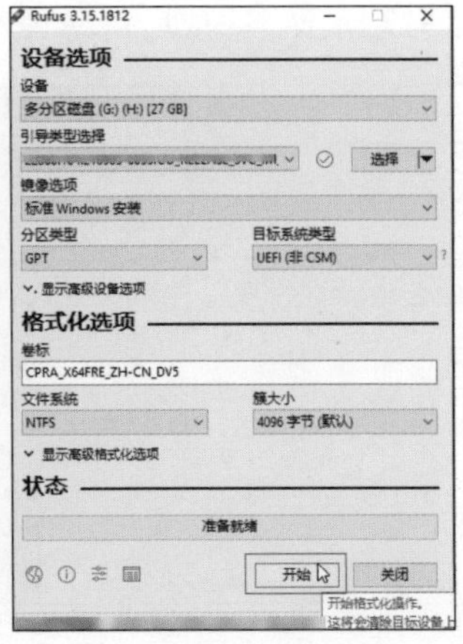


图 2-19

## 2.3.2 BIOS 设置

关于 BIOS 设置，一方面要打开 TPM 2.0，另一方面要设置为 UEFI 启动模式。由于 BIOS 未统一，因此如果与以下介绍的 BIOS 不同，请参考主板说明，或网上查找对应的设置操作教程，按照说明或教程内容调节 BIOS 相应的参数。

**拓展知识　进入 BIOS 的方法**

**一般在开机时，连续按键盘的“Del”或“F2”或“Esc”键即可进入 BIOS。对于不同的主板，读者可以参考主板说明，了解其进入 BIOS 的方法。**

### （1）打开 TPM 2.0 功能

该步骤仅限于电脑支持 TPM 2.0 功能且在未打开的情况下才可操作。用户可以使用上一章介绍的方法先查看 TPM 2.0 有没有开启，如果开启就可以跳过本步骤。

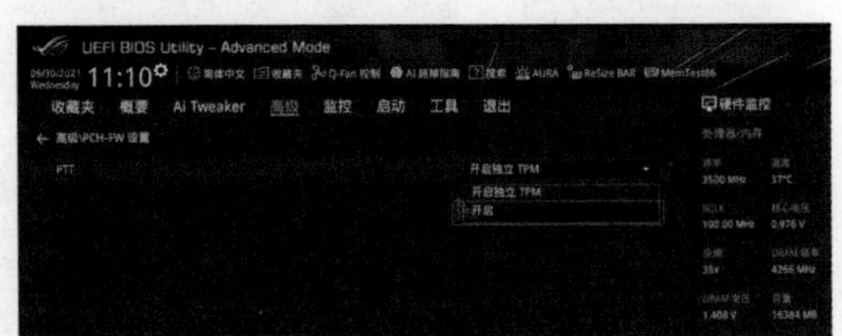


图 2-20

如使用华硕主板，则可以进入 BIOS 中，在“高级”选项卡的“PCH-FW 设置”中，找到“PTT”项，单击后方的下拉按钮，选择“开启”选项，如图 2-20 所示。

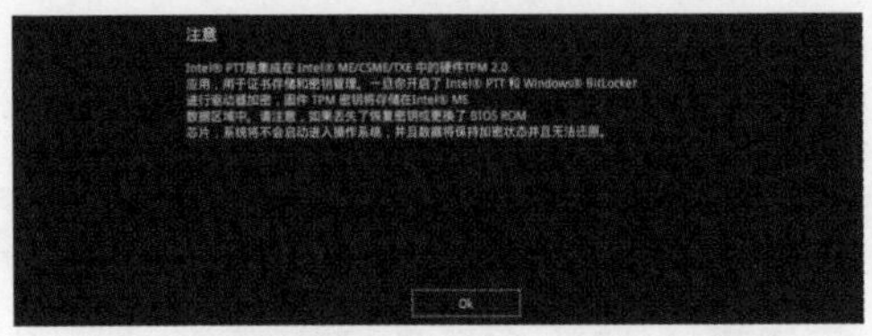


图 2-21

现在很多 CPU 集成了 TPM 功能，默认也是开启状态，如果未开启，也可以到 BIOS 中将该选项开启。PTT 是 Intel 处理器模拟 TPM 的功能。在选择并保存时，会弹出提示信息，如图 2-21 所示，单击

“OK”按钮即可。

（2）开启 UEFI 模式

UEFI 模式是传统的 BIOS 升级后的一种启动模式，除了支持图形界面外，还支持更大的磁盘容量（需要 GPT 分区表的支持）、更高的效能、更方便的批量安装、更快的开机、休眠恢复、更安全的启动模式。

用户需要先进入 BIOS 中，如果未开启，可以手动开启，如果开启了，则不需要修改，希望读者灵活掌握。开启 UEFI 模式，可以按照以下方法进行。

STEP 01　进入 BIOS 中，在“启动”选项卡中，启动“CSM”，如图 2-22 所示。

STEP 02　单击“启动设备控制”后的下拉按钮，选择“UEFI 与 Legacy OPROM”选项，如图 2-23 所示。

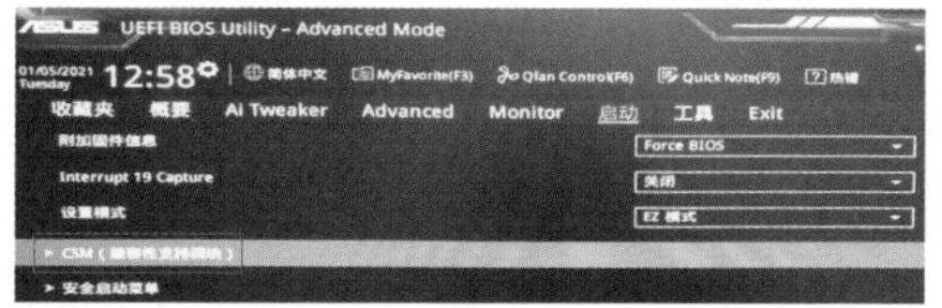


图 2-22

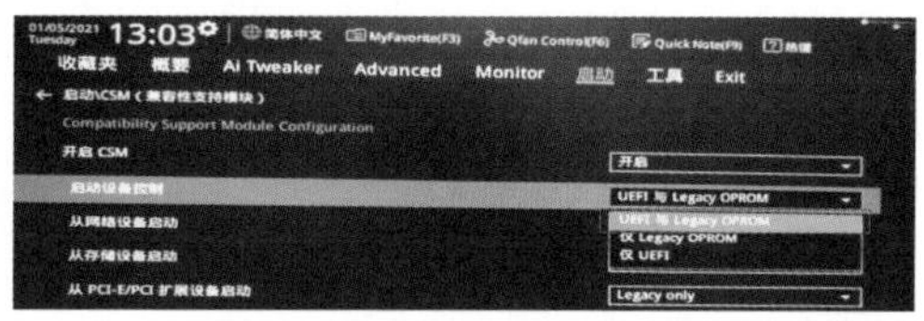


图 2-23

返回后按“F10”保存重启即可。

**CSM**

**CSM（兼容性支持模块）关闭后，只能使用 UEFI 模式启动。CSM 打开，可以设置为 UEFI 启动、传统 Legacy OPROM 启动或是两者都支持的模式。**

（3）设置启动顺序

在 BIOS 中，除了设置前面两项外，还要设置启动顺序，设置成 U 盘启动首选模式。

将 U 盘插入电脑后，进入 BIOS 中，在“启动”选项卡的“Boot Option #1”下拉列表中，选择“UEFI”开头的 U 盘，如图 2-24 所示，按“F10”保存退出即可。

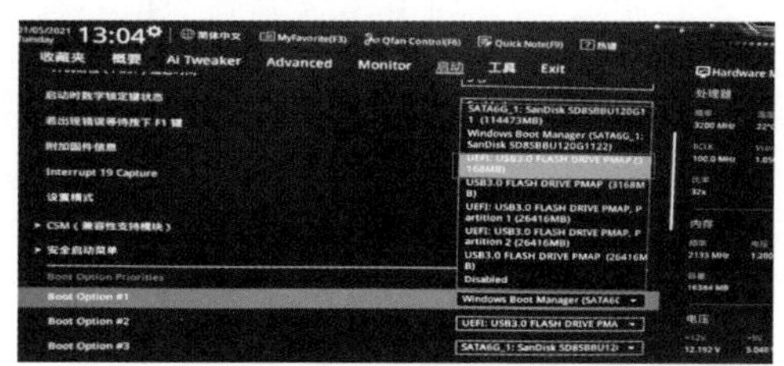


图 2-24

## 拓展知识　其他选择 U 盘启动的方法

**笔者比较喜欢在开机时，按“F11”“F12”或“F8”键，进入启动设备选择界面中，选择需要启动的设备，不需改动 BIOS 且非常灵活，如图 2-25 所示。**

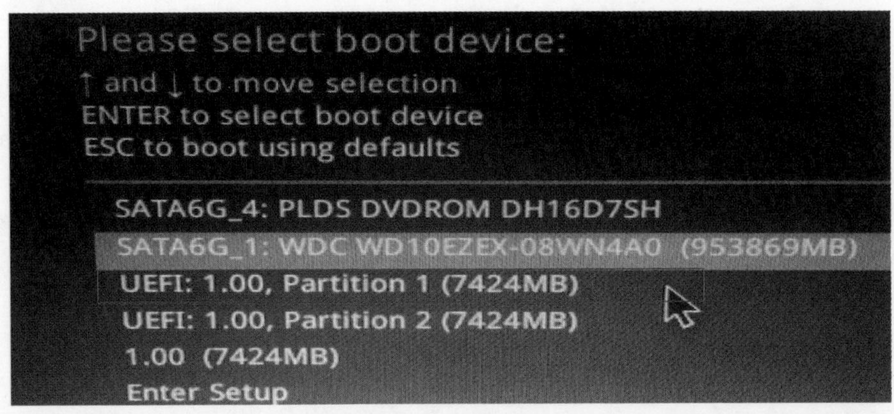


图 2-25

## 上手体验 注册 Microsoft 账户

Microsoft 账户可以免费访问 Office Online、Outlook、Skype、OneNote、OneDrive 等，可以在多台设备间同步在微软商店中安装的各种应用、游戏以及音乐、电影等，还可以同步联系人信息，增强安全配置，同步 Office，同步各种激活信息，管理各个登录的电脑信息，同时在加入各种测试通道以及参加微软的各种活动，设置及同步各种系统参数时都非常有用。而且激活了 Windows 后，如果不更换硬件，重装系统，登录微软账户可以自动激活，也就是常说的数字权利激活。

从 Windows 8 开始，安装 Windows 时，都会有一个步骤需要使用 Microsoft 账户登录，以进行账户的同步工作，所以可以提前注册好。

在此，将对注册的过程进行简单介绍。

STEP 01 进入微软的官网，单击右上角的“登录”按钮，如图 2-26 所示。

图 2-26

STEP 02 单击“创建一个”链接，如图 2-27 所示。

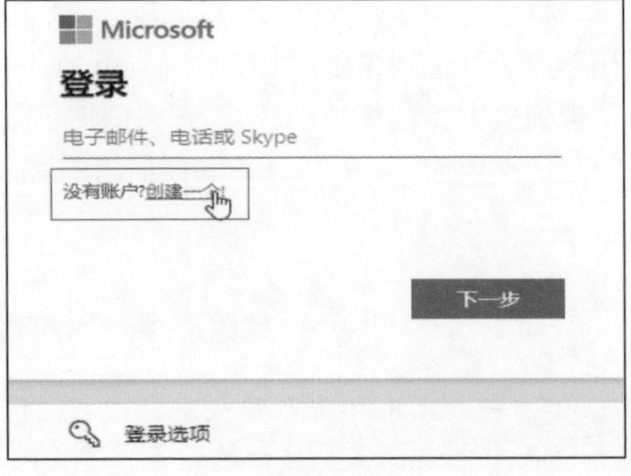


图 2-27

STEP 03 输入邮箱账号，单击“下一步”按钮，如图 2-28 所示。

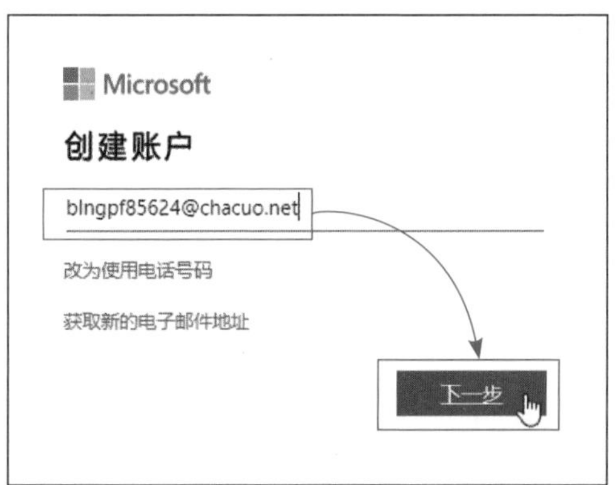


图 2-28

STEP 04 输入创建密码，单击“下一步”，如图 2-29 所示。

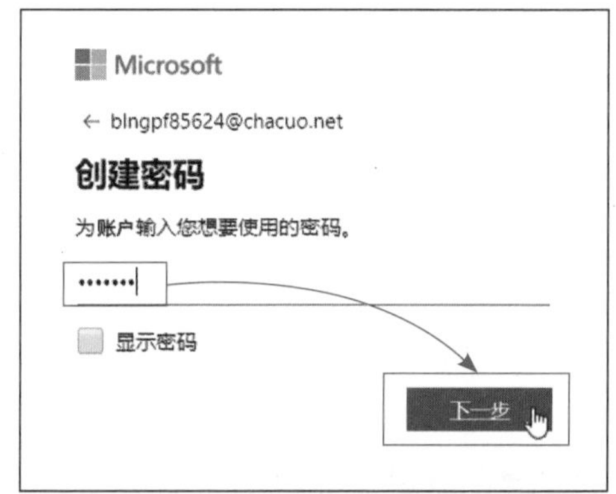


图 2-29

STEP 05 设置姓名和出生日期后，接下来会要求到邮箱中查看收到的验证码，填写到该界面中，单击“下一步”按钮，如图 2-30 所示。

图 2-30

STEP 06 接下来会有各种预防机器人的验证，完成后，提示是否保持登录状态，单击“是”按钮，如图 2-31 所示。

图 2-31

到这里，Microsoft 账户就注册完毕了，可以在主界面右上角进入该账户中，查看账户的各种参数设置和信息，如图 2-32 所示。

图 2-32

# 2.4 Windows 11 的安装及配置

准备工作已经做好了，接下来将 U 盘插入电脑中，启动电脑并选择启动设备为 U 盘，就可以安装 Windows 11 了。

## 2.4.1 启动安装程序

因为是 UEFI 引导模式，所以会自动读取安装启动程序。

STEP 01 单击键盘任意按钮，启动安装程序，如图 2-33 所示。

STEP 02 读取向导信息，可以看到 Windows 11 的 Logo 已经有变化了，如图 2-34 所示。

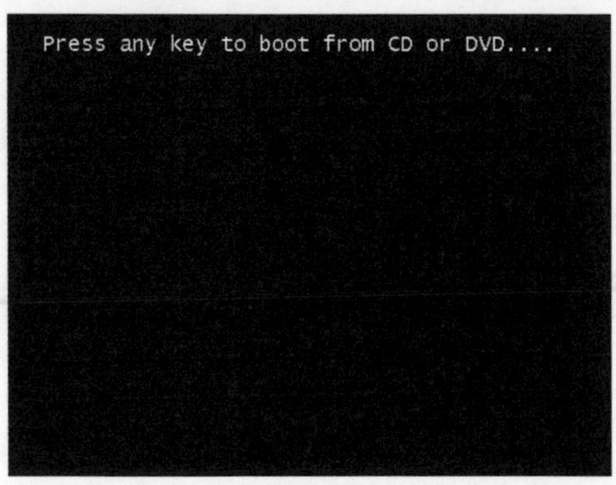


图 2-33

图 2-34

STEP 03 设置安装首选项，保持默认，单击“下一页”按钮，如图 2-35 所示。

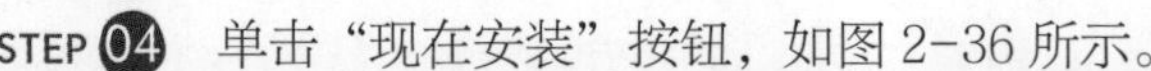

STEP 04 单击“现在安装”按钮，如图 2-36 所示。

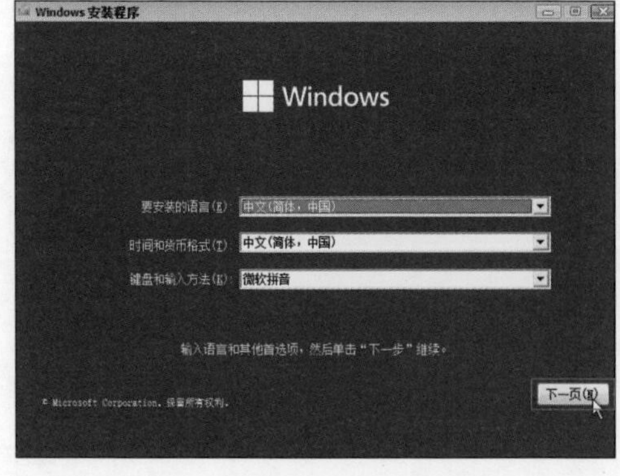


图 2-35

图 2-36

STEP 05 选择要安装的操作系统版本，单击“下一页”按钮，如图 2-37 所示。建议普通用户选择“家庭版”，有电脑使用基础的用户选择“专业版”。

**STEP 06**　如果有产品密钥，可以在此输入，以激活系统；如果没有，单击“我没有产品密钥”链接，如图 2-38 所示，在安装完毕后再进行激活操作。

图 2-37

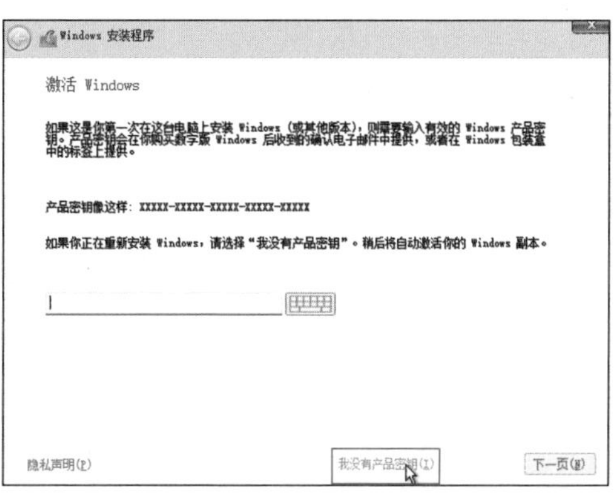


图 2-38

**STEP 07**　勾选接受协议，单击“下一页”按钮，如图 2-39 所示。

**STEP 08**　接下来选择安装的方式，可以通过 ISO 安装镜像升级系统。这里单击“自定义：仅安装 Windows”按钮，如图 2-40 所示，进行全新安装。

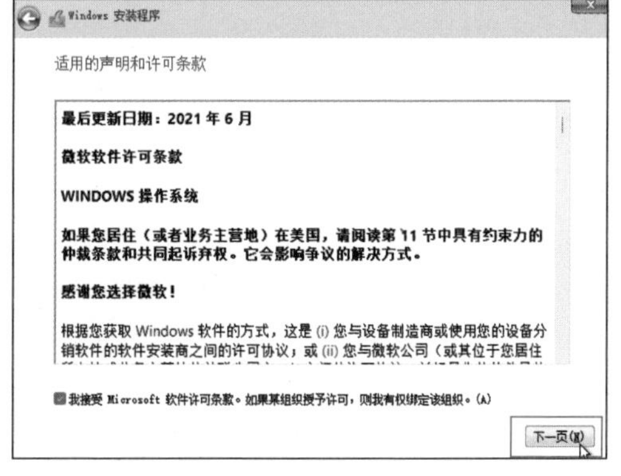


图 2-39

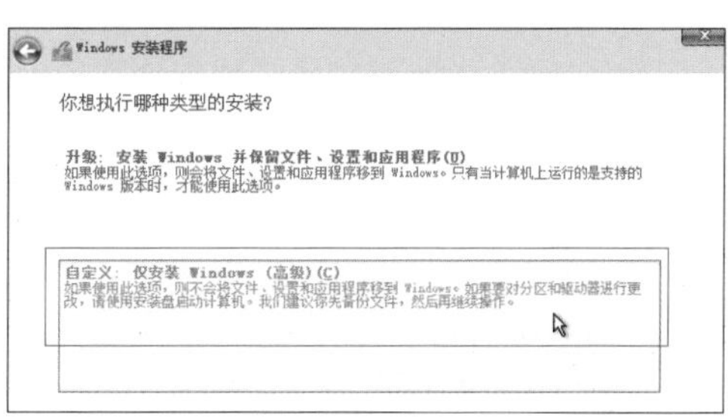


图 2-40

## 2.4.2 磁盘分区

磁盘分区的作用是将硬盘在逻辑层面划分成小块，方便磁盘的管理。划分分区后，可以将系统选择安装到合适的分区中。

**STEP 01**　因为是全新硬盘，所以显示“驱动器 0 未分配的空间”，单击“新建”按钮，如图 2-41 所示。

**STEP 02**　输入分区的大小，单击“应用”按钮，如图 2-42 所示。注意单位是“MB”，所以这里的 120000MB 约等于 120GB。

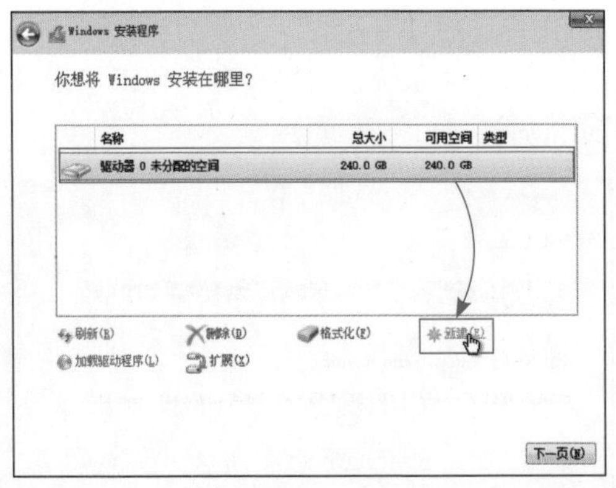


图 2-41

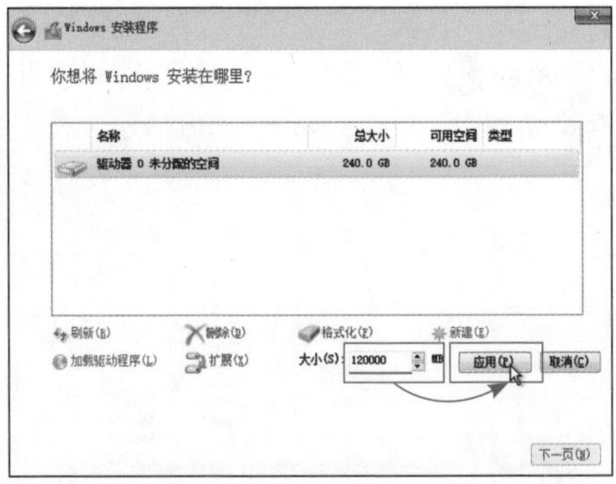


图 2-42

本例中是一块未分配的磁盘。如果已经存在分区了，可以直接选择安装操作系统的分区，但一定要满足 UEFI 分区要求。也就是必须要有 EFI 启动分区和安装操作系统的分区。如果不满足要求，可以删除掉所有分区，重新按本步骤来创建分区。

如果需要保留非系统分区中的数据来安装 Windows 11，可以仅删除掉系统所在分区，然后选择未分配空间再重建，安装程序会自动生成满足要求的分区格式。

### 〈 拓展知识 〉 多块硬盘分区时的注意事项

如果存在多个硬盘，Windows 会以“驱动器 0”“驱动器 1”……来命名。用户可以根据磁盘大小和分区大小来确定需要安装系统的磁盘是哪个。

分区存在极大的数据被删除的风险，所以建议读者在安装操作系统前备份好重要资料。

**STEP 03** 系统弹出提示，除了创建该分区外，还会创建系统需要的其他分区，单击“确定”按钮，如图 2-43 所示。

图 2-43

STEP 04　接下来系统会自动创建分区，按照同样的方法完成所有分区的创建，选择需要安装操作系统的分区后，单击“下一页”按钮，如图 2-44 所示。

STEP 05　接下来开始复制安装文件，安装功能和更新，如图 2-45 所示。

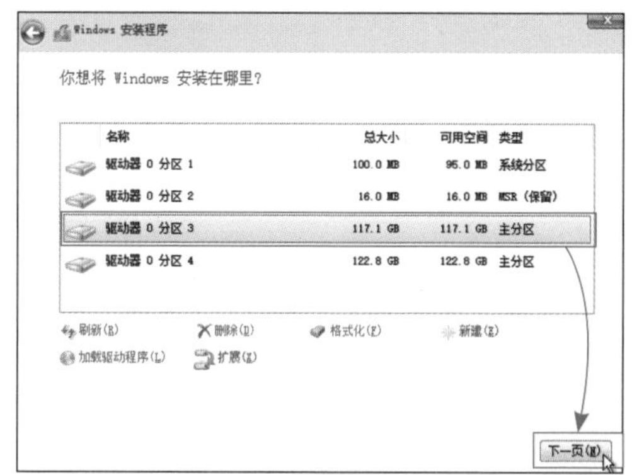


图 2-44

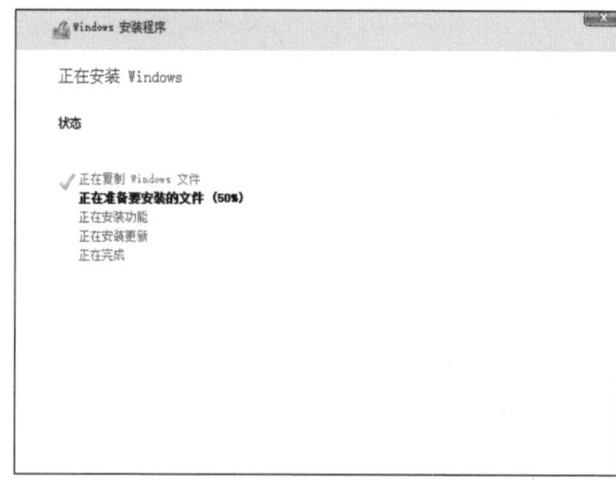


图 2-45

## < 拓展知识 > 各分区的作用

系统分区也叫作 EFI 分区或启动分区，是专门用来保存启动文件的分区，UEFI 必须要有 EFI 分区才能启动。MSR（保留）分区，主要为了实现 Windows 的一些特殊功能，如磁盘转换时使用。主分区是正常的数据分区，一般将第一个主分区作为操作系统的所在分区。

## 2.4.3 安装配置

一般在安装操作系统时，除了分区、安装配置需要用户手动进行设置，其他的都可以按照向导的提示一步步进行。在安装过程中，系统还会重启几次。

STEP 01　文件复制及展开完毕后，会自动重启，进入各种程序和服务的准备及安装阶段，如图 2-46 所示。然后会弹出 Windows 11 的 Logo，如图 2-47 所示，准备进行安装配置了。

图 2-46

图 2-47

STEP 02 选择“国家”为“中国”，单击“是”按钮，如图 2-48 所示。

STEP 03 选择键盘布局及输入法，单击“是”按钮，如图 2-49 所示。

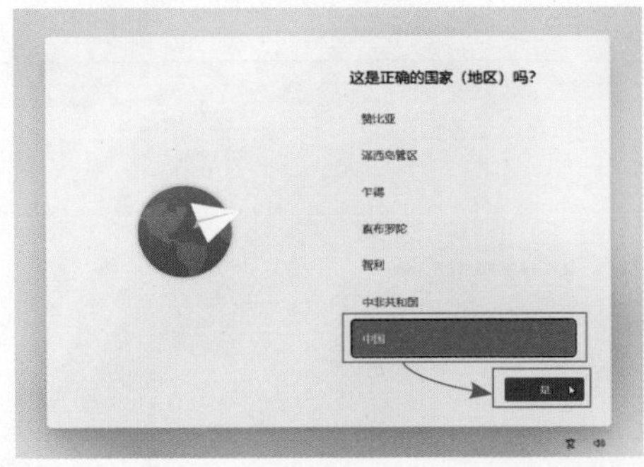


图 2-48

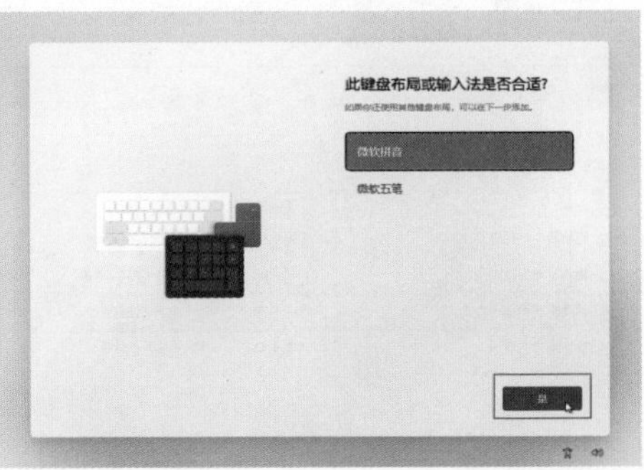


图 2-49

STEP 04 提示是否添加第二种键盘布局，单击“跳过”按钮，如图 2-50 所示，接下来系统会自动查找最新的更新，如图 2-51 所示。

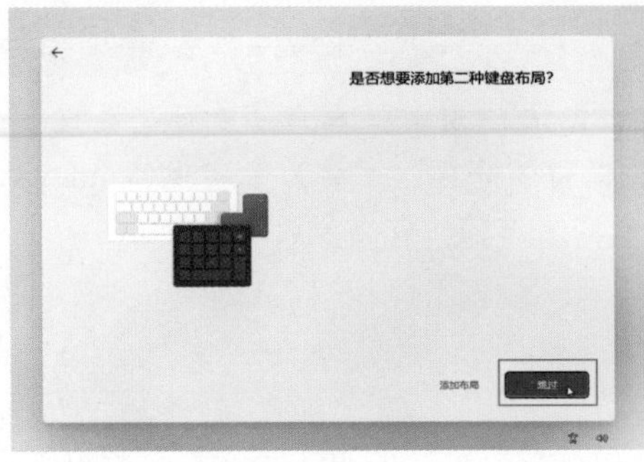


图 2-50

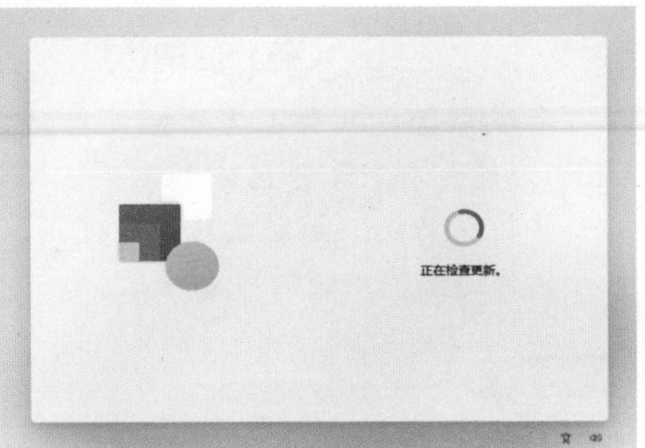


图 2-51

STEP 05 为电脑命名，单击“下一个”按钮，如图 2-52 所示。

STEP 06 同意协议后，弹出设置类别，选择“针对个人使用进行设置”，单击“下一步”按钮，如图 2-53 所示。

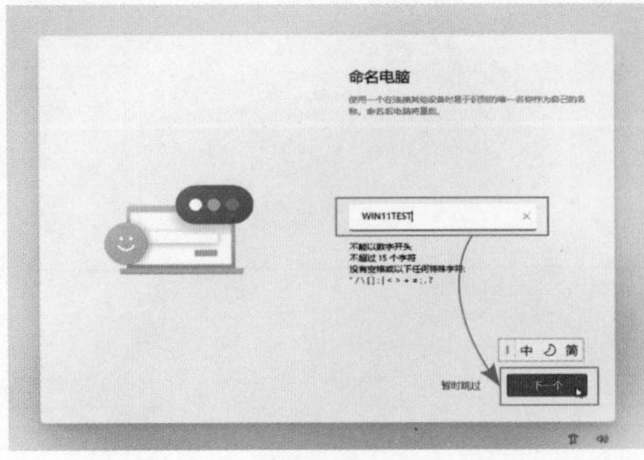


图 2-52

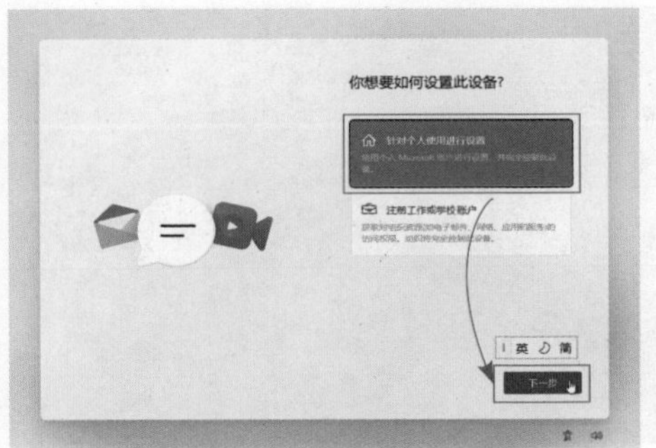


图 2-53

STEP 07　接下来使用 Microsoft 账户登录电脑，输入登录名称后，单击“下一步”按钮，如图 2-54 所示。

## 〈 拓展知识 〉 使用脱机账户

使用 Microsoft 账户登录可以理解成联机账户，如果要使用非联机账户，也就是使用脱机账户登录，可以在图 2-54 中单击“登录选项”链接，会弹出脱机账户的选项，进入后会启动创建向导，如图 2-55 所示。用户根据实际情况选择脱机账户或联机账户。

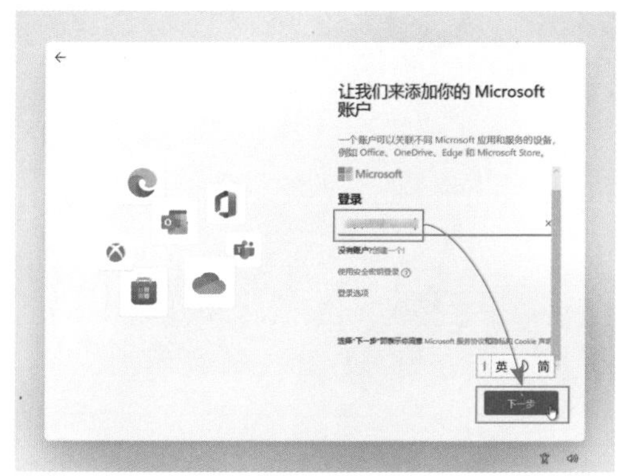


图 2-54

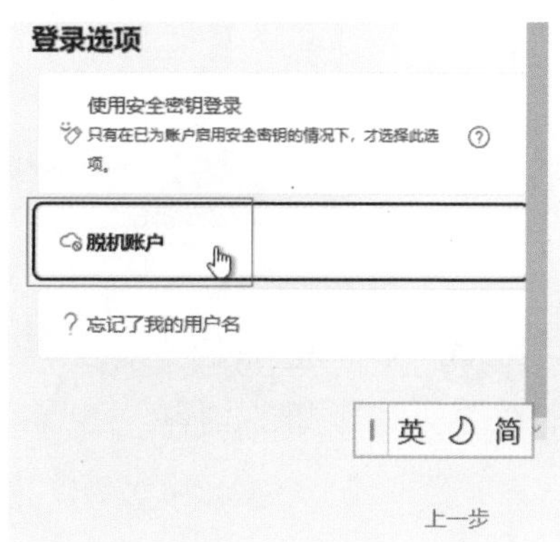


图 2-55

STEP 08　输入该账户的密码，单击“登录”按钮，如图 2-56 所示。如果无误，会弹出创建 PIN 页面，单击“创建 PIN”按钮，如图 2-57 所示。

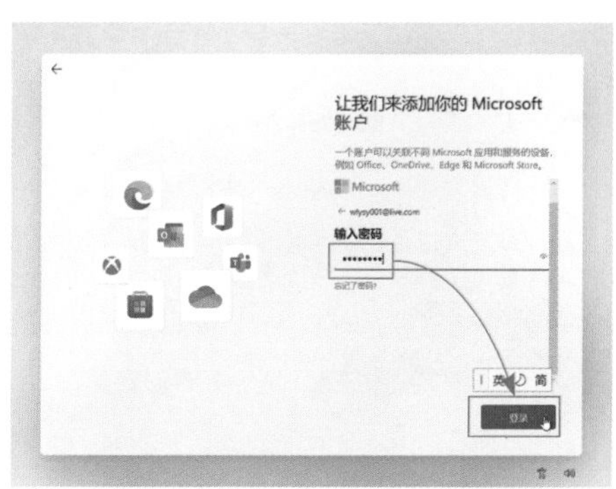

图 2-56

图 2-57

## 专业术语　PIN

这里的 PIN 指的是 Windows Hello PIN，是在本地创建的针对微软账户的登录 Windows 11 的密码。因为微软账户的验证需要联网，而在本地使用 Windows 系统有不能联网的情况。所以配置了本地的 PIN，可以随时登录 Windows 11。

**STEP 09** 设置 PIN，单击“确定”按钮，如图 2-58 所示。如果需要字母和符号，可以勾选“包括字母和符号”复选框。

**STEP 10** 因为登录了微软账户，所以会提示是否需要从账户配置中下载文件来完成同步。这里选择“设置为新设备”选项，单击“下一页”按钮，如图 2-59 所示。

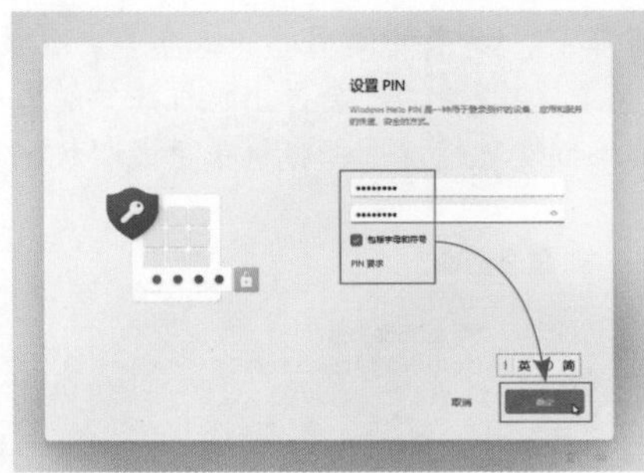


图 2-58

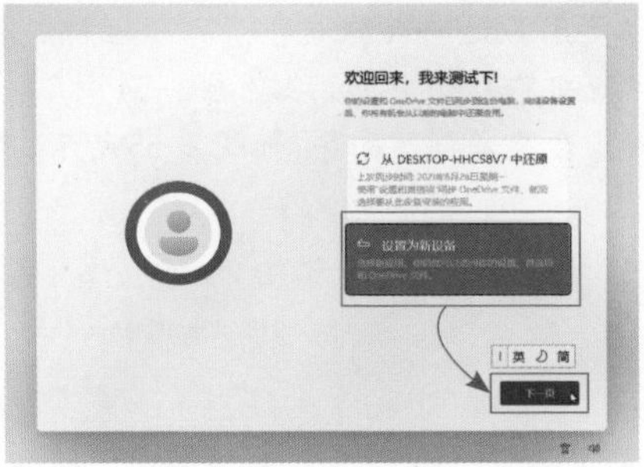


图 2-59

**STEP 11** 根据实际情况设置隐私，完成后单击“接受”按钮，如图 2-60 所示。选择个性化提示及广告推送内容，完成后单击“接受”按钮，如图 2-61 所示。

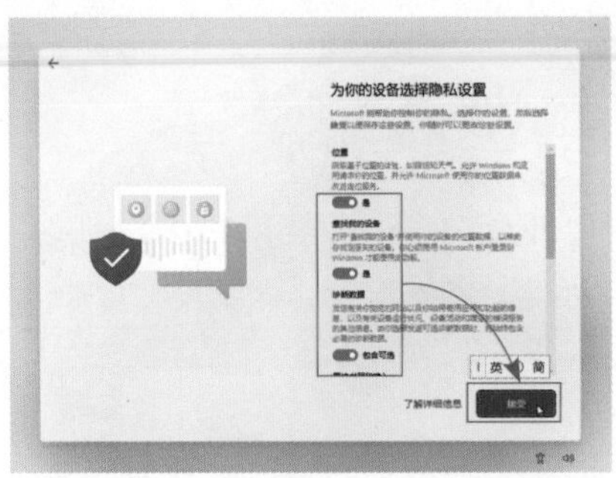


图 2-60

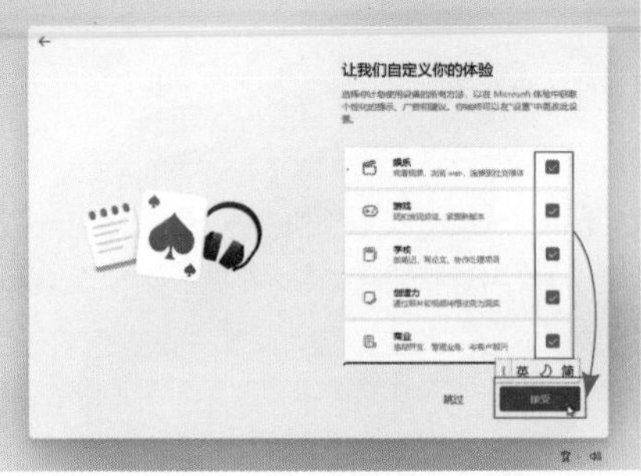


图 2-61

**STEP 12** 接下来系统按照设置进行最后的配置，如图 2-62 所示，此时不要关闭电脑电源。稍等后进入系统界面中，如图 2-63 所示。

图 2-62

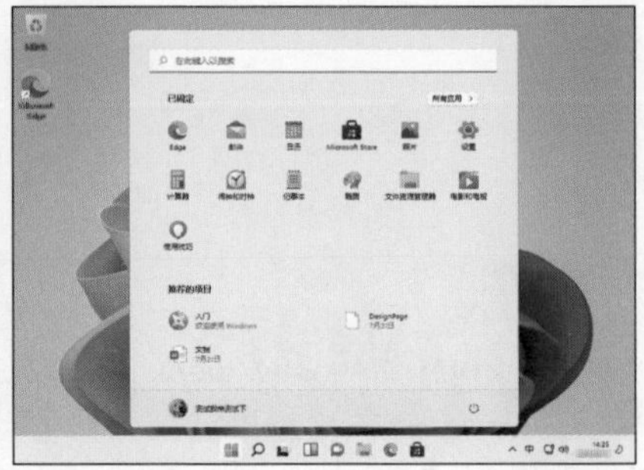

图 2-63

# 2.5 Windows 11 的激活

在安装 Windows 11 的过程中，可以通过输入安装密钥来激活 Windows 11，也可以在安装后来激活。接下来将介绍 Windows 11 激活的一些常见知识。

## 2.5.1 Windows 激活简介

在安装好 Windows 后，首先要做的工作就是激活系统。激活系统后，有如下作用：

①激活后，微软会为该 Windows 提供各种补丁，用来修补漏洞，增加新功能，安装驱动。

②激活后，可以对 Windows 进行“个性化”设置，如设置主题等。

③如果不激活，会有一定时间的试用期，并且会反复收到激活提示。若未在试用期内激活，背景还会变成黑色，而且会在桌面右下角显示“激活 Windows”的水印，如图 2-64 所示。

④不激活的话将无法使用微软账号的同步功能。

图 2-64

## 2.5.2 Windows 激活方式

Windows 的激活方式和密钥的发布也有关系，安装或激活时，密钥和安装的版本一定要匹配。Windows 的主要激活方式有如下几种。

（1）OEM 产品激活（OEM 密钥）

使用了硬件品牌厂商的设备，并且其自带有 Windows 系统的话，可以在产品联网后自动激活。如果系统损坏，再用相同的 OEM 镜像安装操作系统的话，同样能自动激活。这也属于数字权利激活。OEM 的 KEY 一般会被写入 BIOS 中，不需要手动输入，而且大部分属于家庭版（专业版成本比较高）。

（2）数字权利激活

激活时把 CPU 和主板信息等一些硬件信息做运算，存储在服务器中，这样再重装，通过查询满足条件，就直接激活了。只要不换主板就是永久激活，强烈建议这种激活方式。激活数字权利时，需要登录微软账户。零售版、MAK 都可以使用数字权利激活。

（3）零售版激活（Retail 密钥）

零售版系统的激活就是使用购买时产品自带的 KEY，填入后就可以激活了。如果更换了硬件，给微软打个电话，通过 KEY 就可以重新激活新系统。如果绑定了微软账号，也可以直接激活系统。

（4）MSDN 激活

面向微软 MSDN 订阅用户或者 TechNet 订阅用户（付费的），每个季度都会得到微软的最新系统的体验和各种 KEY（MAK），现在网上很多激活 KEY 都是基于 MSDN 用户的。

（5）MAK 激活（MAK 密钥）

MAK（Multiple Activation Key）。微软对于每个 MAK 都有个点数库，激活一次就会从库中减少一个。

（6）GVLK 激活

GVLK（Generic Volume License Key，批量授权许可密钥）用于 KMS 激活使用。但是要用微软的 KMS 授权激活服务器才可以。KMS 激活一般是 45 ~ 180 天，到期前会自动续期。现在很多工具都是使用 GVLK 激活模式。

（7）升级激活

无论用户采用什么方法激活的 Windows 10，在收到 Windows 11 的激活推送后，进行升级，升级过后都会变成微软认可的正版 Windows 11，自动加持数字权利激活。

### 2.5.3 Windows 11 的激活

Windows 11 的激活一般都需要 KEY，只要有对应的 KEY，填入后就可以激活当前的 Windows 11 了。

（1）正常激活 Windows 11 的步骤

如果升级前是激活的 Windows 10，升级后也会变成激活状态。如果是全新安装的 Windows 11，就需要按照以下步骤进行激活。

STEP 01 用“Win+I”组合键启动“系统”界面，单击“立即激活”按钮，如图 2-65 所示。

图 2-65

STEP 02 打开“激活”界面，因为笔者账号已经激活过 Windows 11 并且被上传到服务器中，也就是符合数字权利激活，所以这里审核后，自动进行了激活，如图 2-66 所示。

STEP 03 在这里可以单击“更改”，进入更改密钥界面，如图 2-67 所示，输入用户获取到的 KEY，单击“下一页”按钮，如图 2-68 所示。

图 2-66

图 2-67

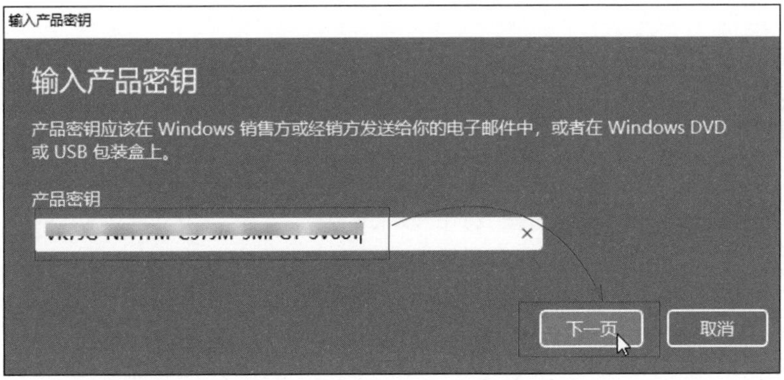

图 2-68

STEP 04 更换密钥后，会有激活提示，单击“激活”按钮，如图 2-69 所示。

如果密钥可以使用，就会弹出激活成功提示，完成激活。所有通过 KEY 进行验证激活的步骤与此类似。

图 2-69

**〈拓展知识〉找不到激活功能的位置**

第一次激活，激活功能的位置和笔者的一样。如需更换密钥，在“系统”界面中，可以找到“激活”功能，如图 2-70 所示，在这里可以查看激活状态，更换密钥。

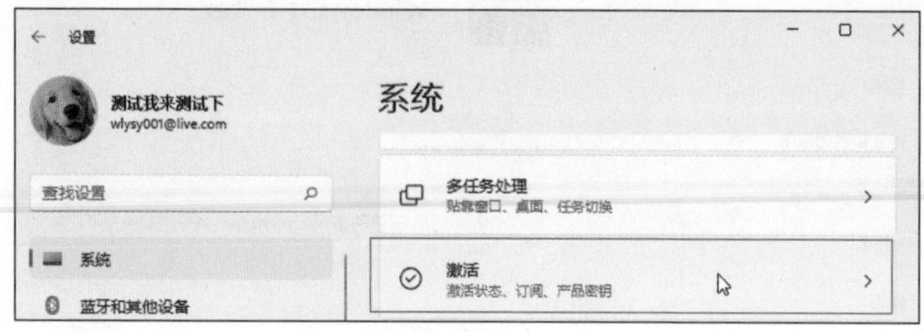


图 2-70

（2）KMS 激活步骤

下面介绍另一种激活方式的设置步骤，首先使用管理员权限启动“CMD”命令提示符，接着输入命令即可。

STEP 01 通过“slmgr.vbs /upk”命令，是卸载当前的 KEY。

STEP 02 通过“slmgr /ipk XXXXX-XXXXX-XXXXX-XXXXX-XXXXX”来安装新的 KEY。其实到这一步，如果是正版的 KEY，就可以跳过 STEP03，直接激活了（这两步其实就是换 KEY，和上面换 KEY 的效果一模一样）。

STEP 03 如果使用的是 GVLK，还需要设置 KMS 服务器地址，以便去验证。命令就是“slmgr /skms a.b.c.d”，其中 a.b.c.d 就是服务器的域名或 IP。默认是微软的服务器验证。

STEP 04 使用命令“slmgr /ato”来执行激活，然后查询下时间。

网上很多工具软件其实就采用以上这 4 步，只不过隐藏了 KEY 和 KMS 服务器的地址，并集合了这几个命令。不过它们使用的 KMS 服务器地址不是微软官网的，而是自己架设的 KMS 服务器。其实微软对于大规模授权，是同意大客户自己架设 KMS 服务器的。只不过网上很多是未经微软授权的个人架设的，用户在使用这些工具时一定要小心其中的病毒、木马以及后门程序。

# 2.6 Windows 11 的更新操作

Windows 的更新，需要先激活系统，然后才可以获取到更新。Windows 的更新，除了可以获取到最新的功能，还可以获得 Windows 系统漏洞的补丁，以增强系统安全性。另外，系统更新还可以获取到硬件的驱动，这是微软和各硬件厂商合作的成果，通过更新可以安装各种通用驱动，而不用费时费力去寻找补丁了。那么接下来介绍如何进行更新操作。

## 2.6.1 启动 Windows 更新

Windows 更新默认是开启的，接下来介绍如何使用 Windows 更新。

STEP 01　使用“Win+I”组合键进入“系统”界面中，单击“Windows 更新”按钮，如图 2-71 所示。

STEP 02　系统会自动检查更新，列出并自动下载当前的可用更新，下载完毕，单击“立即安装”按钮，Windows会自动安装更新，如图 2-72 所示。

图 2-71

图 2-72

更新完成后，有可能需要重启，系统在重启时的关机及开机过程中，会进行更新的安装。重启完毕就完成了更新。在整个过程中，切不可随意断电，否则有可能造成系统崩溃的后果。更新完毕或检查无更新，会显示“你使用的是最新版本”，如图 2-73 所示。

图 2-73

## 2.6.2 停用 Windows 11 的更新

从安全性和便利性角度，强烈建议开启更新，而且 Windows 11 的更新速度更快，占用资源也更少。如果用户确实需要停用更新，可以按照下面的步骤进行。

STEP 01　使用“Win+I”组合键打开“系统”界面，单击“Windows 更新”按钮，如图 2-74 所示。

STEP 02　单击“暂停更新”后的下拉按钮，选择需要暂停更新的时间，如图 2-75 所示。

图 2-74

图 2-75

## 〈 拓展知识 〉 继续进行更新

暂停更新后，可以在“Windows 更新”界面中，单击“继续更新”按钮来启动更新，如图 2-76 所示，也可以延长更新。

图 2-76

## 2.6.3 Windows 11 更新选项

除了基本的更新和停用更新外，Windows 11 的更新还有很多设置。

（1）查看更新记录

在 Windows 更新中，进入“更新历史记录”板块，可以查看当前已经安装的更新，还可以了解更新的内容以及卸载更新，如图 2-77 所示。

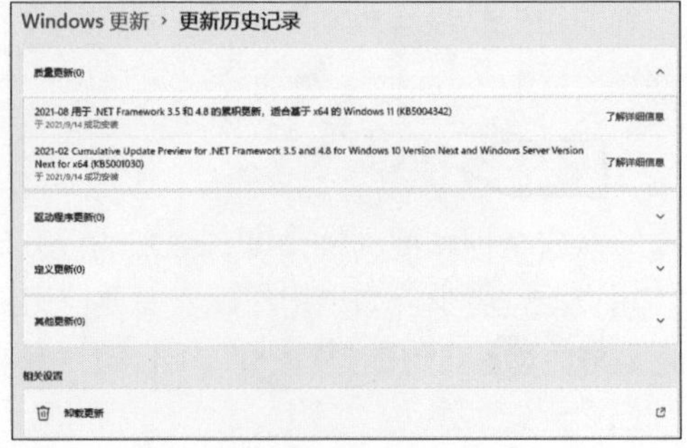


图 2-77

（2）高级选项

在“高级选项”中，可以设置是否接收其他 Microsoft 产品更新、通知模式、更新重启的时段、可选更新及传递优化等，如图 2-78 所示。

图 2-78

## 2.7 Windows 11 的启动及关机操作

每次 Windows 版本更新后，欢迎界面、关机界面、睡眠、锁定、注销、用户切换等功能按钮的位置总会发生变化。那么 Windows 11 的这些功能按钮都在什么地方？怎么操作？接下来将向读者进行详细介绍。

### 2.7.1 Windows 11 的登录

Windows 在正常开机后，会进入引导、读取操作系统内核，载入系统，最后进入欢迎界面。该界面会出现随机背景图片，并显示当前的时间和日期，如图 2-79 所示。

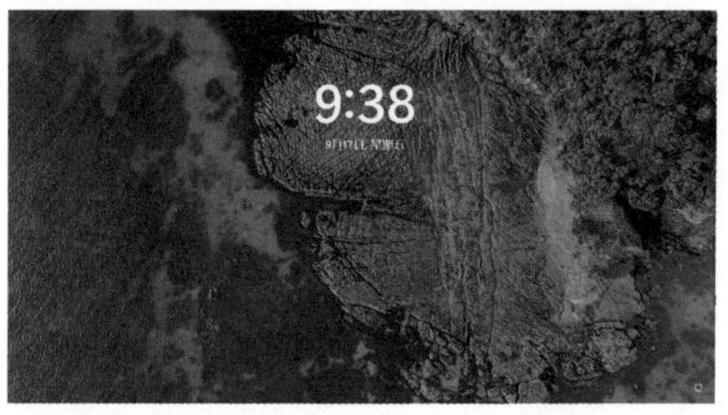


图 2-79

**〈拓展知识〉查看背景图相关知识**

在背景图上逗留片刻，会出现“搜索”按钮，并显示背景图上各内容的介绍。有兴趣的话，单击该说明，在进入系统后会打开浏览器，出现对应的详细介绍。

单击鼠标或按任意键后，会出现 PIN 的输入界面，输入 PIN 后，按回车键，如图 2-80 所示，然后就会读取用户环境和配置等数据，最后进入桌面。

图 2-80

在该界面的右下角，单击“网络”按钮，可以在非登录状态下设置设备联网，如图 2-81 所示。还可以单击“电源”按钮，如图 2-82 所示，对系统进行重启、睡眠、关机操作。在“辅助功能”按钮中，可以设置辅助选项，但用得比较少。

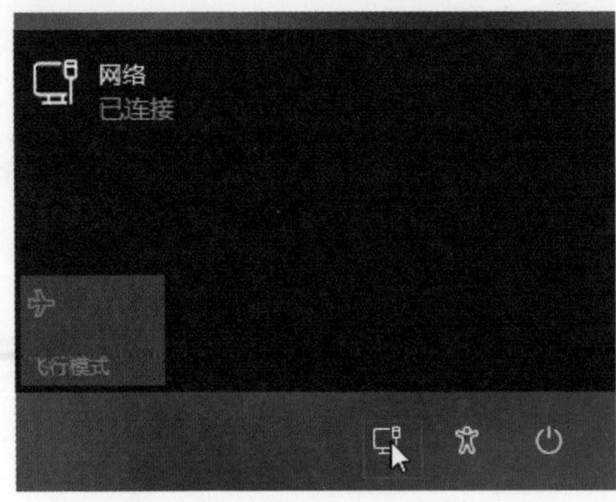


图 2-81

图 2-82

## 2.7.2 Windows 11 的关机与重启

建议在关机前保存好当前打开的文档、正在处理的其他工作，也可以关闭正在运行的程序以加快系统关机速度。如果直接执行关机操作，可能会造成软件的错误。

在系统中，单击“开始”按钮，打开开始屏幕，单击右侧的“电源”按钮，从列表中选择“关机”选项，如图 2-83 所示；如果想重启，可以选择“重启”选项。

图 2-83

## 拓展知识 更新后的重启及关机

在 Windows 11 更新时，电源按钮上会出现黄色小圆点，单击后会多出“更新并重启”及“更新并关机”的选项，如图 2-84 所示，并预估了更新所需的时间，选择后会立即启动更新。如果不希望立即更新，可以选择正常的“关机”或“重启”，选择合适的时间再更新。

图 2-84

## 上手体验 Windows 11 的注销

扫一扫　看视频

注销是将当前的用户的运行环境和各种配置参数先保存下来，然后重新回到登录界面中。其实关机和重启操作也是先这样做，然后会保存整个系统的运行参数和设置，最后关机或重启。

读者可以进入开始屏幕，单击用户头像，选择“注销”选项，如图 2-85 所示，接下来就会关闭所有程序并返回登录界面中。

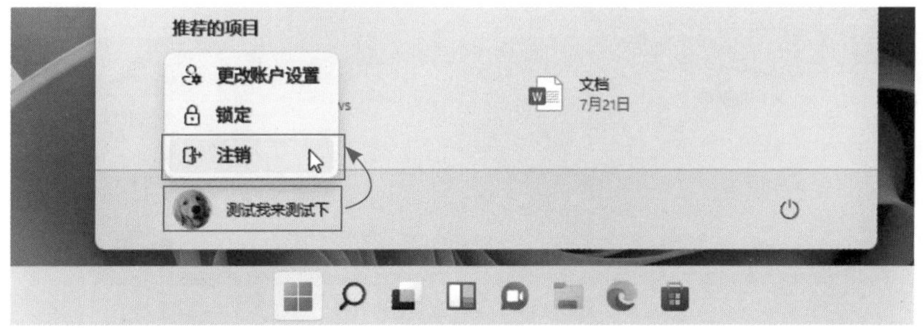


图 2-85

## 拓展知识 注销的重要用途

如果用户在使用电脑中出现了如浏览器失去响应、程序故障、软件无法打开的情况，都可以使用注销功能注销当前账户，再次登录后，一般故障就能解决了，比重启电脑更方便快捷。

### 2.7.3 Windows 11 的锁定和解锁

临时离开电脑，又怕有人来操作电脑，可以使用锁定功能。锁定不影响当前系统的运行，和手机锁屏类似。再次输入 PIN 可以解锁。

在开始屏幕单击用户头像，从列表中选择“锁定”选项，如图 2-86 所示。

图 2-86

接下来会进入欢迎界面，和登录时的状态一致，输入 PIN 就可以解锁了。另外，使用“Win+L”组合键，可以快速执行“锁定”操作。

### 2.7.4 Windows 11 的睡眠

睡眠不是关机，而是进入一种特殊的节能状态，它会将当前系统的运行状态保存到内存中，并关闭硬盘等其他设备的供电，仅为内存提供电量，唤醒后可立即恢复到工作状态中。这种模式比较适合笔记本，尤其是超极本，可以节约电池电量，又能迅速恢复到可使用的状态中。

在 Windows 11 中，进入开始菜单，单击“电源”按钮，选择“睡眠”即可，如图 2-87 所示。

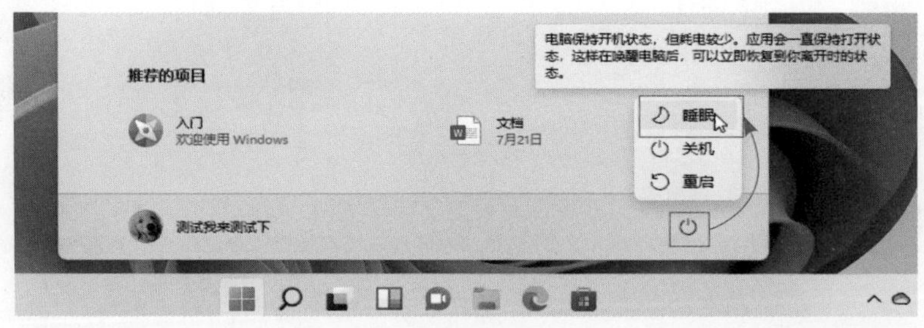


图 2-87

**〈拓展知识〉睡眠的唤醒**

一般的笔记本在将屏幕合上后，就会进入睡眠状态（可以设置），打开屏幕就会唤醒。如果是正常的通过选项进入的睡眠，可以按键盘任意键或单击鼠标唤醒。

如果要设置睡眠时间，可以使用“Win+I”组合键启动“设置”界面，找到并选择“电源”选项，如图 2-88 所示。

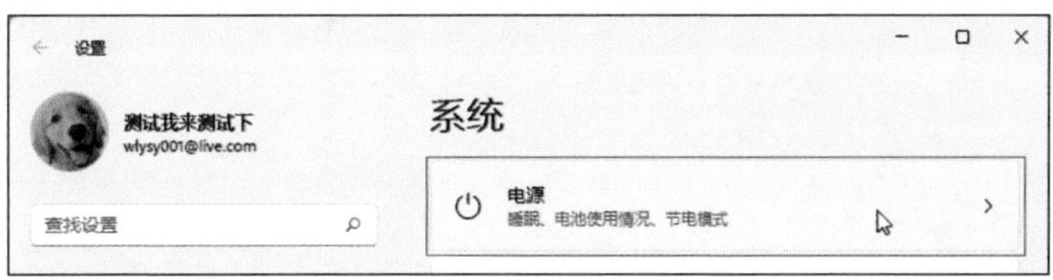


图 2-88

单击“屏幕和睡眠”下拉按钮，这里就可以设置关闭屏幕和进入睡眠的时间，如图 2-89 所示。

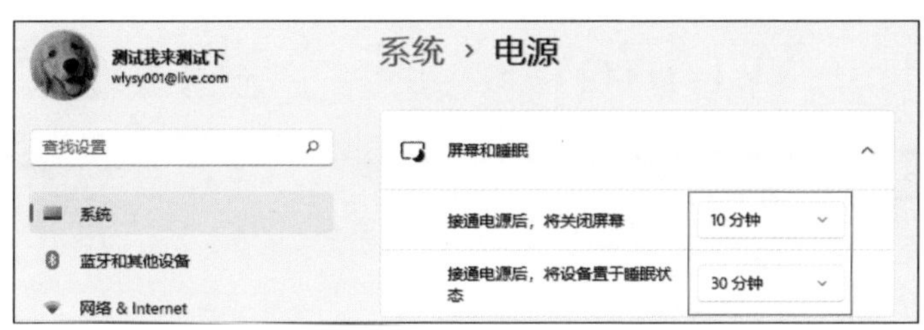


图 2-89

## 2.7.5 Windows 11 用户账户切换

关于用户账户的相关知识将在后面的章节详细介绍。如果用户在 Windows 11 上有多个账户，可以按照下面的方法切换。

在桌面上使用“Win+F4”组合键启动“关闭 Windows”对话框，单击“关机”下拉按钮，选择“切换用户”选项，如图 2-90 所示，确定后就可以进入欢迎界面，选择其他账户，输入密码就可以登录其他用户账户了。这里也可以实现注销、睡眠、关机和重启操作。

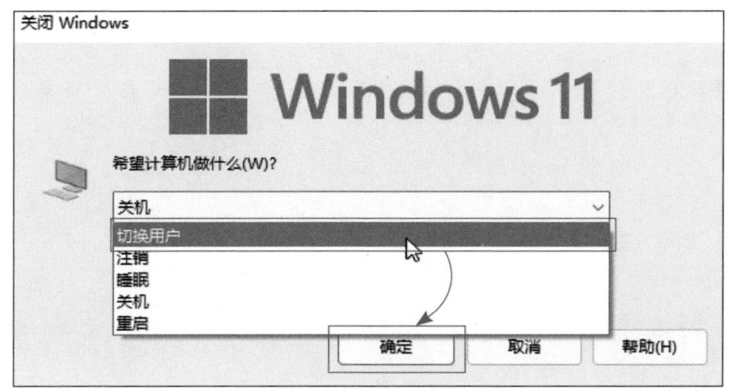


图 2-90

# 第3章 缤纷多彩显个性——Windows 11 个性化设置

Windows 11 可以称得上是“颜值爆表”，但对于个人来说，总希望与众不同。无论是彰显个性，还是更符合自己的操作习惯，都需要对系统进行一些个性化设置。本章就将向读者介绍 Windows 11 中一些常用的个性化设置操作步骤。通过本章的学习，读者可以打造出更符合自己品味的 Windows 11 功能界面。

**本章重点难点：**

桌面的设置 ⟷ 窗口的设置 ⟷ 开始屏幕的设置

任务栏的设置 ⟷ 功能区的设置 ⟷ 视觉效果的设置

# 3.1 桌面与窗口设置

Windows 最常见的个性化设置就是背景、主题等。Windows 11 的个性化设置步骤与 Windows 10 有些不同。另外，个性化设置需要激活后才能使用。

## 3.1.1 桌面背景的设置

桌面背景的设置分为静态壁纸的设置和动态壁纸的设置，下面介绍具体的设置方法。

### （1）静态壁纸的设置

静态壁纸的设置比较简单，也是作为个性化展示的最主要的窗口。

STEP 01　在桌面上单击鼠标右键，选择“个性化”选项，如图 3-1 所示。

STEP 02　在“个性化”界面中，选择“背景”选项，如图 3-2 所示。

图 3-1

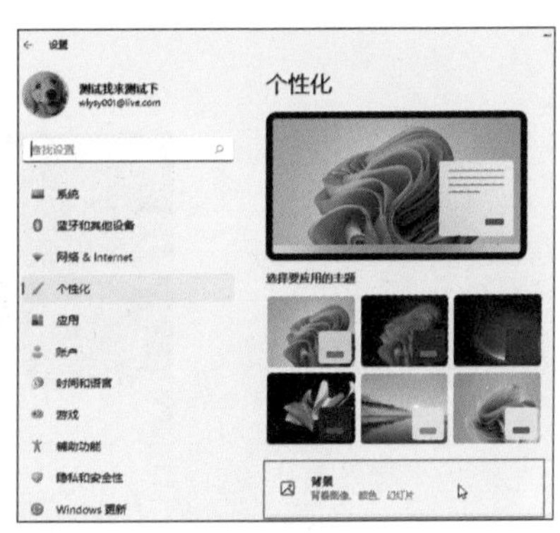


图 3-2

STEP 03　从列表中，选择一款自带的图片作为背景，并在“选择适合你的桌面图像”后，选择“填充”选项，如图 3-3 所示。此时桌面背景就被更换了，如图 3-4 所示。

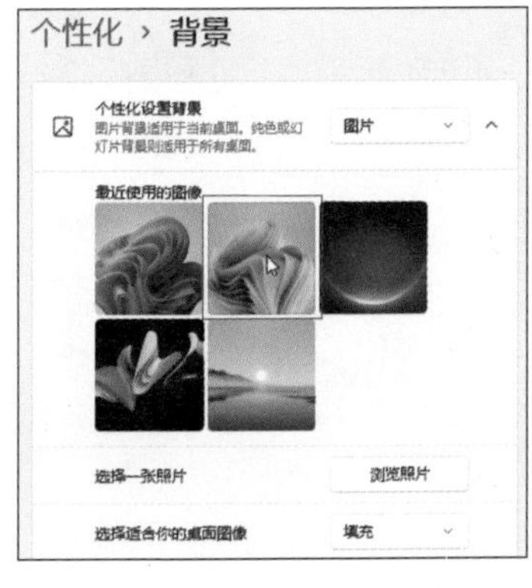


图 3-3

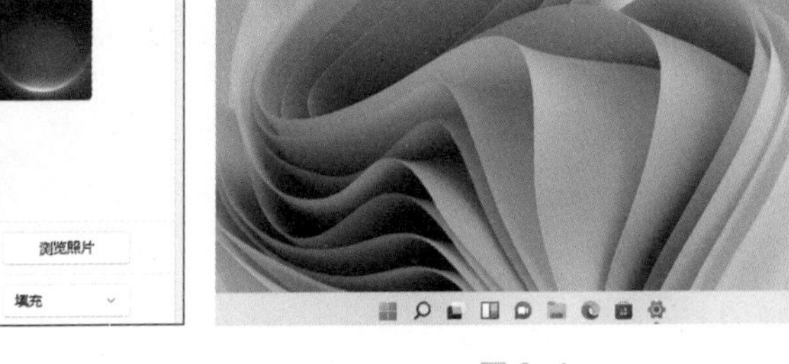

图 3-4

（2）使用自定义图片作为背景

使用自定义图片时，可以在“背景”设置界面中单击“浏览照片”按钮，如图 3-5 所示，在“打开”对话框中，找到并选中需要作为背景的图片，单击“选择图片”按钮，如图 3-6 所示。

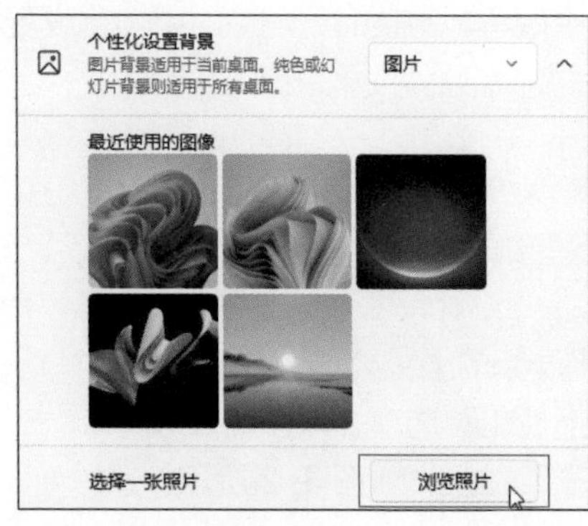


图 3-5

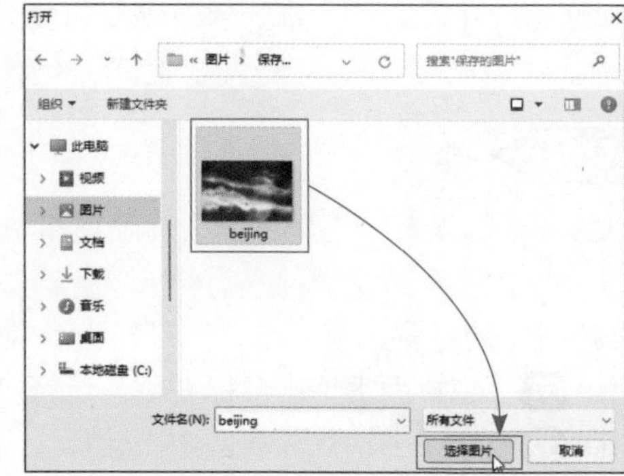


图 3-6

完成后背景就被更换成所选图片，而且桌面风格、毛玻璃效果也变成了和用户所选图片相似的颜色，如图 3-7 所示。

图 3-7

（3）设置动态背景

默认情况下，背景是不变的，用户可以选中多张图片作为背景，定时更换。设置方法是在“个性化设置背景”下拉列表中选择“幻灯片放映”选项，如图 3-8 所示。

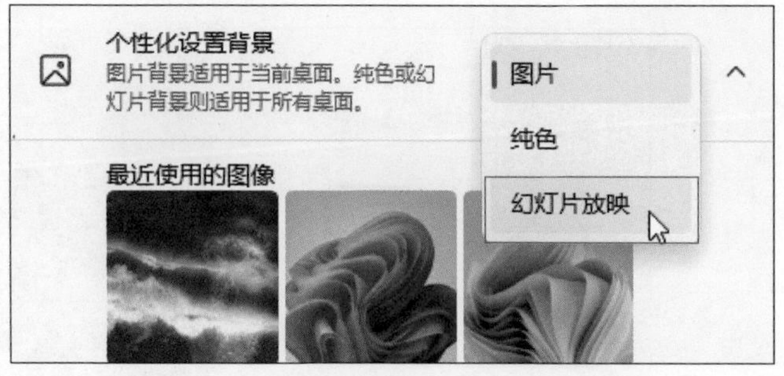


图 3-8

在下方的设置中，可以设置图片切换的频率、是否顺序播放等。单击“浏览”按钮，如图 3-9 所示，在弹出的“选择文件夹”对话框中，选择背景图片所在的文件夹，单击“选择此文件夹”按钮，如图 3-10 所示。

Windows 11 会逐张将文件夹中的图片作为背景进行显示，类似于幻灯片放映。在选择文件夹前，请将所有背景图片放置到文件夹中。

图 3-9

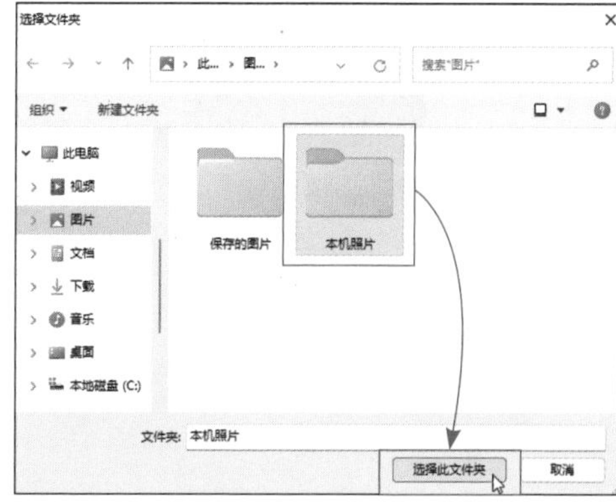


图 3-10

## 3.1.2 桌面图标设置

Windows 11 的图标体系也进行了大量的改进，现在的 Windows 11 图标不仅效果美观，而且更加容易分辨出各种图标对应的程序或功能。图标的设置主要包括以下几种。

（1）调出常用图标

在安装好系统后，正常情况下桌面上只有“回收站”和“Microsoft Edge”两个图标，其他的常用图标可以按照下面的步骤调出，以方便操作。

STEP 01　在桌面上单击鼠标右键，选择“个性化”选项，如图 3-11 所示。

STEP 02　找到并选择“主题”选项，如图 3-12 所示。

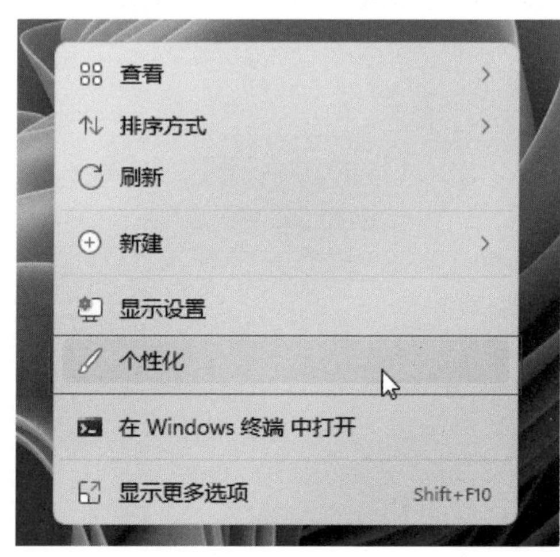


图 3-11

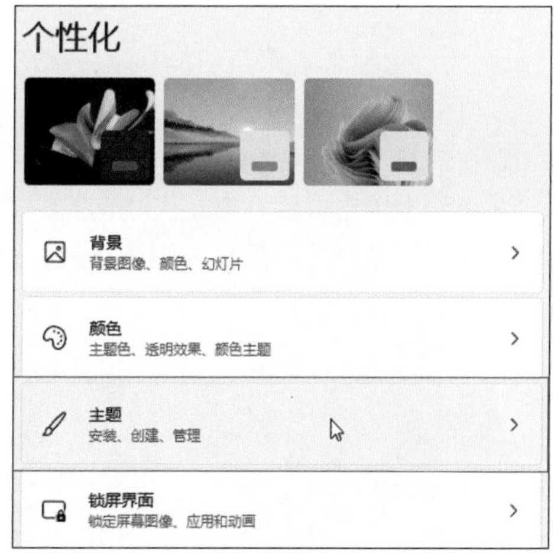


图 3-12

STEP 03　在“相关设置”中，选择“桌面图标设置”选项，如图 3-13 所示。

STEP 04　勾选需要显示的桌面图标，单击“确定”按钮，如图 3-14 所示。

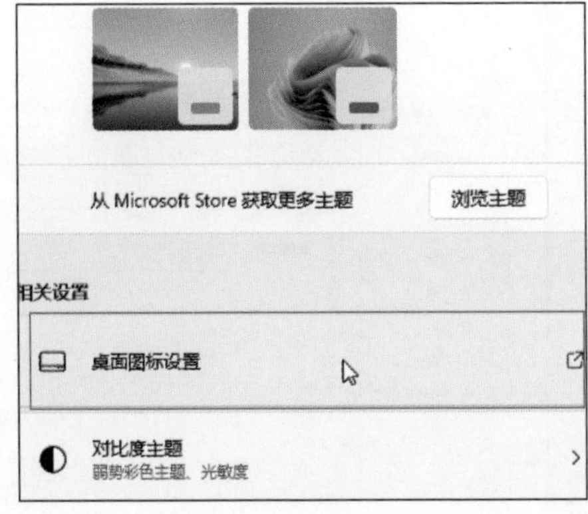


图 3-13

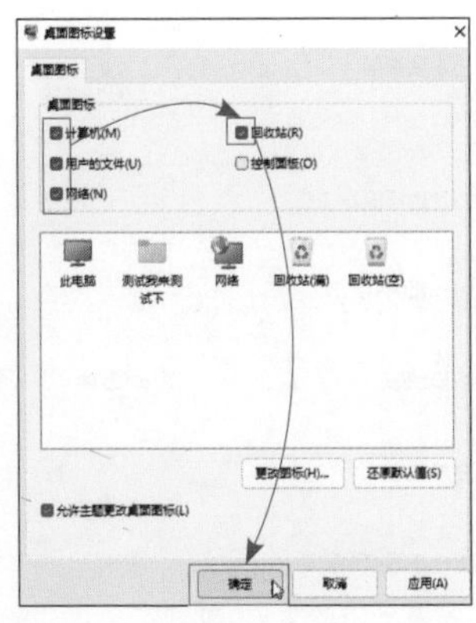

图 3-14

返回到桌面后，在桌面左侧会出现选中的常用图标了，排列后，如图 3-15 所示。

图 3-15

（2）调整图标顺序

默认情况下，图标的顺序有可能比较乱，可以按照下面的方法调整图标的顺序。

在桌面上单击鼠标右键，从“排序方式”级联菜单中，选择“名称”选项，如图 3-16 所示。完成后可以查看到桌面图标已经按照名称重新排序，如图 3-17 所示。

图 3-16

图 3-17

## 〈 拓展知识 〉 排序的技巧

按名称排序是升序排列，再次执行以上的操作就变成降序排列了。除了按照名称排序外，还可以按照大小、类型和修改日期进行排序。另外，此处的图标排序方法也适合其他的位置的图标排序操作。但如果是在文件夹中，排序的选项会更多，还可以进行分组显示。

（3）移动图标

在桌面上使用鼠标拖拽的操作将图标拖拽到目标位置，松开鼠标即可，如图3-18所示。默认情况下，图标是按照网格对齐的，可以在桌面上单击鼠标右键，从“查看”级联菜单中，选择“将图标与网格对齐”选项，如图3-19所示，将其变为未选状态，此时桌面图标可以不按照网格限制而任意调整位置了。

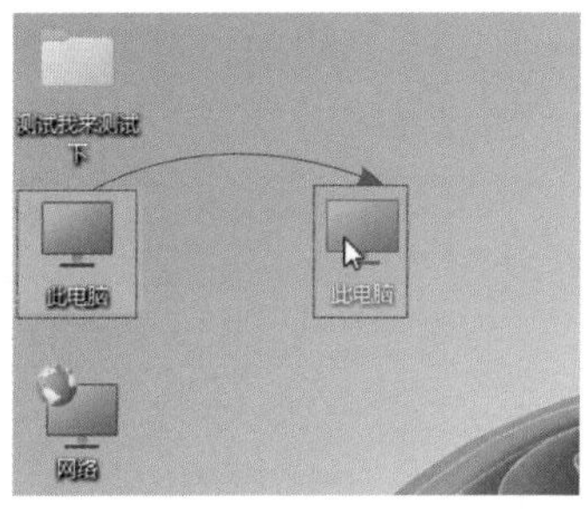


图 3-18

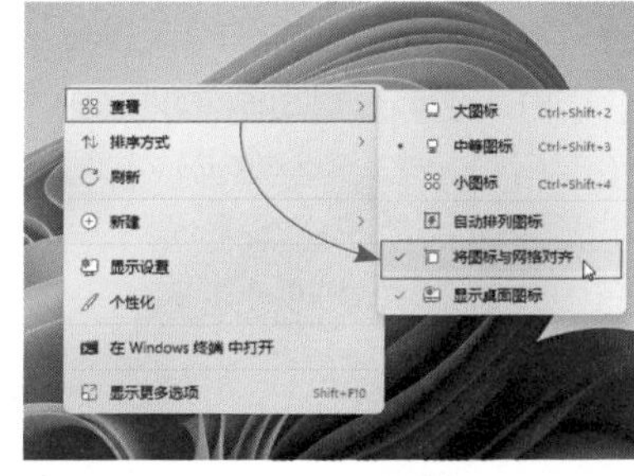


图 3-19

## 〈 拓展知识 〉 自动排列图标

“查看”级联菜单中的“自动排列图标”如果选中，所有的图标都不能随意移动，只能在左侧的默认位置上，但可以调整图标的显示顺序。类似于手机图标的调整，但不允许有空位出现。

图标的移动仅限在桌面上使用，文件夹中没有移动图标的功能。

（4）调整图标大小

桌面图标的大小默认与分辨率相适应，但用户可以自由更改图标大小以方便查看。用户可以在桌面上单击鼠标右键，从“查看”级联菜单中，选择图标的大小。默认是“中等图标”，用户可以选择“大图标”选项，如图3-20所示，选择后，桌面图标效果如图3-21所示。

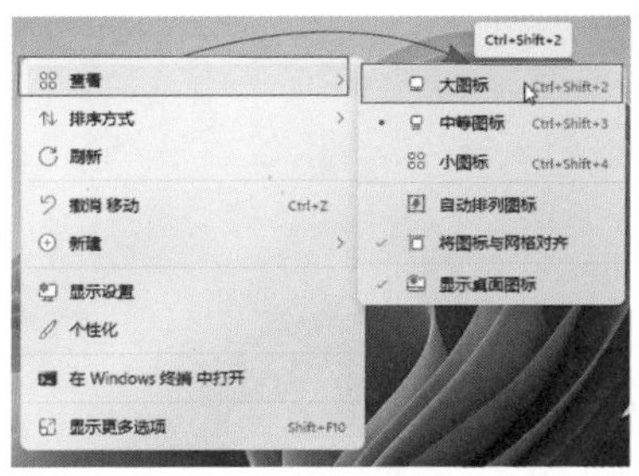


图 3-20

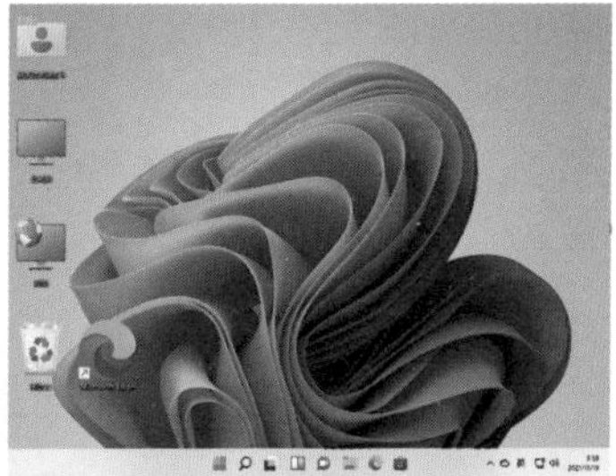

图 3-21

## 〈 拓展知识 〉 快速调整图标大小

如果“查看”级联菜单中的选项效果不符合用户的要求，用户也可以在桌面上按住“Ctrl”键，使用鼠标滚轮调整图标的大小。这种调整方式也适合用在文件夹中，只不过在桌面上只能调整图标的大小。在文件夹中，图标缩小到一定程度会变成列表显示。

### （5）调整图标样式

Windows 11 的图标样式非常多，用户除了使用系统默认的样式外，还可以手动调整。

**STEP 01** 按照前面介绍的内容，进入“个性化—主题—桌面图标设置”界面中，选择需要修改的默认图标，单击“更改图标”按钮，如图 3-22 所示。

**STEP 02** 从列表中，选择一款满意的新的图标样式，单击“确定”按钮，如图 3-23 所示。

**STEP 03** 确认修改后，返回到桌面，可以查看到更改图标后的效果，如图 3-24 所示。

如果要修改某文件夹图标样式的话，可以在该文件夹上单击鼠标右键，选择“属性”选项，在“自定义”选项卡中，单击“更改图标”按钮，如图 3-25 所示。接下来的更改步骤就和桌面图标的一样了。

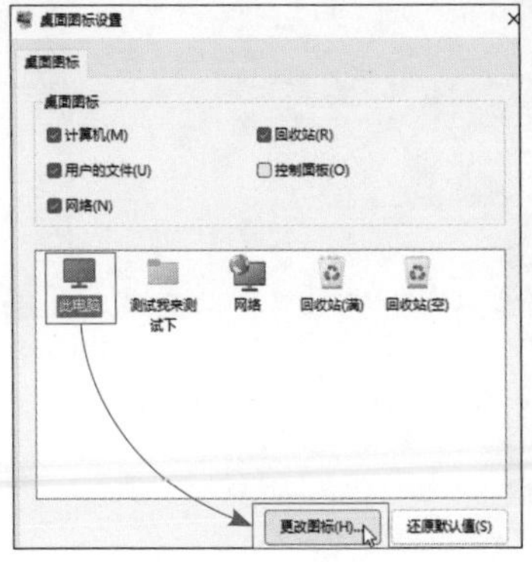


图 3-22

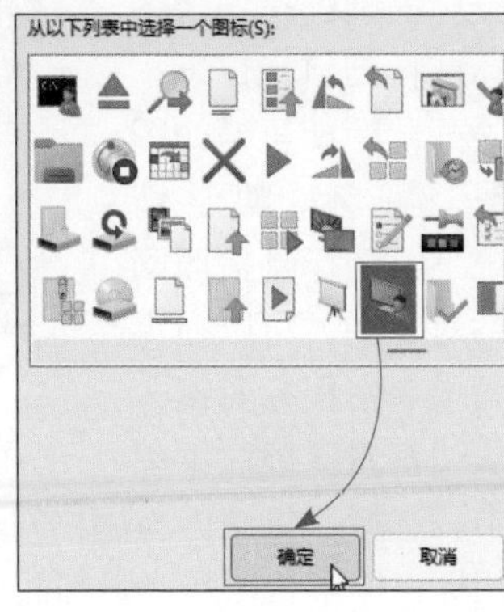


图 3-23

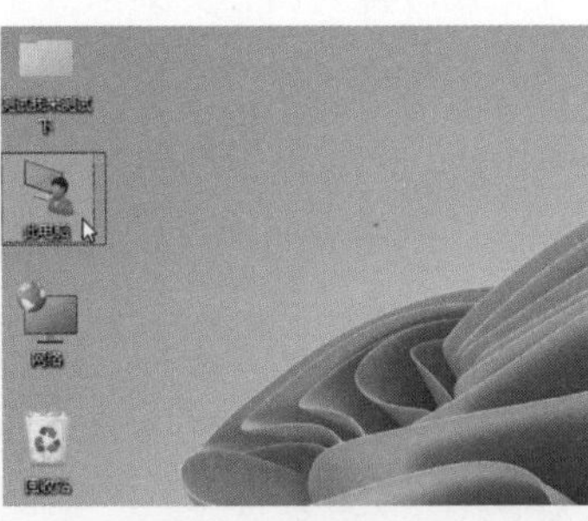

图 3-24

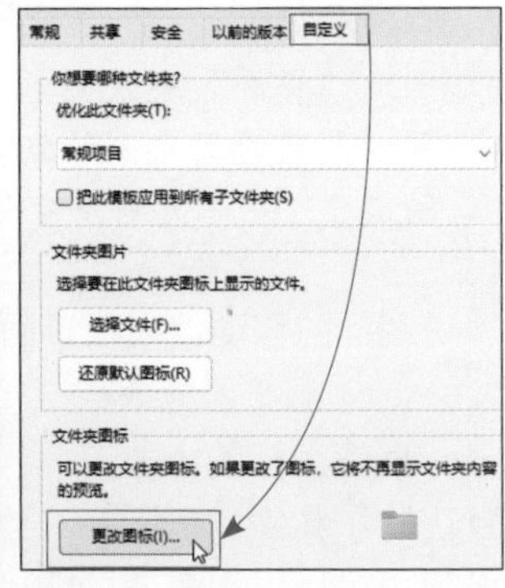


图 3-25

## 〈 拓展知识 〉 使用自定义图标的方法

如果用户自己下载了图标文件，可以手动将电脑中的图标变成该样式。在“更改图标”界面中，单击“浏览”按钮，找到该文件，如图 3-26 所示。选中并“确定”后完成更改，效果如图 3-27 所示。另外，修改错了也不用担心，在修改界面中都有“还原默认值”选项。

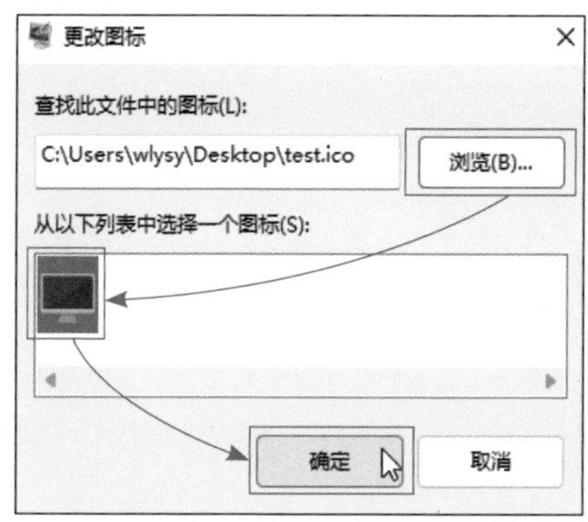

图 3-26

图 3-27

## 上手体验 创建桌面快捷方式

扫一扫 看视频

在桌面上，除了默认图标、用户存放的文件外，最多的就是快捷方式了。快捷方式是Windows提供的一种快速启动程序、打开文件或文件夹的方法。快捷方式的图标和它的源图标类似，但在图标左下角有一个小箭头符号，用以区别于正常的图标。在操作系统中安装了程序后，一般会在桌面上生成快捷方式，文件或文件夹的快捷方式可以手动创建。而且删除快捷方式并不影响源程序、文件或文件夹。下面介绍创建文件或文件夹快捷方式到桌面上的步骤。

STEP 01 找到需要创建快捷方式的文件或者文件夹，在其上单击鼠标右键选择“显示更多选项”选项，如图 3-28 所示。

STEP 02 从“发送到”级联菜单中，选择“桌面快捷方式”选项，如图 3-29 所示。

STEP 03 此时会在桌面上显示该文件夹的快捷方式，且在文件名中显示出快捷方式，如图 3-30 所示。另外，快捷方式可以任意改名，并不影响对应的源文件。

STEP 04 在桌面双击该快捷方式，就可以打开该文件夹，如图3-31所示，非常方便。文件或程序的快捷方式的创建方法与此相同。

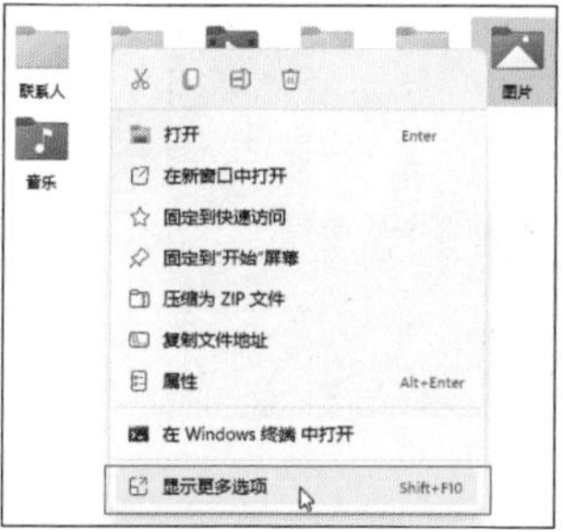

图 3-28

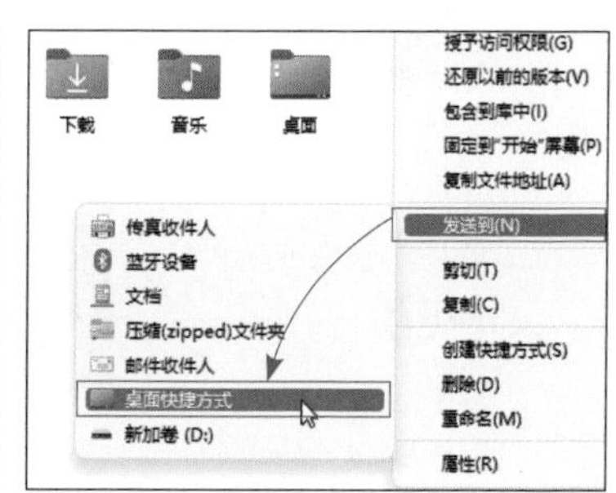

图 3-29

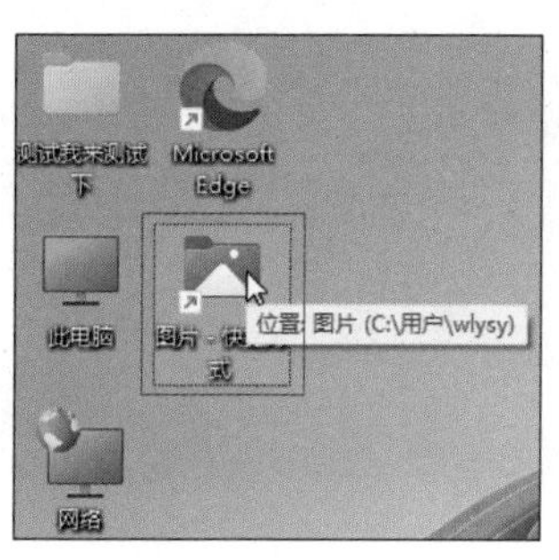

图 3-30

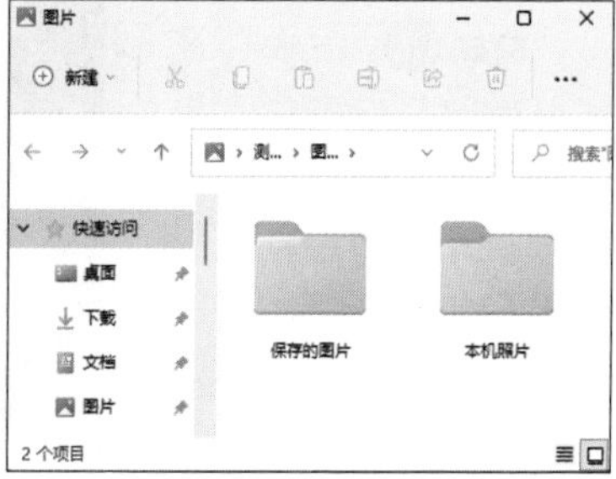

图 3-31

从本质上来说，桌面快捷方式就是一种链接关系，所以快捷图标的修改并不影响程序本身。

### 3.1.3 Windows 窗口的设置

Windows 本身的含义就是窗口。在 Windows 系统中，所有的视图界面都像窗口，用户操作最多的也是窗口，所以对窗口进行设置可以彰显个性。

（1）窗口颜色和外观设置

窗口的颜色和外观默认不是一成不变的，用户可以根据本身的需要，对窗口颜色和外观进行修改。

**STEP 01** 在桌面上单击鼠标右键，选择“个性化”选项，如图 3-32 所示。

**STEP 02** 找到并选择“颜色”选项，如图 3-33 所示。

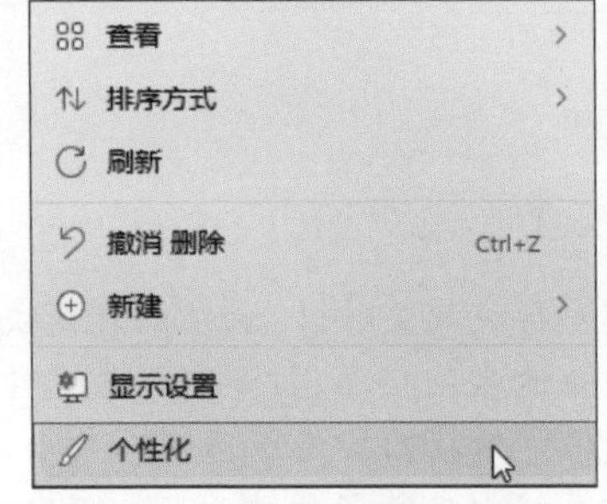


图 3-32

图 3-33

**STEP 03** 在“选择模式”的下拉列表中，可以选择颜色的模式，如图 3-34 所示。

**STEP 04** 关闭“透明效果”就可以关闭 Windows 界面的毛玻璃效果，如图 3-35 所示。

图 3-34

图 3-35

**STEP 05** 首先，将“选择模式”改为“深色”，在下方的“主题色”中，可以选择喜欢的颜色，如图 3-36 所示。

**STEP 06** 将“在‘开始’和任务栏上显示重点颜色”以及“在标题栏和窗口边框上显示强调色”全部打开，可以查看效果，如图 3-37 所示。

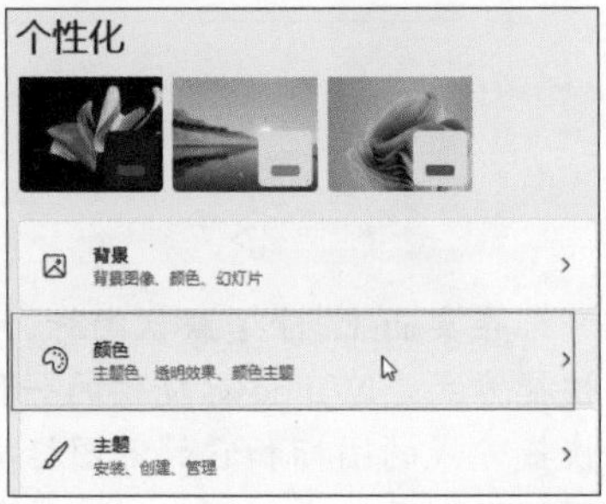

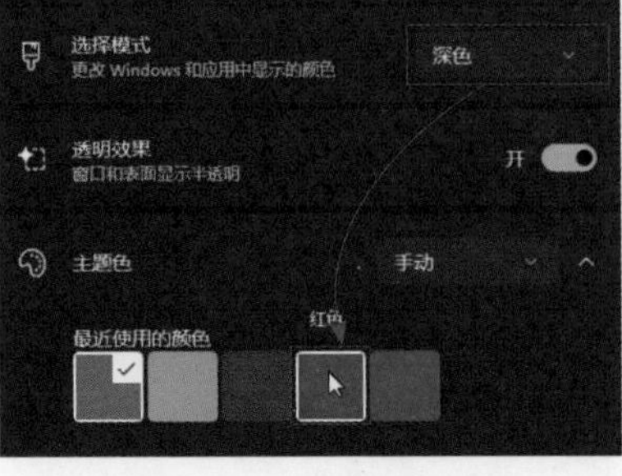


图 3-36

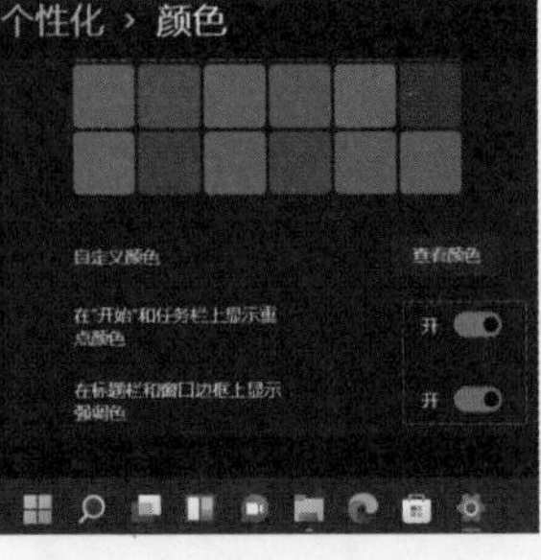


图 3-37

（2）窗口的调整和分屏的设置

Windows 11的窗口调整和Windows 10类似，最大化、最小化、还原、关闭这些常见的操作就不赘述了。拖动窗口移至屏幕任意边界后，会自动半屏显示，另外半屏会显示当前的其他窗口，如图3-38所示。单击某窗口的缩略图后，该窗口就会占满另外半屏，如图3-39所示。如果不需要选择，也可以按“Esc”键退出选择模式。

图3-38

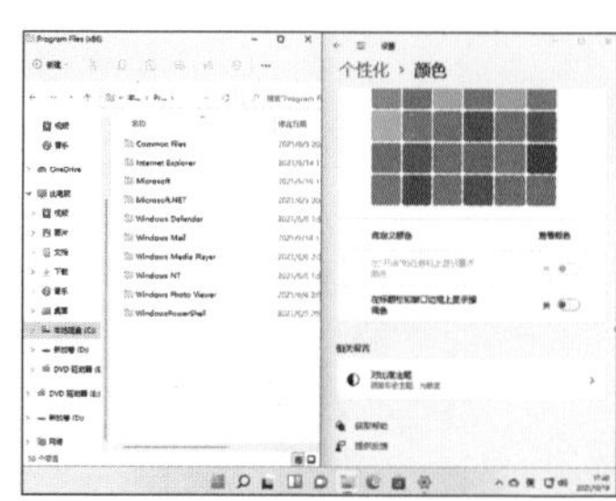

图3-39

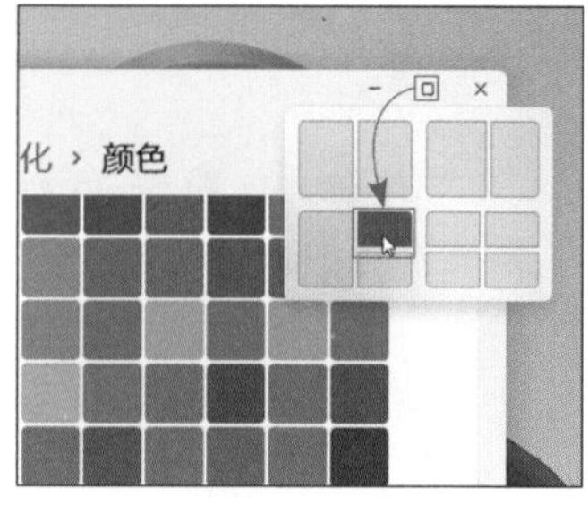

图3-40

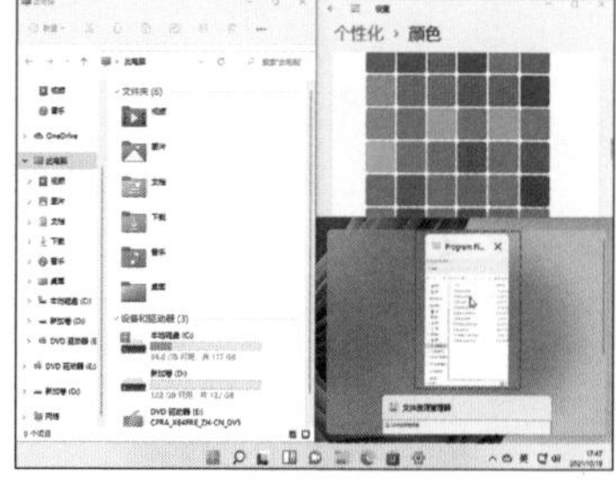

图3-41

Windows 11新功能——窗口任意组合分屏显示，可以将鼠标悬停到任意窗口的“最大化”按钮上，待出现了分屏选项后，选择该窗口的显示位置，如图3-40所示。在其他位置，单击需要在此处显示的窗口，即可完成其他分屏的显示内容，如图3-41所示。

## 上手体验　设置桌面主题

扫一扫　看视频

Windows的主题主要用来设置Windows的界面风格，主题内容包括了桌面背景、窗口颜色、开始菜单、提示音、鼠标光标、各种控件等。通过更换桌面主题，可以为读者带来耳目一新的感觉。Windows内置了多种主题样式，可以随意更换，操作步骤如下。

STEP 01　在桌面上单击鼠标右键，选择“个性化”选项，如图3-42所示。

STEP 02　在弹出的界面中，找到并选择一款满意的主题，如图3-43所示。

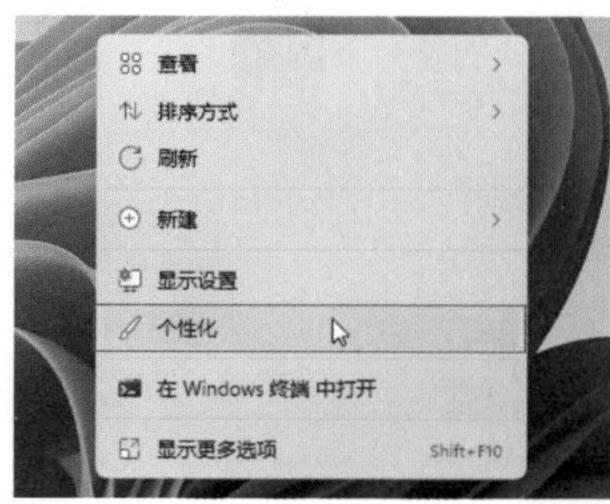


图3-42

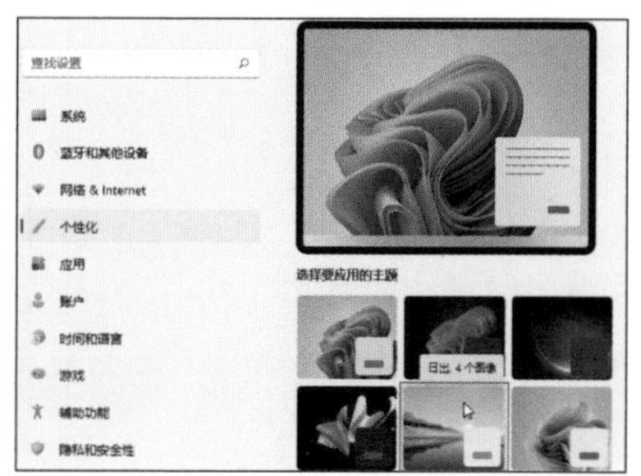


图3-43

STEP 03 选中后，系统主题就完成了更改，效果如图 3-44 所示。

图 3-44

STEP 04 单击界面下方的“主题”按钮，如图 3-45 所示，在弹出的界面中，可以自定义设置桌面背景、窗口颜色、系统声音和鼠标光标等，如图 3-46 所示。

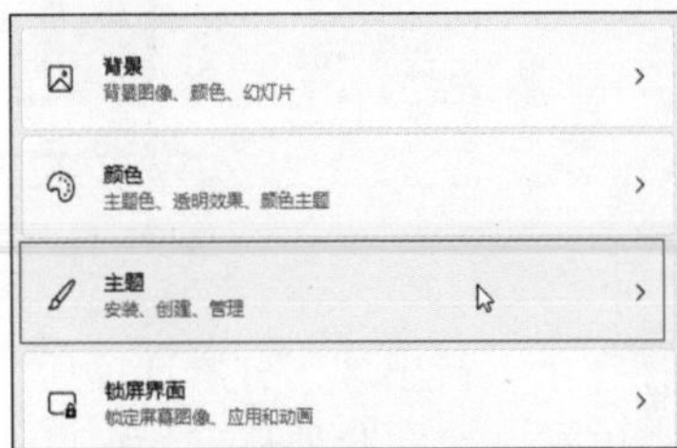


图 3-45

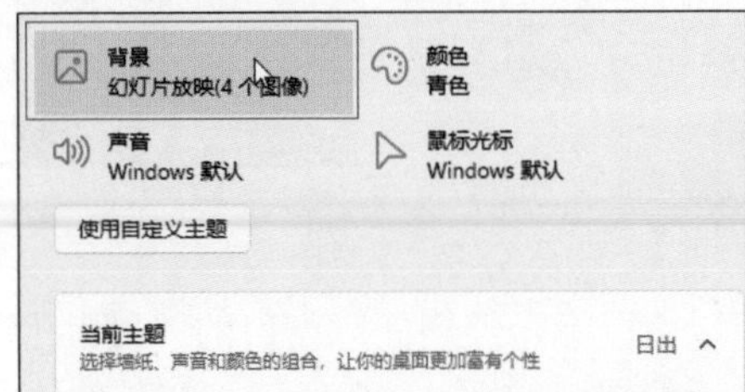


图 3-46

## 拓展知识 获取主题

如果对默认提供的主题不太满意，可以在“主题”界面中单击“浏览主题”按钮，如图 3-47 所示。在弹出的 Microsoft Store 中，可以像下载手机 APP 一样，查看并下载合适的主题，如图 3-48 所示。除了主题，还有一些个性化设置的素材可以下载。

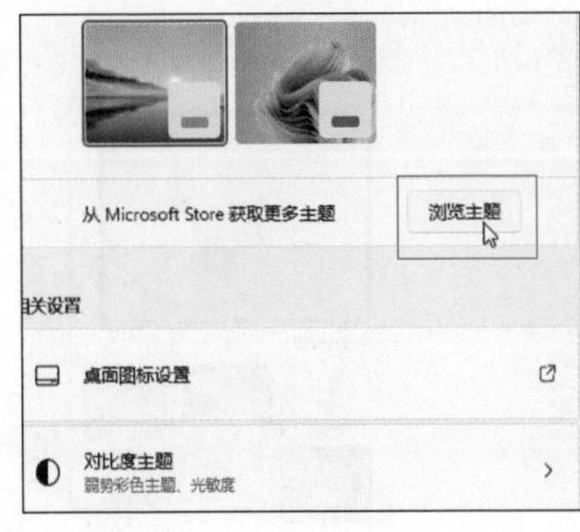


图 3-47

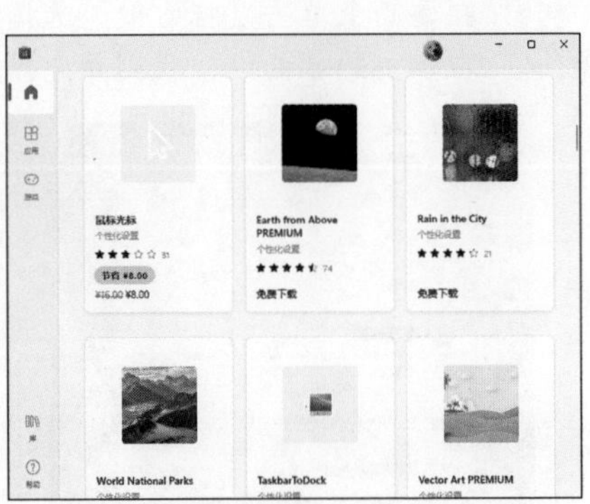


图 3-48

## 3.1.4 显示设置的更改

显示设置是用户经常使用到的功能，包括修改显示分辨率，调整颜色和亮度，设置分屏显示等。

（1）修改显示分辨率

修改系统显示输出的分辨率，以使显示器达到最佳的显示效果。

**STEP 01** 在桌面上单击鼠标右键，选择“显示设置”选项，如图3-49所示。

**STEP 02** 在弹出的界面中，单击“显示分辨率”下拉按钮，从列表中选择分辨率，如图3-50所示。

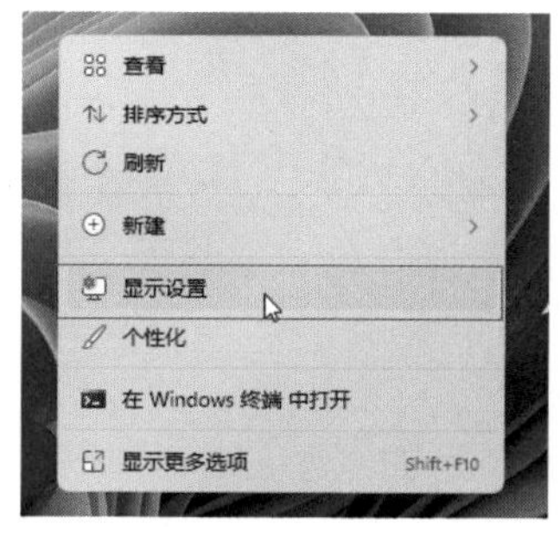


图 3-49

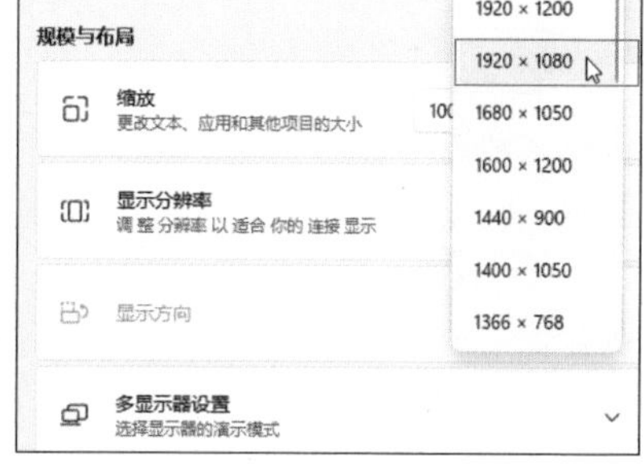


图 3-50

（2）修改颜色和亮度

调整显示的颜色和亮度可以在一定程度上缓解视觉疲劳，或者在一些特殊场合使用。启动显示设置后，在弹出的界面中，开启“夜间模式”可以使用暖色来帮助改善视觉疲劳，如图3-51所示。进入详细设置中，可以设置屏幕颜色的强度，如图3-52所示。

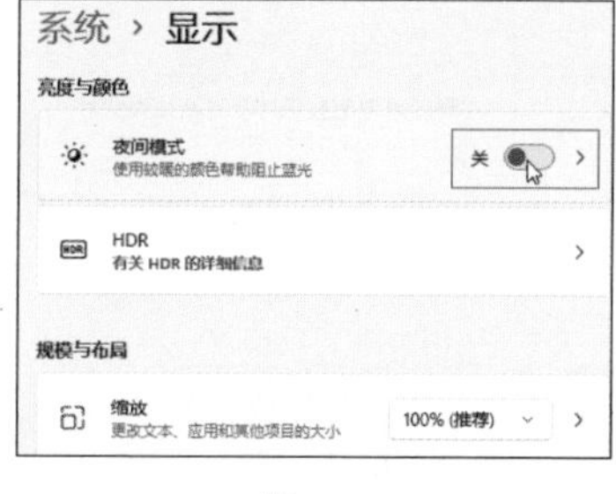


图 3-51

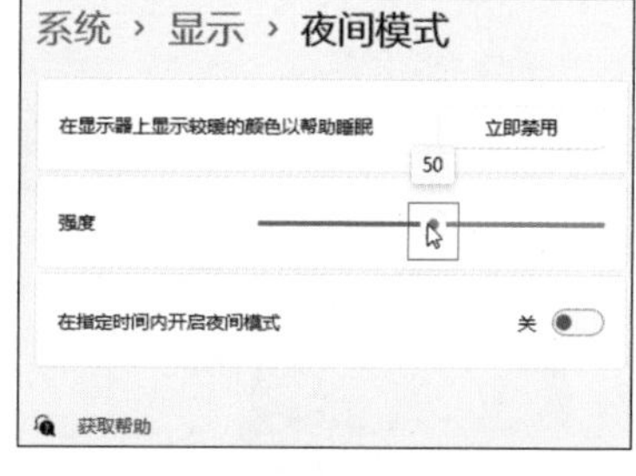


图 3-52

（3）修改显示比例

对于老年人或者视力不好的人，可以修改显示比例，将 Windows 中的图标和界面文字变大，以方便查看。

在“显示”设置界面中，单击“缩放”后的下拉按钮，选择“125%”选项，如图3-53所示。比例放大后的效果如图3-54所示。

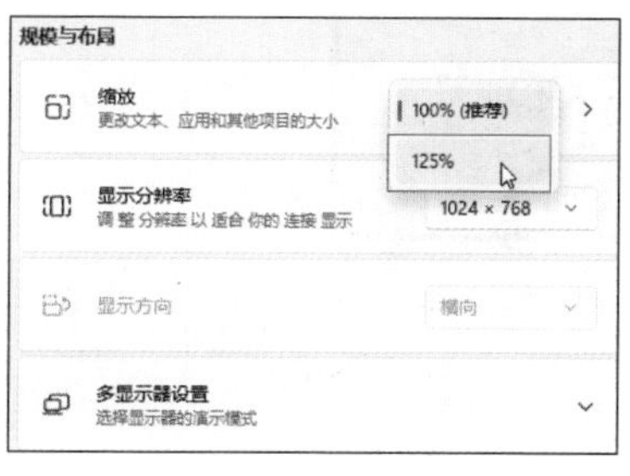


图 3-53

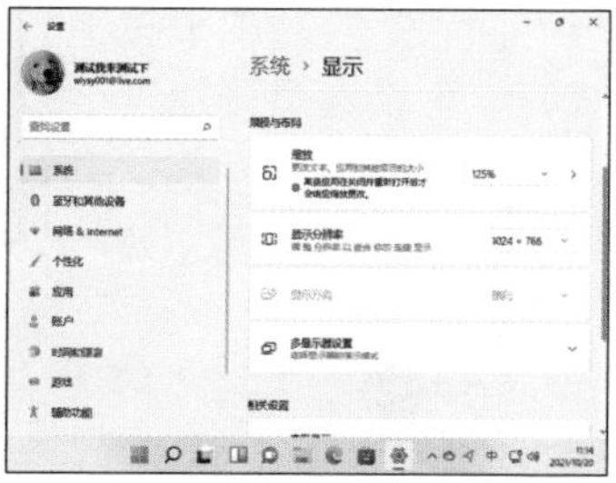

图 3-54

**〈 拓展知识 〉 其他显示设置**

其他显示设置包括修改显示器显示的方向、多显示器扩展输出。在“高级显示”中，可以设置刷新率，查看并修改显示参数，管理驱动程序等。

## 3.1.5 锁屏界面的设置

欢迎界面在 Windows 11 中叫作“锁屏界面”，一般在系统开机进入系统前（未设置密码则不会进入锁屏界面）或者系统从睡眠模式唤醒后进入锁屏界面。

**STEP 01** 在桌面单击空白处，进入“个性化”界面中，单击“锁屏界面”按钮，如图 3-55 所示。

**STEP 02** 单击“个性化锁屏界面”后的“Windows 聚焦”下拉按钮，可以设置使用图片或者使用幻灯片播放模式图片作为锁屏界面的图片，如图 3-56 所示。

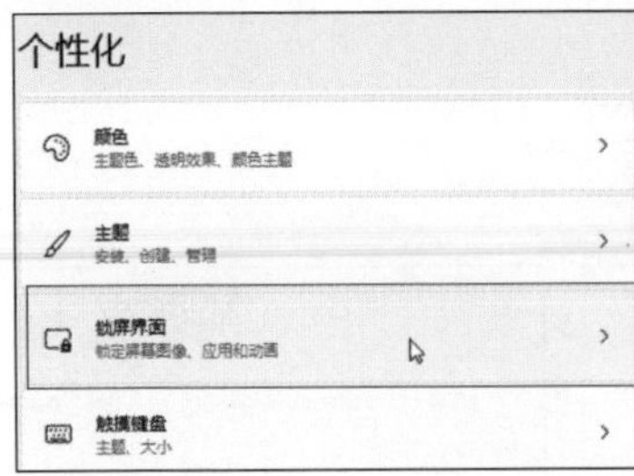


图 3-55

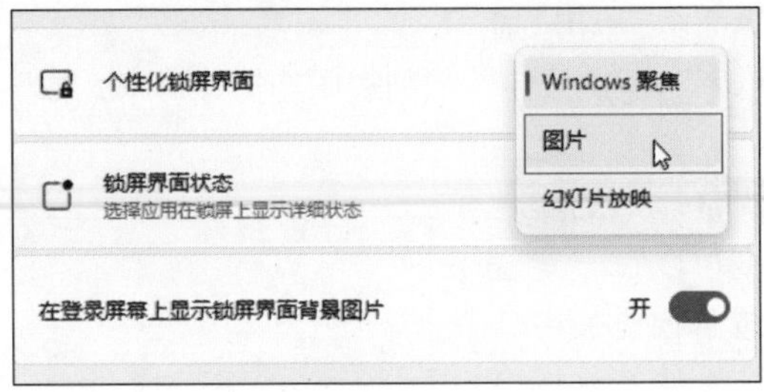


图 3-56

**专业术语 Windows 聚焦**

该功能是 Windows 在锁屏界面提供的，根据用户使用习惯联网下载并使用的一类特殊壁纸，而且可以在聚焦中了解图片的详细信息。如果用户不希望在锁屏界面显示 Windows 聚焦或者其他图片，可以将“在登录屏幕上显示锁屏界面背景图片”功能关闭掉。

**STEP 03** 单击“锁屏界面状态”后的下拉按钮，可以选择在锁屏界面显示的内容，包括日历、邮件和天气，如图 3-57 所示。

**STEP 04** 单击“相关设置”中的“屏幕超时”按钮，如图 3-58 所示。

图 3-57

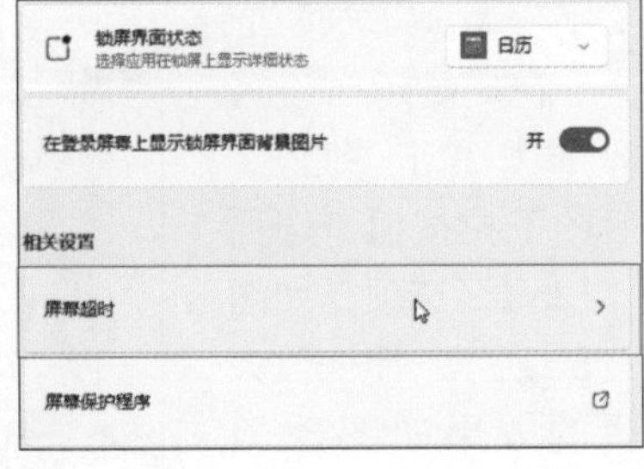


图 3-58

STEP 05　在“电源”界面中，可以设置锁屏启动时间和睡眠时间，如图 3-59 所示。

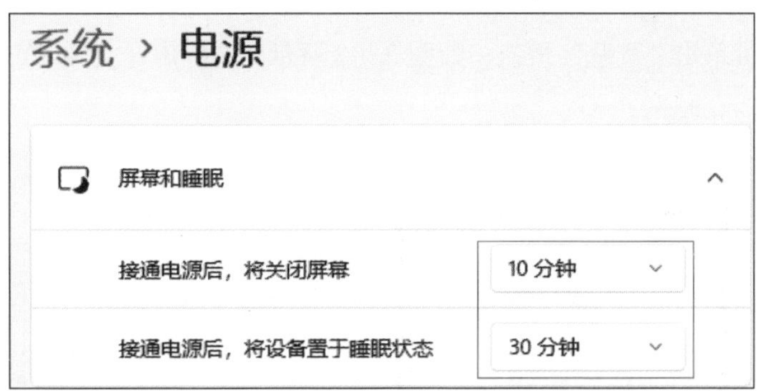


图 3-59

### 拓展知识　屏幕保护程序

设置后，在使用者离开电脑后一段时间，屏幕将自动锁定，如果系统设置了密码，恢复时需输入密码。在“锁屏界面”设置中，找到并单击“屏幕保护程序”按钮，如图 3-60 所示。在弹出的“屏幕保护程序”界面中，可以设置屏幕保护程序的参数，如图 3-61 所示。

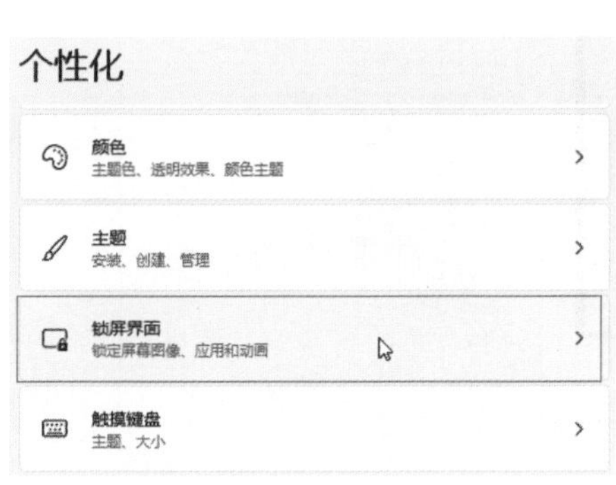


图 3-60

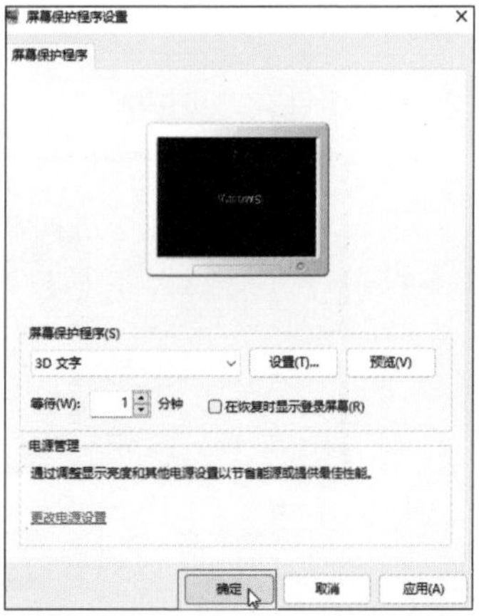

图 3-61

## 3.1.6 声音和鼠标光标的设置

Windows 11 的声音和鼠标光标都可以根据需要进行个性化设置。

（1）声音的设置

Windows 11 的声音比较轻柔，用户可以根据需要，对不同场景设置不同声音。

STEP 01 进入“个性化—主题”界面中，单击“声音”按钮，如图 3-62 所示。

STEP 02 在“声音”设置界面中，选择某个场景的声音，单击“测试”按钮，可以聆听该声音，单击“浏览”按钮，如图 3-63 所示，选择声音文件，可以替换系统自带声音。

图 3-62

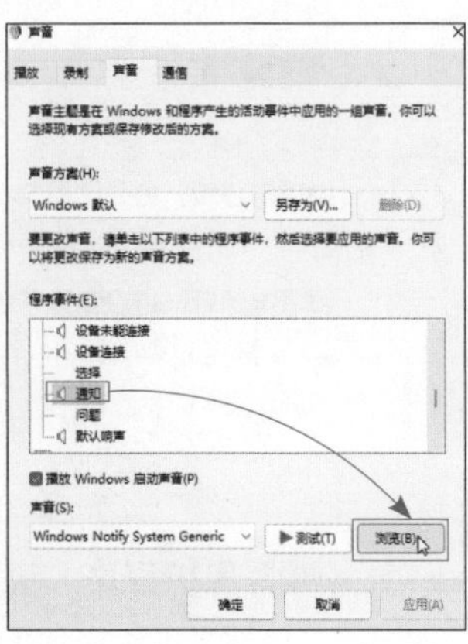


图 3-63

(2) 鼠标光标的设置

鼠标光标的设置步骤可以按照下面的方法进行。

STEP 01 进入“个性化—主题”界面中，单击“鼠标光标”按钮，如图 3-64 所示。

STEP 02 单击“方案”下拉按钮，可以选择不同的指针方案，如图 3-65 所示。

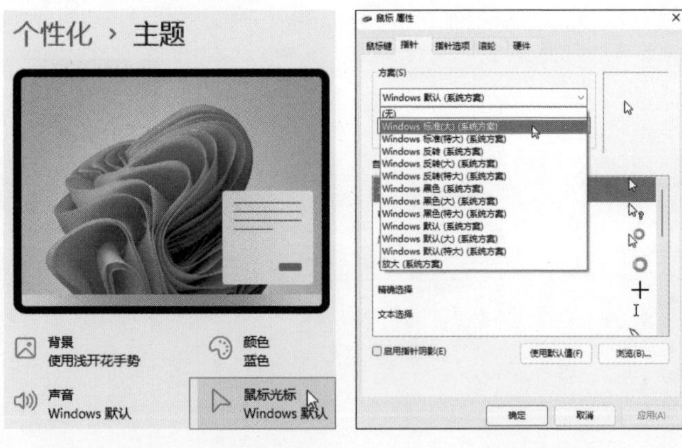


图 3-64　　图 3-65

## 拓展知识 鼠标的其他设置

在该界面中，还可以设置鼠标的左右键互换、双击的速度、指针的移动速度、可见性、鼠标滚轮的作用等。

# 3.2 开始屏幕的设置

开始屏幕也就是常说的开始菜单。按键盘的“Win”键或者单击任务栏的“■”键都可以启动开始屏幕。Windows 11 的开始屏幕的内容与以往的开始菜单都不相同。本节将主要介绍 Windows 11 的开始屏幕的使用和设置方法。

## 3.2.1 查看开始屏幕

开始屏幕包含了常用的程序、推荐的最近使用的项目、查找功能和显示所有程序功能，以及下方的账户常用操作，以及关机、重启等常用功能键，如图 3-66 所示。单击对应图标可以打开程序或者文档。单击“所有程序”按钮，可以将页面变为传统的一列显示的状态，如图 3-67 所示。

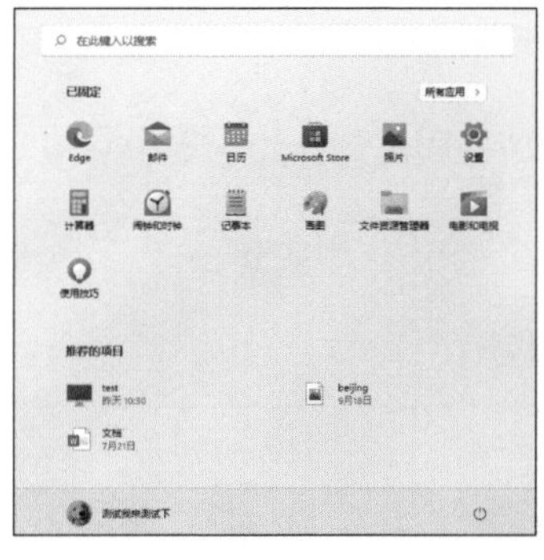

图 3-66

图 3-67

## 3.2.2 开始屏幕中图标的操作

开始屏幕中的图标可以非常方便快速地打开程序。图标并不是一成不变的，可以根据需要进行增删。

（1）将程序图标固定到开始屏幕中

可以将常用的程序或文件夹图标固定到开始屏幕中。在程序上（如 Edge 浏览器上）单击鼠标右键，选择“固定到‘开始’屏幕”选项，如图 3-68 所示。此时再打开开始屏幕就能发现该程序的图标了，如图 3-69 所示。文件夹的固定方式与此相同。

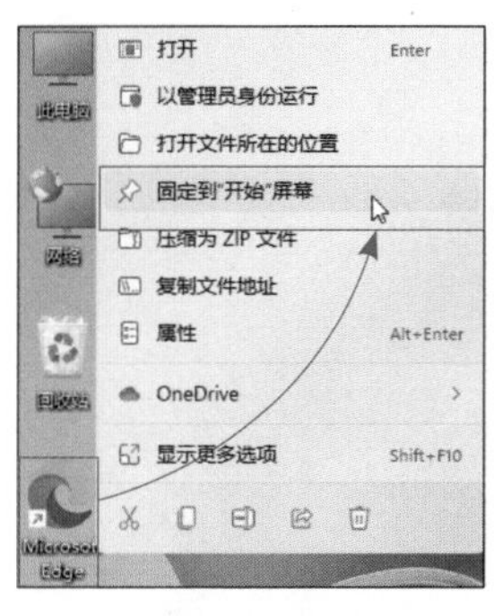


图 3-68

图 3-69

除了手动找到程序外，用户可以通过“所有应用”查找程序，并在其上单击鼠标右键，选择“固定到‘开始’屏幕”选项，如图 3-70 所示。

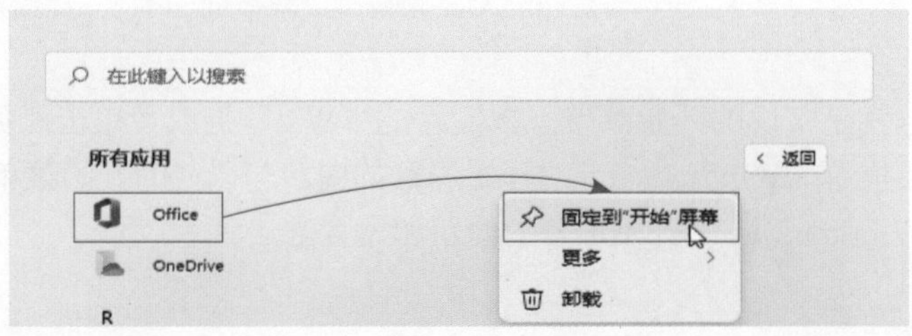


图 3-70

**〈拓展知识〉 查找程序并固定到开始屏幕中**

用户也可以直接搜索程序，如“控制面板”。在右侧选择“固定到‘开始’屏幕”选项，如图 3-71 所示。

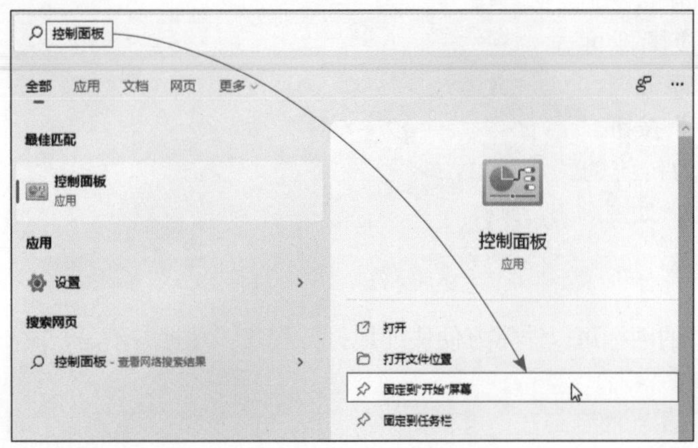


图 3-71

（2）从开始屏幕取消固定的程序图标

在开始屏幕的图标上单击鼠标右键，选择“从‘开始’屏幕取消固定”选项，如图 3-72 所示，即可将移除该图标。

**〈拓展知识〉 其他移除的方法**

用户也可以在对应图标的程序上单击鼠标右键，选择“从‘开始’屏幕取消固定”，如图 3-73 所示，也可以将图标从开始屏幕取消固定。另外，在右键菜单中，还可以执行将图标移至顶部、以管理员身份运行、固定到任务栏、卸载、应用设置等操作。

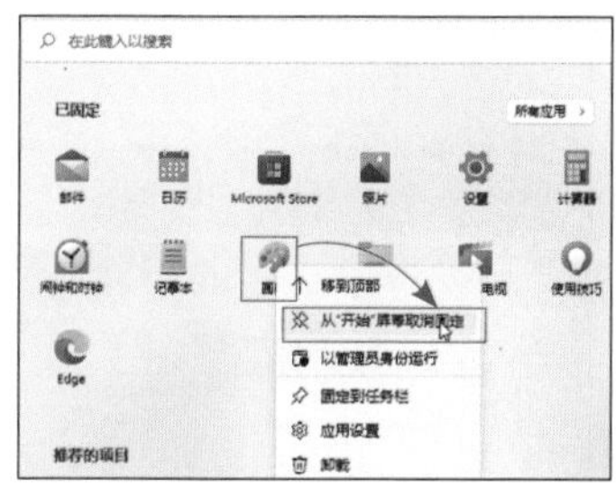

图 3-72

图 3-73

（3）调整图标顺序

图标顺序的调整可以采用拖拽的方式，将图标重新排列，以提高使用效率，如图 3-74 所示。

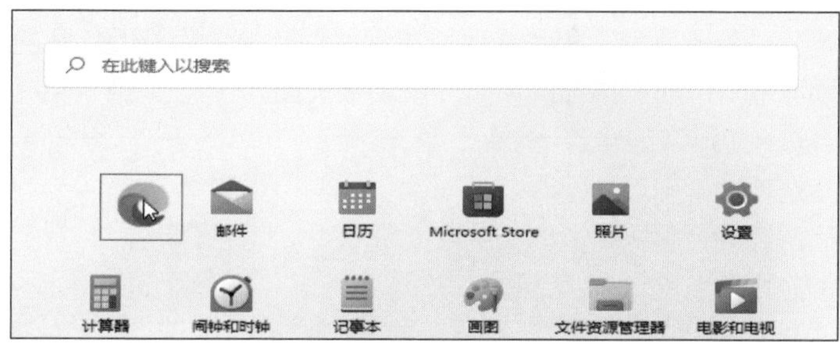


图 3-74

## 3.2.3 “推荐的项目”设置

推荐的项目相当于“最近访问列表”，无法调整其中的文件显示顺序。用户可以在文件上单击鼠标右键，选择“从列表中删除”选项，如图 3-75 所示，删除显示。选择“打开文件位置”选项，可以快速定位到该文件的目录中。

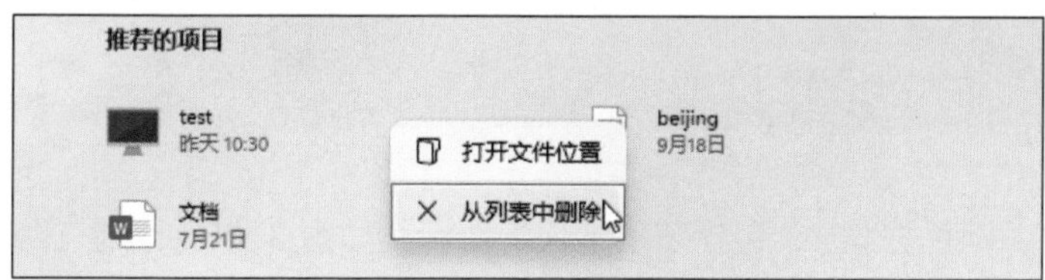


图 3-75

## 3.2.4 “开始屏幕”个性化设置

开始屏幕的个性化设置可以设置其显示的内容等。用户可以按照下面的步骤进行设置：进入“个性化”设置界面，找到并单击“开始”按钮，如图 3-76 所示。“开始屏幕”设置界面如图 3-77 所示。

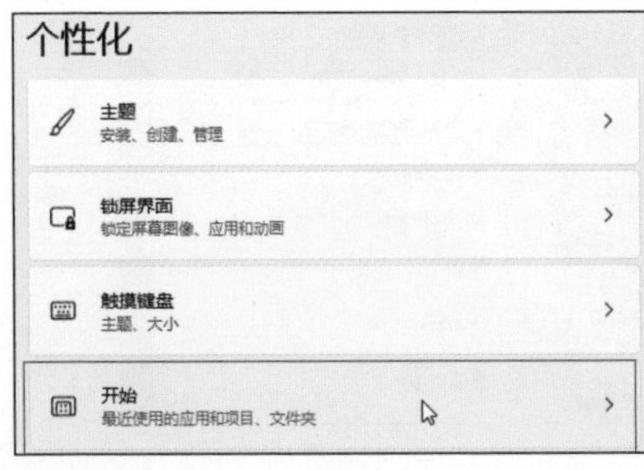


图 3-76

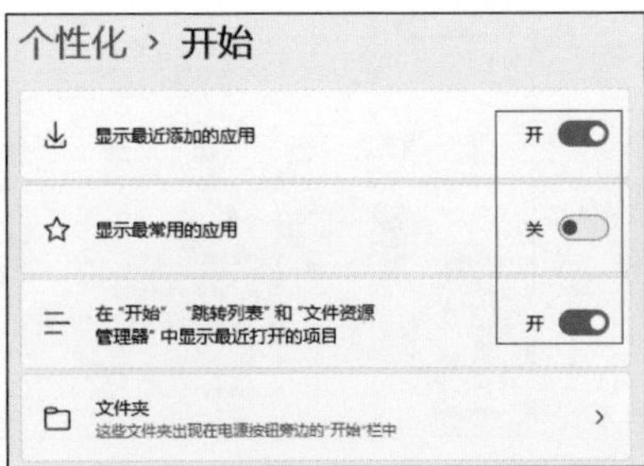


图 3-77

设置选项说明：

①显示最近添加的应用：是否自动添加并显示最近安装的应用程序图标。

②显示最常用的应用：启动后会在“所有程序”中的最上面显示经常使用的应用程序。

③在“开始”“跳转列表”和“文件资源管理器”中显示最近打开的项目：该功能关闭后，“开始屏幕”中的“推荐的项目”就会被关闭。

④文件夹：进入后可以查看到很多选项，如图 3-78 所示，打开这些选项的功能开关后，就可以在“开始屏幕”下方看到这些功能按钮，如图 3-79 所示，和手机的下拉列表功能类似。

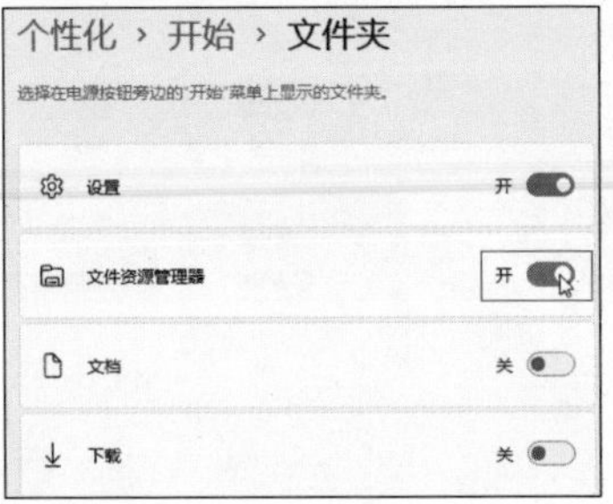


图 3-78

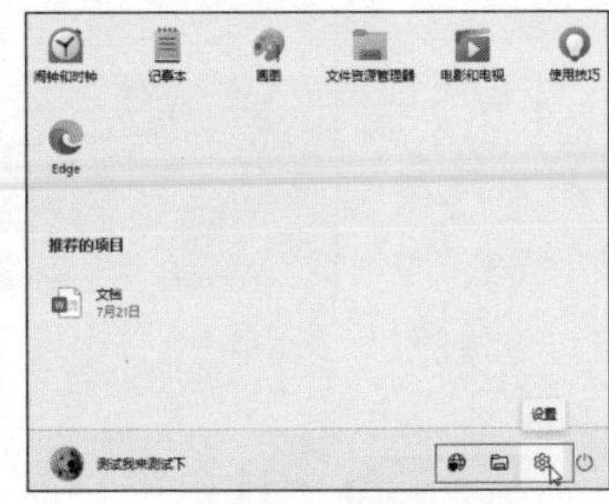


图 3-79

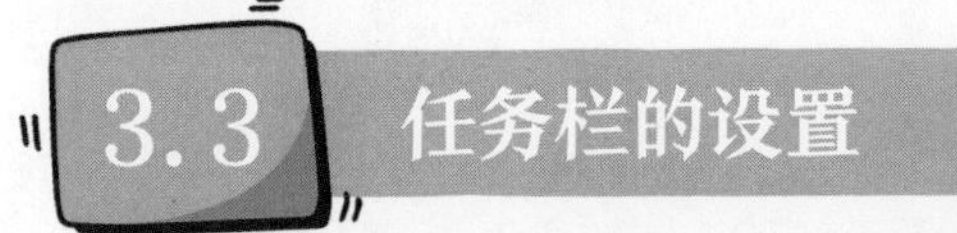

## 3.3 任务栏的设置

任务栏位于界面的下方，包括了很多快捷图标，如图 3-80 所示。它分为两大区域，中间部分为任务栏的快捷按钮区，主要用来放置程序的快捷按钮；右侧为功能区域。

图 3-80

从左到右依次为“Windows 开始屏幕”“搜索”“桌面管理”“小组件”“聊天”。这 5 个按钮是固定的，无法直接从任务栏删除，也无法调整顺序。而后面的“资源管理器”“Edge 浏览器”“微软商店”图标，可以手动从任务栏取消固定。

功能区中包含“隐藏的后台程序图标”“输入法”“控制中心面板”“时间和日期”以及显示桌面的按钮。功能区的功能比较多，将在下面几节分开介绍。

### 3.3.1 将程序图标固定到任务栏及调整顺序

以往的直接拖动图标到任务栏来固定的方法在 Windows 11 上已经没有效果了。而新的固定到任务栏的操作是在程序上单击鼠标右键，选择“固定到任务栏”选项，如图 3-81 所示。固定后可以使用鼠标拖拽的方法来移动图标的位置，如图 3-82 所示。

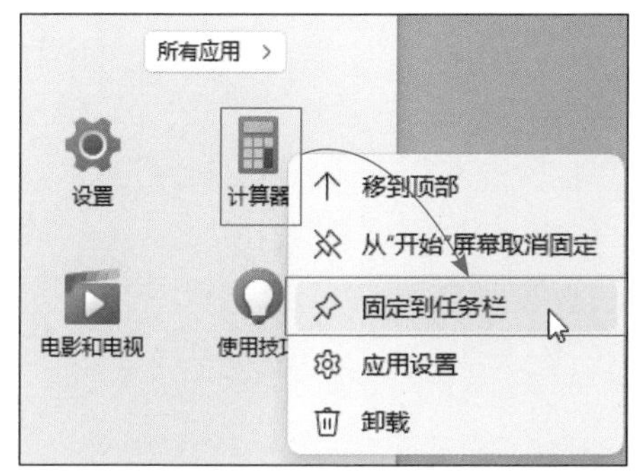


图 3-81

图 3-82

**拓展知识　从任务栏取消图标固定**

从任务栏解锁固定的图标，可以直接在图标上单击鼠标右键，选择“从任务栏取消固定”选项，或者在程序上单击鼠标右键，选择该选项也可以，如图 3-83 及图 3-84 所示。

图 3-83

图 3-84

### 3.3.2 调整固定的任务栏图标

任务栏快捷按钮区的前 5 个图标是固定不变的，顺序也不能变，使用普通的方法无法调整，但可以通过下面的方法设置这些图标是否显示。下面介绍调整的步骤。

STEP 01 在桌面上单击鼠标右键，选择“个性化”选项，如图 3-85 所示。

STEP 02 在“个性化”界面中，找到并单击“任务栏”按钮，如图 3-86 所示。

图 3-85

图 3-86

STEP 03 在任务栏项中，将需要显示的图标后的开关关闭，如图 3-87 所示，在任务栏中就看不到该按钮了。

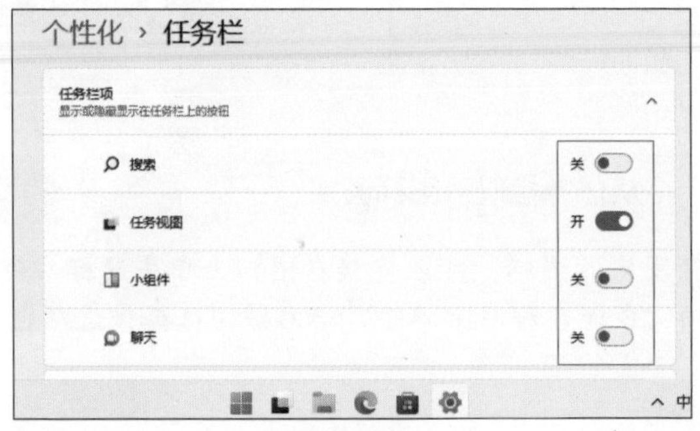


图 3-87

**〈 拓展知识 〉 快速进入任务栏设置界面**

更快地进入任务栏的方式是，在任务栏空白处单击鼠标右键，选择“任务栏设置”选项即可。

## 上手体验 将快捷按钮区移至任务栏左侧

扫一扫　看视频

很多读者对 Windows 11 将快捷按钮区放置在任务栏中部表示不满，其实在 Windows 11 的设置中可以将该区域移至左侧。读者可以在“个性化—任务栏”界面中，展开“任务栏行为”选项组，单击“任务栏对齐方式”后的下拉按钮，选择“左”选项，如图 3-88 所示。然后就可以看到类似传统 Windows 的任务栏图标位置了，如图 3-89 所示。

图 3-88

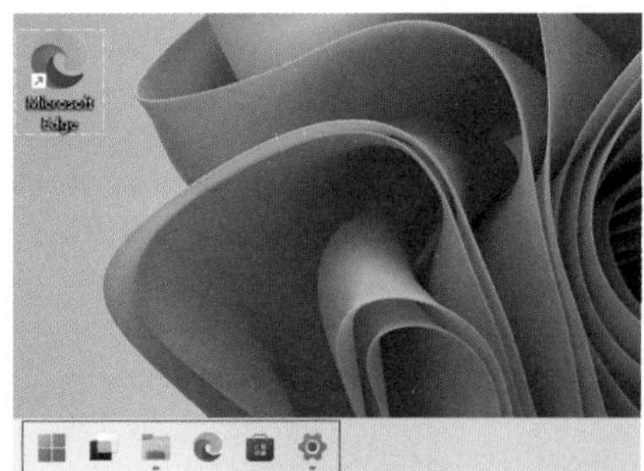

图 3-89

**拓展知识　任务栏行为高级设置**

在任务栏行为中，还可以设置是否可以自动隐藏任务栏、任务栏图标是否显示数字、单击任务栏最右侧是否能显示桌面的功能开关。

## 3.4 功能区的设置

上一节介绍了任务栏中的快捷按钮区，本节将重点介绍右侧功能区的常见用途和设置。这个区域在 Windows 11 中叫作任务栏角。

### 3.4.1 任务栏角溢出菜单的操作

Windows 会在右下角显示当前一些常驻后台的个人程序图标，如果程序太多，会影响界面的美观和用户的操作。所以可以将不常用的程序图标拖到任务栏角溢出菜单中。

如果右下角有不希望展示的图标，可以使用鼠标拖拽的方法将程序图标拖动到任务栏角溢出的“^”上，或者菜单中，如图 3-90 所示。松开鼠标即可完成隐藏图标的操作，如图 3-91 所示。如果想还原，可以将程序图标从菜单中拖出到任务栏即可。

图 3-90

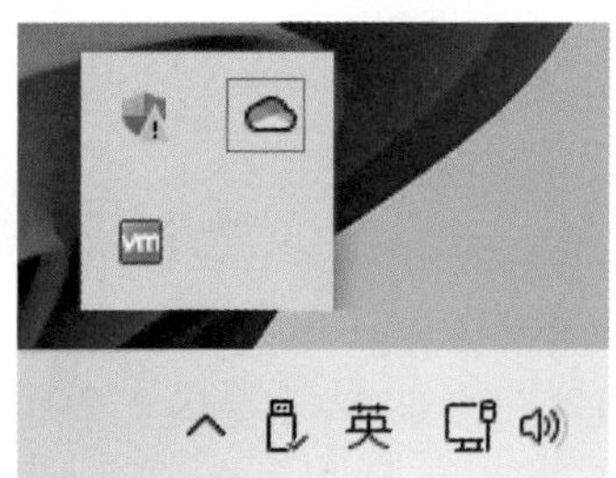


图 3-91

**〈 拓展知识 〉 图标无法进入任务栏角溢出菜单**

需要注意的是并不是所有的图标都可以进入该菜单中，如输入法图标、控制中心图标、时间和日期图标。

## 3.4.2 控制中心的使用

Windows 10 的控制中心和通知合并在一个功能窗口中，Windows 11 将其分开，将控制中心与网络及声音进行了组合，形成了新的控制中心。在“网络”图标上单击鼠标右键，可以弹出“网络和 Internet 设置”进入选项，如图 3-92 所示。在“声音”图标上单击鼠标右键也有声音的对应设置选项，如图 3-93 所示。

图 3-92

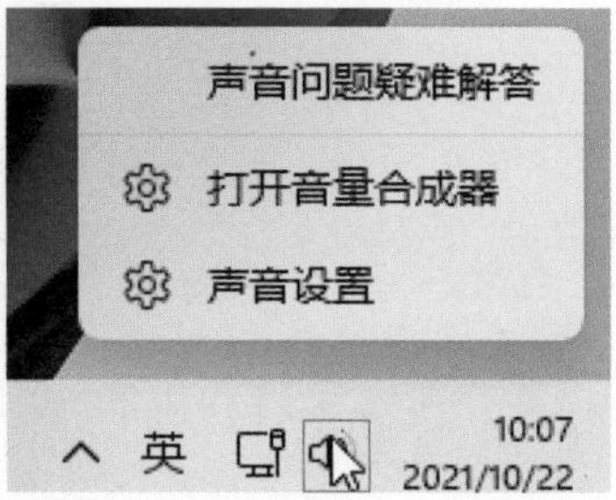

图 3-93

使用左键单击网络或声音图标，都会弹出控制中心面板，如图 3-94 所示。在其中包含常用的夜间模式、专注助手、辅助功能、投放以及声音控制条。单击右下角的“编辑快速设置”按钮后，会弹出面板的功能设置界面，单击“添加”按钮，可以选择可以添加到控制中心面板的功能按钮，如图 3-95 所示。单击按钮右上角的“取消固定”按钮，可以将按钮隐藏。最后单击“完成”按钮，保存当前状态即可。

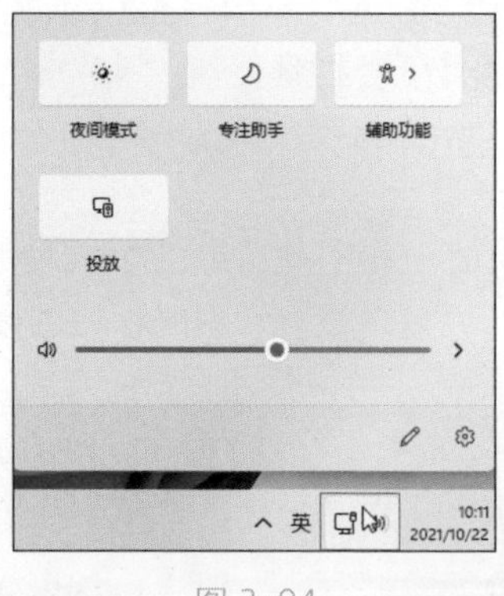

图 3-94

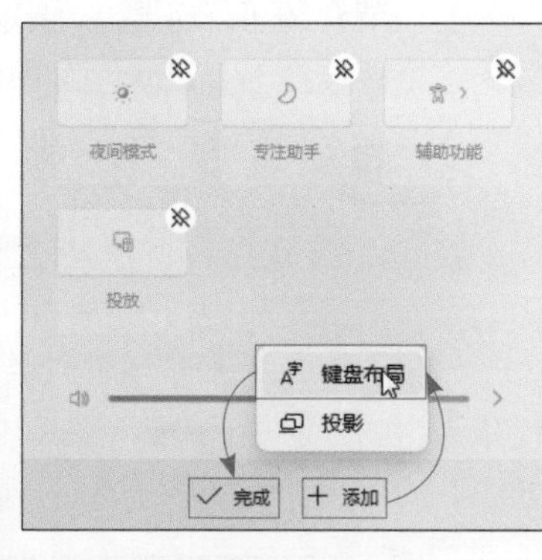


图 3-95

**〈 拓展知识 〉 为什么控制中心按钮不同**

Windows 11 会根据用户电脑的种类和功能，显示不同的图标。比如笔记本的功能按钮就非常多，含有大量的笔记本功能控制按键，而台式机就会少一些。

在图 3-94 中，单击“设置”按钮后，会进入“系统设置”界面中，这也是快速进入系统设置的方法之一。

在“个性化—任务栏”界面中的“任务栏角溢出”功能组中，选择可以显示在任务栏的图标，如图 3-96 所示。在“任务栏角图标”功能组中，可以在右下角添加“笔菜单”“触摸键盘”“虚拟触摸板”功能按钮，如图 3-97 所示。

图 3-96

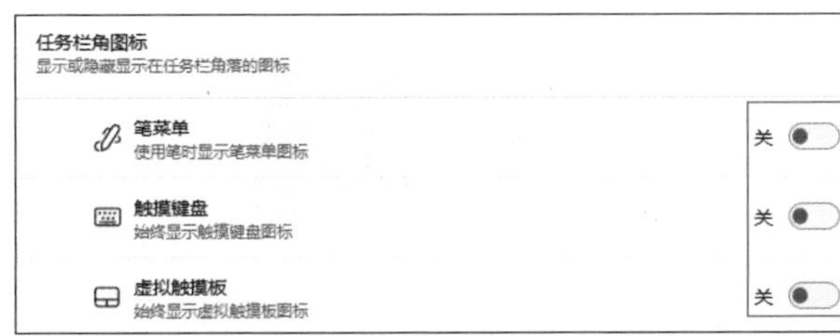


图 3-97

## 3.4.3 时间和日期的调整

Windows 11 的时间和日期和通知合并到了一起，下面首先介绍“时间和日期”的设置和调整。单击“时间和日期”后，会显示时间和日期的详细表，如图 3-98 所示，使用鼠标滚轮或者单击上下按钮，就可以查看其他的日期。在任务栏的“时间和日期”上单击鼠标右键，选择“调整日期和时间”选项，如图 3-99 所示。

图 3-98

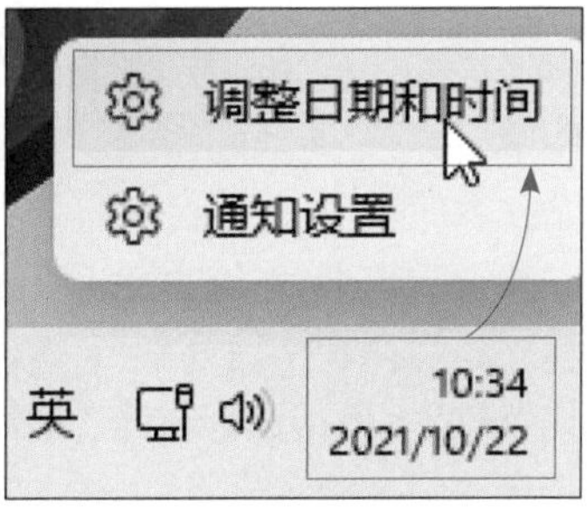

图 3-99

在打开的界面中，可以看到当前是自动设置时间，如图 3-100 所示，如果用户需要自己设置时间，则要将“自动设置时间”功能关闭，单击“手动设置日期和时间”后的“更改”按钮，如图 3-101 所示。

图 3-100

图 3-101

在弹出的“更改日期和时间”对话框中，可以设置其他日期和时间，完成后，单击“更改”按钮即可，如图 3-102 所示。

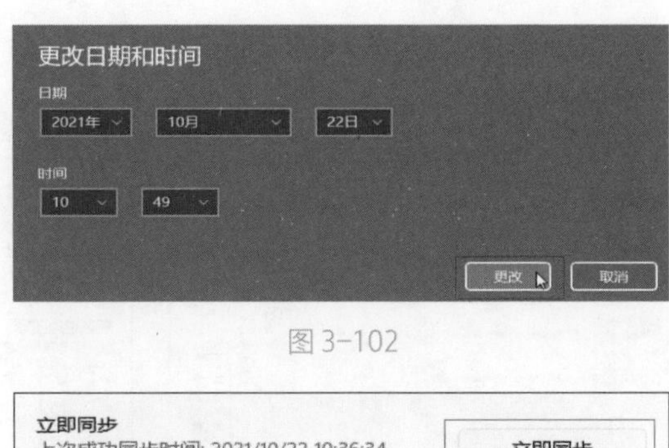

图 3-102

上手体验 手动同步时间

扫一扫 看视频

Windows 可以自动与时间服务器同步，自动更改时间。如果要手动同步的话，可以在“时间和日期”界面中单击“立即同步”按钮，如图 3-103 所示。在这里还可以设置是否显示农历。

立即同步
上次成功同步时间: 2021/10/22 10:36:34
时间服务器: time.windows.com
立即同步
在任务栏中显示其他日历
简体中文(农历)

图 3-103

## 3.4.4 通知的设置

和手机的通知类似，Windows 也会在系统产生故障、加入了硬件、系统重要参数被修改、程序有消息等情况下，向用户发送通知。通知会在“时间和日期”界面上方显示，如图 3-104 所示。如果要更改通知的内容和程序，可以在“时间和日期”按钮上单击鼠标右键，选择“通知设置”选项，如图 3-105 所示。

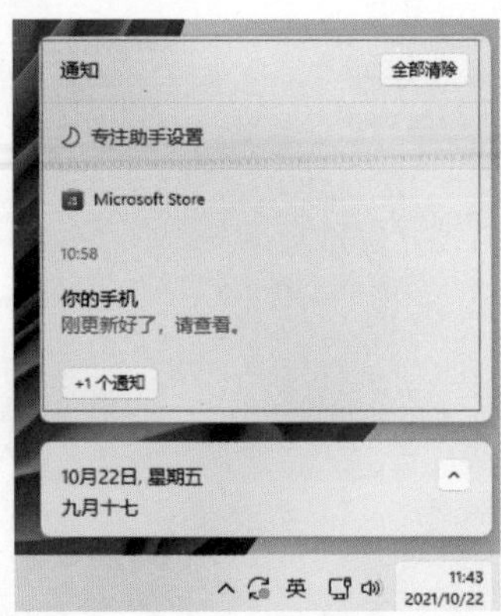

图 3-104

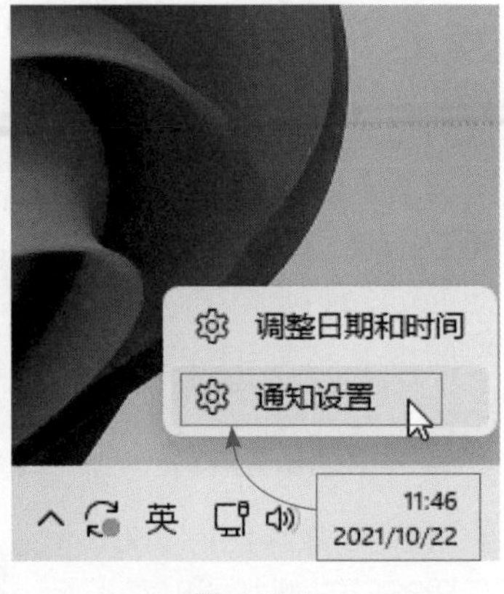

图 3-105

在“通知”窗口中，最上方的“通知”功能按钮如果关闭，则右下角将不显示任何通知。展开“通知”下拉按钮可以设置通知的显示位置和提示音，如图 3-106 所示。在下方可以设置允许通知的程序，如图 3-107 所示。

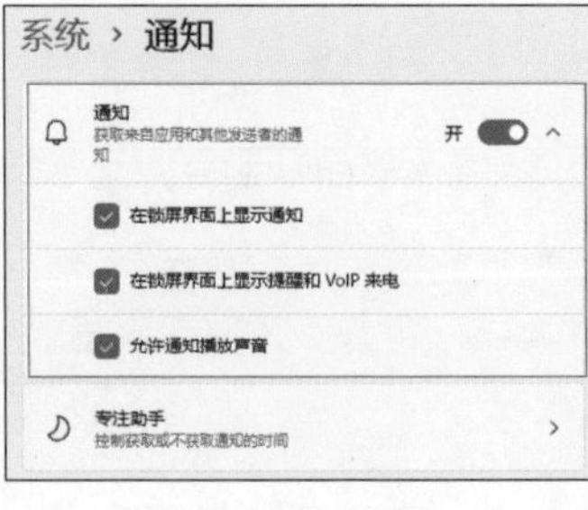

图 3-106

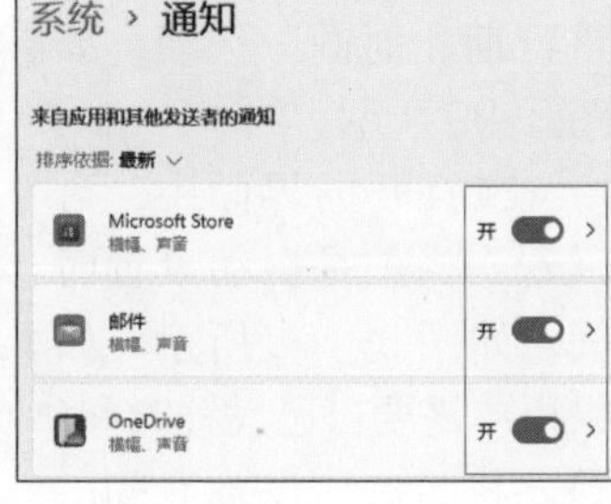

图 3-107

单击“更多”按钮后，可以设置该程序的通知位置、通知状态、通知中心优先级等，如图 3-108 及图 3-109 所示。

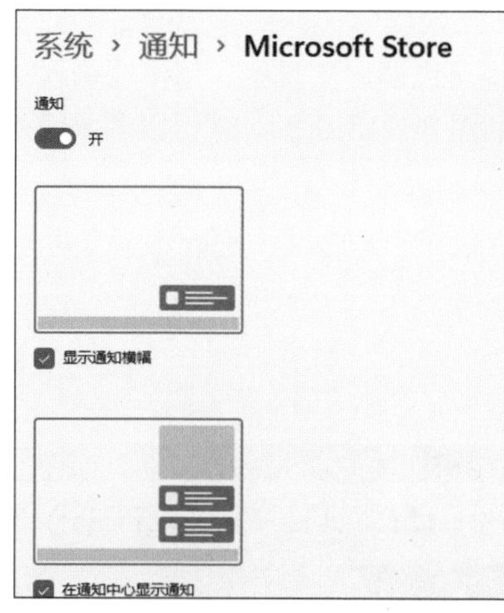


图 3-108

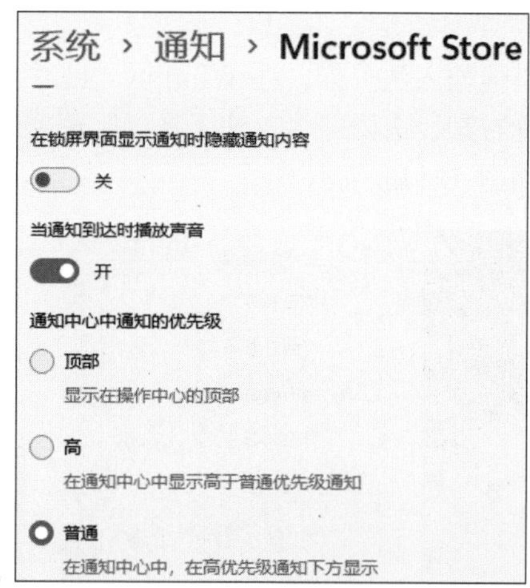


图 3-109

专业术语

**专注助手**

它类似于手机的免打扰模式，可以定时启动“专注助手”，屏蔽系统消息，更专注地完成工作或游戏等。在图 3-106 中单击“专注助手”按钮后，进入设置界面，可以设置专注助手的启动时间、场景和允许的通知类型，如图 3-110 及图 3-111 所示。

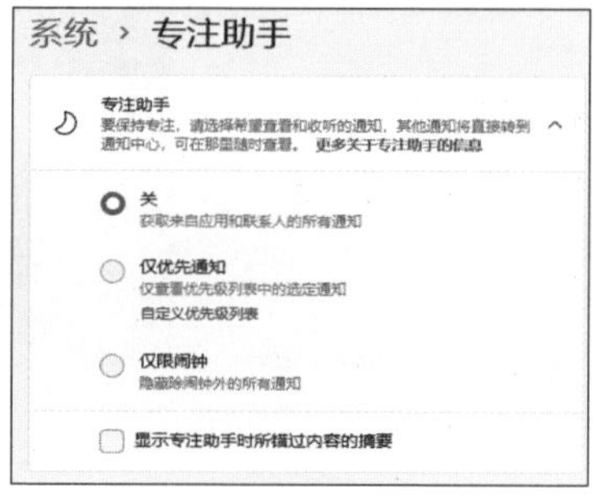


图 3-110

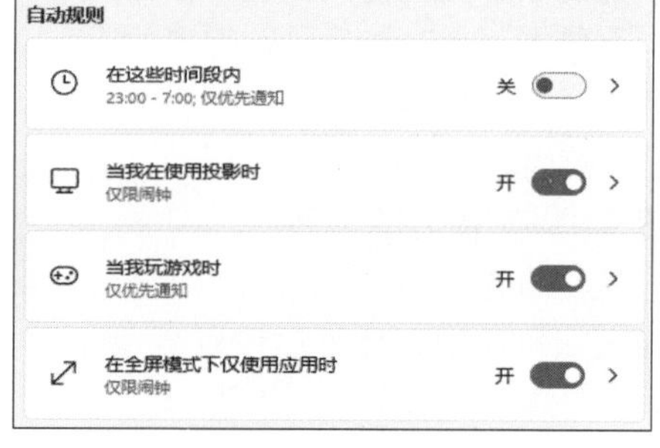


图 3-111

## 3.4.5 输入法的设置和使用

在控制中心旁就是输入法了，默认是英文状态，使用鼠标单击或者单击“Shift”键可以切换到中文输入法，就可以输入文字了，如图 3-112 所示。

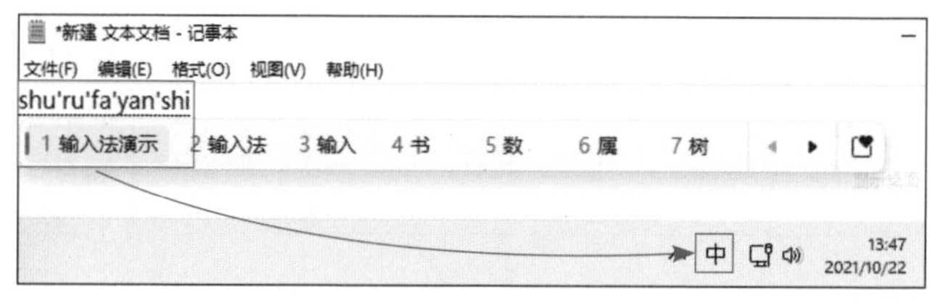


图 3-112

（1）调出输入法工具栏

和其他输入法一样，在 Windows 11 中，也可以调出工具栏。用户在输入法图标上单击鼠标右键，选择“输入法工具栏”选项，如图 3-113 所示，就可以调出输入法工具栏了，如图 3-114 所示。

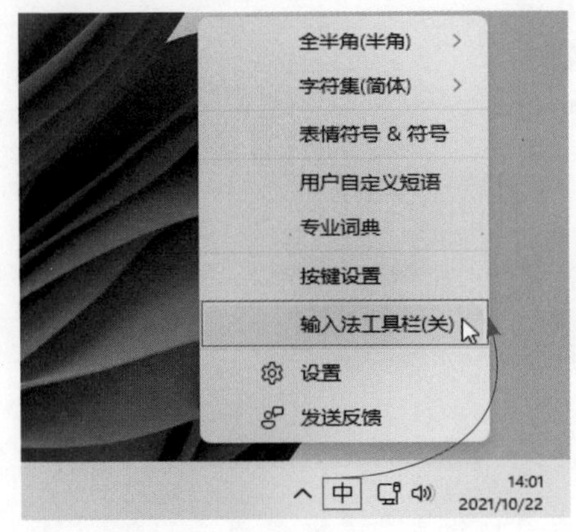


图 3-113

图 3-114

（2）输入表情符号

在 Windows 11 中，也可以用系统自带输入法输入 emoji 表情符号和动图了。用户可以将光标定位到输入位置，在输入法工具栏上单击“☺”符号，在弹出的界面中，可以选择表情符号、GIF 动图、颜文字、符号等内容，如图 3-115 所示，也可以在搜索栏搜索需要的符号。

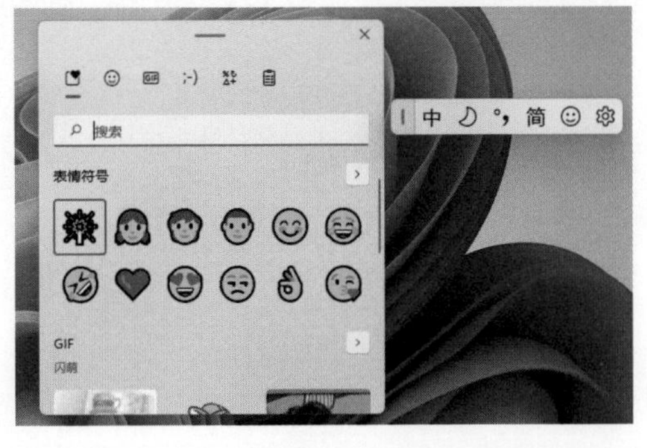


图 3-115

（3）其他设置

在输入法菜单中，还可以设置全角 / 半角显示、简体 / 繁体、用户自定义短语、专业词汇（如图 3-116 所示）、快捷键设置（如图 3-117 所示）等。

图 3-116

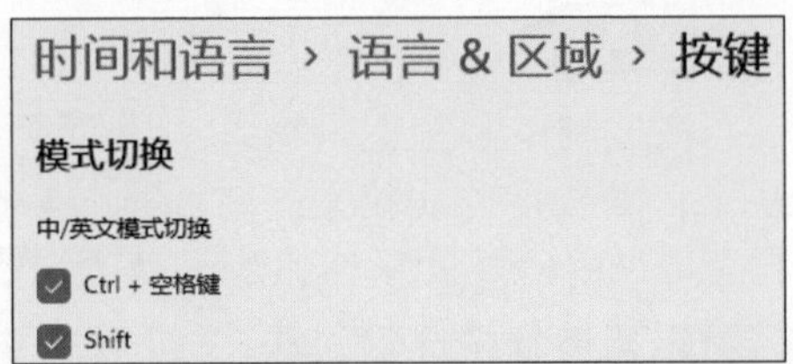


图 3-117

## 拓展知识　更多设置

用户也可以在图 3-113 中选择“设置”选项，进入“微软拼音输入法”界面中，如图 3-118 所示，在这里可以设置各种详细参数。

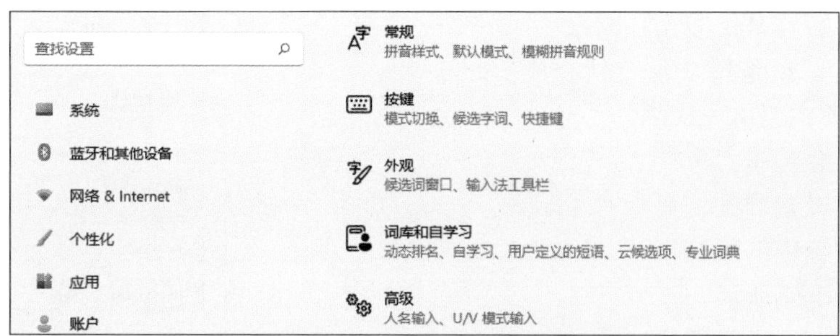


图 3-118

### 上手体验　“开始”按钮的高级应用

“开始”按钮单击后会显示开始屏幕，不过“开始”按钮还有更实用的功能，可以快速进入一些设置界面中。用户在“开始”按钮上单击鼠标右键，可以看到多出很多选项，如图 3-119 所示。

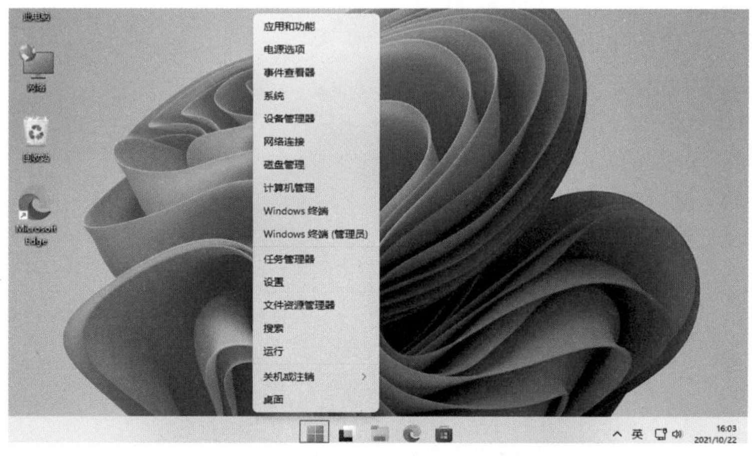


图 3-119

其中很多选项功能使用频率极高，但是查找启动比较烦琐。而在此菜单中，可以非常方便地调出这些功能。

# 3.5 字体的设置

Windows 11 系统显示的字体是无法修改的，但是可以为系统中添加或删除字体。

## 3.5.1 查看字体

打开开始屏幕，搜索关键字“字体”，选择“字体设置”选项，如图 3-120 所示。随后会显示“个性化—字体”设置界面，可以查看到系统中的所有字体，如图 3-121 所示。

如果用户下载了字体，可以在这里将字体拖入虚线框中以安装字体。

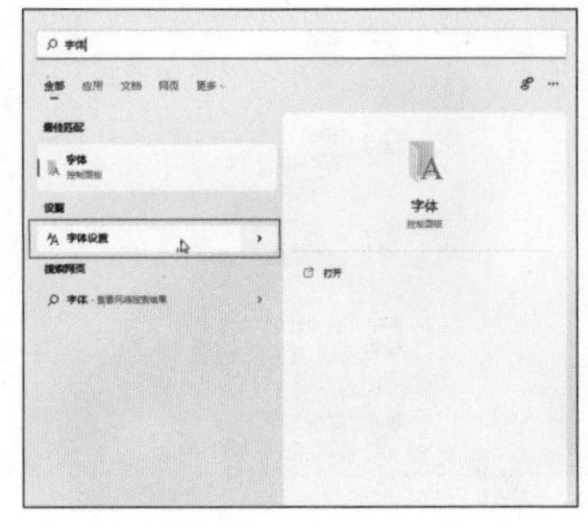

图 3-120

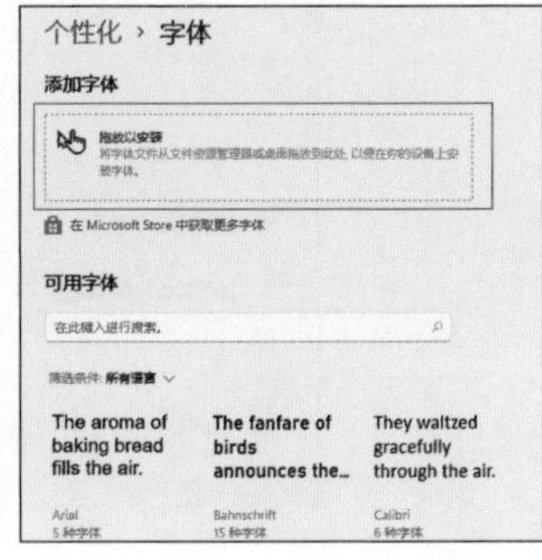


图 3-121

## 3.5.2 从微软商店安装字体

除了自己下载字体外，用户也可以从微软商店中查找并安装字体。用户可以在图 3-121 中单击“从 Microsoft Store 中获取更多字体”链接，在打开的界面中选择满意的字体，如图 3-122 所示。在打开的页面中，单击“获取”按钮，如图 3-123 所示。

稍等片刻，字体就安装完毕了，可以在字体列表中找到安装的字体，如图 3-124 所示。单击文字进入后，可以调节字体的大小，查看字体信息等，如图 3-125 所示。

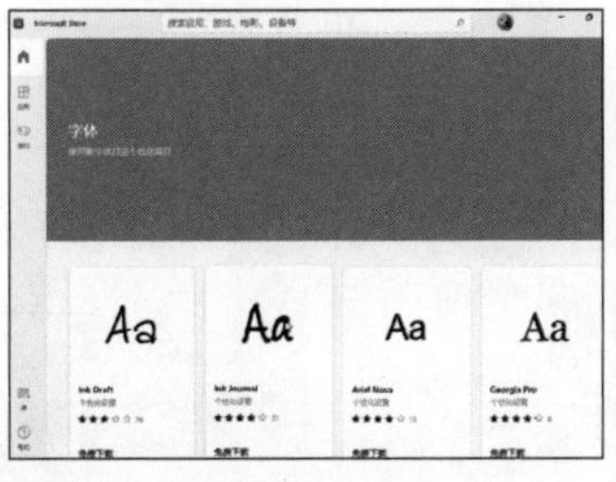


图 3-122

图 3-123

图 3-124

图 3-125

### 3.5.3 卸载字体

卸载的方法非常简单，单击字体进入字体详细信息中，找到并单击“卸载”按钮，如图 3-126 所示，在弹出的窗口中，单击“卸载”按钮，如图 3-127 所示，稍等后就完成了字体的卸载。

图 3-126

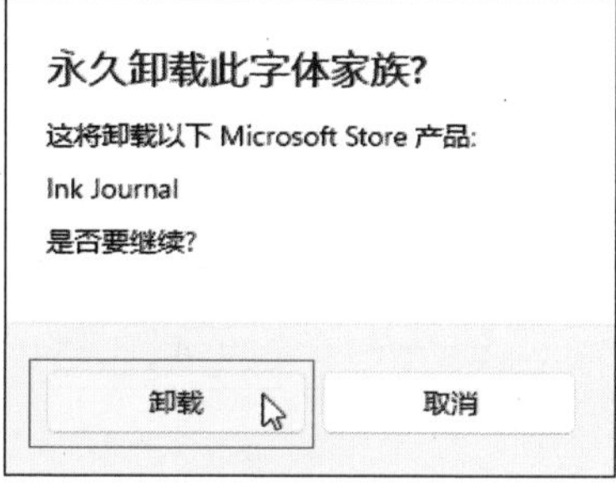


图 3-127

## 3.6 Windows 11 视觉效果设置

Windows 11 的辅助功能可以为某些特殊人群提供更好地使用 Windows 的功能。下面介绍一些常见的辅助功能设置。

### 3.6.1 设置文本字体的大小

前面介绍了界面、图标大小的调整，辅助功能中的“文本大小”可以将 Windows 11 中的文字进行放大。

**STEP 01** 进入 Windows 11 的设置界面，选择“辅助功能”选项，在右侧单击“文本大小”按钮，如图 3-128 所示。

图 3-128

**STEP 02** 在设置界面中，拖动“文本大小”滑块，增大显示比例，完成后单击“应用”按钮，如图 3-129 所示，调整后，所有界面的文字已经变大了，如图 3-130 所示。

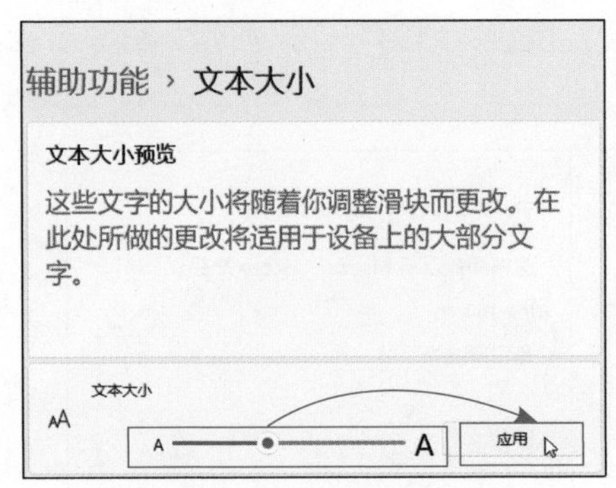


图 3-129

图 3-130

## 3.6.2 调整视觉效果

在“辅助功能”页面中，单击“视觉效果”按钮，可以进入视觉效果的调整，这里可以设置始终显示滚动条、打开或关闭窗口透明背景、打开或关闭动画效果以提高运行速度、关闭通知的时间等功能，如图 3-131 所示。

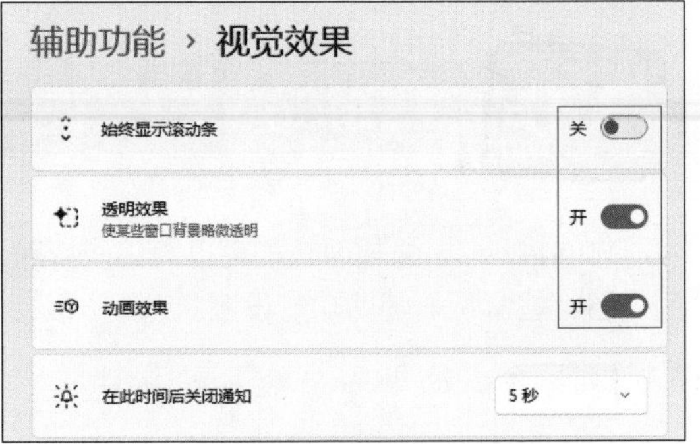


图 3-131

### 上手体验 增大鼠标指针

在“鼠标指针和触控”中，可以选择鼠标指针的样式以及改变鼠标指针大小，如图 3-132 所示。

扫一扫 看视频

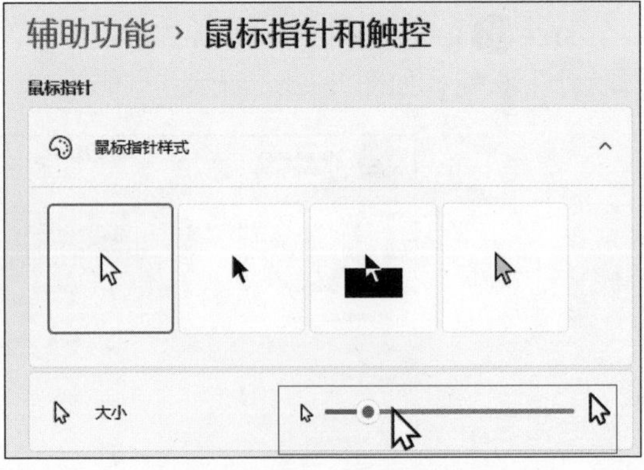


图 3-132

## 3.6.3 其他设置

在“辅助功能”页面中，还可以设置输入文字时的光标的样式、强对比度主题、Windows 放大镜的设置、界面的颜色滤镜、讲述人、音频、字幕等，主要是给部分特殊人群提供更易使用 Windows 的方法。

# 第4章 有条不紊遵章法——文件与文件夹的管理

文件和文件夹是 Windows 中数据存在的两种形式，本章着重就 Windows 11 中文件及文件夹的管理向读者进行介绍，包括文件及文件夹的种类、查看方式、基本操作等。通过本章的学习，读者可以对 Windows 11 中的文件及文件夹的使用有更进一步的了解。

**本章重点难点：**

- 文件及文件夹的简介
- 文件及文件夹的查看
- 文件及文件夹的基本操作
- 文件及文件夹的压缩与解压
- 文件及文件夹的加密及解密

# 4.1 文件及文件夹简介

在 Windows 中，所有的资源都是以文件或文件夹的形式保存到磁盘中。文件与文件夹是操作系统的基本组成方式。除了设置外，其他的操作都是以文件及文件夹为基础。下面介绍文件及文件夹的相关概念。

## 4.1.1 文件及文件夹的作用

打开 Windows 的分区，就可以看到各种文件与文件夹。操作最多的也是文件与文件夹。文件指以二进制数据的形式存在于磁盘中的各种数据，包括常见的各种程序文件、文档、电影、歌曲、照片等，都是文件的形式。而文件夹主要用于对文件进行分类并归档处理，在操作系统中以目录树的形式展现。如图 4-1 所示。

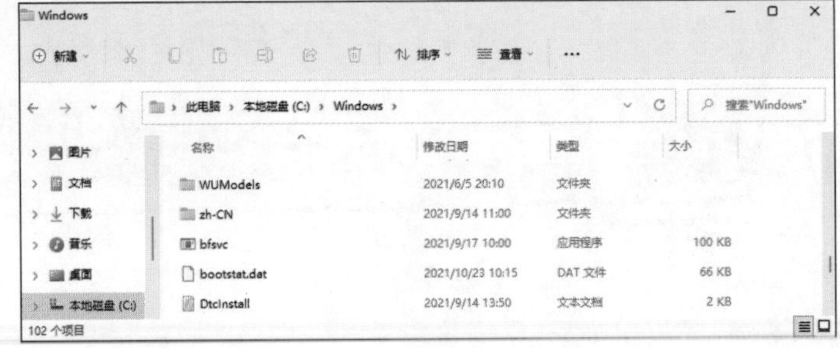


图 4-1

## 4.1.2 文件名及文件扩展名

Windows 中的文件名由文件名和扩展名构成。文件名和文件夹名称命名规则如下：

- 允许文件或者文件夹名称不得超过 255 个字符。
- 文件及文件夹名除了开头之外任何地方都可以使用空格，开头的空格会被自动省略掉。
- 文件及文件夹名中不能有下列符号：“？”“、”“/”“\”“*”“<”“>”“|”。
- 文件及文件夹名不区分大小写，但在显示时可以保留大小写格式。
- 同一个目录中不允许有相同文件名的文件或文件夹名称。
- 一些系统保留的设备名，不能用来为文件命名。如“AUX”“COM1”“LPT2”等。

文件扩展名是 Windows 用来识别文件类型的方式。通过扩展名可以确定该文件的类型、打开它的软件等。Windows 系统的常见文件扩展名及说明如下：

- exe：Windows 中的可执行文件，也就是常说的程序文件。
- sys：系统文件。
- txt：文本文档文件。
- mp3/wma：音频文件，用播放器可以播放。
- mp4/avi/mkv：视频文件。
- rar/zip：压缩文件。
- html：网页文件。
- pdf：pdf 文档也叫电子书。
- iso：镜像文件，用虚拟光驱打开。
- doc/docx：Word 文档。
- xls/xlsx：Excel 表格。
- ppt/pptx：PowerPoint 演示文稿。

**上手体验** 显示文件扩展名

扫一扫　看视频

默认情况下，文件仅显示主文件名而不显示文件扩展名。可以按照下面的步骤显示出文件的扩展名。

在快捷工具栏上，从“查看”下拉列表中，选择“显示”选项，从级联菜单中，选择“文件扩展名”选项，如图 4-2 所示，然后就可以在文件夹内查看到所有文件的扩展名了，如图 4-3 所示。

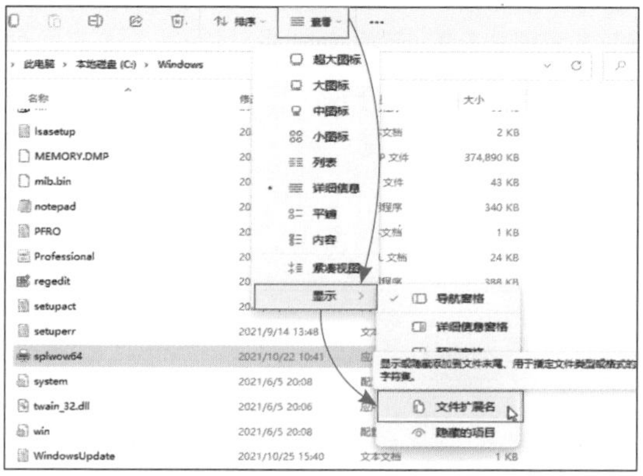

图 4-2

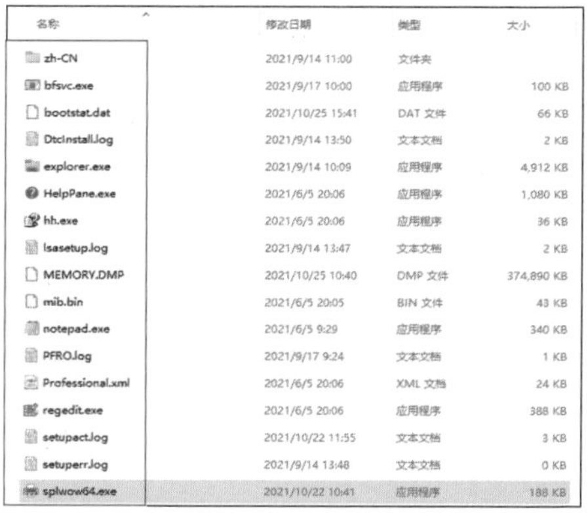

图 4-3

## 4.2 文件及文件夹的查看

很多读者认为文件及文件夹的查看非常简单，但其实有很多查看的方法使用在各种情况中。而且查看有很多特殊的技巧，掌握了这些技巧可以提高 Windows 的使用效率。

### 4.2.1 使用资源管理器查看文件及文件夹

资源管理器是 Windows 提供的用来查看硬盘中的文件及文件夹的主要工具。其实日常使用的“此电脑”就是资源管理器的典型应用。

在桌面上双击“此电脑”就可以打开 Windows 资源管理器，如图 4-4 所示。用户可以双击图标进入分区中或文件夹中查看文件。

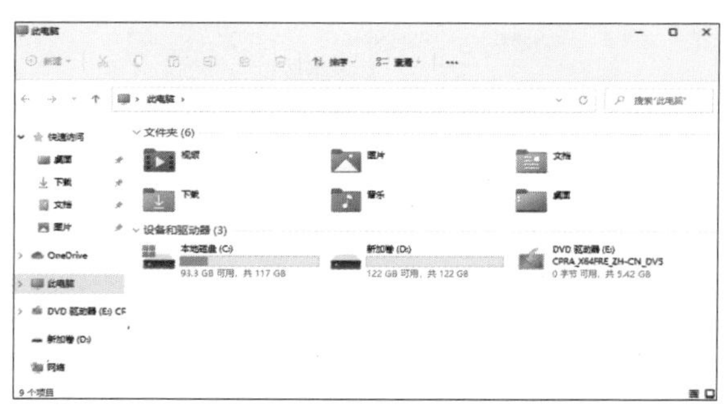

图 4-4

### （1）快捷按钮工具栏

Windows 11 将常用的快捷按钮放置到了资源管理器的顶部，如图 4-5 所示。

图 4-5

从左到右依次为：“新建”“剪切”“复制”“粘贴”“重命名”“共享”“删除”，这些常用的按钮都可以在右键菜单找到，熟练的用户可以用快捷组合键操作。接下来是排序、查看方式选择以及“更多”选项集，可以为当前的文件及文件夹排序、更改显示方式等，“更多”中的选项根据用户选择的对象不同而进行变化。

### （2）访问工具栏

在快捷按钮工具栏下方，是常见的访问工具栏，如图 4-6 所示。

图 4-6

按钮的功能从左到右依次是：“后退”“前进”“上级目录”“路径”“搜索”。“路径”框显示了当前用户所在的位置。“搜索框”提供在当前及所有下级目录中搜索指定文件或文件夹的功能。

**〈 拓展知识 〉 路径框体的高级用法**

路径框除了用来记录当前用户的位置，用户也可以手动单击“ › ”符号来查看并切换到所有该目录的下级目录，如图 4-7 所示。用户也可以在路径框中手动输入路径来快速访问某文件夹，如图 4-8 所示。

图 4-7

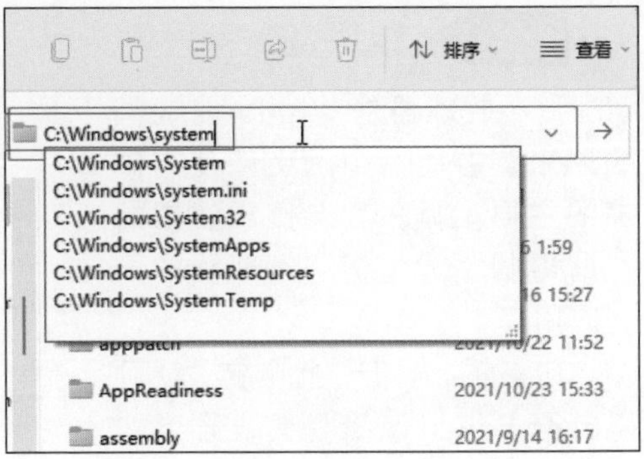

图 4-8

（3）操作窗口

在访问工具栏下方，最大的界面是主要的操作窗口，所有对文件及文件夹的查看和操作都在这里进行，如图 4-9 所示。

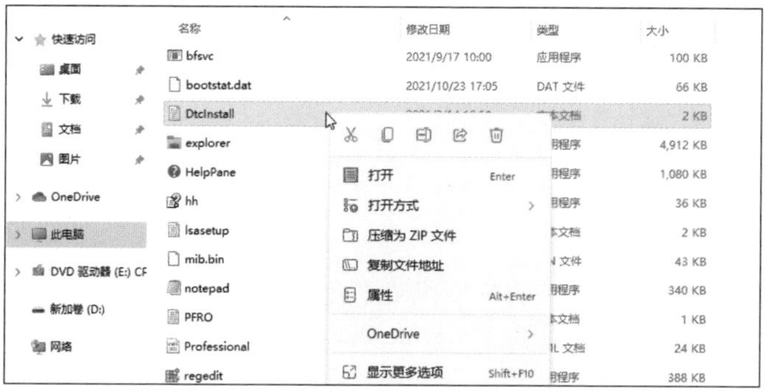

图 4-9

导航窗格位于主界面左侧，上方的快速访问区用来显示经常需要访问的文件夹。快速访问区和下方的区域会一直停留在资源管理器左侧，所以将常用文件夹放置到快速访问区以便快速访问。

导航窗格中的文件夹是系统默认的一些文件夹，是为方便用户存储而提前创建好的。Windows 11 还特别为这些文件夹重新绘制了图标，用以方便区分。但基本上很少有用户将文件存储在这些文件夹中。毕竟这块区域默认在 C 盘中，在后面会给读者讲解将这些文件夹放置到其他分区的方法。

## 拓展知识 将文件夹放置到快速访问区

**在文件夹上单击鼠标右键，选择“固定到快速访问”选项，如图 4-10 所示。然后在快速访问区就可以看到该文件夹了，如图 4-11 所示。在快速访问区的文件夹上单击鼠标右键，选择“从快速访问取消固定”就可以将该文件夹从快速访问区移除了。**

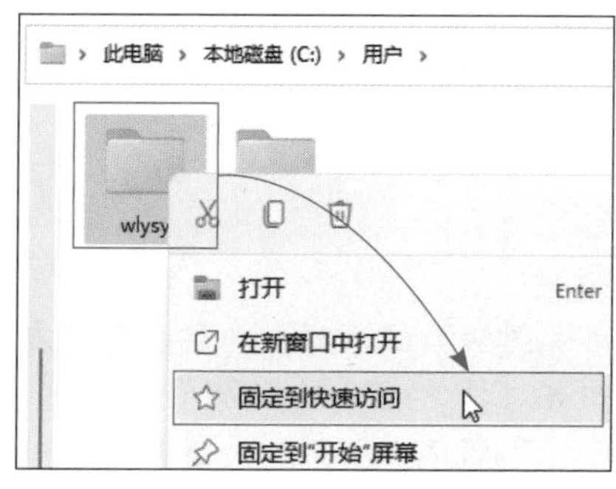


图 4-10

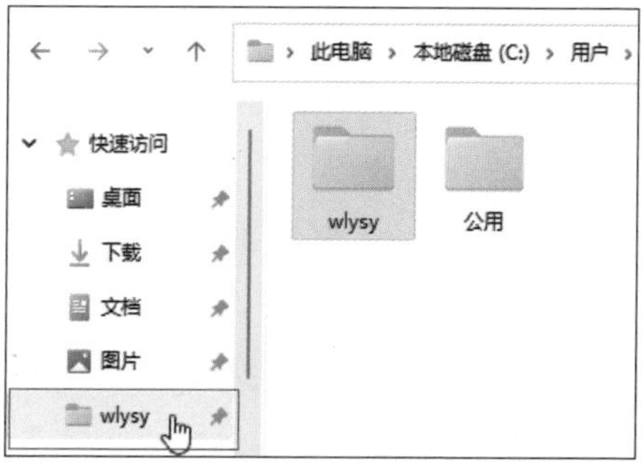

图 4-11

在快速访问区下方，还有“网络”“新加卷”“光驱”的图标。另外在此处还有“此电脑”下拉列表，会跟随用户的访问，展开当前访问的项目，让用户快速访问到当前目录的其他级别的目录。

(4) 状态栏

在界面左下方为状态栏，如图 4-12 所示。

102 个项目　选中 1 个项目　1.94 KB 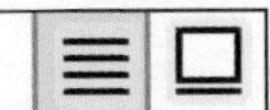

图 4-12

状态栏显示了当前文件夹内的文件和文件夹数量、用户选中的数量、选中的文件大小。在右侧是以列表显示或者以缩略图显示的快捷键。

### 4.2.2 更改文件及文件夹的查看方式

文件与文件夹的查看方式有多种，用户可以按照自己的需要更改显示方式来更好地管理文件或文件夹。

(1) 以缩略图样式显示文件及文件夹

从快捷工具栏中，单击“查看”下拉按钮，选择“中图标”按钮，如图 4-13 所示。此时图片和其他文件都以中等大小图标显示，如图 4-14 所示。中等图标状态的图片可以看到图片的缩略图了，识别和选择起来更加方便。

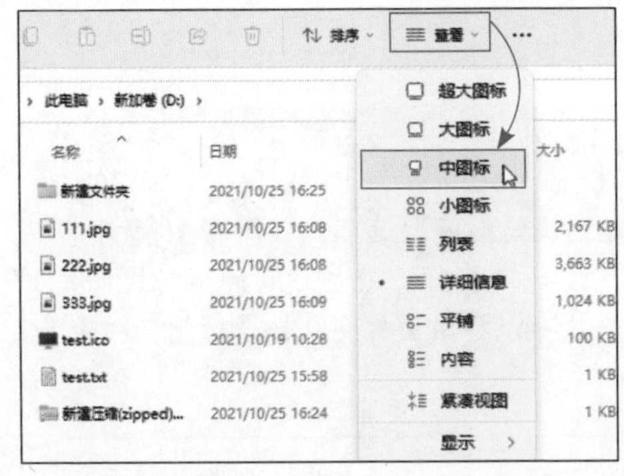


图 4-13

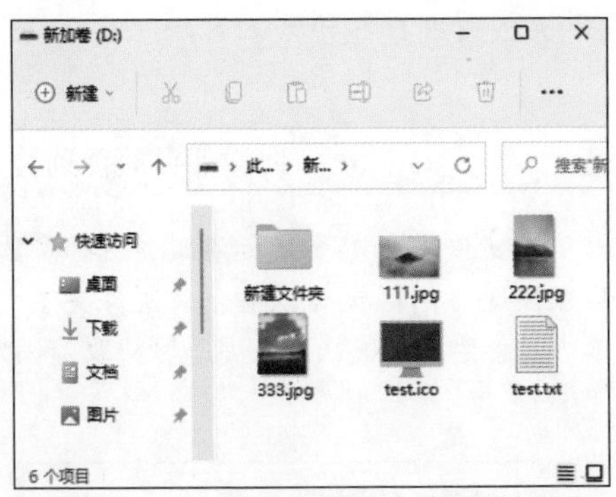


图 4-14

**拓展知识　其他图标显示**

除了中图标外，还有“大图标”和“超大图标”显示模式。用这两种方式显示的文件，显示的图标会更大，尤其是图片文件的缩略图。而“小图标”仅显示文件的默认图标，只能通过文件名区分不同的文件，但同一屏幕能显示更多文件。

（2）以列表样式显示文件及文件夹

缩略图在查看文件尤其是图片文件上有独特的优势，但如果要查看文件的详细信息，就需要使用列表样式了。在当前目录的空白处单击鼠标右键，从“查看”级联菜单中选择“详细列表”选项，如图 4-15 所示，文件及文件夹就会以列表的形式显示，如图 4-16 所示，显示内容还包括文件的创建日期、文件类型和文件大小等。“列表”与“详细列表不同”，仅显示“名称”一列。

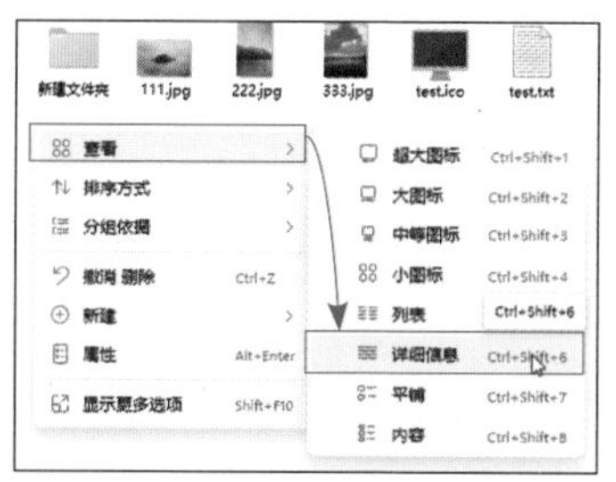


图 4-15

图 4-16

## 〈 拓展知识 〉 缩小显示间距

列表中的各项之间有默认的间距值，如果感觉间距值过大，可以通过快捷工具栏的“查看”菜单中的“紧凑视图”选项来缩小行之间的间距，如图 4-17 所示。

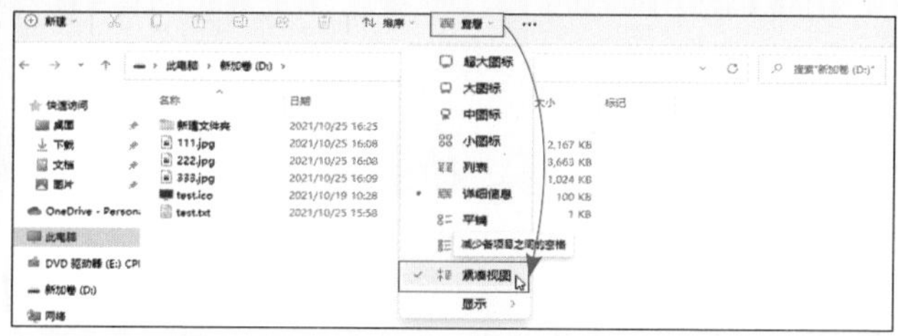


图 4-17

（3）综合显示模式

以缩略图显示文件可以查看到图片的内容，以详细列表显示文件可以查看到详细信息。那么有没有综合以上两种优点的显示模式呢？Windows 11 提供了“平铺”以及“内容”两种显示模式，可以结合以上的两种优点。用户可以在“查看”的级联菜单中选择这两种模式，如选择了“平铺”，效果如图 4-18 所示；而选择了“内容”，效果如图 4-19 所示。

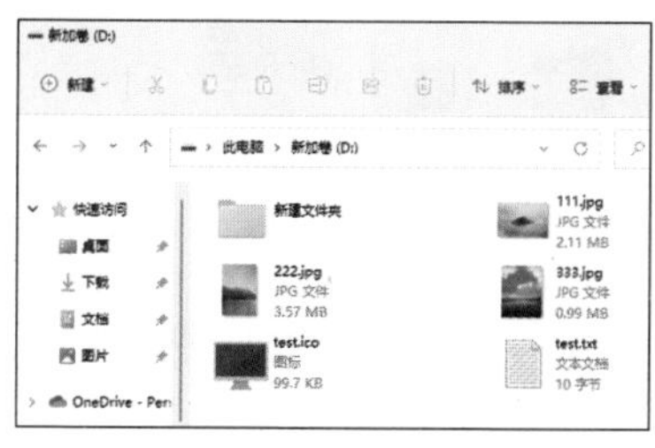


图 4-18

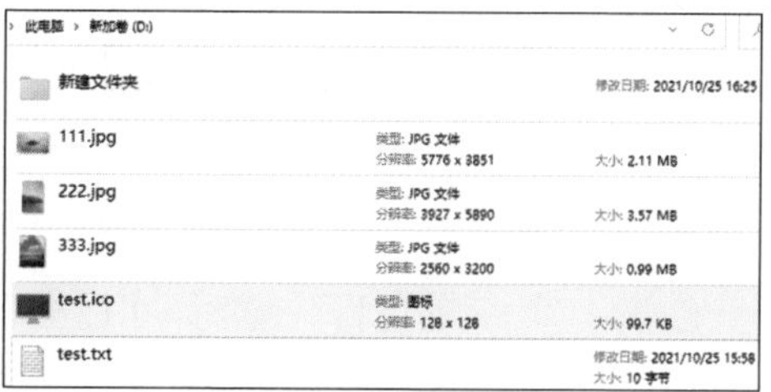


图 4-19

(4) 高级显示模式

在资源管理器中，在左侧默认显示了导航窗格，用户可以在“查看”列表的“显示”选项的级联菜单中，取消勾选“导航窗格”来将其隐藏，如图 4-20 所示。

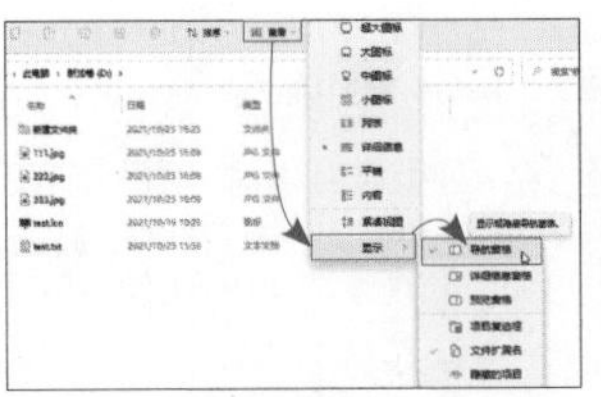

图 4-20

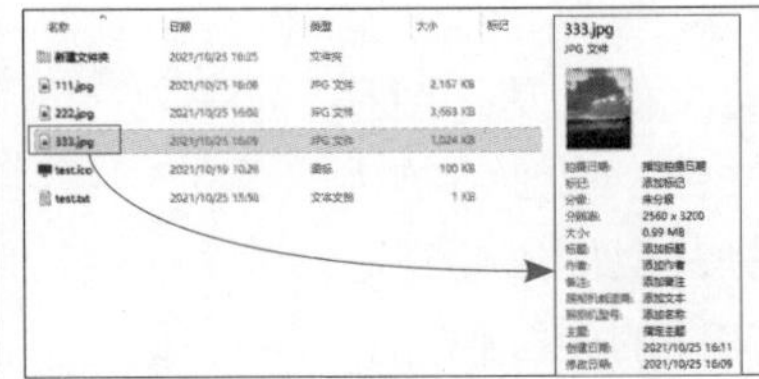

图 4-21

如果选择了“详细信息窗格”选项，在选中文件后，右侧会显示该文件的详细信息，如图 4-21 所示。

如果选择了“预览窗格”选项，在右侧会显示图片的大型缩略图，或者显示选中的文件的文本内容，如图 4-22 所示。

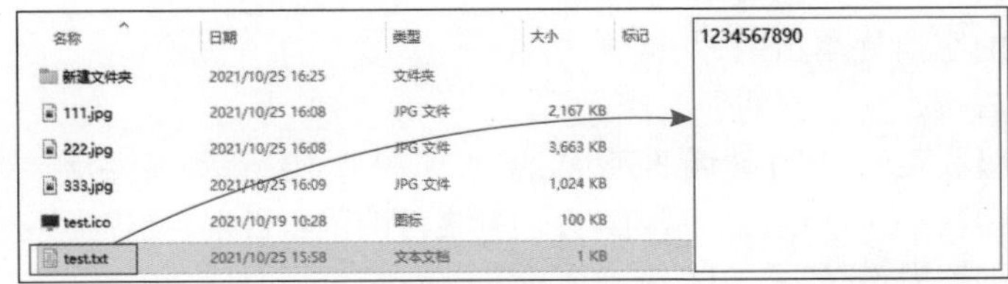

图 4-22

如果选中了“项目复选框”选项，则会在文件名前显示复选框，用户选中后可以对多个文件同时操作，如图 4-23 所示。

| 名称 | 日期 | 类型 | 大小 | 标记 |
|---|---|---|---|---|
| 新建文件夹 | 2021/10/25 16:25 | 文件夹 | | |
| 111.jpg | 2021/10/25 16:08 | JPG 文件 | 2,167 KB | |
| 222.jpg | 2021/10/25 16:08 | JPG 文件 | 3,663 KB | |
| 333.jpg | 2021/10/25 16:09 | JPG 文件 | 1,024 KB | |
| test.ico | 2021/10/19 10:28 | 图标 | 100 KB | |
| test.txt | 2021/10/25 15:58 | 文本文档 | 1 KB | |

图 4-23

## 〈 拓展知识 〉 图片的高级按钮

在选中了图片后，在“快捷工具栏”中，还会出现几个按钮，包括“向左旋转”“向右旋转”以及“设置为背景”。单击后可以对图片执行相对应的操作，如图 4-24 所示。

图 4-24

如果选择了“隐藏的项目”选项，可以查看该文件夹内的隐藏文件或文件夹，该操作将在后面的“文件与文件夹的隐藏”中进行介绍。

## 4.2.3 文件与文件夹的排序与分组

前面介绍了桌面图标的排序，文件和文件夹的排序与其操作类似，但有一些特别的用法。另外分组功能经常和排序功能一起使用。

### （1）文件与文件夹的排序

在文件夹内，单击鼠标右键，从“排序方式”级联菜单中选择“大小”及“递减”选项，如图 4-25 所示，接下来该目录内的所有文件及文件夹就将文件从大到小进行了排序，效果如图 4-26 所示。

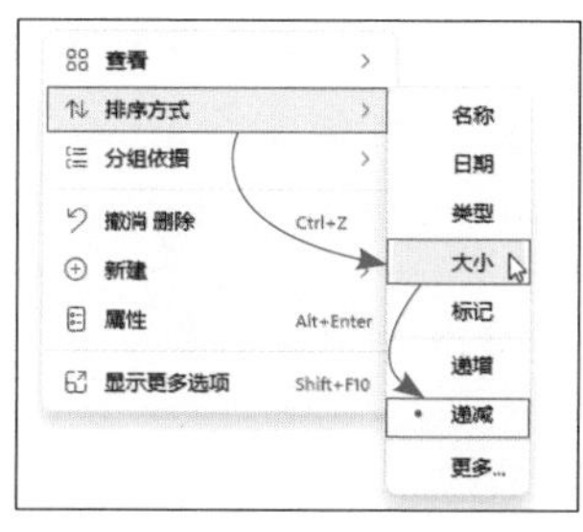


图 4-25

此电脑 › 新加卷 (D:)

| 名称 | 日期 | 类型 | 大小 | 标记 |
|---|---|---|---|---|
| 222.jpg | 2021/10/25 16:11 | JPG 文件 | 3,669 KB | |
| 111.jpg | 2021/10/25 16:08 | JPG 文件 | 2,167 KB | |
| 333.jpg | 2021/10/25 16:09 | JPG 文件 | 1,024 KB | |
| test.ico | 2021/10/19 10:28 | 图标 | 100 KB | |
| test.txt | 2021/10/25 15:58 | 文本文档 | 1 KB | |
| 新建文件夹 | 2021/10/25 16:25 | 文件夹 | | |

图 4-26

文件与文件夹的排序依据有很多，包括“名称”“日期”“类型”“大小”“标记”等，可以按照“递增”或者“递减”进行排序。另外在“更多”级联菜单中，还可以按照“创建日期”“修改日期”“拍摄日期”“分辨率”“分级”等排序，如图 4-27 所示。

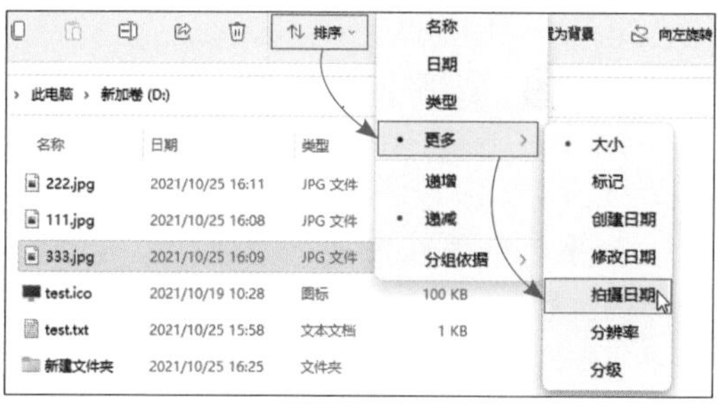


图 4-27

### （2）文件与文件夹的分组

分组是按照某种标准将所有同类的文件或文件夹归成一类，方便用户查找或选择。文件与文件夹的分组操作如下：在文件夹空白处单击鼠标右键，从“分组依据”级联菜单中选择“类型”选项，如图 4-28 所示。完成后可以查看到文件与文件夹按照类型进行了分组，并显示了分组名称，如图 4-29 所示。

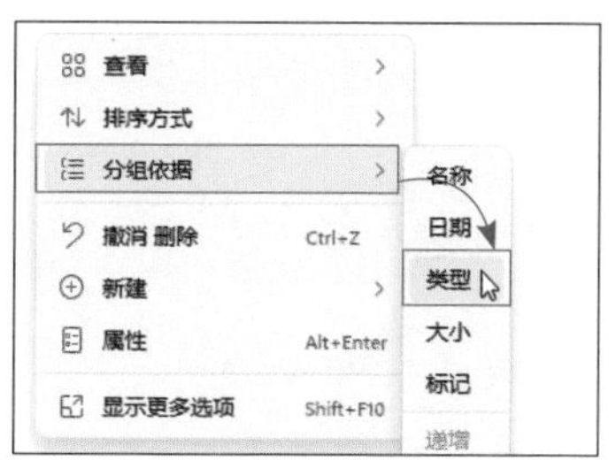


图 4-28

JPG 文件 (3)

| 名称 | 日期 | 类型 | 大小 |
|---|---|---|---|
| 111.jpg | 2021/10/25 16:08 | JPG 文件 | 2,167 KB |
| 222.jpg | 2021/10/25 16:11 | JPG 文件 | 3,669 KB |
| 333.jpg | 2021/10/25 16:09 | JPG 文件 | 1,024 KB |

图标 (1)

| 名称 | 日期 | 类型 | 大小 |
|---|---|---|---|
| test.ico | 2021/10/19 10:28 | 图标 | 100 KB |

文本文档 (1)

| 名称 | 日期 | 类型 | 大小 |
|---|---|---|---|
| test.txt | 2021/10/25 15:58 | 文本文档 | 1 KB |

文件夹 (1)

| 名称 | 日期 | 类型 | 大小 |
|---|---|---|---|
| 新建文件夹 | 2021/10/25 16:25 | 文件夹 | |

图 4-29

**拓展知识　“分组”与“排序”的组合**

用户可以同时执行“排序”和“分组”，效果就是将文件或文件夹分组后，在每个分组中按照设置进行排序，也可以在此基础上对文件及文件的查看方式进行修改。

### 4.2.4 使用文件或文件夹的筛选功能

筛选的作用是从一堆文件或文件夹中找到符合要求的项目并罗列出来，虽然“搜索”功能也能实现这个目标，但没有筛选的结果那么明确和清晰。下面介绍如何进行筛选。

STEP 01 进入需要筛选的目录中，将视图改为“详细列表”模式，在文件列表的标题栏单击“名称”下拉按钮，勾选“A-H”复选框，如图 4-30 所示。

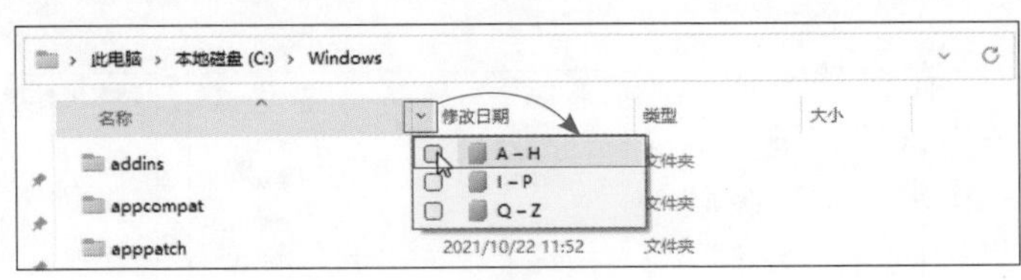

图 4-30

STEP 02 可以看到当前显示了以“A-H”开头的所有文件或文件夹，如图 4-31 所示。

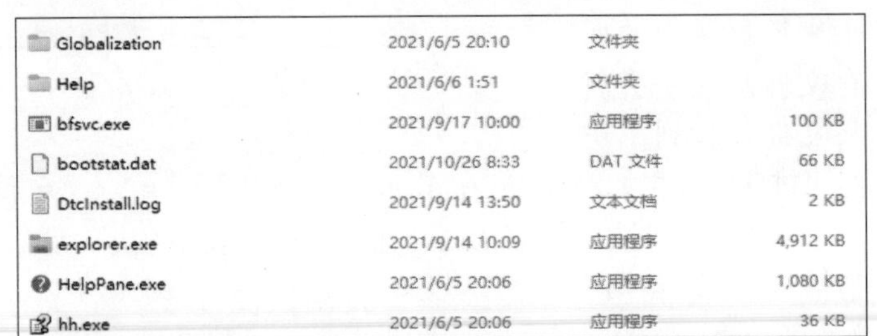

图 4-31

STEP 03 按照同样的方法，可以在其中按照指定修改日期、文件类型、文件大小的标准进行筛选，如图 4-32 及图 4-33 所示。

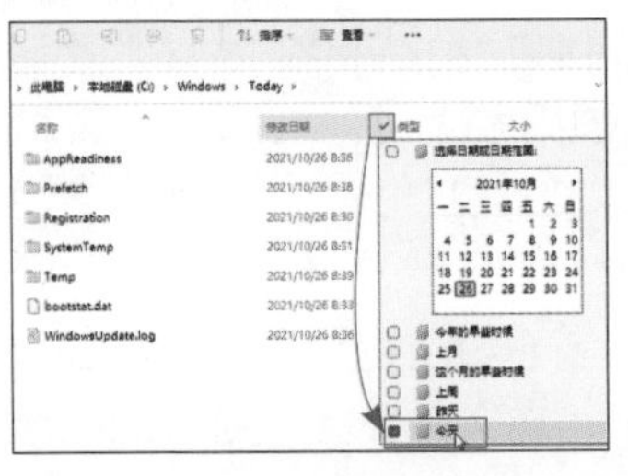

图 4-32

图 4-33

#### 拓展知识 取消筛选及复合筛选

如果要取消筛选，取消选中的复选框，或者关闭该目录显示即可。另外，也可以先执行名称的筛选，再执行类型的筛选，也就是可以执行复合筛选，如图 4-34 所示。

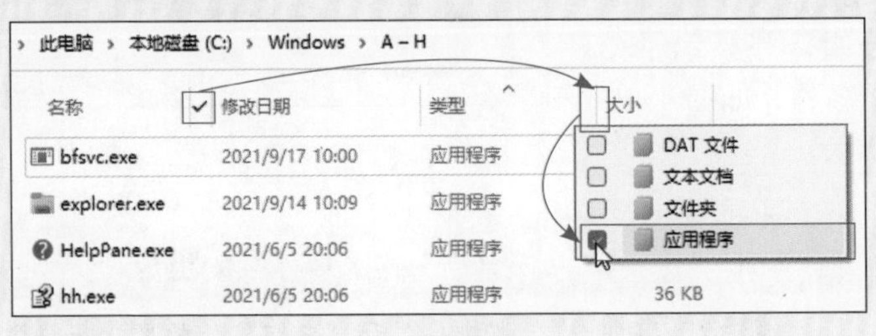

图 4-34

## 上手体验　增加分类类别

扫一扫　看视频

默认情况下，详细信息中有“名称”“修改日期”“类型”“大小”的类别。如果需要显示其他的分类类别，可以按照下面的方法将该类别调出。

STEP 01　在标题栏单击鼠标右键，可以看到此时默认勾选了以上几种类别，如果需要其他类别，如“创建日期”，可以选择该选项，如图 4-35 所示。

STEP 02　此时在标题栏可以看到该类别，并可以根据该类别进行筛选，如图 4-36 所示。

图 4-35

图 4-36

STEP 03　如果还需要其他类别，可以在图 4-35 中选择“其他”选项，在弹出的“选择详细信息”界面中，可以勾选需要显示的其他类别，如图 4-37 所示。

STEP 04　类别非常多，如果想要查找某个类别，如“页码范围”，可以选中该对话框，用输入法输入“页”，就会跳转到该选项，如图 4-38 所示。

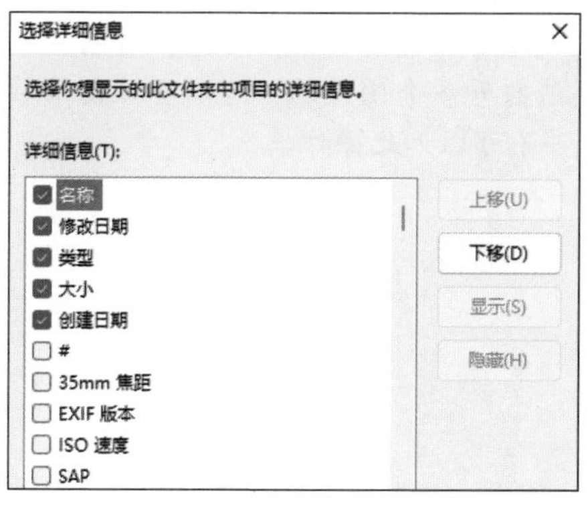


图 4-37

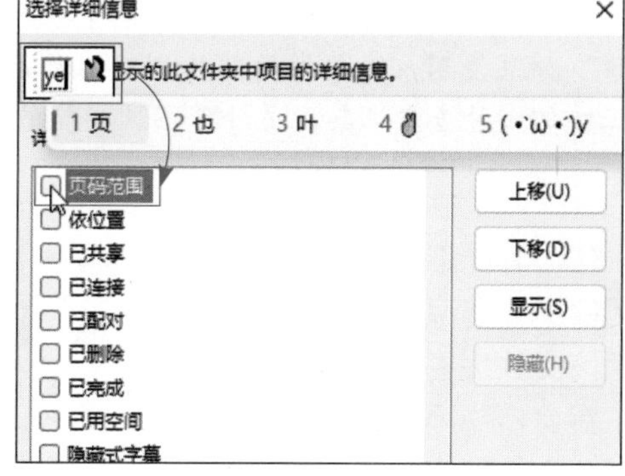


图 4-38

如果用户安装了 Office 系列软件，“页码范围”可以显示该文档的总页码数，这样在不打开文档的情况下，可以统计文件的页码数，非常方便。

# 4.3 文件及文件夹的基本操作

文件及文件夹的基本操作包括打开、新建、重命名、选择、删除、恢复、移动、复制、隐藏及显示等，普通的打开方式无外乎双击，这里就不再赘述了，下面将重点介绍一些打开的操作技巧。

## 4.3.1 打开文件及文件夹

打开文件是启动文件对应的电脑程序，然后载入该文件进行编辑。但并不是所有的文件都可以打开的，有些文件只能被载入系统程序中使用，而不能进行编辑。文件夹的打开操作比较通用。

### (1) 批量打开文件或文件夹

可编辑的文件或者可以操作的文件，通过双击就可以打开了，如果要一次性打开多个文件，可以先选中多个同类型的文件，按回车键，如图 4-39 所示。如果选中的是多个文件夹，也可以一次打开，如图 4-40 所示。

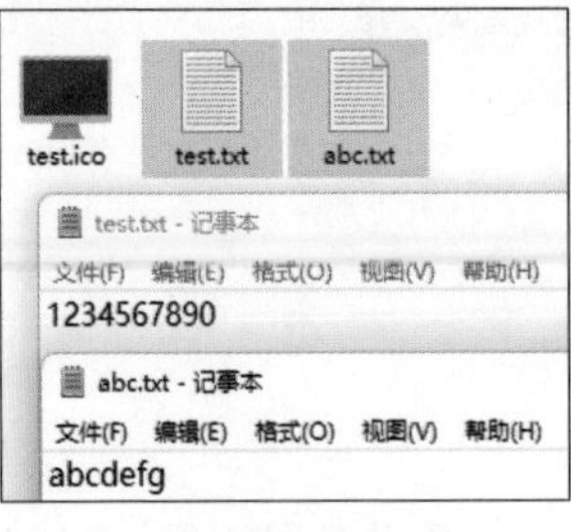


图 4-39

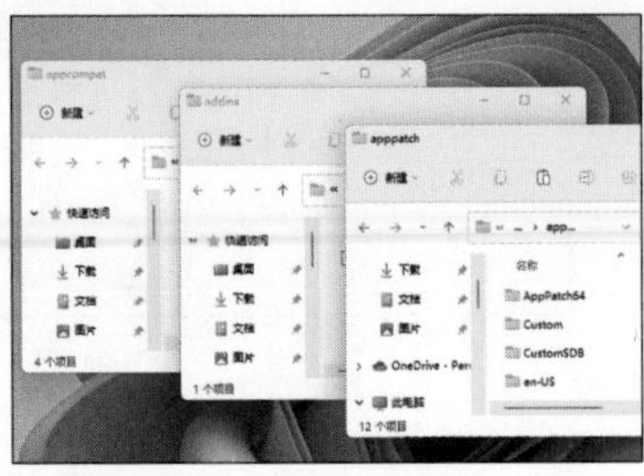

图 4-40

**〈 拓展知识 〉 批量打开文件注意事项**

需要注意的是，该种方法适用于多个文档或者文件夹的批量打开。对图片来说，如果使用系统自带的图片浏览工具是无法打开多个图片的，可以尝试使用第三方的图片查看工具。另外，不同类型的文件不可以如此操作。

### (2) 在新窗口打开文件夹

默认情况下，双击打开文件夹，资源管理器会显示该文件夹内部。如果要在新窗口中显示的话，可以在文件夹上单击鼠标右键，选择“在新窗口中打开”选项，如图 4-41 所示，Windows 11 会打开新的资源管理器来显示文件夹内的文件，如图 4-42 所示。

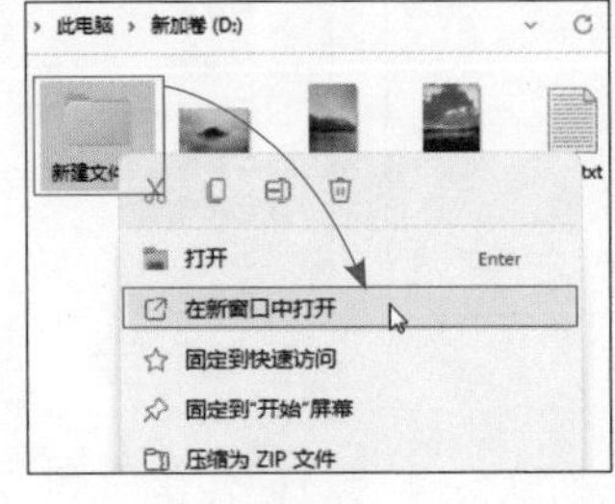


图 4-41

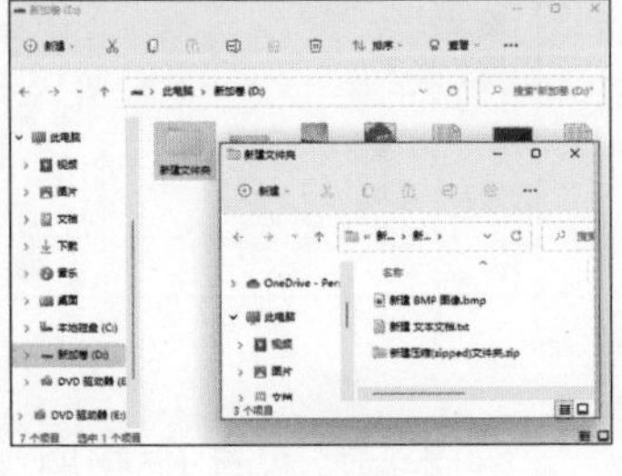

图 4-42

**〈 拓展知识 〉 快速在新窗口中打开文件夹**

用户可以在文件夹上按住“Ctrl”键，双击鼠标左键，就可以在新窗口中打开该文件夹。也可以选中多个文件夹，使用“Ctrl+ 回车”键，在新窗口中打开多个文件夹。

（3）选择文件打开方式

因为文件扩展名的存在，所以双击文件后，默认会以支持该扩展名的程序打开该文件。但很多情况下，需要使用其他程序打开，就需要选择文件的打开方式，或者说选择打开的程序了。

STEP 01 比如默认情况下，网页类型的文件都可以使用浏览器打开，如双击“网页 .html”文件，会提示用户选择打开的程序，选择“Edge”浏览器，单击“确定”按钮，如图 4-43 所示，就会以网页的形式打开该文件，如图 4-44 所示。

图 4-43

图 4-44

**〈 拓展知识 〉 为什么双击未打开文件**

因为默认情况下，“.html”扩展名的文件并没有关联打开的程序，所以会弹出程序选择界面。如果要指定关联，可以在图 4-43 中勾选“始终使用此应用打开 .html 文件”复选框。在后面的章节会讲解如何修改关联的程序。

STEP 02 如果要使用其他的程序打开该文件，可以在文件上单击鼠标右键，从“打开方式”中选择打开的程序。如果没有所需程序的话，可以选择“选择其他应用”选项，如图 4-45 所示。

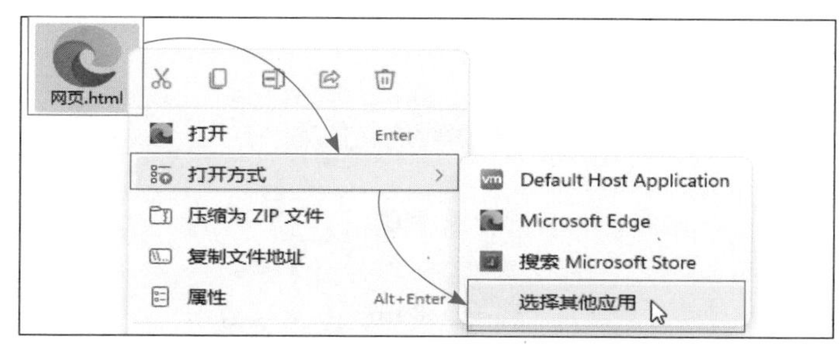


图 4-45

**STEP 03** 选择“记事本”选项，单击“确定”按钮，如图 4-46 所示。如果列表中没有，也可以单击“在这台电脑上查找其他应用”链接，从对话框中，找到程序目录并选择程序即可，如图 4-47 所示。

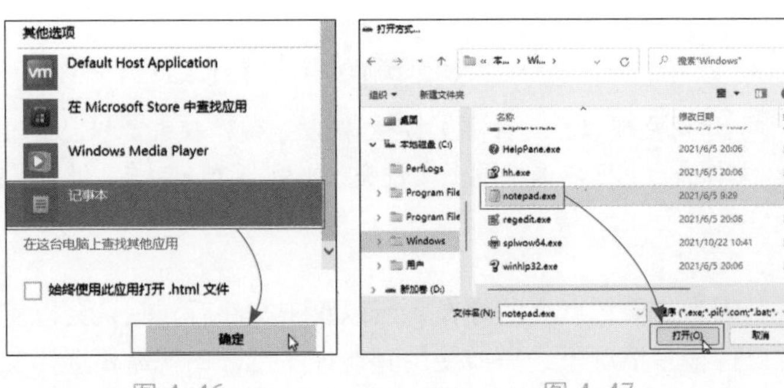


图 4-46　　图 4-47

**STEP 04** 使用“记事本”打开该网页文件后，就可以使用编辑功能修改文件内容，如图 4-48 所示，保存后再打开该文件，就会看到新的页面了，如图 4-49 所示。这也是很多文件使用记事本打开并编辑参数的方法。

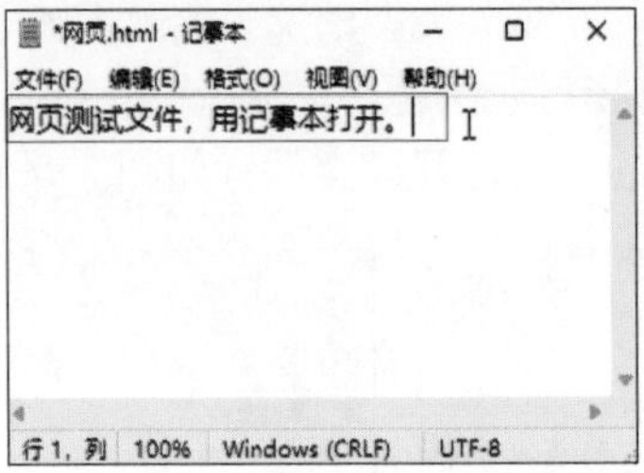

图 4-48

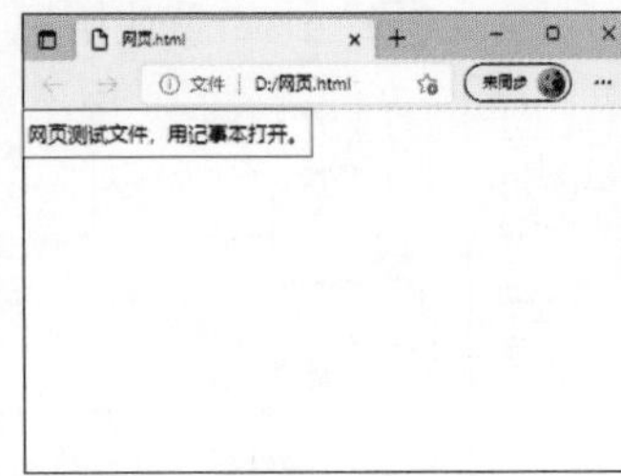


图 4-49

## 4.3.2 新建文件及文件夹

新建文件及文件夹的方法有很多，下面介绍常用的操作方法。

### （1）文件夹的新建

文件夹的新建比较简单，在目录空白处单击鼠标右键，从“新建”级联菜单中选择“文件夹”选项，如图 4-50 所示。新建完成后，为文件夹重命名即可，如图 4-51 所示。

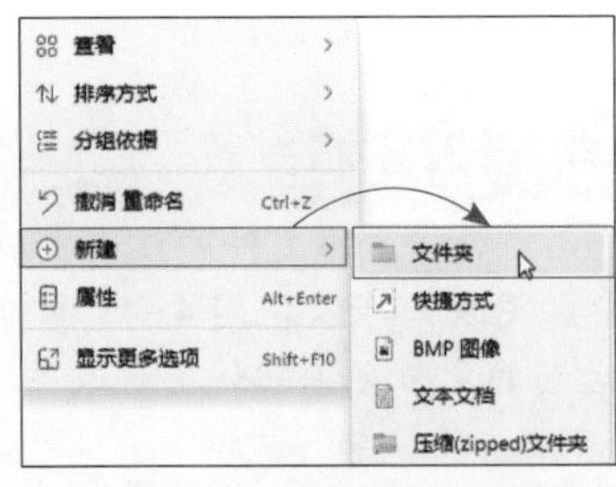


图 4-50

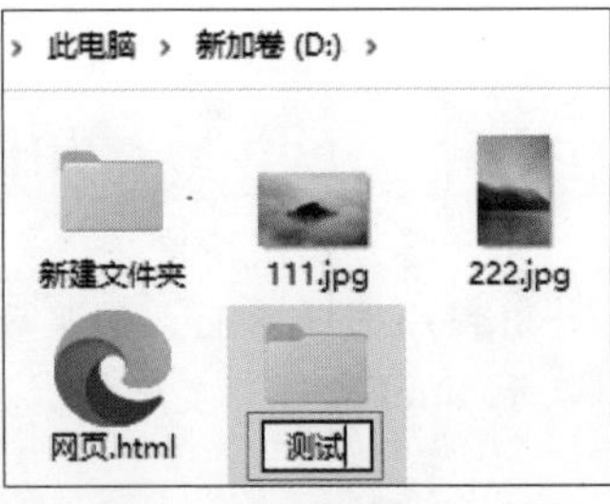


图 4-51

**〈 拓展知识 〉 快速新建文件夹**

在目录内，单击资源管理器左上角的“新建”按钮，从列表中选择“文件夹”选项，如图 4-52 所示，快速新建文件夹。

图 4-52

（2）文件的新建

文件的新建有几种方式。可以从程序内新建文件。从程序中新建比较常见的就是新建 Word 文稿，然后使用保存或者另存为功能，选择好保存的位置，并为文件起名后，保存即可，如图 4-53 所示。也可以从列表中新建文件，然后启动程序编辑。

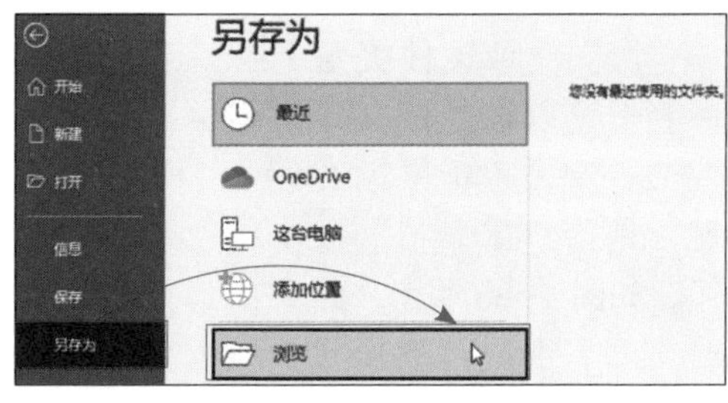


图 4-53

**STEP 01**　在目录空白处单击鼠标右键，从“新建”级联菜单中，选择“文本文档”选项，如图 4-54 所示。

**STEP 02**　新建文件后，为该文本文档重命名，如图 4-55 所示。其他文件的创建方法与此类似，创建完毕后，双击该文件就可以启动对应的程序进行编辑了。

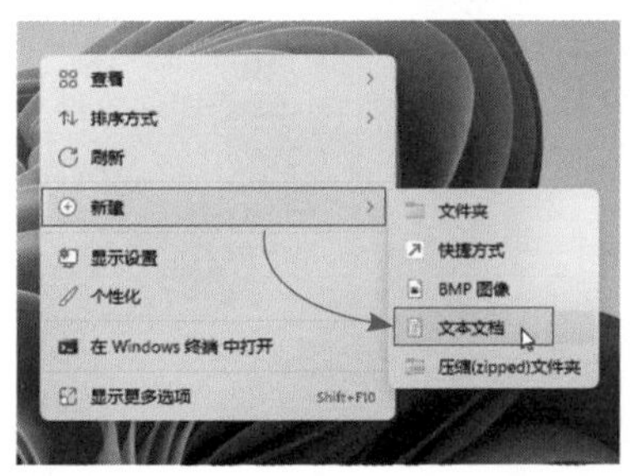


图 4-54

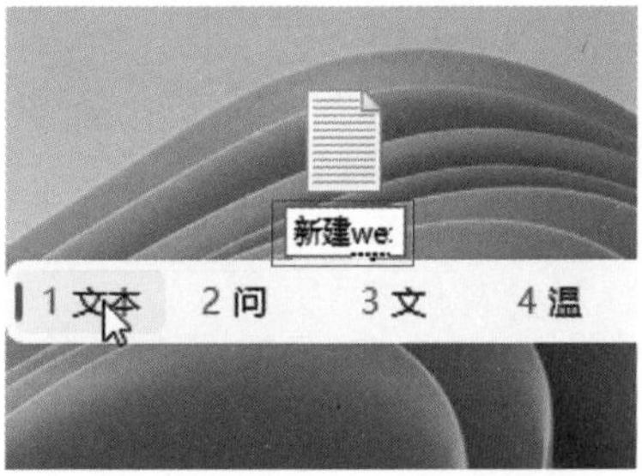

图 4-55

## 〈拓展知识〉新建快捷方式

除了文件外，在这里还可以创建快捷方式。选中该选项后，会弹出“创建快捷方式”向导，单击“浏览”按钮，找到程序、文件或文件夹，如图 4-56 所示，单击“下一页”按钮。在下个对话框中，设置快捷方式的名称，单击“完成”按钮，如图 4-57 所示，就会生成对应的快捷方式图标。

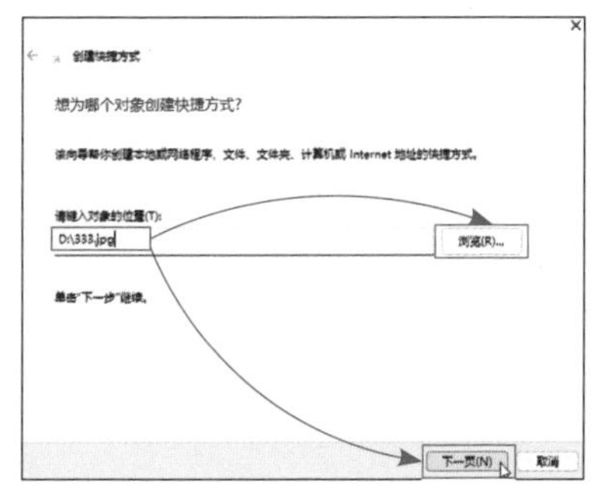


图 4-56

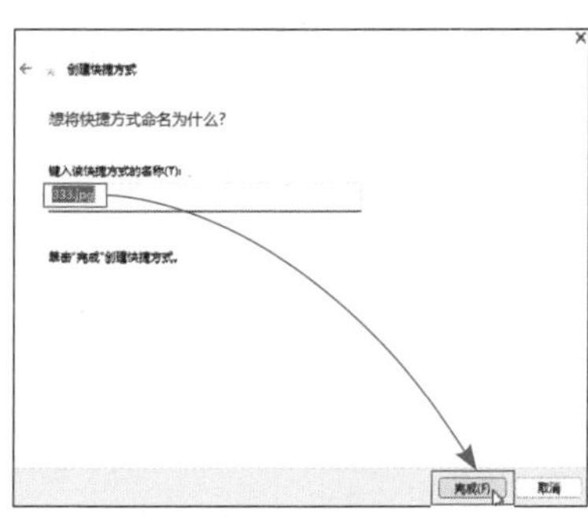


图 4-57

### 4.3.3 重命名文件或文件夹

为文件或文件夹重命名，可以选中该文件或文件夹，单击鼠标右键，单击“重命名”按钮，如图 4-58 所示，此时文件名变成可编辑状态，输入新文件名即可，如图 4-59 所示。

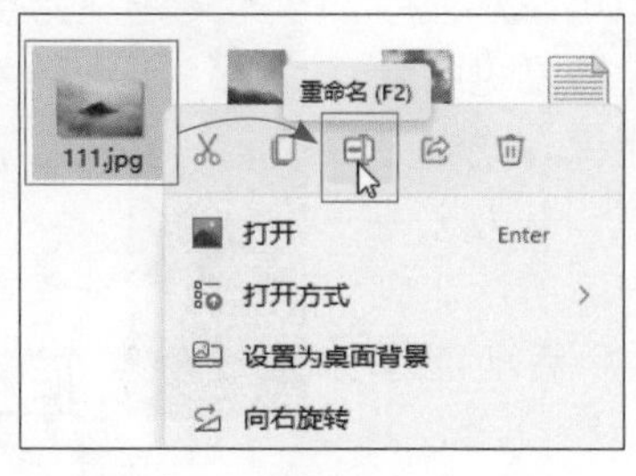


图 4-58

图 4-59

如果要为文件或文件夹批量改名，需要先选中需要修改名称的所有文件或文件夹，在快捷工具栏中，单击“重命名”按钮，如图 4-60 所示。此时名称变成编辑状态，输入新名称，可以查看到文件按照顺序以新名称为开头，文件名结尾加入了序号，如图 4-61 所示。

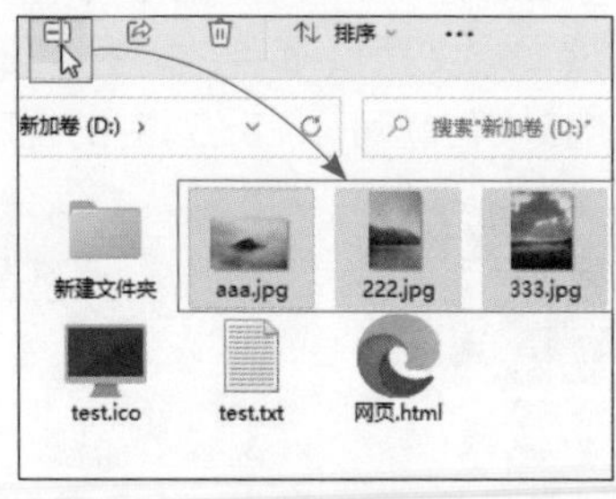


图 4-60

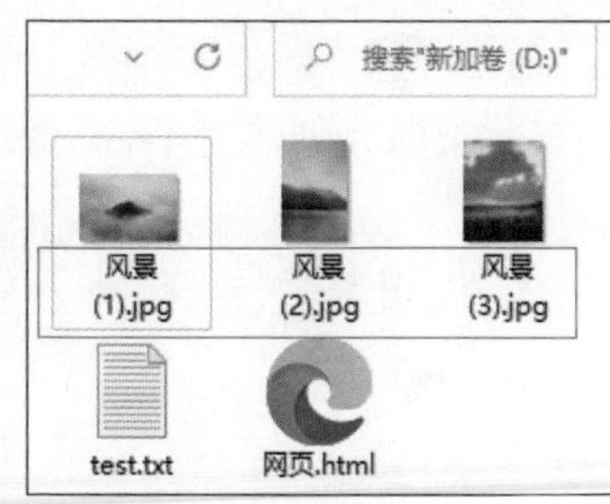


图 4-61

**拓展知识 快速进入改名状态**

选中文件或文件夹后，按“F2”键可以快速进入名称编辑状态。

### 4.3.4 选择多个文件及文件夹

在对文件或文件夹进行操作前，需要选择文件或文件夹，正常模式下，使用鼠标单击即可选取单个文件或文件夹。如果要选取多个文件或文件夹，可以按照下面的方法进行。

（1）全选所有对象

使用鼠标拖拽的方法，将所有文件或文件夹框选，如图 4-62 所示，松开鼠标就完成了全选操作。不过，更便捷的方法是使用“Ctrl+A”完成所有文件的选择。

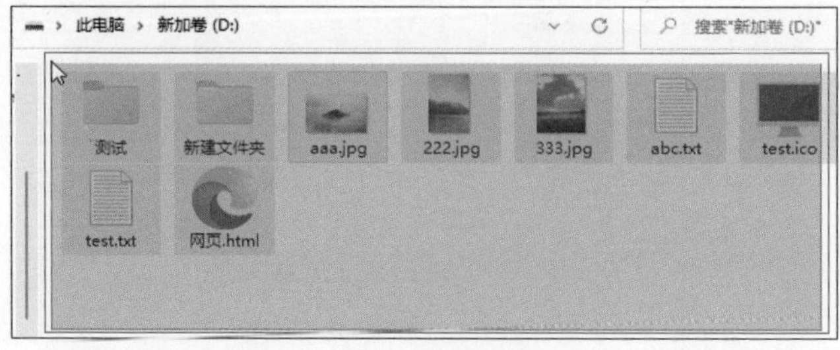


图 4-62

（2）选择连续的对象

选择连续的对象，除了使用框选外，还可以选中第一个对象，按住“Shift”键，在最后一个对象上单击鼠标左键，就可以选中两者之间所有的对象了，如图 4-63 所示。

（3）选择不连续的对象

不连续的对象的选择，可以按住“Ctrl”键，在所需选择的文件上单击鼠标即可，如图 4-64 所示。

图 4-63

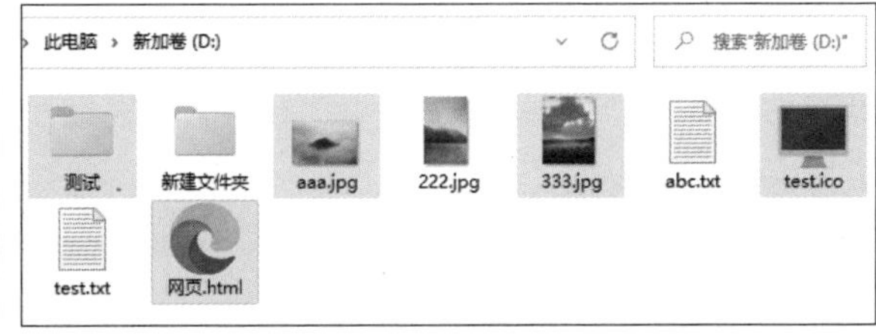

图 4-64

**拓展知识　选择的小技巧**

**除去个别文件，选择其他的文件，可以使用“Ctrl+A”全选所有的文件，再按住“Ctrl”键，用鼠标单击不需要选择的文件，就可以将其排除掉。“Ctrl”键配合鼠标单击，可以在选择和取消选择之间切换。**

（4）反向选择

选中文件后，在快捷工具栏中，单击“…”按钮，从下拉列表中，可以选择“反向选择”选项，如图 4-65 所示。这样就会在选择项和未选项之间切换，如图 4-66 所示。

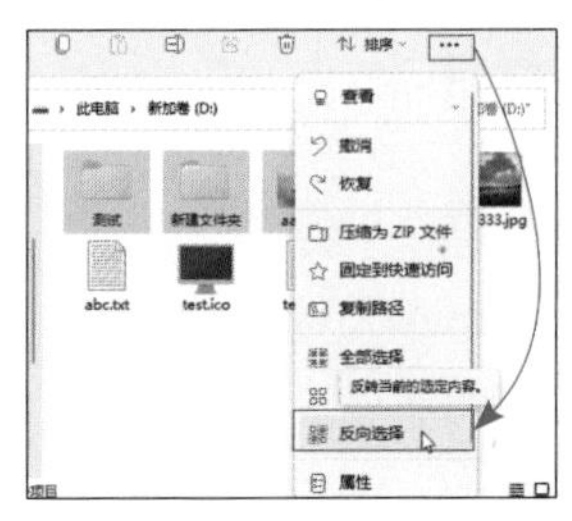

图 4-65

图 4-66

## 4.3.5　删除和恢复文件及文件夹

选中需要删除的文件后，单击鼠标右键，单击“删除”按钮，如图 4-67 所示，文件就会被移动到回收站中。用户也可以按键盘的“Delete”键，快速删除文件或文件夹。

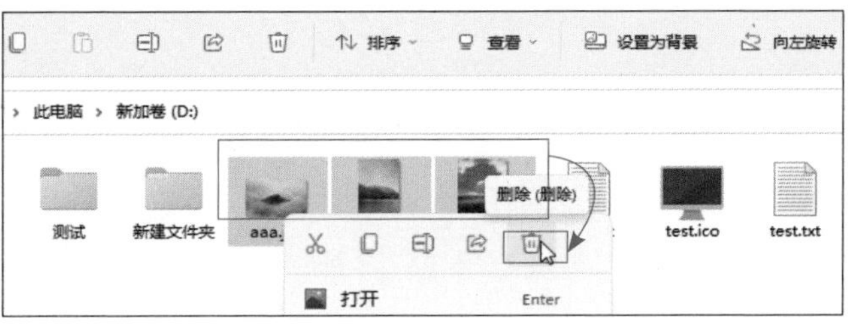

图 4-67

在桌面上双击打开回收站，找到刚才删除的文件，选中后单击鼠标右键，选择“还原”选项，如图 4-68 所示，就可以将文档还原到其删除的位置了。用户也可以选择“剪切”选项，将文件剪切后，在其他位置粘贴，可以将文件还原到其他位置，如图 4-69 所示。

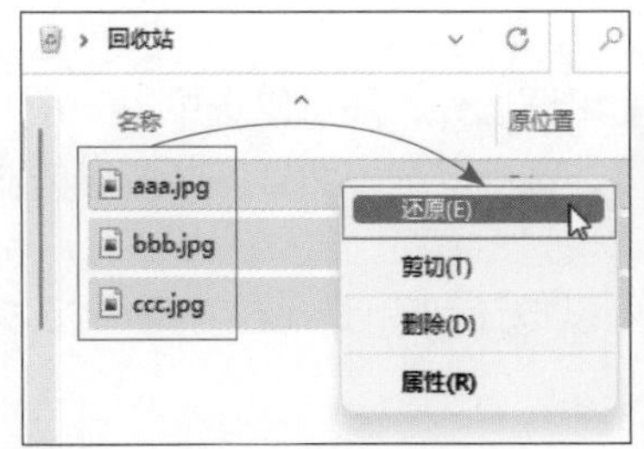

图 4-68

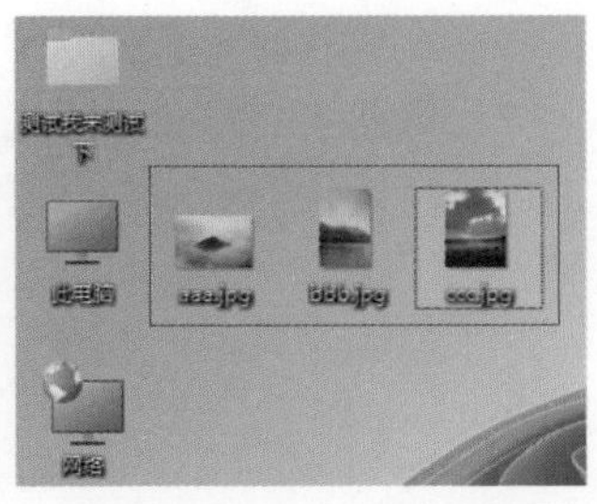
图 4-69

## 上手体验 彻底删除文件

扫一扫 看视频

选中文件后，单击鼠标右键，按住“Shift”键，单击“删除”按钮，如图 4-70 所示。

此时系统会提示是否永久删除文件，单击“是”按钮，彻底删除文件，如图 4-71 所示。这种删除方法删除的文件无法在回收站找回，只能通过文件恢复软件尝试恢复，所以读者需要非常小心。

图 4-70

图 4-71

## 拓展知识 快速彻底删除文件

读者可以在选中文件后，按“Shift+Delete”键，会弹出“彻底删除”对话框，同意后就可以彻底删除了。另外，在回收站中执行删除选项，也是彻底删除的一种操作方法。

## 4.3.6 移动和复制文件或文件夹

移动和复制文件或文件夹也是经常使用的功能。

### (1)复制文件或文件夹

复制的作用是在不同目录间将文件或文件夹同步地复制过去，结果是两个目录中都有相同的文件或文件夹。

复制的方法有很多，可以选中文件后，单击鼠标右键，单击“复制”按钮，如图 4-72 所示。打开目标文件夹，单击鼠标右键，单击“粘贴”按钮，如图 4-73 所示。

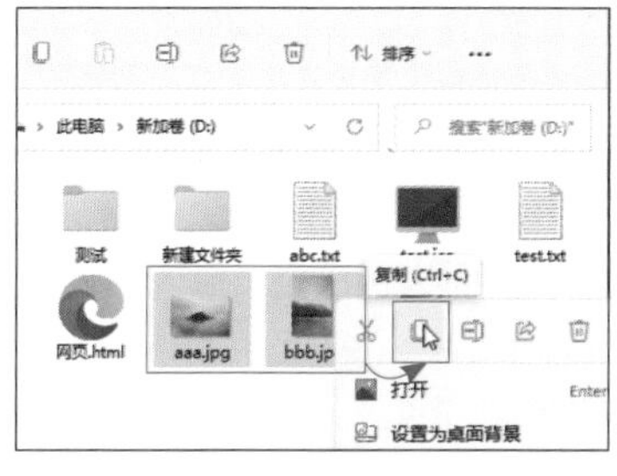

图 4-72

图 4-73

也可以选中文件后，按住“Ctrl”键，使用鼠标拖拽的方法，将文件拖动到目标文件夹中或文件夹上，如图 4-74 所示，松开鼠标完成复制操作。在同一个目录中，也可以对文件进行复制，复制后的文件会自动重命名，如图 4-75 所示。

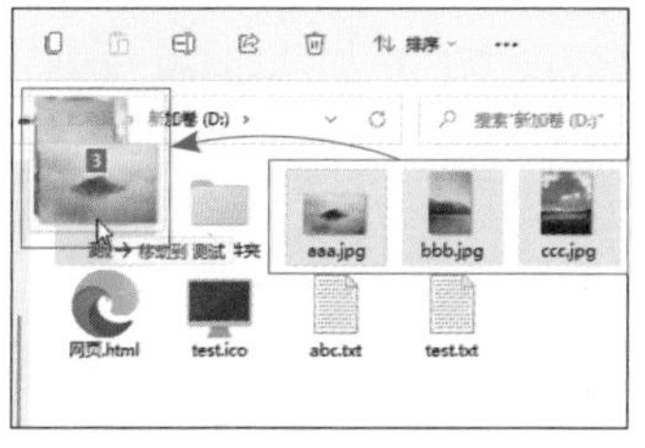

图 4-74

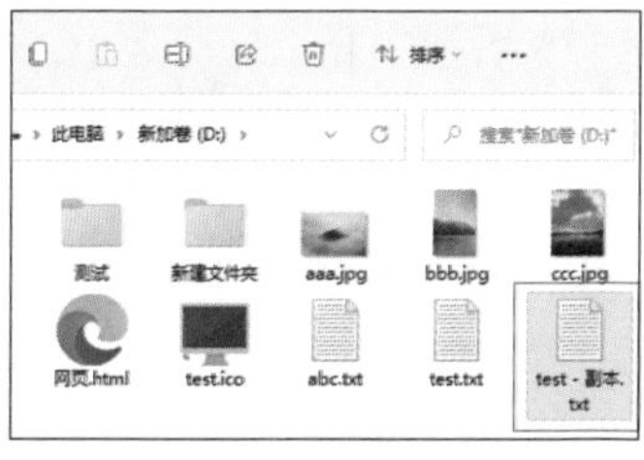

图 4-75

### (2)移动文件或文件夹

和复制不同，移动后，原目录中的文件或文件夹就不见了。用户选中文件或文件夹后，在快捷按钮工具栏中，单击“剪切”按钮，如图 4-76 所示，在目标文件夹执行“粘贴”后，就完成了文件或文件夹的移动，如图 4-77 所示。

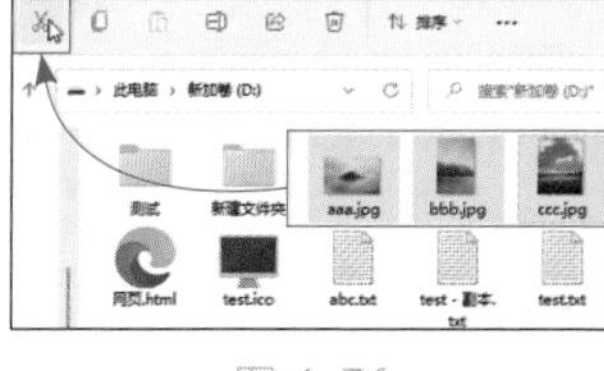

图 4-76

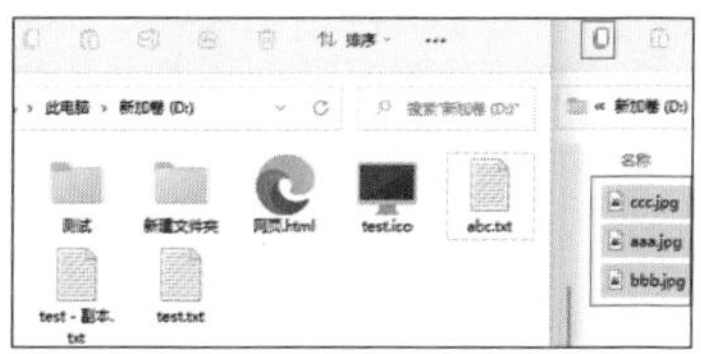

图 4-77

**拓展知识 快速移动文件或文件夹**

**用户也可以在选中文件后，使用“Ctrl+X”组合键执行剪切功能，在目标处使用“Ctrl+V”组合键执行粘贴。**

除了这种方法外，在同一个分区中，使用鼠标拖拽的方式，将选中的文件或文件夹拖入目标文件夹中，也可以实现移动的效果。

**〈 拓展知识 〉 使用拖拽的方法移动时的注意事项**

使用拖拽的方法移动文件或文件夹时，原文件夹和目标文件夹必须在同一个分区，也就是都在C盘、D盘、E盘等，否则这种拖拽就会变成复制。有兴趣的读者可以去测试下。

## 4.3.7 查看文件或文件夹的属性信息

“属性”信息中包含文件的创建日期、修改日期、大小、所有者，如果是图片，还有像素、分辨率等属性。通过属性可以更好地了解文件的参数。查看文件或文件夹的属性信息方法如下。

**STEP 01** 选中文件后，单击鼠标右键，选择“属性”选项，如图4-78所示。

**STEP 02** 在属性界面中，从“常规”选项卡可以查看到文档的各种信息，如图4-79所示。

**STEP 03** 切换到“安全”选项卡，可以查看到当前文件的用户或组以及权限，如图4-80所示。切换到“详细信息”选项卡，可以根据不同的文件显示不同的信息，如本例查看的是图片，则会显示图像的分辨率、宽度、高度等信息，如图4-81所示。

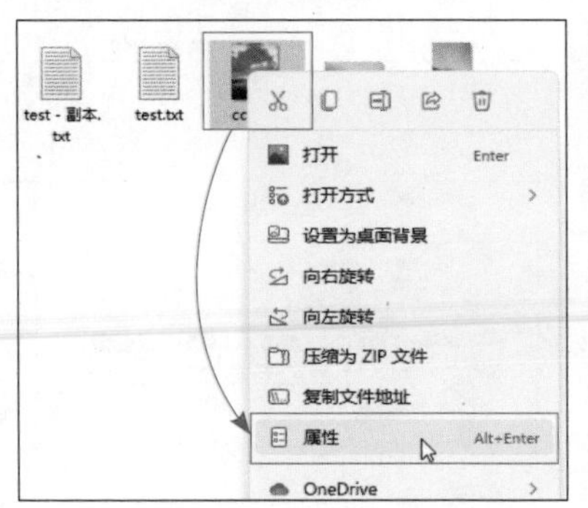


图 4-78

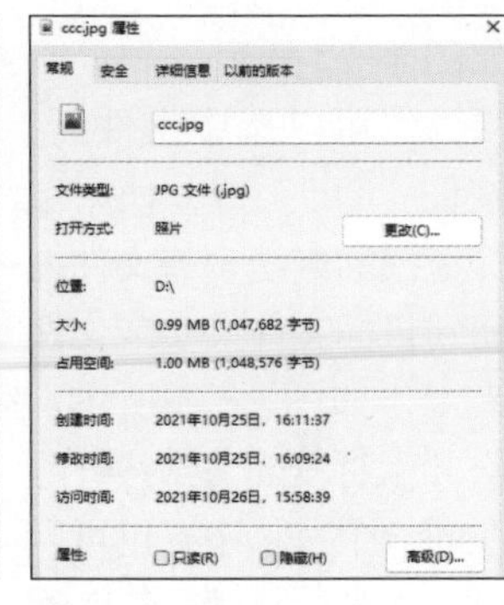


图 4-79

图 4-80

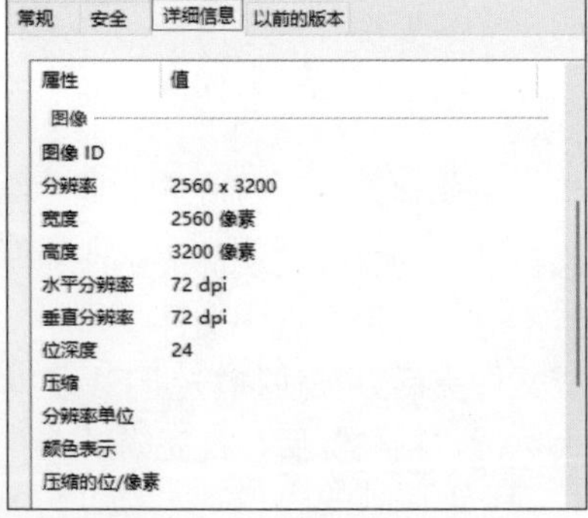


图 4-81

**〈 拓展知识 〉 快速打开文件或文件夹的属性界面**

通过选项可以打开文件或文件夹的属性界面，更快的方法是按住“Alt”键，用鼠标双击文件或文件夹，可以快速打开属性界面。上个例子是打开一个文件，查看多个文件的属性也可以在选择多个文件后执行以上操作。

上手体验 文件与文件夹的搜索

Windows的搜索功能可以非常方便地找到各种需要的文件及文件夹。下面介绍文件或文件夹的搜索功能。

STEP 01 打开搜索目录，在搜索栏中输入文件或目录的名字，单击“搜索”按钮，如图 4-82 所示。

STEP 02 Windows 会搜索当前目录及下级所有目录，并将满足条件的文件或文件夹罗列出来，如图 4-83 所示。

图 4-82

图 4-83

拓展知识 搜索的技巧

这里使用了“a??.txt”进行搜索，“？”代表一个字符，还可以使用“*”代替多个字符。如果记不全文件名，可以采用这个方法来缩小搜索范围，达到精确查找的目标。

## 4.4 文件及文件夹的高级操作

前面介绍了文件和文件夹的查看以及基本操作。从本节开始，将介绍文件及文件夹的一些高级操作和应用技巧。

### 4.4.1 隐藏及查看文件或文件夹

如果文件或文件夹比较重要，为防止被其他人查看或者误删除，可以将该文件或文件夹隐藏起来，以达到保护的目的。下面介绍具体的操作步骤。

STEP 01 选中需隐藏的文件或文件夹，单击鼠标右键，选择“属性”选项，如图 4-84 所示。

STEP 02 在“常规”选项卡中，勾选“隐藏”复选框，单击“确定”按钮，如图 4-85 所示。

图 4-84

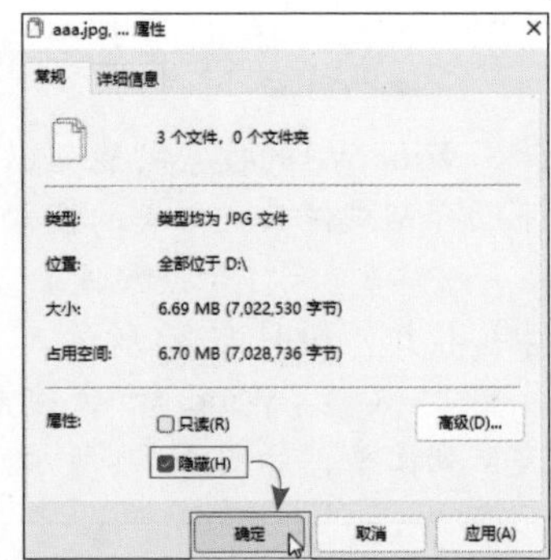

图 4-85

STEP 03 此时在原文件夹中就无法看到隐藏的文件了。如果要查看隐藏文件，可以在快捷工具栏中单击“查看”下拉按钮，从“显示”级联菜单中选择“隐藏的项目”选项，如图 4-86 所示。

STEP 04 此时隐藏的文件就显示出来了，如图 4-87 所示。

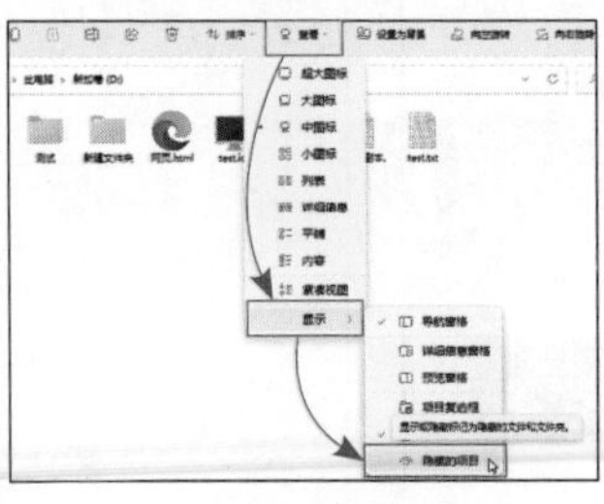

图 4-86

图 4-87

用户可以再次选择“隐藏的项目”来将具有“隐藏”属性的文件隐藏起来。如果不需要隐藏，可以进入这些文件的“属性”界面中，取消勾选“隐藏”复选框。

## 4.4.2 将文件设置为“只读”

有些文件比较重要，为了防止被随意修改，可以将文件设置为“只读”状态，只能阅读内容而无法进行修改。具体的操作步骤如下：

STEP 01 选中需要修改的文件，在其上单击鼠标右键，选择“属性”选项，如图 4-88 所示。

STEP 02 在“常规”选项卡中，勾选“只读”复选项，单击“确定”按钮，如图 4-89 所示。

图 4-88

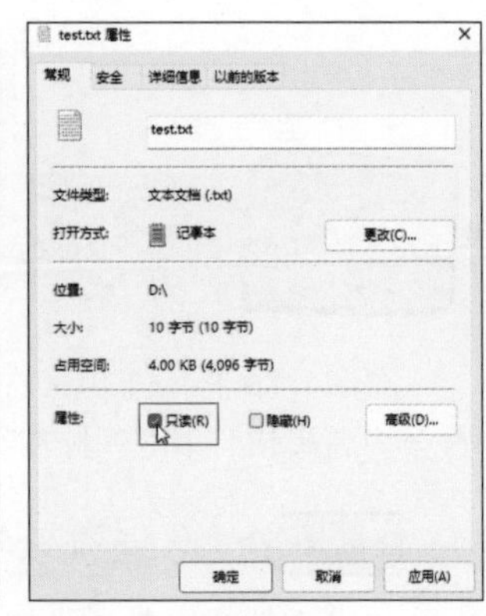

图 4-89

**STEP 03** 打开文档并修改文档内容，执行保存操作，如图 4-90 所示。

**STEP 04** 此时文档会弹出“另存为”对话框，因为源文件不能更改，只能选择其他位置保存，如图 4-91 所示。

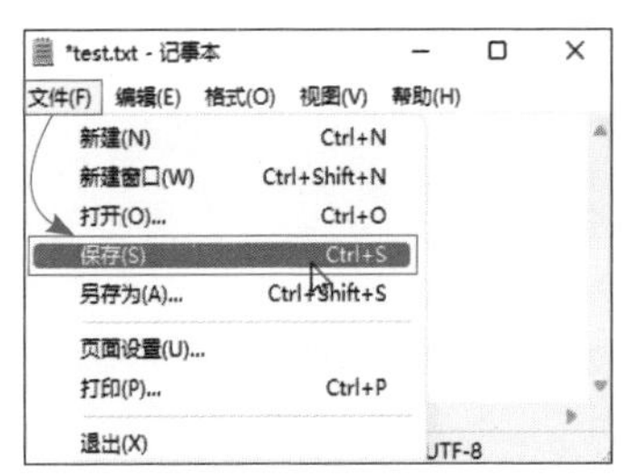

图 4-90

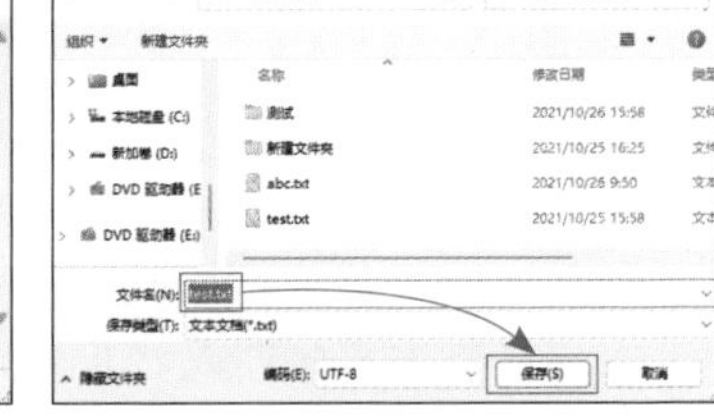

图 4-91

**〈 拓展知识 〉 不能修改但可以删除**

设置为“只读”属性后，文件是无法修改的，只能另存，但可以删除。其他用户也可以取消其“只读”属性，然后修改文件，所以“只读”属性的保护效果有一定局限性。

### 4.4.3 对文件或文件夹加锁

加锁在 Windows 中应该叫加密，但描述并不是特别准确。加锁的目的是使该文件绑定此时该电脑的用户信息，该文件只能由此用户打开，其他的用户登录后无法打开该文件，包括 PE 用户。

**STEP 01** 在文件上单击鼠标右键，选择“属性”选项，如图 4-92 所示。

**STEP 02** 在“属性”对话框的“常规”选项卡中，单击“高级”按钮，如图 4-93 所示。

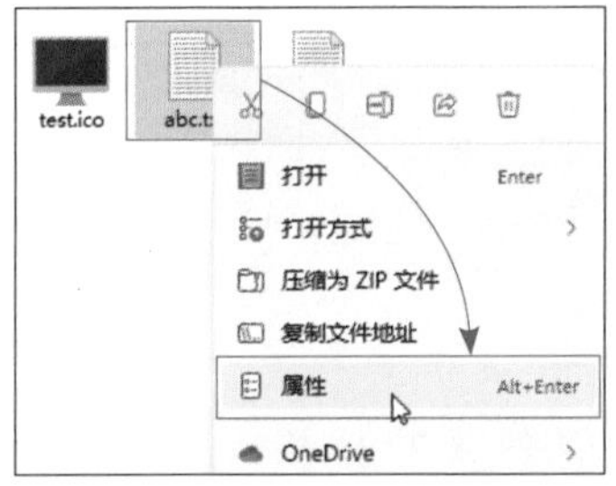

图 4-92

图 4-93

**STEP 03** 勾选“加密内容以便保护数据”复选框，单击“确定”按钮，如图 4-94 所示。

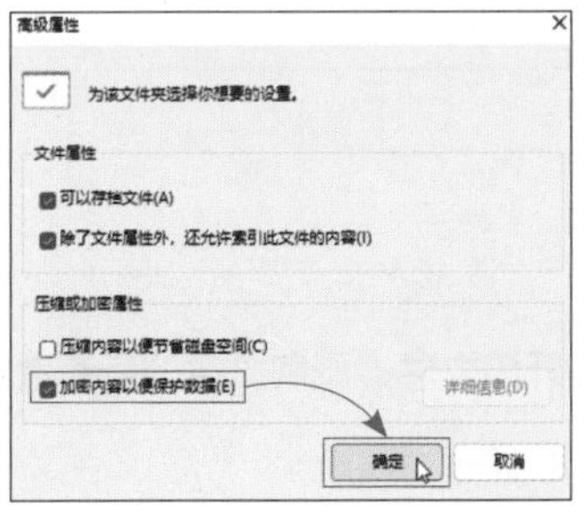

图 4-94

图 4-95

**STEP 04** 确定并返回后，可以看到此时文件的图标上增加了锁形标签，代表已经加密了，如图 4-95 所示，系统也会提示用户备份加密密钥以防止重装系统后无法打开文件。

### 拓展知识 备份密钥

备份密钥相当于备份安全密码，防止发生无法打开的情况。可以在“高级属性”中，单击“详细信息”按钮，如图 4-96 所示，在新窗口中单击“备份密钥”，如图 4-97 所示，然后按照向导导出证书即可。如果要使用，双击证书文件，输入密码导入后就可以打开文件了。

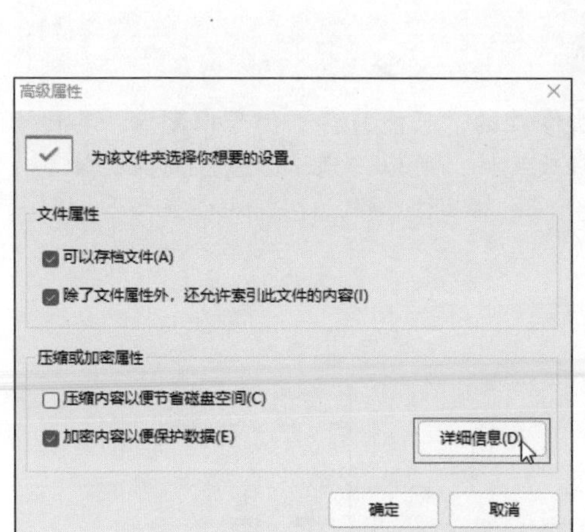


图 4-96

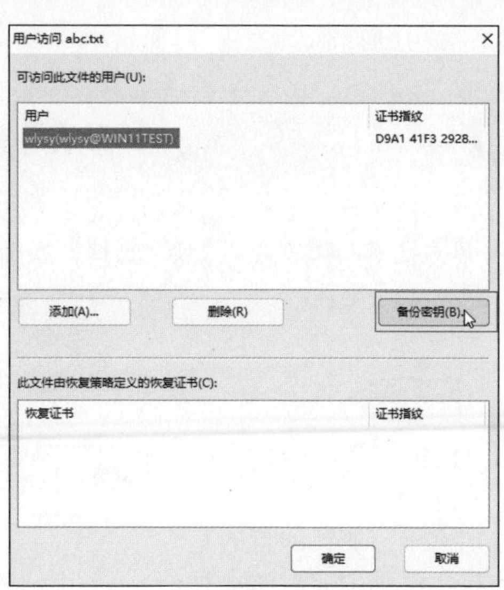


图 4-97

使用其他用户账户登录电脑后，打开该文件，会提示无法打开，如图 4-98 所示。移动和复制也无法进行了。另外需要注意的是，如果原用户将该文件移动或者复制后，新的文件就没有“加密”属性了。

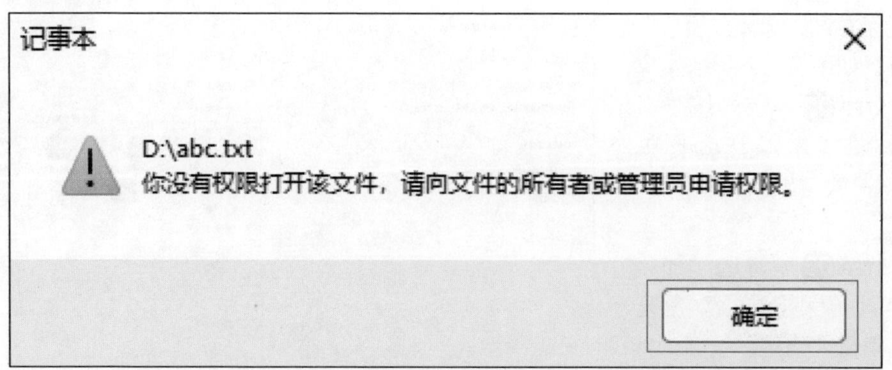


图 4-98

## 4.4.4 调整文件资源管理器的打开界面

在“开始”按钮上单击鼠标右键，选择“文件资源管理器”选项，如图 4-99 所示，会显示“快速访问”界面，显示了“最近使用的文件”列表，如图 4-100 所示。

如果想将该界面换成“此电脑”，可以按照下面的方法操作。

STEP 01 在快捷按钮工具栏中单击“…”按钮，从下拉列表中选择“选项”选项，如图 4-101 所示。

STEP 02 单击“快速访问”下拉按钮，选择“此电脑”选项，如图 4-102 所示，确定后使用“Win+E”组合键，打开“文件资源管理器”时，就会显示“此电脑”的主页了。

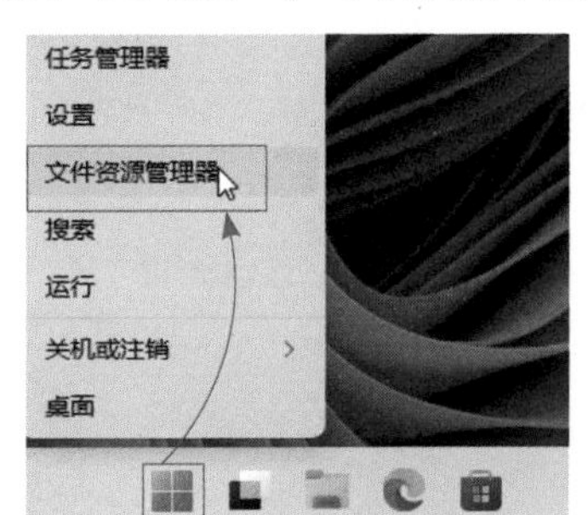

图 4-99

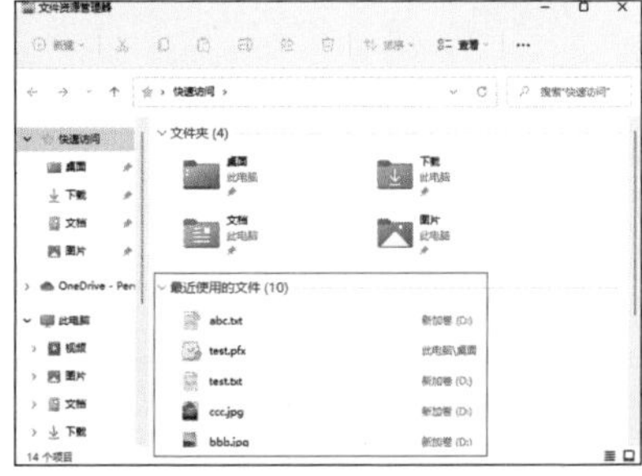
图 4-100

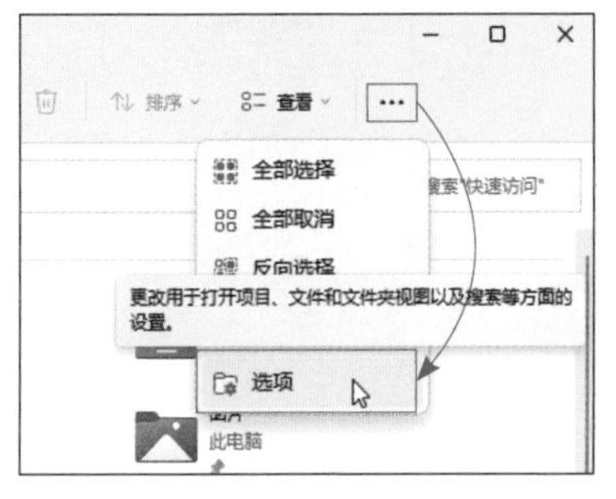

图 4-101

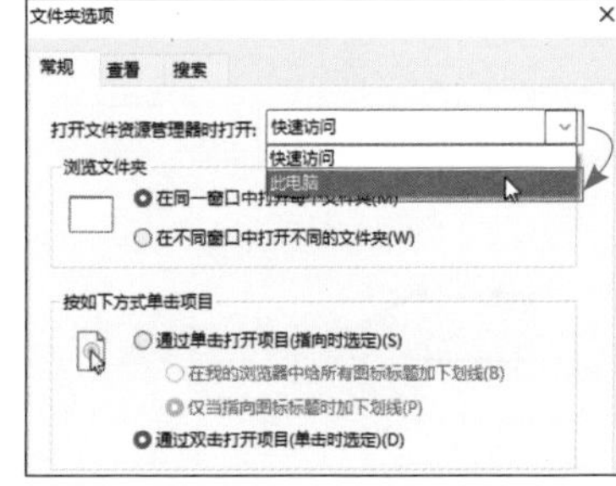

图 4-102

## 4.4.5 文件夹选项的高级设置

上面设置的位置就在“文件夹选项”对话框中，在这里，还可以设置其他的内容。

（1）常规

常规选项卡如图 4-103 所示，还可以设置在同一个窗口或不同窗口打开文件夹、单击或双击打开项目、是否在“快速访问”界面显示常用文件夹及最近访问的文件、清除列表记录。

（2）查看

在查看选项卡，如图 4-104 所示，可以设置在“导航窗格”中显示的项目、文件或文件夹中显示的项目、隐藏或显示系统文件、显示隐藏文件、显示文件扩展名等常见的功能选项。用户可以在其中根据需要进行修改。

（3）搜索

在搜索选项卡中，可以设置是否使用索引、建立索引的文件夹等高级搜索设置的信息。

### 〈拓展知识〉 设置错误了怎么办

用户在“文件夹”选项中，可根据需要设置资源管理器和文件夹界面中显示及隐藏的内容或者其他常用的选项。如果设置错误也不必担心，在每个选项卡下方都有“还原默认值”按钮，可以一键还原到默认状态。

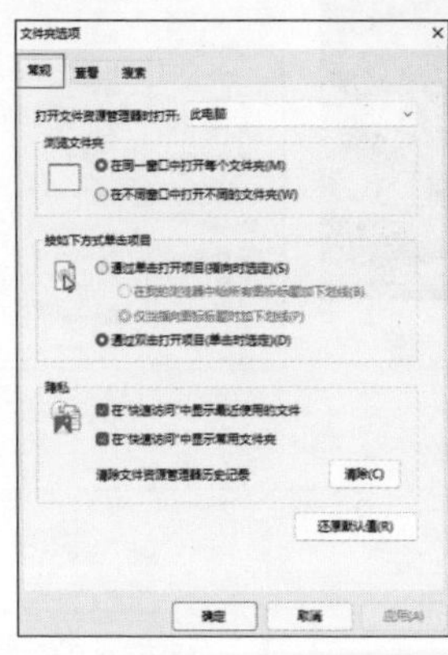

图 4-103

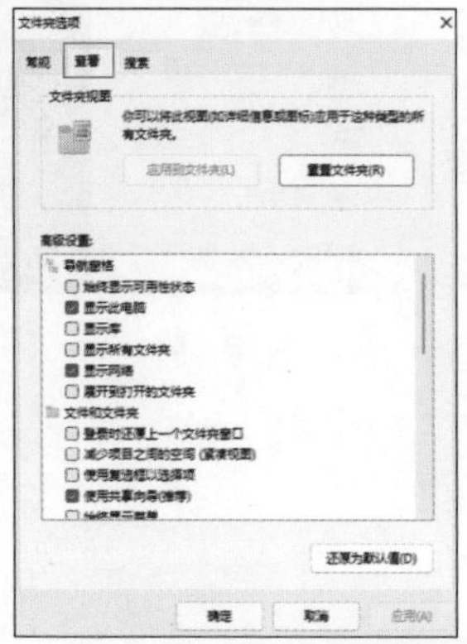

图 4-104

## 4.4.6 文件与文件夹的压缩与解压

系统自带的压缩与解压功能比较“鸡肋”，压缩率不高，主要方便文件的打包传输。下面介绍使用常见的软件 WinRAR 进行文件的压缩与解压的方法。

(1) 文件与文件夹的压缩

下载并安装 WinRAR 软件后，就可以进行文件的压缩了。如果有多个文件或文件夹需要压缩，建议先将其放置到一个文件夹中，再对文件夹进行压缩。

**STEP 01** 在文件夹上单击鼠标右键，选择“显示更多选项”选项，如图 4-105 所示。

**STEP 02** 从经典菜单中，选择“添加到新建文件夹 .rar”选项，如图 4-106 所示。

图 4-105

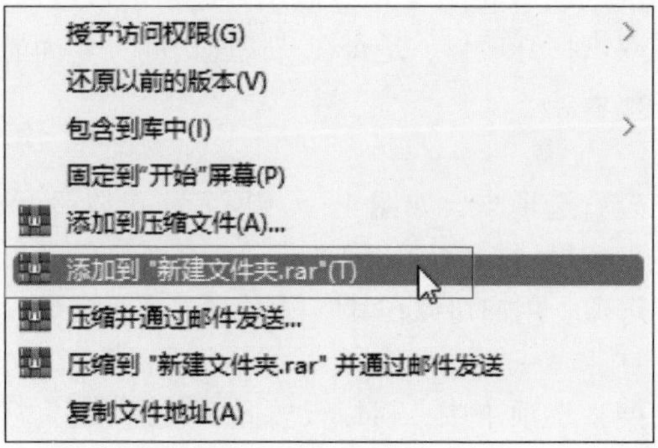

授予访问权限(G)
还原以前的版本(V)
包含到库中(I)
固定到"开始"屏幕(P)
添加到压缩文件(A)...
添加到 "新建文件夹.rar"(T)
压缩并通过邮件发送...
压缩到 "新建文件夹.rar" 并通过邮件发送
复制文件地址(A)

图 4-106

稍等片刻就完成了文件的压缩，接下来可以发送给其他用户或上传到网盘中了。

### （2）文件与文件夹的解压操作

文件与文件夹的解压操作方式有很多，最常见的就是双击打开压缩文件，将文件夹拖拽到解压的目录即可，如图 4-107 所示。

如果压缩包中是文件夹，用户也可以在其上单击鼠标右键，进入更多选项中，选择“解压到当前文件夹”选项，如图 4-108 所示。

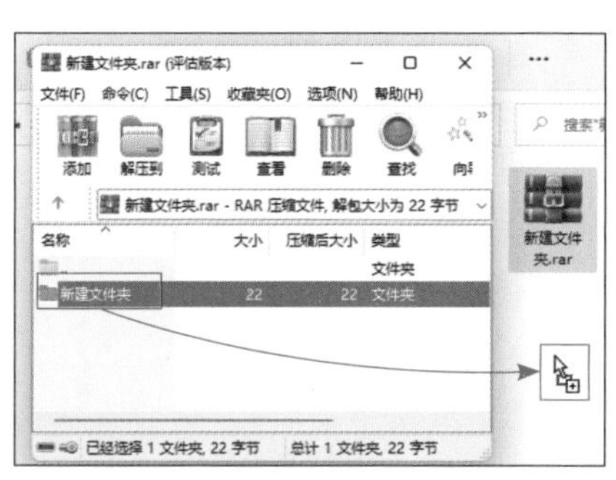


图 4-107

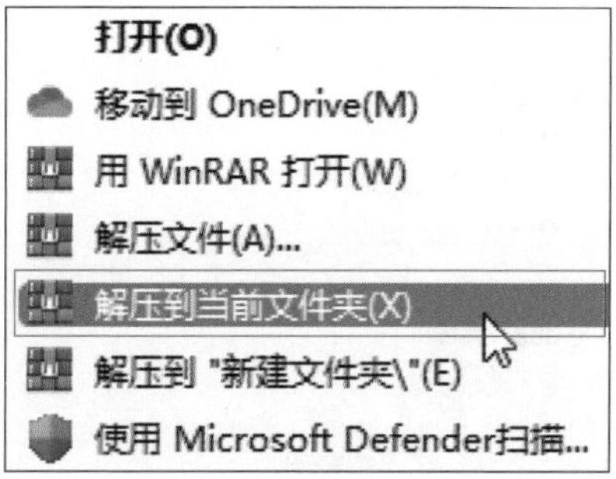

图 4-108

## 拓展知识　多个文件或文件夹的解压

如果是多个文件直接压缩，可以在当前目录新建文件夹，再将压缩文件中的内容全选后，再拖拽到新建的文件夹中进行解压。不要执行图 4-108 的操作，否则会解压得很乱。可以选择“解压到‘新建文件夹\’”选项，此时会自动建立文件夹并解压。

### （3）加密压缩

在压缩文件夹时，可以同时为压缩包创建加密密码，只有知道密码才可以解压该压缩包，在一定程度上增加了安全性。下面介绍操作方法。

STEP 01　准备好文件后，进入“更多选项”界面中，选择“添加到压缩文件”选项，如图 4-109 所示。

STEP 02　在弹出的压缩文件对话框中，可以修改压缩文件名等其他参数设置。这里单击“设置密码”按钮，如图 4-110 所示。

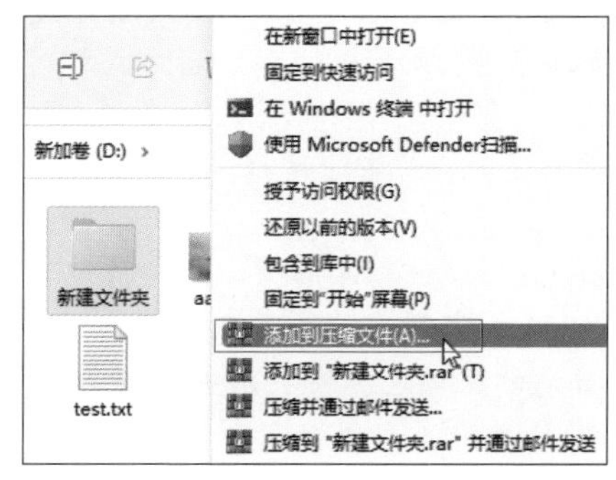


图 4-109

图 4-110

STEP 03 在弹出的界面中，设置文件的密码，如图 4-111 所示。“确定”后启动压缩即可。

STEP 04 压缩完毕后，如果要进行解压操作，会弹出界面，要求输入解压密码。输入密码后就可以启动解压了，如图 4-112 所示。

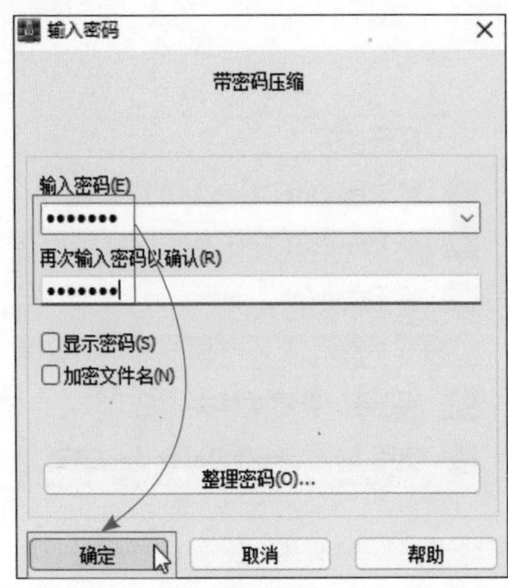


图 4-111

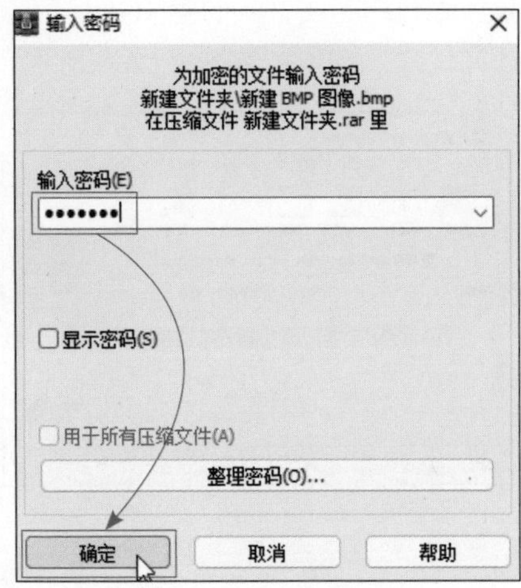


图 4-112

**拓展知识 “加密文件名”的作用**

普通加密的压缩文件，双击后可以查看到其中的文件夹和文件信息。如果不希望显示这些，加密压缩文件时，在设置密码的界面中，可以勾选“加密文件名”复选框。在加密压缩后，双击文件就不会显示内部的文件和文件夹信息，只有输入解压密码的界面。

## 上手体验 加密文件或文件夹

扫一扫 看视频

上面提到的使用加密压缩，或者其他常见的压缩方式，并不是对整个文件进行加密，而是对文件开头部分进行加密。这种加密方式相对来说很容易被破解。接下来介绍的方法是对整个文件按照算法和密钥进行加密，加密的强度高，安全性好，相对来说加密解密速度稍慢，所以主要针对一些小型的、重要的文件进行加密。

这里使用的软件叫作“Encrypto”，该程序非常小，支持 Windows 和 MAC 平台，使用了全球知名的高强度 AES-256 加密算法。这是目前密码学上最流行的算法之一，被广泛应用于军事科技领域，普通的压缩包加密技术也无法与 AES-256 相提并论，文件被破解的可能性几乎为零，安全性极高。用户在下载并安装后，就可以启动加密操作了。

STEP 01　启动软件后，拖动需要加密的文件或文件夹到该软件界面中，如图 4–113 所示。

STEP 02　输入密码后单击“Encrypt”按钮，启动加密，如图 4–114 所示。

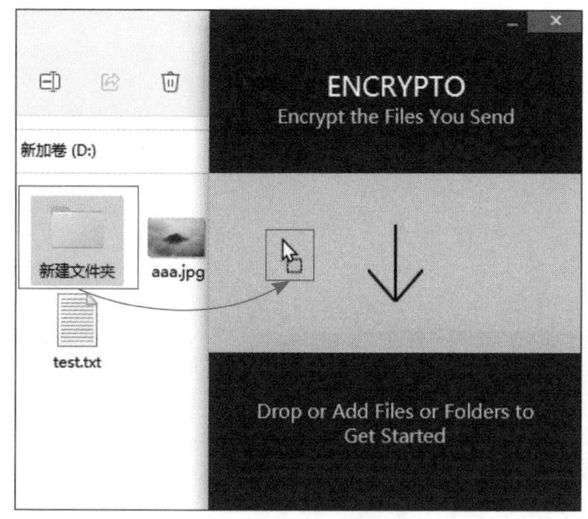


图 4–113

图 4–114

STEP 03　稍等后加密完毕，单击“Save As”按钮，如图 4–115 所示，将加密的文件保存到其他位置即可，文件加密就完成了。

STEP 04　如果需要解密，在解密的电脑上安装 Encrypt，双击加密文件，在打开的界面中输入密码，单击“Decrypt”按钮，如图 4–116 所示。

图 4–115

图 4–116

解密完毕后，会弹出另存的对话框，提醒用户将解密后的文件保存到其他位置。

技能进阶篇

# 第⑤章

# 五脏俱全巧应用——内置工具的使用

在 Windows 11 中，除了常见的设置外，还自带了大量非常实用的应用程序，不需要安装第三方软件，启动后就可以使用，为用户带来方便快捷的使用感受。本章将向读者着重介绍 Windows 11 中常用的内置工具的使用方法。

**本章重点难点：**

多媒体工具的使用 ⟷ 文字类工具的使用

安装与卸载工具的使用 ⟷ 应用商店的使用

# 5.1 多媒体类工具的使用

多媒体指的是图片、视频、音频等。在Windows 11中，该类工具有很多，如截图工具、看图工具、画图工具等。下面分别介绍这些工具的使用方法。

## 5.1.1 截图工具的使用

截图工具可以将桌面或窗口中的内容截取下来，在说明及教程中经常被使用到。下面介绍该工具的启动以及使用方法。

**STEP 01** 进入开始菜单，搜索“截图工具”，单击“打开”按钮，如图5-1所示。

**STEP 02** 启动后，在“截图工具”中单击“矩形模式”下拉按钮，选择“窗口模式”选项，如图5-2所示，最后单击“新建”按钮。

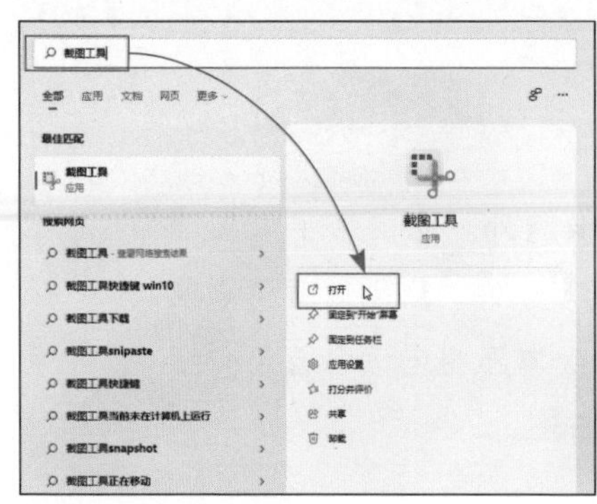


图5-1

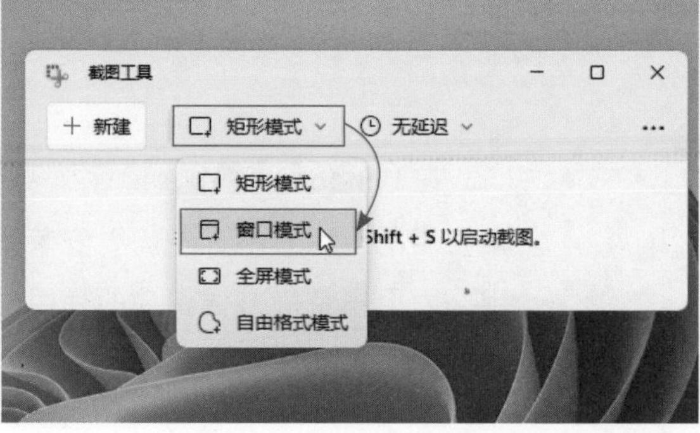


图5-2

**拓展知识 快速启动截图工具**

可以使用“Win+Shift+S”组合键快速启动截图工具。

**STEP 03** 将鼠标光标移至需要截取的窗口中，此时除了窗口外，其余区域变成了灰色，代表选中了该窗口，单击鼠标左键，就完成了截取，如图5-3所示。

**STEP 04** 此时在“截图工具”中可以查看到该窗口截图。单击下方的功能按钮，可以在图上做标记以及裁剪图片，如图5-4所示。

**STEP 05** 完成后，在截图上单击鼠标右键，选择“另存为”，将图片保存下来，如图5-5所示。或者单击“复制”按钮，粘贴到对话框中发送给其他人，或者粘贴到其他图片编辑工具中，如图5-6所示。

图 5-3

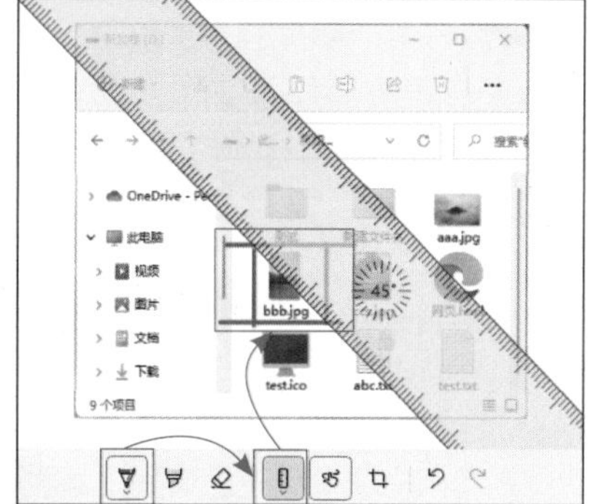
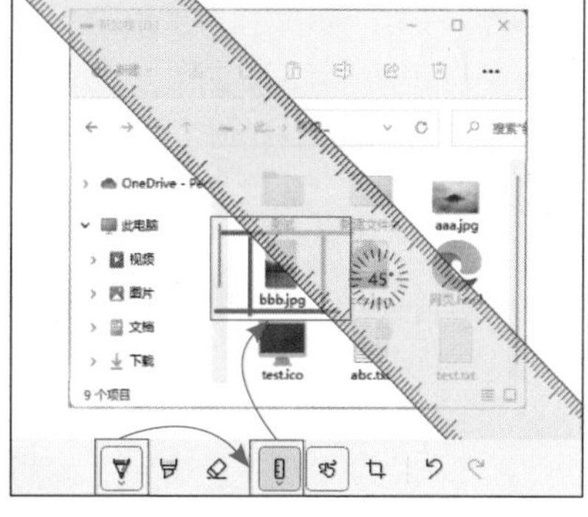

图 5-4

图 5-5

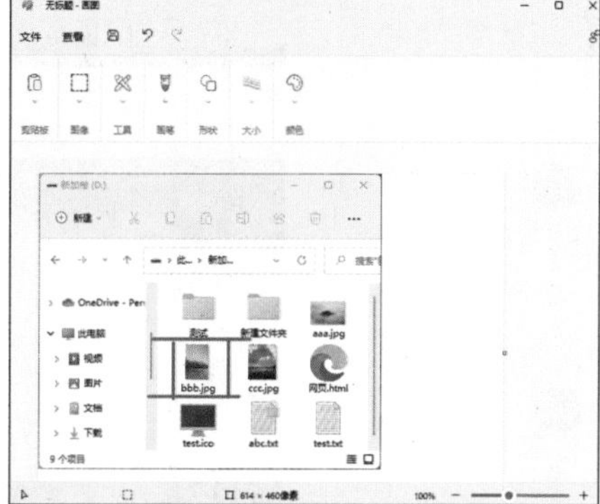

图 5-6

## 拓展知识 其他模式的截图效果

“矩形模式”是在屏幕中自己使用矩形框选出截图内容。“全屏模式”是截图整个屏幕，和按键盘的“Prt Scr Sys Rq”按钮效果一样。“自由格式模式”是截取不规则区域的内容，如图 5-7 所示。另外，单击“无延时”下拉按钮，开始倒计时，结束后启动截图。

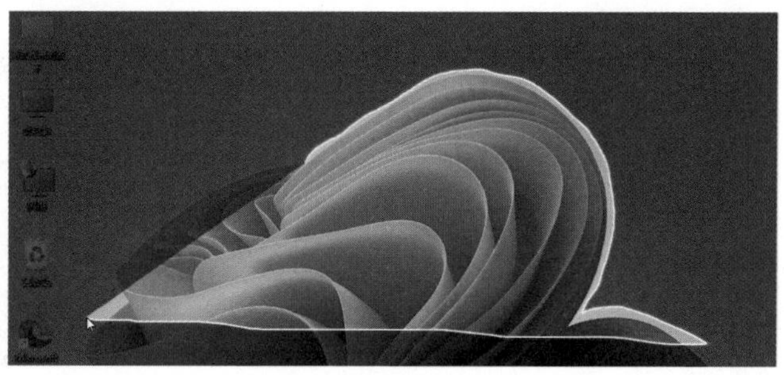

图 5-7

## 5.1.2 看图工具的使用

Windows 自带的看图工具虽然功能简单，但操作方便，可以快速浏览各种格式的图片。下面介绍下看图工具的使用方法。

STEP 01 双击图片文件，启动 Windows 11 的看图工具，使用鼠标滚轮可以放大或缩小图片，将鼠标光标移至图片左右两侧，会出现“下一个”或“上一个”按钮，来逐张浏览图片，如图 5-8 所示。

图 5-8

图 5-9

STEP 02 单击下方的缩略图，可以直接跳转到指定的图片，如图 5-9 所示。

STEP 03 单击快捷工具栏上的“旋转”按钮，可以顺时针旋转图片，如图 5-10 所示。

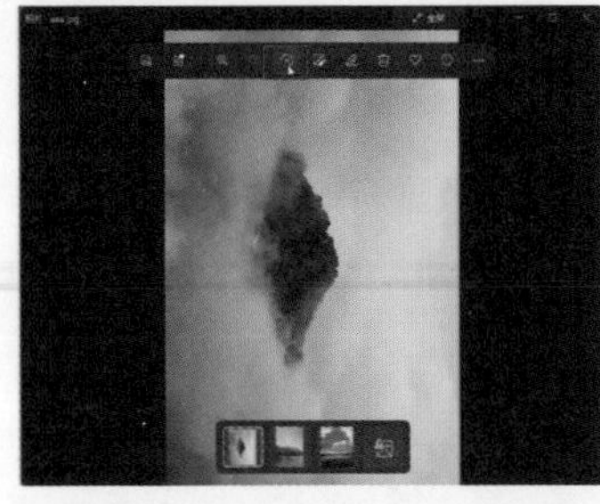

图 5-10

图 5-11

STEP 04 单击快捷工具栏上的“…”按钮，可以执行另存图片、打印图片、复制图片等操作，如图 5-11 所示。

STEP 05 单击“编辑图像”按钮，如图 5-12 所示，可以启动编辑图像功能，在弹出的界面中可以对图片进行裁剪，为图片添加滤镜，调整图像的颜色、敏感度、清晰度等，如图 5-13 所示，完成后单击“保存副本”按钮进行保存。

图 5-12

图 5-13

STEP 06 单击“绘制”按钮，如图 5-14 所示，可以在弹出的界面中为图片添加各种标记，如图 5-15 所示。

图 5-14

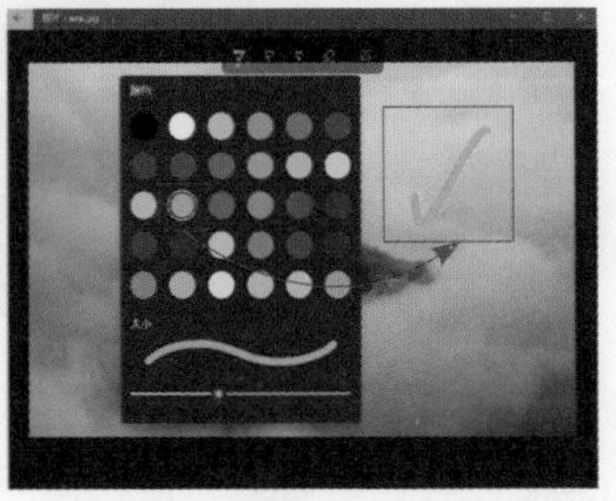

图 5-15

## 5.1.3 画图工具的使用

画图工具可以快速地对图片进行处理，虽然没有 PhotoShop 的功能那么强大，但处理一些简单的图片还是够用的。

STEP 01　从“开始屏幕—所有应用”中，找到并选择“画图”选项，如图 5-16 所示。

STEP 02　启动画图工具后，通过连接手绘笔进行绘制，或者通过形状工具和填充工具，绘制几何图形，如图 5-17 所示。

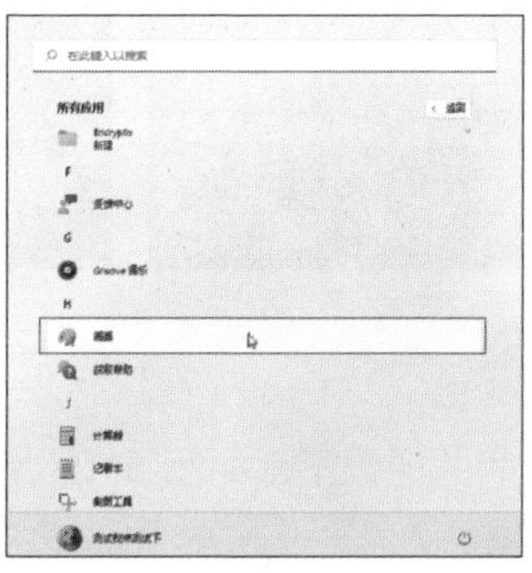

图 5-16

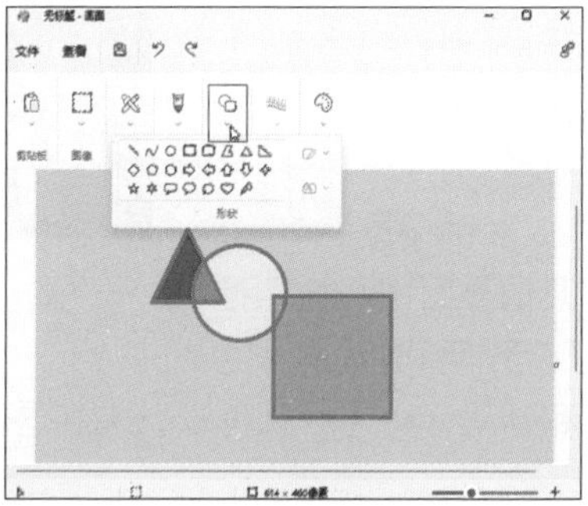

图 5-17

STEP 03　除了直接绘制图形外，也可以对图片进行处理。在“文件”菜单中，选择“打开”选项，如图 5-18 所示，选择并打开图片，然后为图片添加图形或者对图片进行处理，如图 5-19 所示。

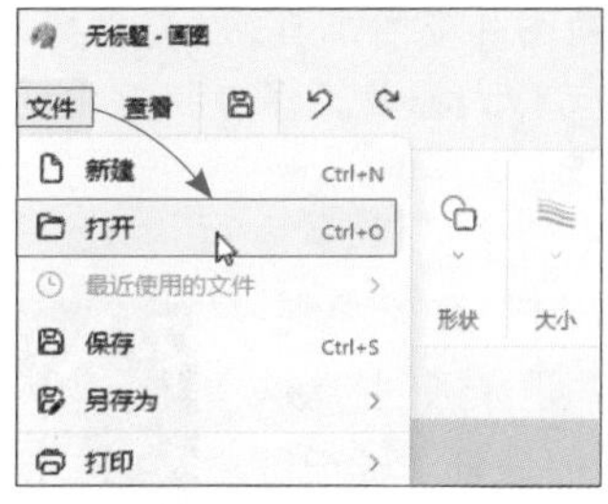


图 5-18

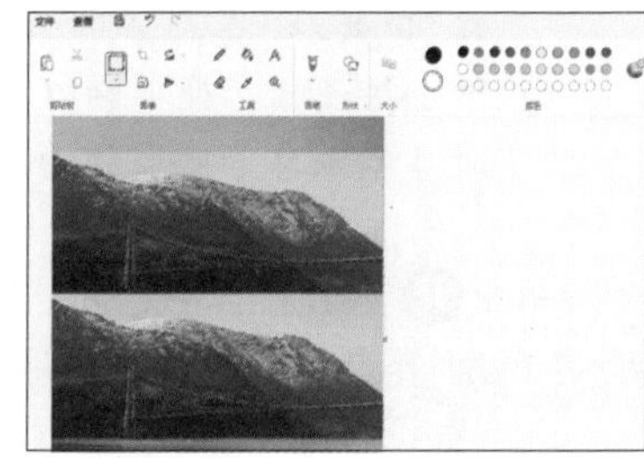

图 5-19

## 5.1.4 使用“电影和电视”播放视频

Windows 11 默认使用“电影和电视”播放视频，在下载了视频后，可以看到视频的缩略图。下面介绍“电影和电视”的使用方法。

STEP 01　下载了视频文件后，如果可以播放，显示的是该视频的缩略图，如图 5-20 所示。双击该文件。

STEP 02　Windows 11 会自动启动“电影和电视”，播放该视频文件，通过下方的控制按钮，可以启动或暂停播放，也可以倒退或快进播放，如图 5-21 所示。

图 5-20

图 5-21

STEP 03 快进到喜欢的画面中，从下方的按钮区单击“在照片中编辑”按钮，从列表中选择“剪裁”选项，如图 5-22 所示。

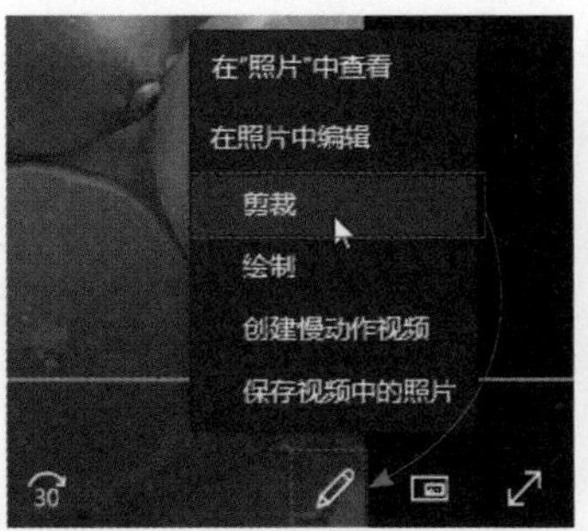


图 5-22

图 5-23

STEP 04 在打开的界面中，拖动控制手柄到剪裁的开始和结尾，保存后就可以获取到这之间的视频了，如图 5-23 所示。

## 拓展知识 其他选项的作用

在“照片中”查看，可以启动图片查看工具，在其中播放视频。创建慢动作视频，可以增加播放帧，让视频以慢动作式播放。保存视频中的图片，和截图功能类似，暂停时可以保存当前播放的画面。

STEP 05 在菜单中选择“绘制”选项，则启动了图片的绘制界面，在其中需要标记的位置做标记，如图 5-24 所示。在视频播放到“标记”处，就会显示标记的内容，可以更好地进行视频的展示。

STEP 06 在播放的过程中，单击快捷按钮中的“以最小模式播放”按钮，如图 5-25 所示。

STEP 07 则视频会以小模式播放，不影响其他的操作，如图 5-26 所示。

图 5-24

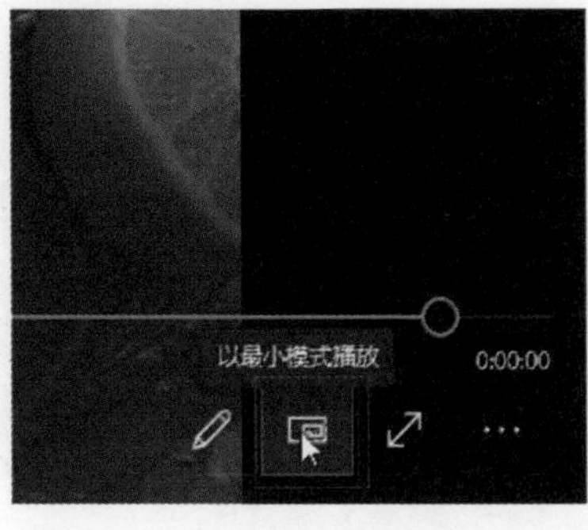


图 5-25

图 5-26

**〈 拓展知识 〉 全屏播放视频**

“以最小模式播放”按钮右侧的是“全屏”按钮，可以实现全屏播放视频的功能，用户也可以双击视频画面进入全屏播放模式。再次双击退出全屏播放模式。

## 5.1.5 使用“Windows Media Player”播放视频

Windows Media Player 是 Windows 中的老牌播放器，可以播放视频和音频文件。用户第一次启动会弹出设置配置界面，单击“推荐设置”单选按钮，再单击“完成”按钮完成配置，如图 5-27 所示。下面介绍 Windows Media Player 的使用方法。

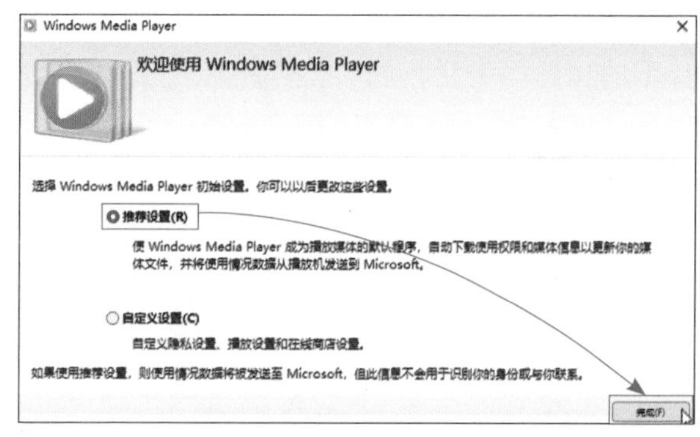


图 5-27

**STEP 01** 在视频上单击鼠标右键，从“打开方式”级联菜单中，选择“Windows Media Player”选项，如图 5-28 所示。

图 5-28

**STEP 02** 系统会打开软件，并自动加载视频文件进行播放，如图 5-29 所示。

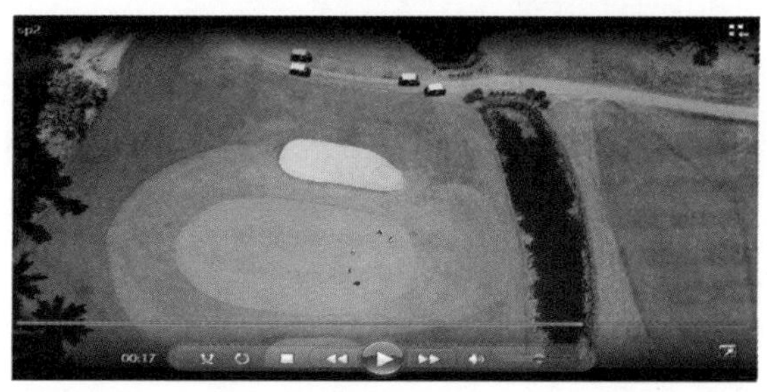

图 5-29

**〈 拓展知识 〉 快捷按钮的功能**

下方的控制条上的按钮可以实现播放模式调整、重新加载视频、停止播放、快退、播放 / 暂停、快进、音量调节的功能。

## 5.1.6 使用“Groove”播放音乐

Windows 11 默认的音乐播放器是 Groove，在此将对其使用方法进行简单介绍。

**STEP 01** 双击音频文件，如图 5-30 所示，即可启动“Groove”进行播放了。

图 5-30

**STEP 02** 在播放界面中，单击“显示查找音乐的位置”链接，如图 5-31 所示。

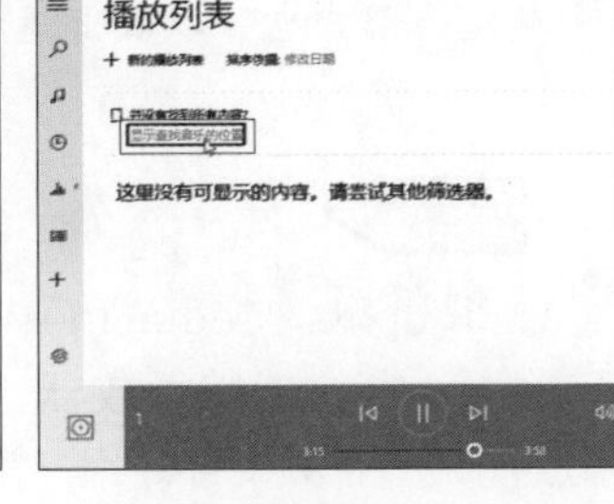


图 5-31

**STEP 03** 单击“+”按钮，如图 5-32 所示。

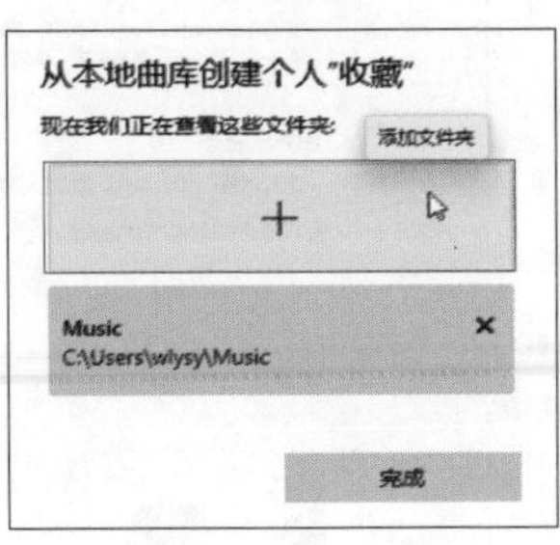


图 5-32

**STEP 04** 找到存放音乐的文件夹，单击“将此文件夹添加到音乐”按钮，如图 5-33 所示。

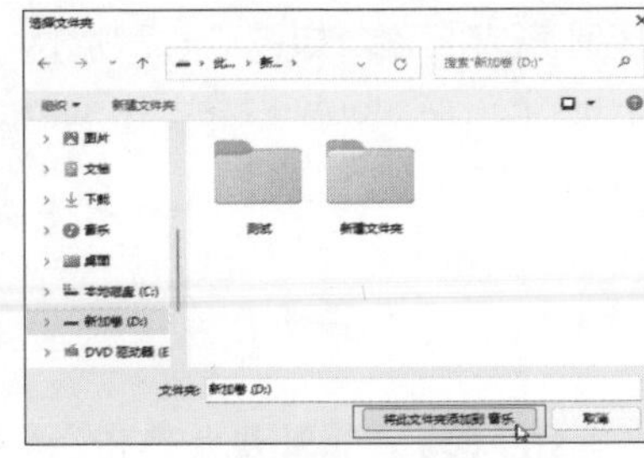

图 5-33

**STEP 05** 完成并返回后，系统会自动搜索文件夹中的可播放的音乐文件，并添加到播放列表中，单击“我的音乐”按钮，就可以看到所有的音乐了。此时选中所有的音乐文件，单击“播放”按钮，如图 5-34 所示。

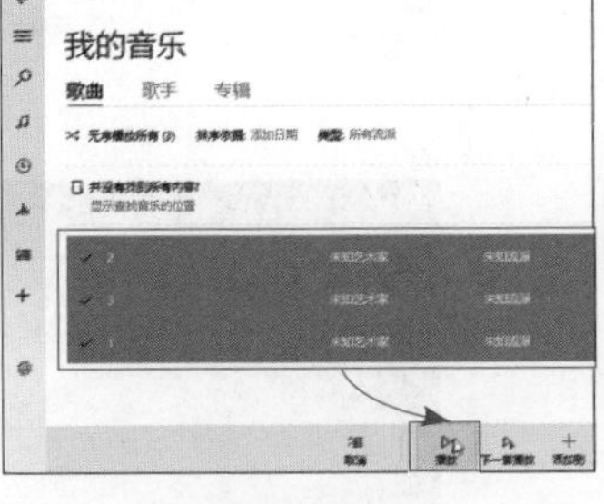


图 5-34

**STEP 06** 此时进入“正在播放”界面，就可以看到播放列表和正在播放的内容，如图 5-35 所示。

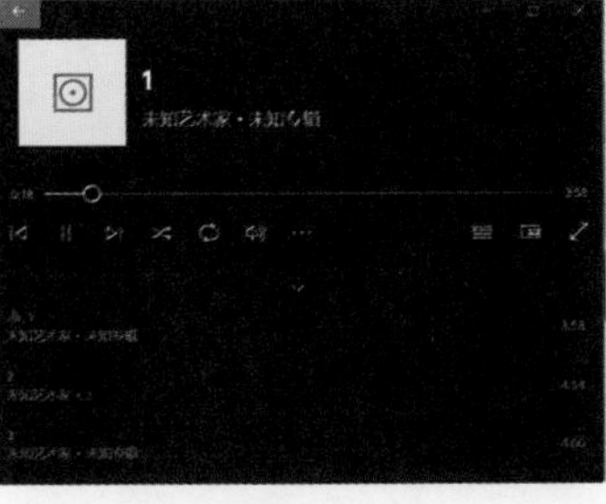

图 5-35

### 拓展知识 正在播放的按钮功能

播放时，进度条下方的按钮包括了上一首、播放 / 暂停、下一首、随机播放、循环播放、音量调节、更多功能、隐藏播放列表、最小模式播放和全屏的功能。

## 5.1.7 使用“视频编辑器”编辑视频

Windows 11 中自带视频编辑软件，使用它可以对日常生活和工作中的小视频进行处理，其使用方法介绍如下：

STEP 01 从“开始品目—所有应用”中找到并选择“视频编辑器”选项，如图 5-36 所示。

STEP 02 在启动界面中，单击“新建视频项目”按钮，如图 5-37 所示。

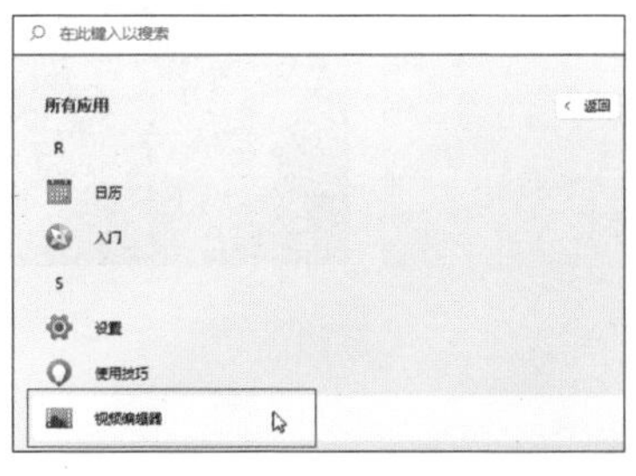

图 5-36

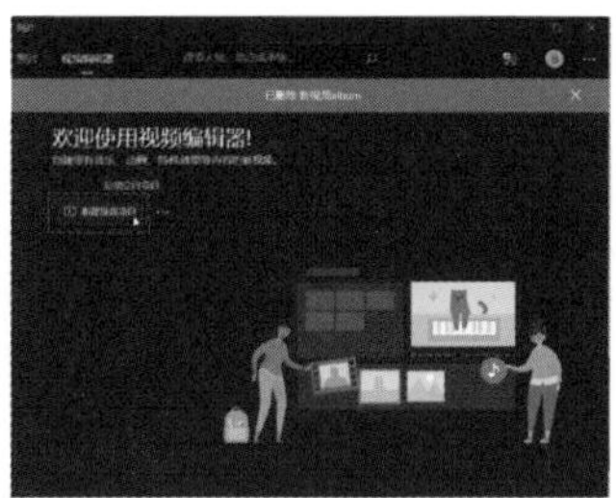


图 5-37

STEP 03 新建视频名称后，将视频拖入“项目库”中，再拖动到下方的窗口中，如图 5-38 所示。

STEP 04 可以通过快捷工具栏，对视频进行剪裁、拆分、添加文本、添加动作、添加 3D 效果、滤镜和调整视频的速度等，如图 5-39 所示。

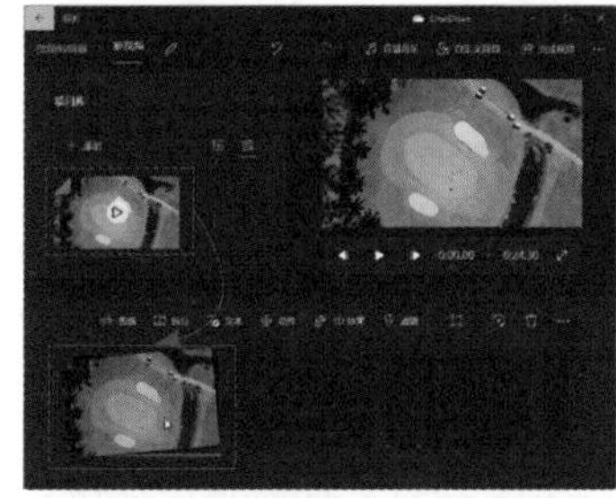

图 5-38

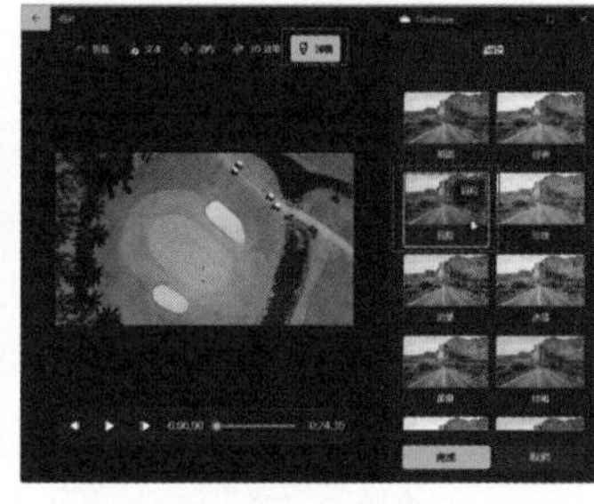

图 5-39

STEP 05 完成视频编辑后，可以单击右上角的“完成视频”按钮，来导出视频，如图 5-40 所示。

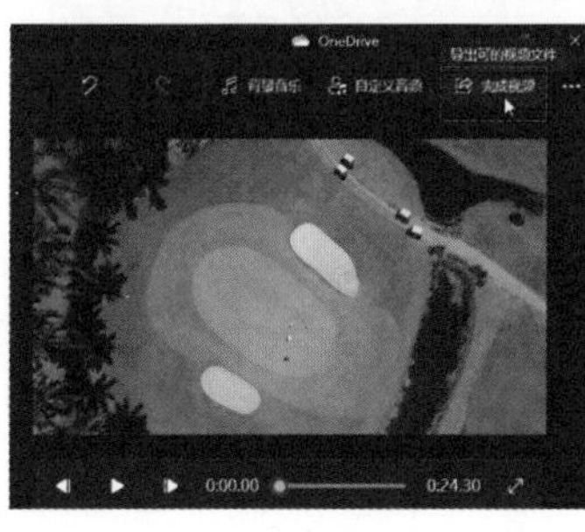


图 5-40

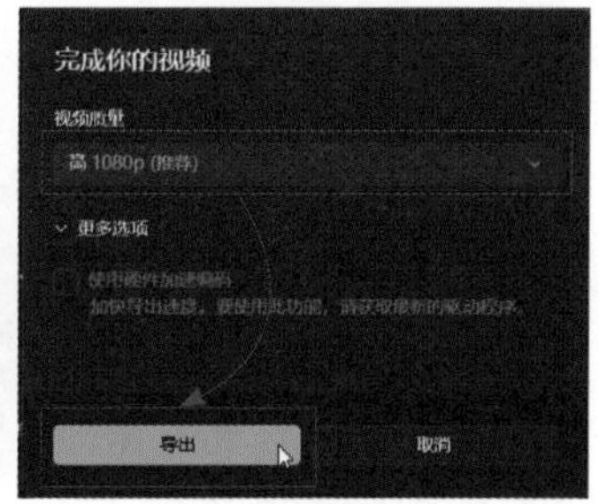


图 5-41

STEP 06 在弹出的窗口中，设置导出的视频质量，单击“导出”按钮，导出视频，如图 5-41 所示。

## 5.1.8 使用“相机”拍照

Windows 11 中可以直接使用笔记本或者摄像头来拍摄相片或视频。使用的软件就是“相机”。下面介绍该软件的详细使用方法。

STEP 01 从“开始屏幕—所有应用”中找到并选择“相机”，如图 5-42 所示。

STEP 02 启动后可以查看到摄像头中的内容，右侧有两个按钮，一个是拍照，另一个是摄像，界面非常简洁，如图 5-43 所示。

图 5-42

图 5-43

## 〈 拓展知识 〉 高级设置

单击左上角的“设置”按钮，从设置中可以设置拍照和拍摄视频的质量、大小等。

## 上手体验 使用“录音机”功能录音

用户可以通过“录音机”功能进行录音操作。首先需要将麦克风接入电脑中。

扫一扫 看视频

STEP 01 在“开始屏幕—所有应用”中找到并选择“录音机”选项，如图 5-44 所示。

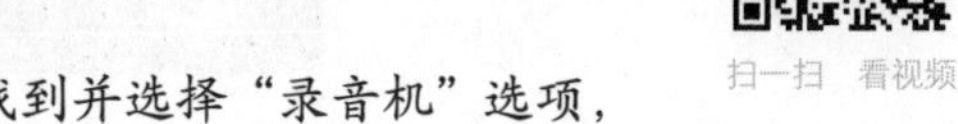

STEP 02 在弹出的主界面中，单击“录制”按钮启动录音，如图 5-45 所示。

STEP 03 在录音过程中，可以单击“暂停”按钮暂停录制，也可以添加标记。录音完毕后，单击“停止录音”按钮，暂停录制，如图 5-46 所示。

STEP 04 停止后自动保存录音，可以单击聆听录音，或者在其上单击鼠标右键，选择“打开文件位置”来对录音文件进行处理，如图 5-47 所示。

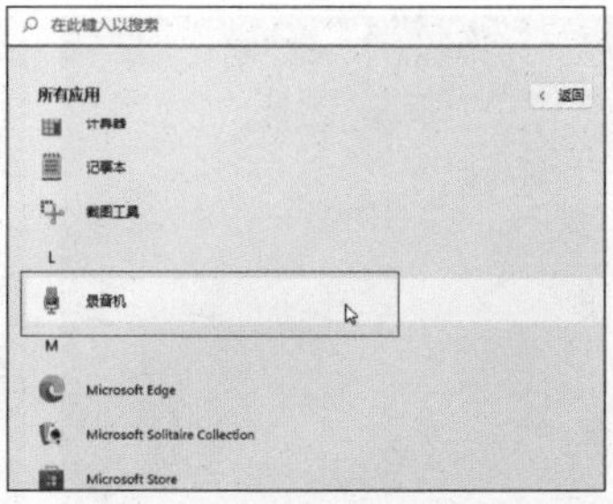


图 5-44

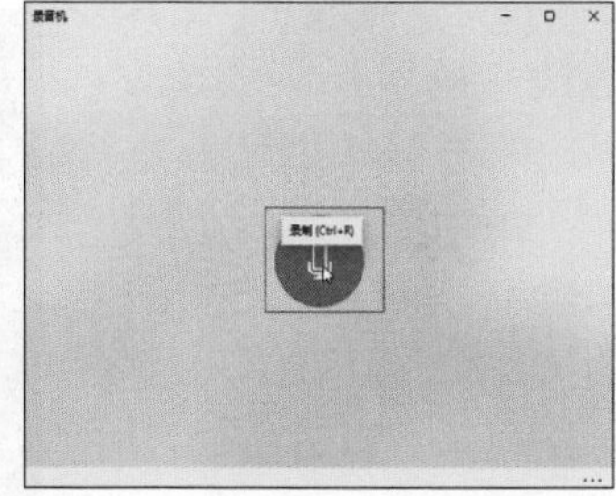


图 5-45

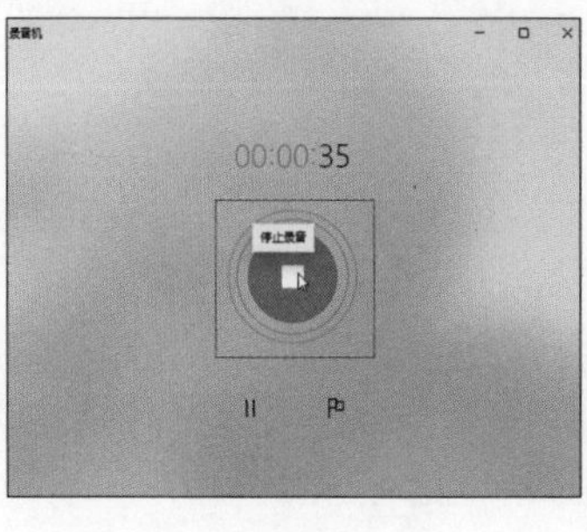


图 5-46

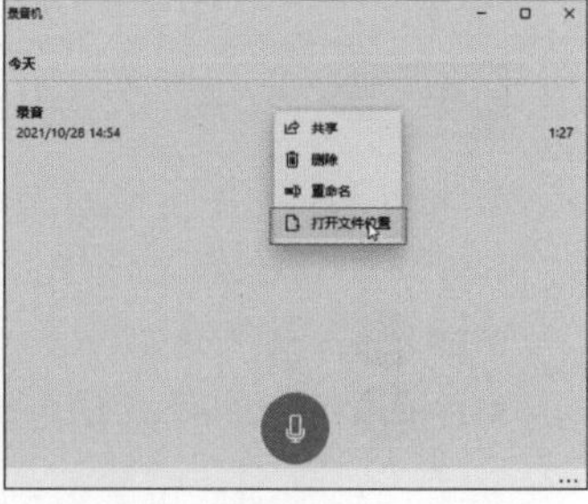


图 5-47

**〈 拓展知识 〉 为什么很多功能会提示更新**

Windows 11 为了节约空间，很多应用其实是快捷方式，在使用时联网下载并安装后才能使用，所以前面很多应用在启动时都会提示进行更新。建议读者在使用内置工具时联网使用。

## 5.2 文字类工具的使用

提到文字处理类的软件，读者一定会想到 Microsoft Office 系列以及国产的 WPS 系列软件。其实处理一些简单的文字或者记录一些文字信息，并不需要那么专业的文字处理软件。本节就将向读者介绍一些 Windows 中自带的文字处理类软件，而且可以导入到上面提到的专业文字编辑软件中进行进一步处理。

### 5.2.1 使用“记事本”编辑文本文档

记事本是非常简单的文字处理软件，可以快速打开记录用户的文字数据。

STEP 01 在桌面上单击鼠标右键，从“新建”中选择“文本文档”选项，如图 5-48 所示，来创建一个文本文档。

STEP 02 重命名后，双击该文件图标就可以启动软件，然后输入文字，如图 5-49 所示。

STEP 03 在“格式”菜单中，选择“字体”选项，如图 5-50 所示。

STEP 04 在“字体”对话框中，设置字体的格式，如图 5-51 所示。

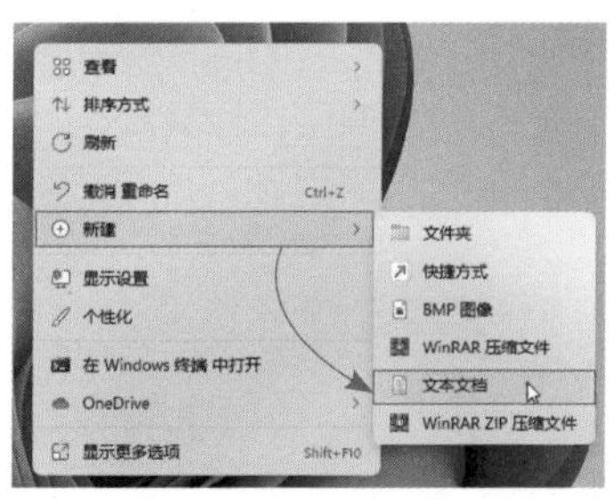


图 5-48

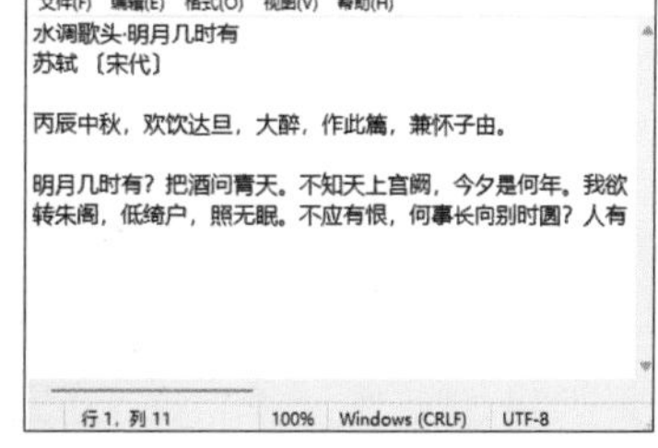


图 5-49

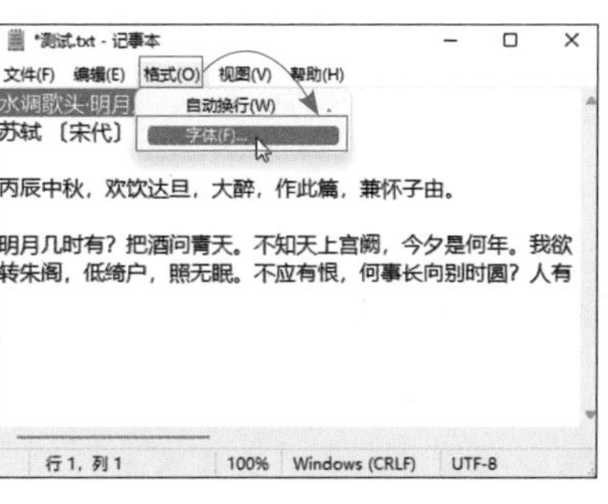


图 5-50

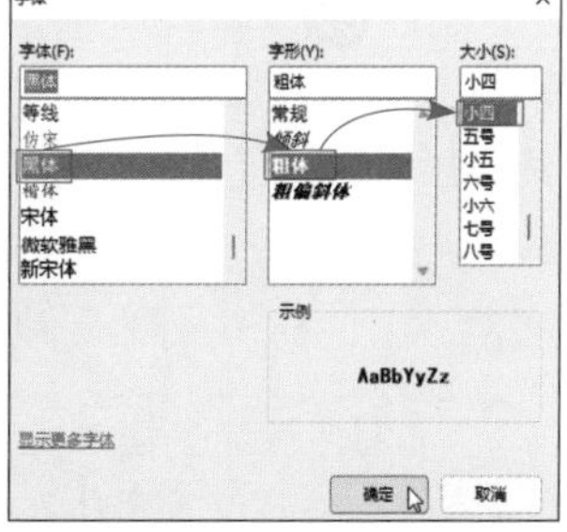


图 5-51

STEP 05 在“格式”菜单中，选择“自动换行”选项，如图5-52所示。

STEP 06 在“文件”菜单中，选择“保存”选项，完成修改，如图5-53所示。

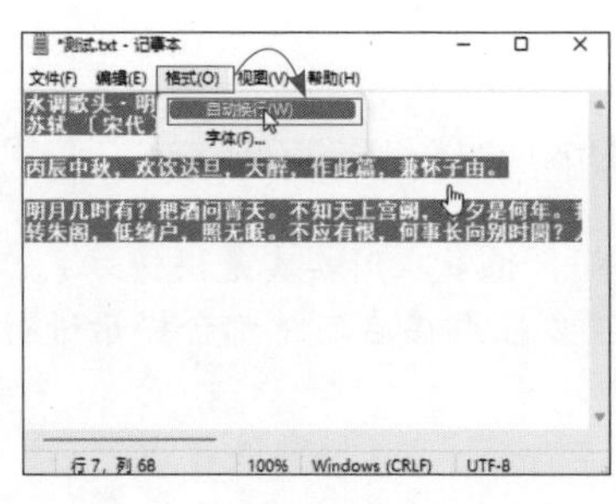

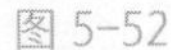
图 5-52

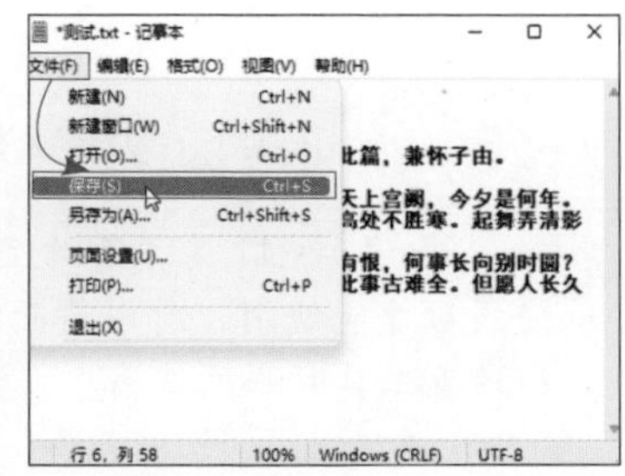

图 5-53

**〈 拓展知识 〉 “记事本”的用途**

记事本一般只是日常记录文字使用，或者在对一些软件的配置文件进行编辑时使用。

## 5.2.2 使用“写字板”编辑文本文档

“写字板”是Windows自带的专门用来处理文字和排版的软件，功能仅次于Office系列专业办公软件。但因为其体积小、速度快、系统自带、免安装，所以非常适合一般性的文字编辑工作。而且在写字板中处理的文件还可以保留格式导入到Word中。

STEP 01 从“开始屏幕”中搜索“写字板”，单击“打开”按钮，启动该程序，如图5-54所示。

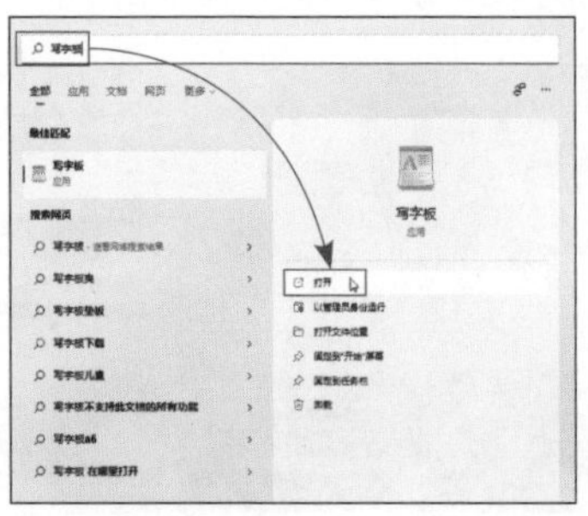
图 5-54

图 5-55

STEP 02 输入文字信息后，选中标题，在“段落”选项卡中，设置为居中，调整字体为黑体、加粗显示、字号为26号。选中其他文字，设置字体为楷体、字号为18。调整后，效果如图5-55所示。

**〈 拓展知识 〉 写字板的其他功能**

写字板除了输入文字外，还可以加入图片文件以及其他对象，并且可以查找文字、替换文字、设置字体参数和段落格式参数，而且界面和Office系列软件非常相似，功能也比较全面，而且支持导出为多种Office可以支持的格式，如图5-56所示。

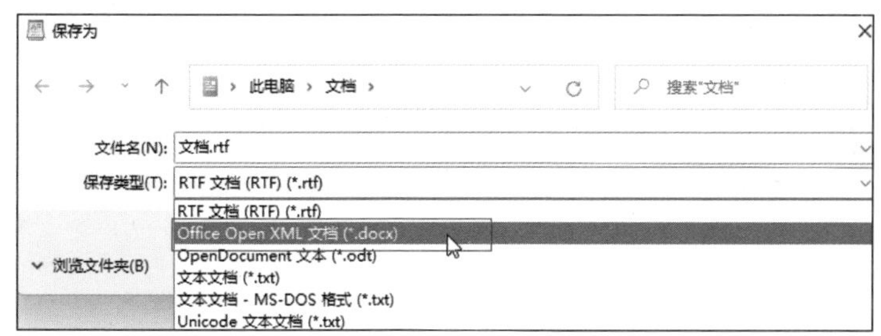


图 5-56

**上手体验** 使用“便笺”创建便利贴

扫一扫　看视频

Windows 中的便笺功能可以帮助用户快速记录消息、提醒用户等。下面介绍便笺的使用方法。

STEP 01　在“开始屏幕—所有应用”中，选择“便笺”选项，如图 5-57 所示。

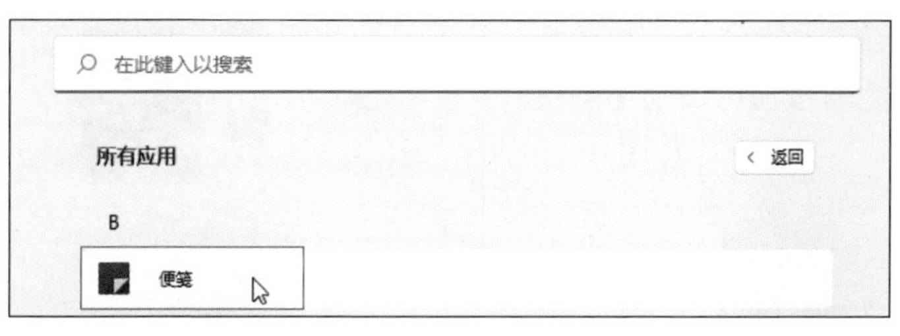


图 5-57

STEP 02　更新后，在主界面中，单击左上角的“+”按钮，如图 5-58 所示。

STEP 03　在右侧的黄色便笺中，输入需要记录的文字信息，如图 5-59 所示。

接下来可以将便笺放置到桌面上的任意位置，随时可以查看到待办事宜。

图 5-58

图 5-59

## 5.3　轻松使用 Windows 11 系列工具

对于 Windows 的新手用户来说，如果有个手把手的老师带领，会更快地掌握 Windows 的各种操作。Windows 11 充分利用网络和多年累积的经验，为用户提供多种学习 Windows 操作的渠道。

## 5.3.1 “入门”工具的使用

“入门”工具可以快速地将新手用户领进 Windows 的大门，该功能主要介绍了 Windows 11 的常用操作和新功能等。

STEP 01 在“开始屏幕—所有应用”中，找到并选择“入门”选项，如图 5-60 所示。

STEP 02 启动后的学习就像向导一样，单击“开始使用”按钮，如图 5-61 所示。

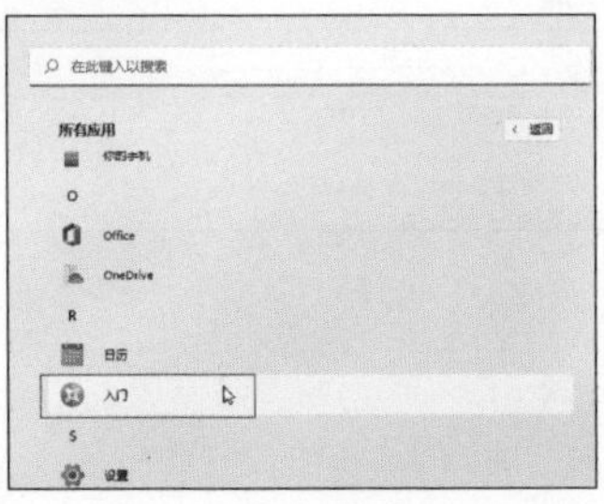

图 5-60　图 5-61

STEP 03 在每个页面中，都会告诉你一些知识，然后会有相关功能的按钮可以快速到达对应的功能，如图 5-62 所示。

STEP 04 单击“>”按钮，可以进入下一个知识的学习，有些知识在右侧的小屏幕上还会以动画形式播放，如图 5-63 所示。

图 5-62

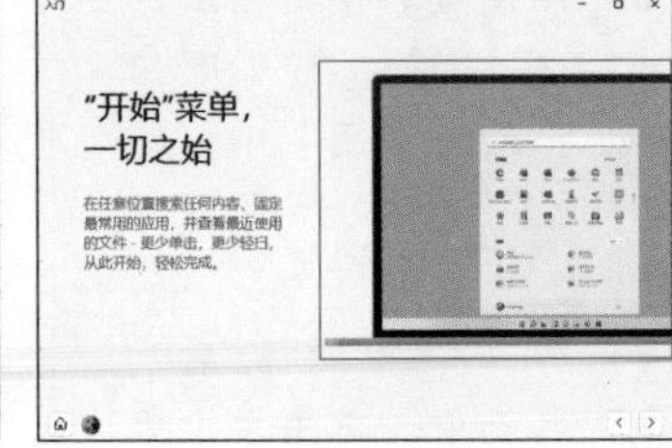


图 5-63

## 5.3.2 “使用技巧”工具的使用

该功能可以说是“入门”工具的延伸。在“使用技巧”工具中，带来了 Windows 各种操作的说明和功能的介绍，图文并茂、简单实用，非常适合新手用户和需要提高 Windows 操作的读者使用。

STEP 01 在“开始屏幕”中搜索并打开“使用技巧”工具，如图 5-64 所示。

STEP 02 在“使用技巧”中，各种知识被分类显示出来，如单击“浏览 Windows”按钮，如图 5-65 所示。

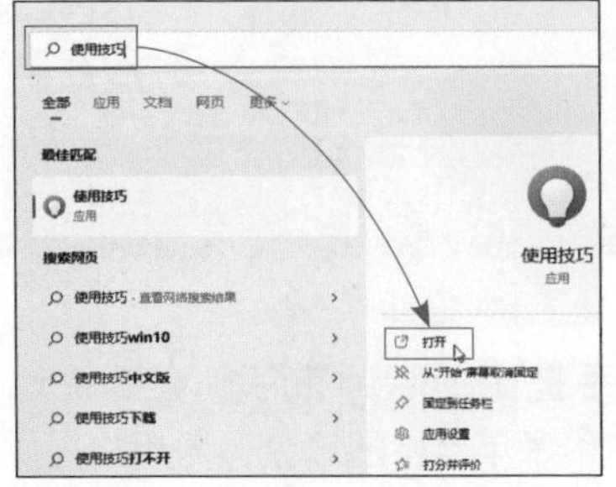


图 5-64

图 5-65

**STEP 03** 在弹出的界面中，可以通过小视频查看操作技巧，单击“>”可以查看下一个技巧，如图 5-66 所示。

**STEP 04** 单击“显示全部条提示”按钮，如图 5-67 所示，可以显示所有的技巧分类，用户可以选择查看，或者在搜索栏中输入搜索内容查找指定的技巧。

图 5-66

图 5-67

## 5.3.3 使用“获取帮助”工具解决问题

在使用过程中，如果遇到了问题，一方面可以求助于搜索引擎，另一方面可以咨询公司的计算机管理员。其实 Windows 本身就提供了一个功能强大的帮手——“获取帮助”功能。下面就将向读者介绍这款工具的使用方法。

**STEP 01** 在“开始屏幕—所有应用”中，找到并选择“获取帮助”选项，如图 5-68 所示。

**STEP 02** 在打开的界面中，可以看到一些常见问题。用户可以在搜索框中输入搜索的内容，如图 5-69 所示。

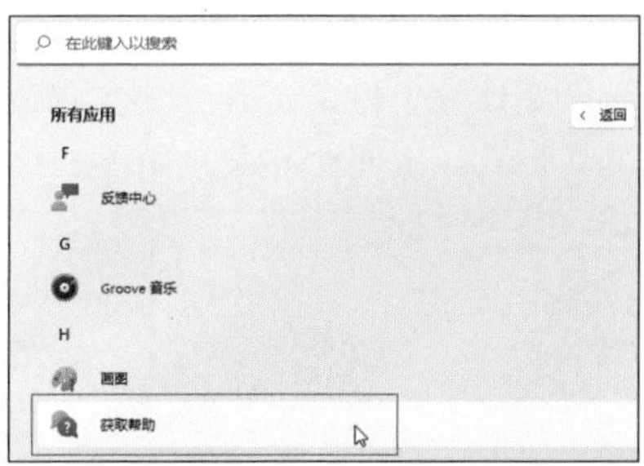


图 5-68

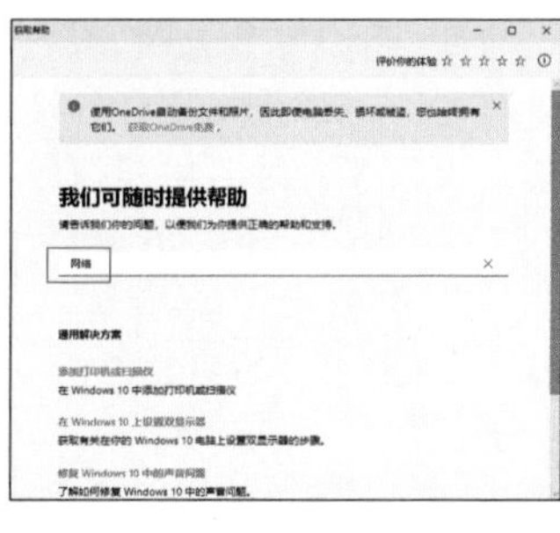


图 5-69

**STEP 03** 回车后，“获取帮助”会自动搜索相关信息，并显示出来。如果要查看详细信息，可以单击“阅读文章”按钮，如图 5-70 所示。

**STEP 04** 在弹出的网页中，可以阅读详细的解释和说明文章，如图 5-71 所示。

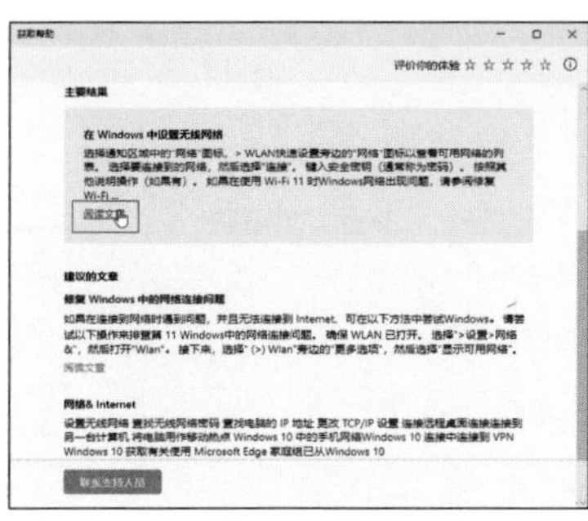


图 5-70

图 5-71

## 〈 拓展知识 〉 与客服沟通

用户也可以在问题下方单击“联系支持人员”按钮，在弹出的界面中，选择问题的类型，然后单击“在Web浏览器中与支持专员聊天”链接，如图5–72所示。接着在浏览器的会话窗口中，可以和客服沟通，如图5–73所示。

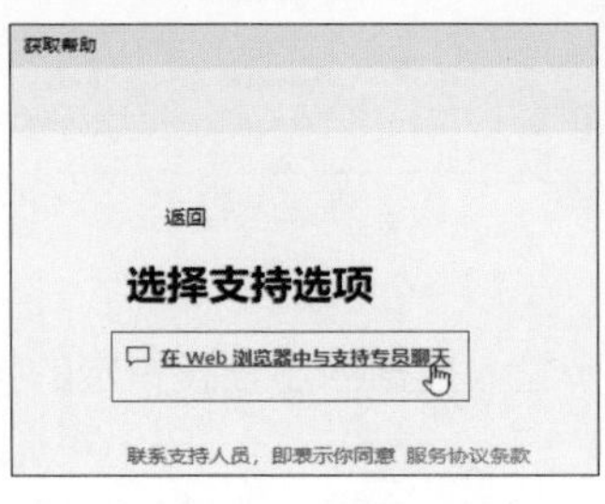


图5–72

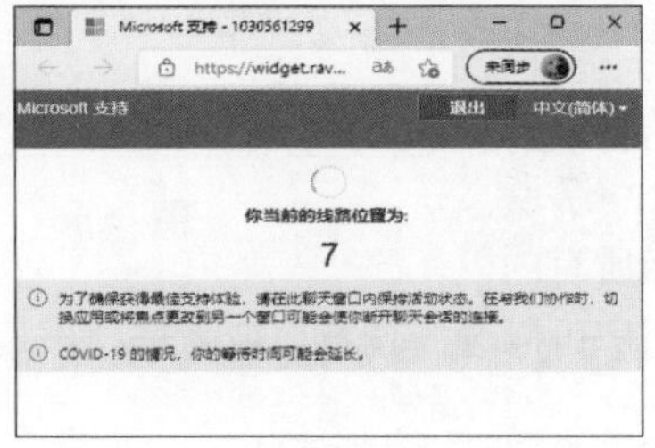


图5–73

## 上手体验 使用“疑难解答”工具自动排除故障

扫一扫 看视频

上面介绍的解决问题的方法都是提供的教程或者设置步骤，但很多专业问题，用户可能无法排除。这里就需要使用Windows自带的一款工具“疑难解答”，让该工具自行诊断和修复故障。说是工具，其实应该算是工具集，由很多针对不同问题的小工具组成。下面介绍疑难解答的使用方法。

STEP 01 在“开始屏幕”中搜索“疑难解答”，并打开，如图5–74所示。

STEP 02 在“疑难解答”设置界面中，选择“其他疑难解答”选项，如图5–75所示。

STEP 03 在此显示了所有位置的疑难解答，如Windows更新出现了问题，单击“Windows更新”后的“运行”按钮，如图5–76所示。

STEP 04 Windows会自动运行诊断，检查所有相关问题，并尝试修复该问题，完成后会显示诊断及修复的报告，如图5–77所示。用户可以尝试启动程序，查看是否修复。

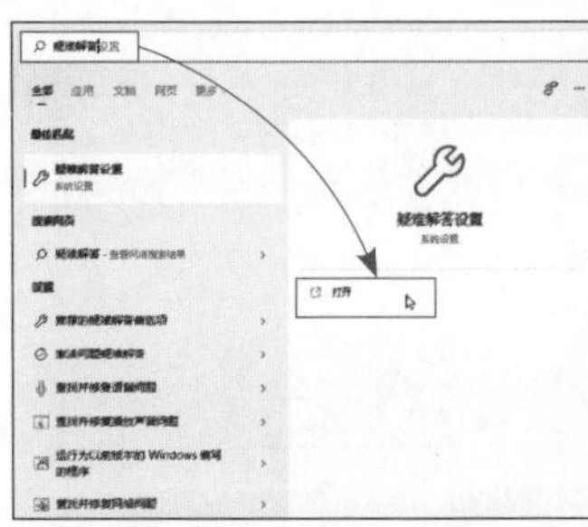


图5–74

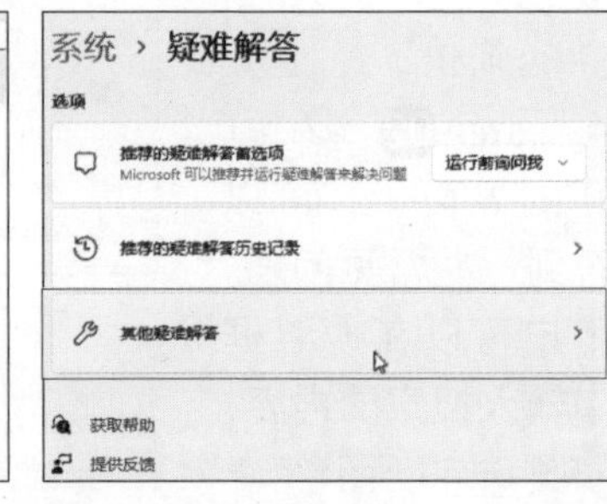


图5–75

图5–76

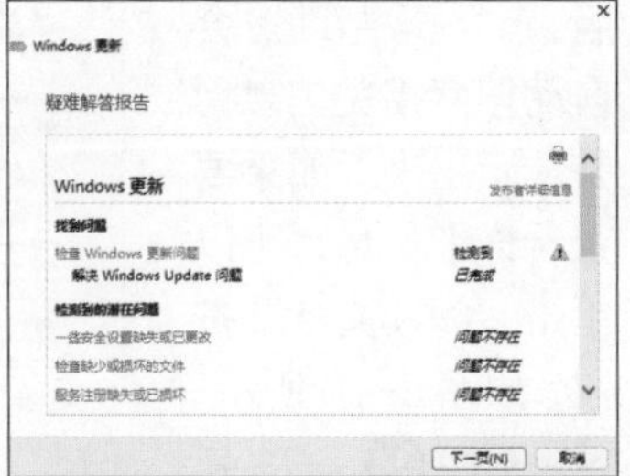


图5–77

# 5.4 软件安装卸载类工具的使用

在 Windows 中可以通过第三方管理软件自带的应用管理来下载、安装以及卸载软件。其实微软商店已经有了很大的进步，而且系统自带的添加删除程序功能也非常好用。

## 5.4.1 微软商店的使用

在 Windows 11 中，可以通过“Microsoft Store”（微软商店），来下载安装以及管理软件，包括各种应用软件以及游戏等。这些软件和游戏经过了微软的审核，在安全性方面还是非常值得信任的。而且新的微软商店已经推广到了 Windows 10 系统中。

### （1）从微软商店查找程序

从“开始屏幕”中找到并单击“Microsoft Store”图标就可以启动该工具，如图 5-78 所示。

**STEP 01** 启动微软商店后，在主界面的搜索栏输入搜索的软件名称，单击“搜索”按钮，如图 5-79 所示。

**STEP 02** 微软商店会列出所有和 QQ 有关系的软件，如图 5-80 所示。用户找到需要的程序后，单击该程序，即可进入详情页查看软件的说明，如图 5-81 所示。

图 5-78

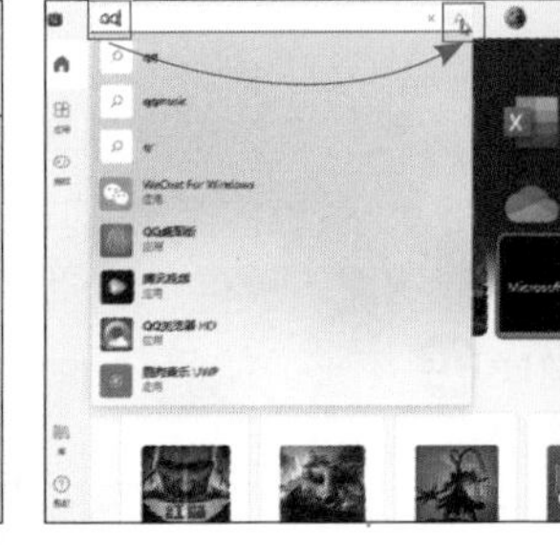


图 5-79

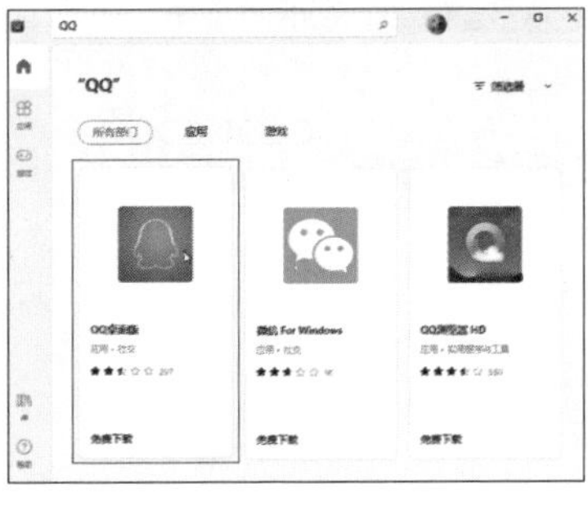


图 5-80

图 5-81

### （2）从微软商店下载及安装程序

安装的方法非常简单，在软件详情界面中，单击“获取”按钮，如图 5-82 所示。接下来软件会自动启动下载和安装，完成后就可以启动软件了，如图 5-83 所示。

图 5-82

图 5-83

(3)从微软商店中更新软件

Windows 系统内自带的软件以及从微软商店中安装的软件，都可以通过微软商店更新。通常情况下软件会自动更新，下面介绍手动更新的方法。

**STEP 01** 在“微软商店”中，单击“库”按钮，如图 5-84 所示。

**STEP 02** 在“库”中，显示了所有电脑自带和用户自己安装的微软应用，单击“获取更新”按钮，启动更新，如图 5-85 所示。

图 5-84

图 5-85

系统会自动连接服务器并进行软件的更新，建议读者按时更新软件，以确保最新的功能，如图 5-86 所示。

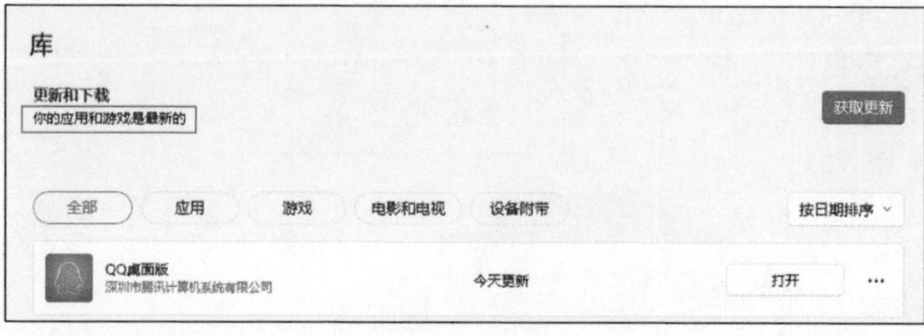


图 5-86

## 〈 拓展知识 〉 关闭应用自动更新

和 Windows 更新一样，如果用户感觉自动更新非常影响使用感受，可以在微软商店中单击用户头像，选择“应用设置”选项，如图 5-87 所示，在弹出的界面中，关闭“应用更新”的开关，如图 5-88 所示。

图 5-87

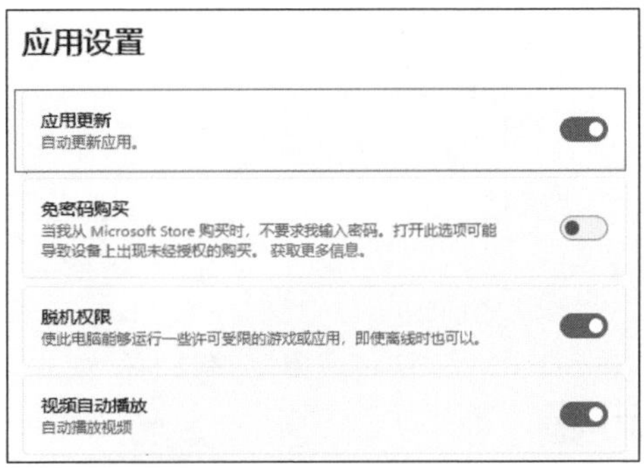


图 5-88

### 5.4.2 “添加或删除程序”工具的使用

使用微软商店可以安装各种常见应用，但无法卸载该程序。在 Windows 中，可以对程序进行管理的应用就是“添加或删除程序”。通过该应用，可以卸载程序或者启动 Windows 的一些功能。下面介绍该工具的使用步骤。

（1）启动工具查看应用

该工具是内置的应用，通过前面介绍的办法搜索并启动即可。

**STEP 01** 在“开始屏幕”中搜索“添加或删除程序”，单击“打开”按钮，如图 5-89 所示。

**STEP 02** 启动该功能后，在“应用列表”中单击“名称”下拉按钮，选择“安装日期”选项，如图 5-90 所示，让程序按照安装日期排序。

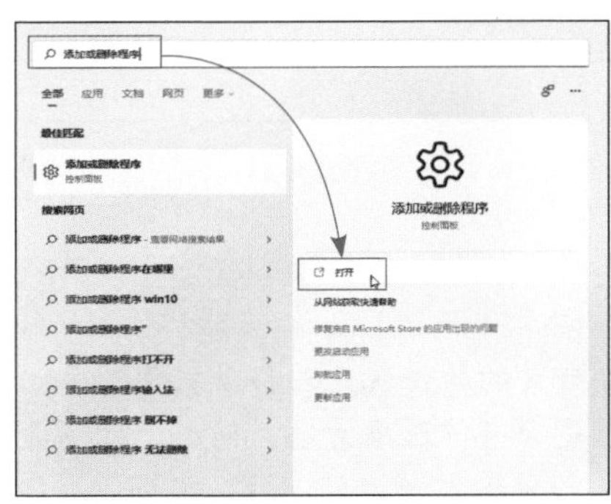


图 5-89

图 5-90

**〈拓展知识〉查找指定应用**

在“搜索应用”框中，输入应用的名称后可以快速查找到指定名称的应用，如图 5-91 所示。

图 5-91

（2）移动应用

Windows 11 支持将应用挪到其他位置或其他分区，这样就可以减少 C 盘的负担。

**STEP 01** 在“QQ 桌面版”中单击“⋮”按钮，从弹出的列表中，选择“移动”选项，如图 5-92 所示。

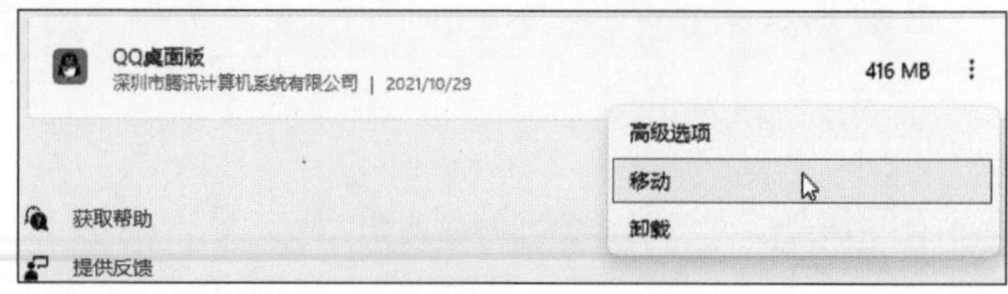


图 5-92

**STEP 02** 因为默认安装到 C 盘，所以这里选择移动到的分区为“新加卷（D：）”，单击“移动”按钮，如图 5-93 所示。

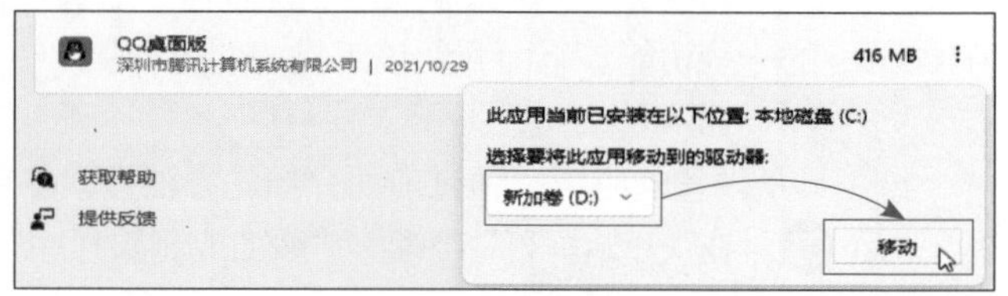


图 5-93

**STEP 03** Windows 11 会自动将 C 盘的“QQ 桌面版”移动到 D 盘，如图 5-94 所示。

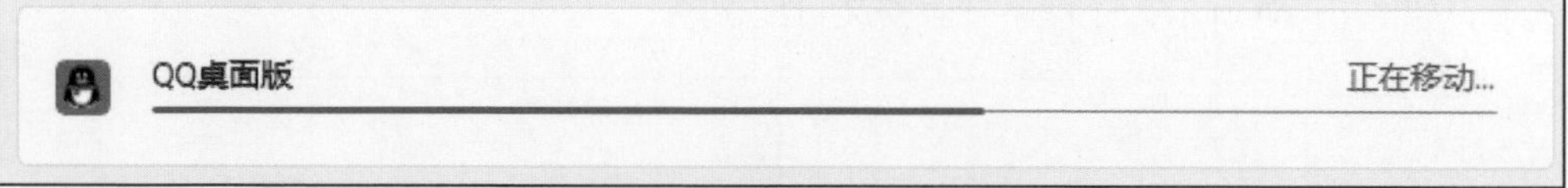


图 5-94

**〈拓展知识〉移动软件的应用范围**

并不是所有的软件都可以移动，如系统自带的软件就无法移动。用户手动安装的应用和游戏是可以移动的，能否移动以是否有该选项为准。同理，以下介绍的“高级选项”也并不是所有应用都有。

(3)应用的“高级选项”设置

在“高级选项”中，可以设置软件的一些系统参数。在图5-92中，选择“高级选项”选项，会弹出“QQ桌面版”的详情信息，这里可以看到软件的相关信息，并可以设置软件的后台电源应用模式和默认值的设置，如图5-95所示，另外还可以终止软件运行、修复、重置和卸载软件，如图5-96所示。根据不同的软件，选项略有不同。

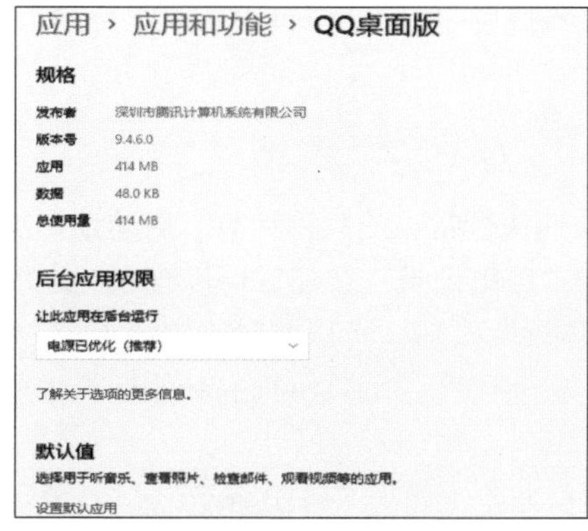


图5-95

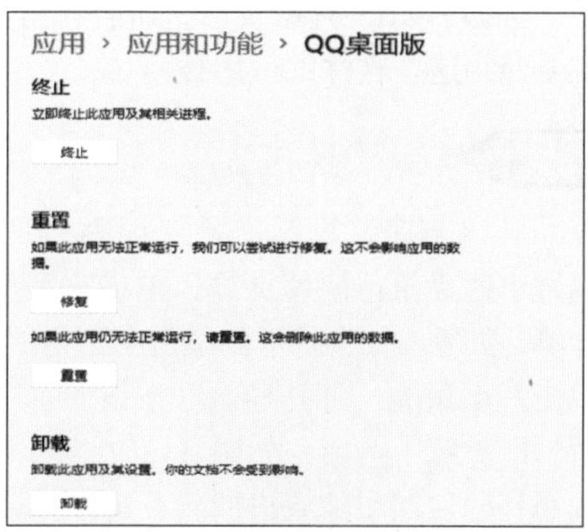


图5-96

上手体验 卸载软件

扫一扫 看视频

“添加或删除程序”最大的作用就是卸载软件了。找到需要卸载的软件，在“⋮”中，选择“卸载”选项，如图5-97所示。软件会弹出警告提示，单击“卸载”按钮就可以启动卸载进程了，如图5-98所示。

图5-97

图5-98

修改

大部分系统自带的软件都有“高级选项”和“卸载”。第三方软件大部分都包含有“修改”和“卸载”选项。修改的作用是启动安装程序，对软件重新安装及配置，或者修复软件出现的故障。

# 5.5 其他常用内置工具

除了上面介绍的几大主要分类的工具外，在系统中还有很多零散的小工具也是非常实用的。读者可以在“开始屏幕—所有应用”中找到它们，选择后就可以启动这些应用了。下面主要介绍这些软件的使用技巧。

## 5.5.1 计算器的使用

Windows 自带计算器，配合小键盘可以快速执行常见的应用计算。启动计算器后，可以通过小键盘执行快速计算，单击右上角的“历史记录”按钮，可以查看到之前执行过的计算，如图 5-99 所示。单击右下角的“删除”按钮，可以删除历史记录。

单击左上角的“打开导航”按钮，可以查看到计算器可以执行的其他计算类型，如选择“日期计算”选项，如图 5-100 所示。

选择开始日期和结束日期后，可以计算出日期差，如图 5-101 所示。如选择了“长度”选项，可以实现长度的换算，如图 5-102 所示。

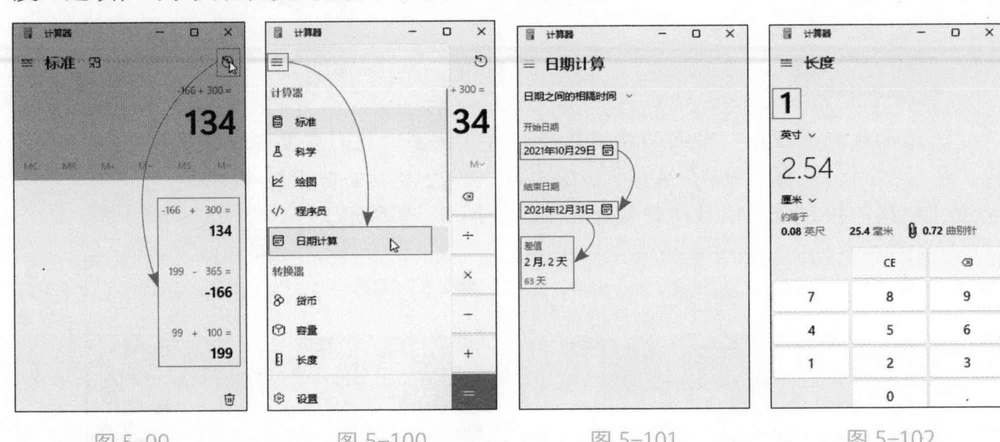


图 5-99　图 5-100　图 5-101　图 5-102

## 5.5.2 Microsoft Teams 的使用

该工具是一款基于聊天的智能团队协作工具，可以同步文档共享，并提供语音、视频会议在内的即时通信工具，类似于 QQ 或者微信。该工具在 Windows 11 中备受微软推崇。

**STEP 01** 启动该工具后设置用户姓名和同步方式，单击“开始吧”按钮如图 5-103 所示。

**STEP 02** 启动软件后，发起聊天，会弹出“聊天”界面，输入对方的微软账号、邮箱、手机号码，然后输入信息，如图 5-104 所示。发送后对方邮箱会收到一条邮件，下载该工具软件就可以启动聊天了。

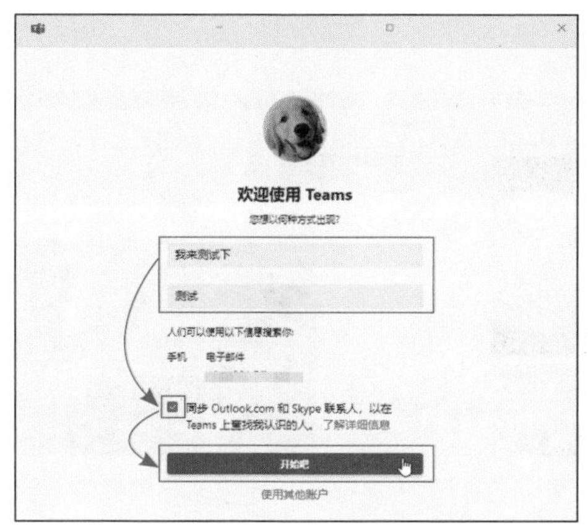


图 5-103

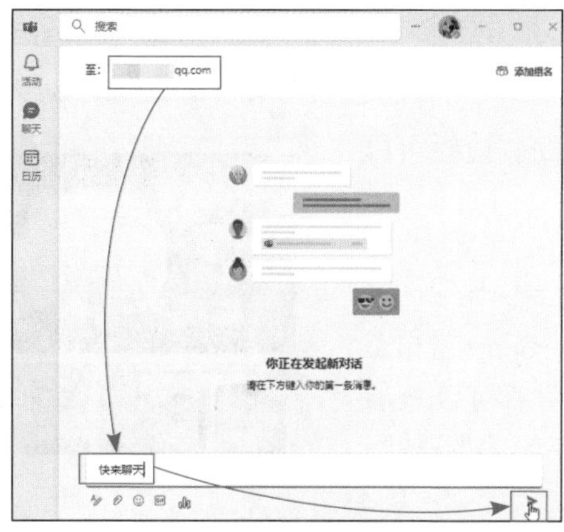


图 5-104

STEP 03 除了聊天外，还可以使用该工具举行会议或者创建群组，分享资源，如图 5-105 所示。

STEP 04 在“开会”模式中，除了语音和视频外，还可以共享屏幕，如图 5-106 所示。

图 5-105

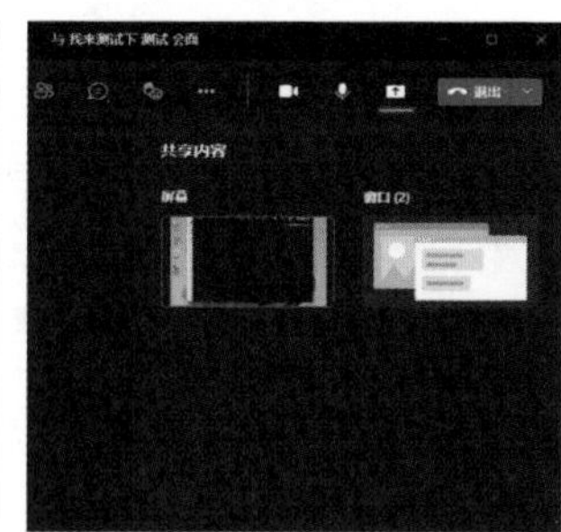

图 5-106

## 5.5.3 Microsoft To Do 的使用

该工具是 Windows 11 中内置的轻量和智能的待办清单，可以帮助用户更加轻松地计划每天的任务。

启动该工具后，会显示待办事宜，用户可以手动创建计划，如创建买菜任务，并设置提醒的时间，如图 5-107 所示。

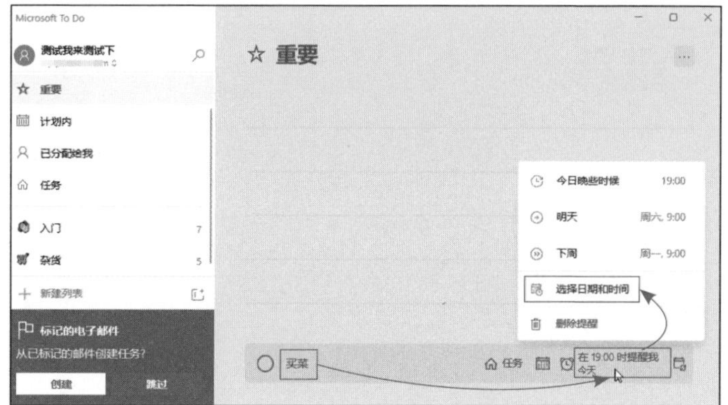


图 5-107

设置重复时间后单击左侧的“+”按钮，就添加到系统中了，到时间就会提醒用户。通过添加待办事宜，一天的时间安排就非常明了了。

## 5.5.4 Microsoft 资讯的使用

在 Windows 11 的侧边栏可以看到 Microsoft 资讯，另外在工具中也有 Microsoft 资讯。启动后可以查看到今天的各种新闻，如图 5-108 所示，通过不同的分类可以查看到其他种类的新闻。通过左侧的“感兴趣的项目”可以打开并管理订阅频道及内容，如图 5-109 所示。

图 5-108

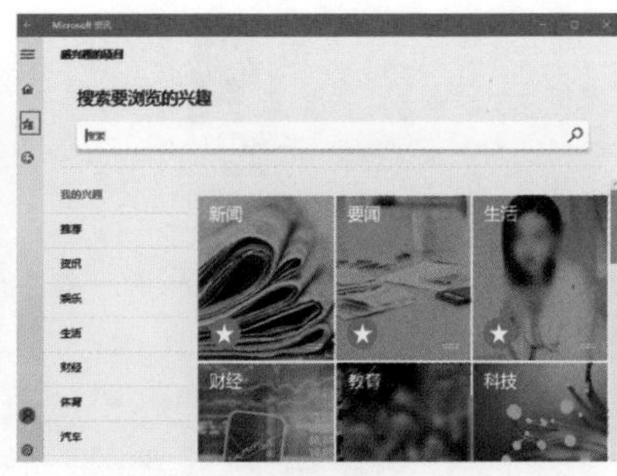


图 5-109

## 5.5.5 地图和天气的使用

Windows 11 中还含有地图和天气预报，如图 5-110 及图 5-111 所示。使用方法比较简单，这里就不再赘述了。

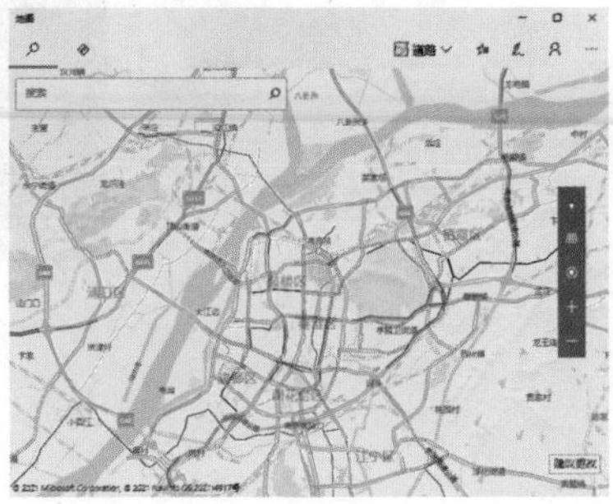

图 5-110

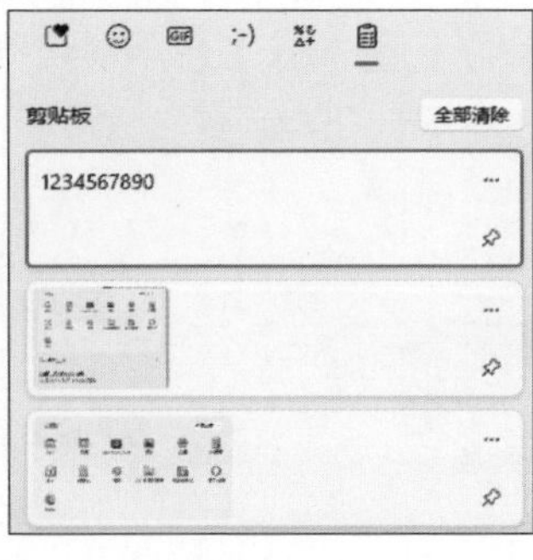


图 5-111

## 5.5.6 剪贴板的使用

复制的图片、文字会暂存在剪贴板中，再粘贴到指定的位置上。如果要查看剪贴板的内容，可以使用“Win+V”启动“剪贴板”，可以浏览剪贴板中的内容，如图 5-112 所示。将光标定位到插入的位置，单击剪贴板中的记录，就可以插入该内容，如图 5-113 所示。

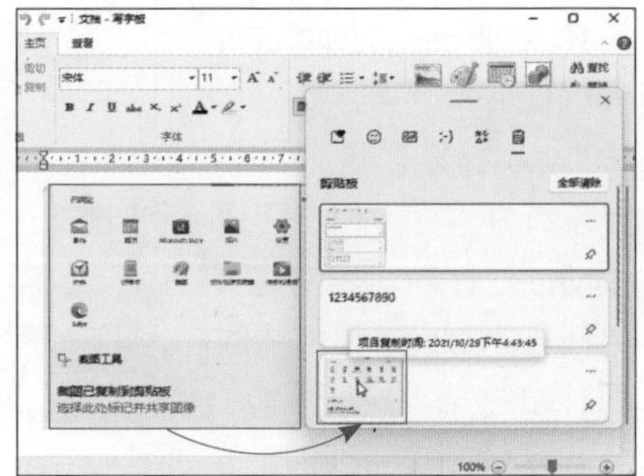


图 5-112

图 5-113

## 5.5.7 放大镜的使用

Windows 11 自带放大镜功能，可以在“所有应用—轻松使用”中找到并启动该功能，如图 5-114 所示。启动后，可以启动放大镜功能，Windows 界面环境会变大，并跟随鼠标转换区域，如图 5-115 所示，给视力不好的人使用 Windows 带来方便，用户可以手动调节放大镜的放大比例。

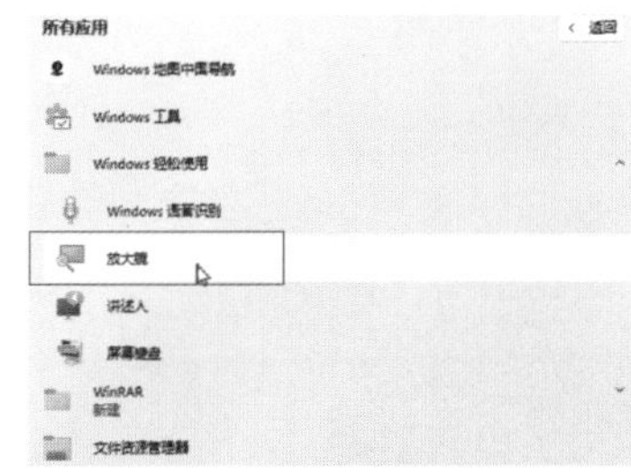


图 5-114

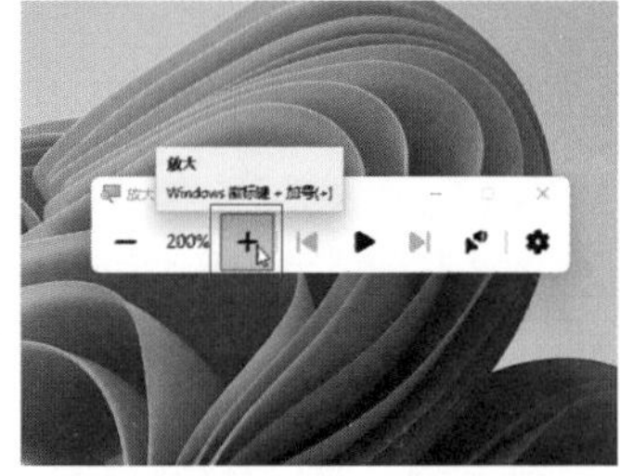


图 5-115

## 5.5.8 屏幕键盘的使用

对于使用平板或者键盘损坏的情况下，可以调出“屏幕键盘”来临时输入或者操作电脑。用户可以搜索“屏幕键盘”并启动，在桌面上会显示完整键盘按键，使用鼠标单击或者使用触摸屏即可使用该键盘，如图 5-116 所示。

图 5-116

## 5.5.9 讲述人的使用

启动讲述人后，系统会主动朗读光标定位的文本框或者标题等内容。启动后会弹出“讲述人”对话框，此时正常操作电脑，当光标移动至含有文本的界面上时，系统会主动读取文本内容，方便视力不好的用户使用，如图 5-117 所示。

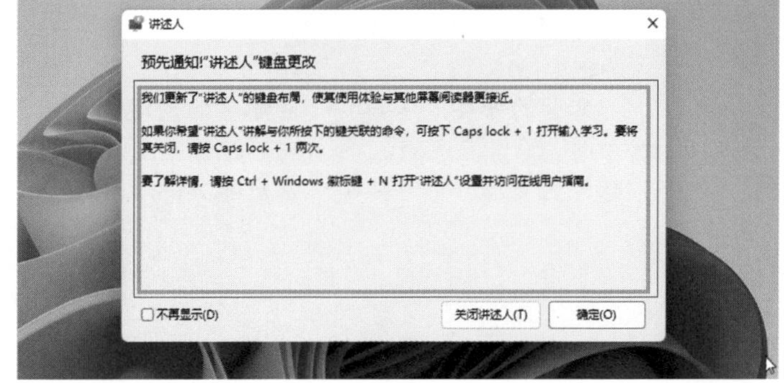


图 5-117

# 第⑥章

# 登记造册做管家——账户的设置

Windows 中的各种程序的启动、参数设置、配置文件的修改、文档的创建、编辑都需要权限，在 Windows 中权限和账户紧紧相关。Windows 是一个多用户多任务的操作系统，通过不同的账号，同一个操作系统可以被多人使用。本章就将向读者着重介绍账户的相关知识和操作。

**本章重点难点：**

账号的分类 ⟷ 账号的创建

账号的管理 ⟷ 家庭账户的管理

# 6.1 Windows 账户简介

在安装操作系统时，提示用“Microsoft 账户”登录（如图 6-1 所示），用户可以根据提示进行注册并登录，还可以使用本地账户（脱机账户）进行登录，本小节将对 Windows 账户的相关知识进行一一介绍。

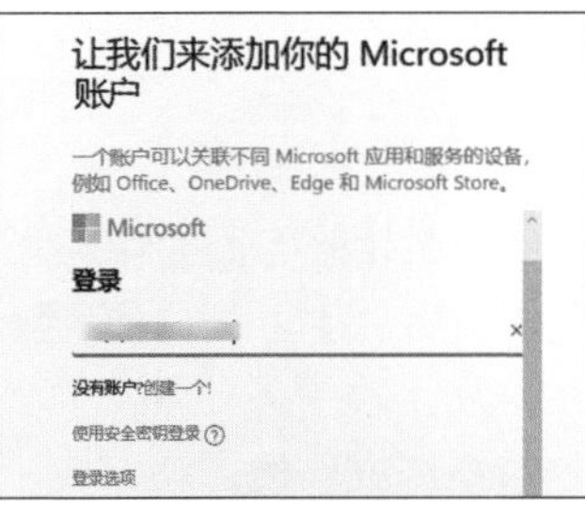


图 6-1

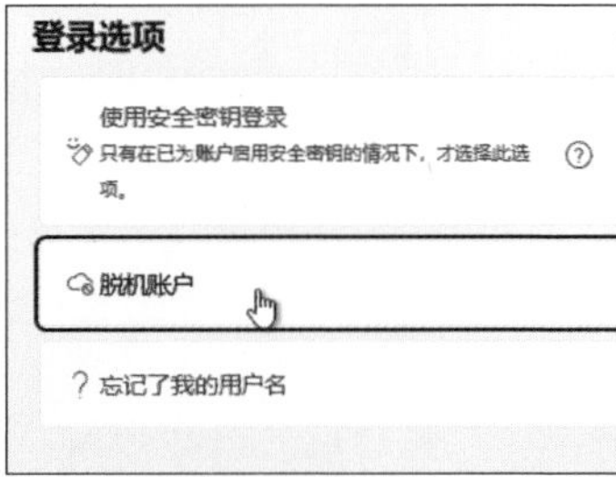


图 6-2

## 6.1.1 Windows 账户的功能

Windows 账户其实是一组权限和标记的组合体，以用户 ID 号的形式存在于系统中，每个用户都有其不同的账户名。Windows 系统会根据不同的账号创建不同的使用环境、登录界面、桌面环境等，并根据权限规定，允许或限制用户运行程序、查看文件、编辑文档等操作。所以要学习 Windows 系统，账户的操作是必不可少的。默认的账户及描述如图 6-3 所示。

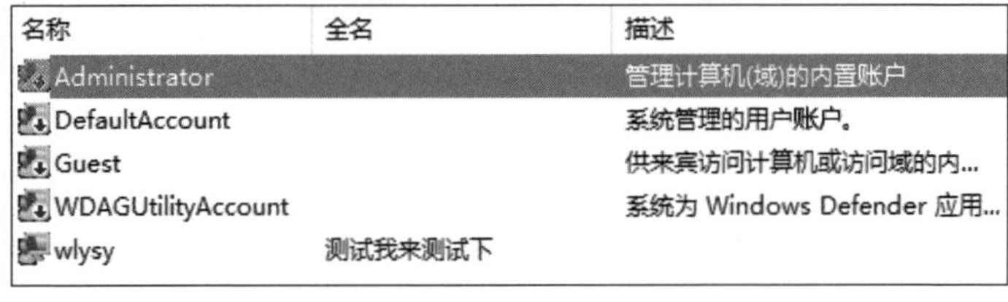

| 名称 | 全名 | 描述 |
|---|---|---|
| Administrator | | 管理计算机(域)的内置账户 |
| DefaultAccount | | 系统管理的用户账户。 |
| Guest | | 供来宾访问计算机或访问域的内... |
| WDAGUtilityAccount | | 系统为 Windows Defender 应用... |
| wlysy | 测试我来测试下 | |

图 6-3

## 6.1.2 Windows 账户的分类

在 Windows 中，账户被分成了多种类型。

### （1）管理员账户

具有系统最高权限的账户，可以设置计算机的所有操作，可以访问计算机中的所有文件，可以管理其他类型的账户。微软用户账户的本地存在形式就属于管理员账户，用户在安装 Windows 时创建的本地账户也属于管理员账户。

**Administrator 账户**

“Administrator”账户是系统默认的管理员账户，以前的操作系统基本上都是使用该账户登录的，为了保护系统安全，后来被禁用了，必须创建一个其他名称的管理员账户才可以登录系统。

（2）标准账户

标准账户就是普通账户，由管理员账户创建并由管理员账户管理。该账户的权限比较少且简单。可以启动软件、设置自己账户的参数，但无权更改大部分的系统参数设置。

（3）来宾账户

Guest 账户也叫来宾账户，权限最低，无法进行任何设置的修改，主要用来远程登录系统时使用，也可以叫做临时账户。由于安全问题，它默认也是禁用状态。

（4）微软账户

微软账户是用户自己注册的存储在微软服务器的特殊账号，不仅可以用来登录系统，还可以用来在多台设备之间同步微软商店、云盘、电脑设置、日程安排、各种照片、好友、游戏、音乐等。而且微软账户和系统及微软的各种软件的激活也有关系，购买微软产品并绑定了账号后，只要使用账号登录系统或软件，就完成了激活，非常方便。与微软账户相对应的是本地账户，仅具有本地性，不具备微软账户的互联网功能。当然用户可以在本地账户和微软账户之间切换。

## 6.1.3 Windows 组

在 Windows 中，除了账户外还有“组”的概念。组是账号的存放容器，一个组可以包含多个账户。系统中的组也是一些特定权限的集合，而且只要把用户加入不同的组中，该用户就会有对应的权限。比如创建管理员账户时，就默认加入管理员组中，而普通用户默认加入普通用户组中，所以创建的账号本身的权限是相同的，之所以会有不同权限，是因为加入了不同的管理组中。在 Windows 中，常见的组如图 6-4 所示。

图 6-4

（1）普通用户组（Users）

普通用户组权限比较低，可参考普通账户的权限。该组中的用户无法修改操作系统的设置和其他用户资料，不能修改注册表设置、操作系统文件或者程序文件。它因为权限较低，对系统影响也小，所以比较安全。

（2）管理员账户组（Administrator）

该组中的用户有计算机的完全控制权和访问权，可以对系统进行设置和修改，权限非常大。正因为对系统的影响非常大，所以该组中的账号一定要妥善保管。

（3）来宾账户组（Guests）

来宾账户组限制会更多，通常也作为临时账号供远程登录系统时使用。

(4)系统账户组(System)

该组中的用户账户主要是保证系统服务的正常运行，赋予系统及系统服务的权限。其实该组中的账户才是 Windows 中权限最大的。

(5)所有用户组(Everyone)

默认情况下计算机所有用户都属于该组，一些文件夹设置权限时可以使用 Everyone 设置成所有用户可以进行的操作。

**Authenticated Users**

**Windows 系统中所有使用用户名、密码登录并通过身份验证的账户都默认属于该组。用该组代替 everyone 组可以防止匿名访问，可以算是一种更加安全的身份判断机制。**

## 6.2 账户的创建及管理

在 Windows 11 中，一般都是在安装系统时创建本地账户或者创建并使用微软账户登录。由于 Windows 11 的设置界面发生了很大的变化，因此接下来介绍如何在系统中创建账户及管理账户的方法。

### 6.2.1 创建账户

创建账户可以使用 Windows 11 的“账户”功能，下面将对其具体操作进行介绍。

STEP 01 在桌面上使用“Win+I”组合键进入“设置”界面，选择“账户”选项，如图 6-5 所示。

STEP 02 在“账户”界面中，单击“家庭和其他用户”按钮，如图 6-6 所示。

图 6-5

图 6-6

**STEP 03** 单击“添加其他用户”后的“添加账户”按钮，如图 6-7 所示。

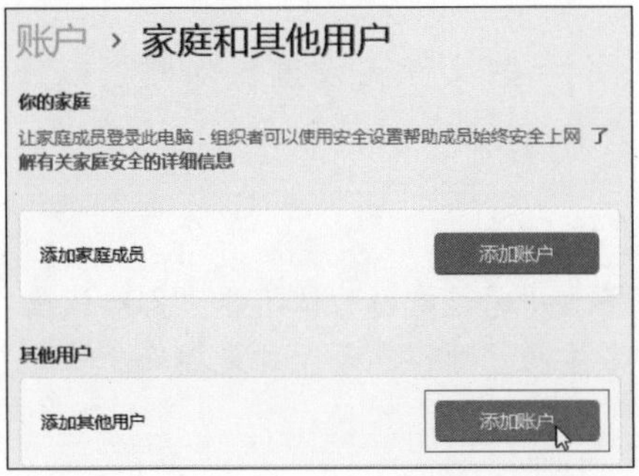

**STEP 04** 在弹出的“Microsoft 账户”界面中，单击“我没有这个人的登录信息”链接，如图 6-8 所示。

图 6-7

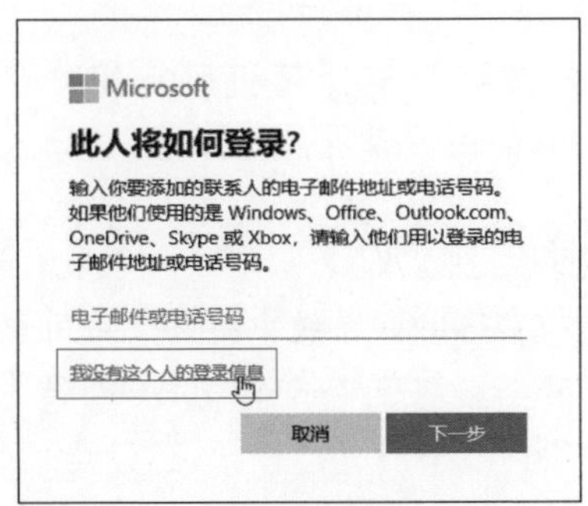


图 6-8

## 拓展知识 添加微软账户

在图 6-8 的向导界面中，可以输入电子邮件账户，接下来会显示在该账户首次登录时须连接 Internet，单击“完成”按钮，如图 6-9 所示。这样就可以在该账号登录时进行验证，并添加该微软账户，和安装系统时的操作类似。返回后可以看到该账户，如图 6-10 所示。以下介绍的是创建本地账户的方法。

图 6-9

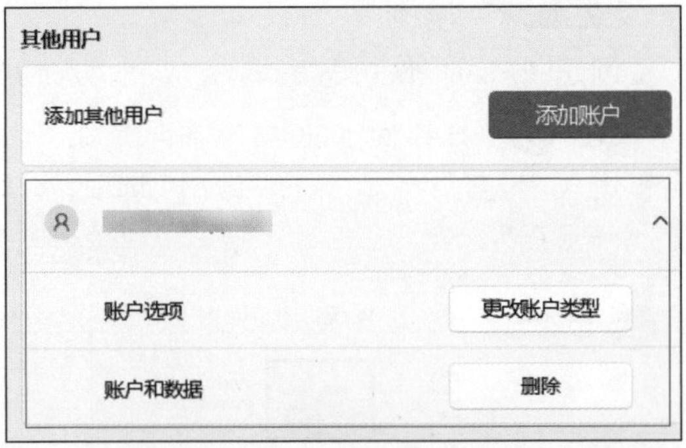

图 6-10

**STEP 05** 接着弹出“创建和账户”界面，这里可以创建账户，也可以通过电话或者获取电子邮件地址，这里添加本地账户，所以单击“添加一个没有 Microsoft 账户的用户”链接，如图 6-11 所示。

**STEP 06** 接下来设置本地账户名和密码，并设置安全问题和答案，完成后单击“下一步”按钮，如图 6-12 所示。

图 6-11

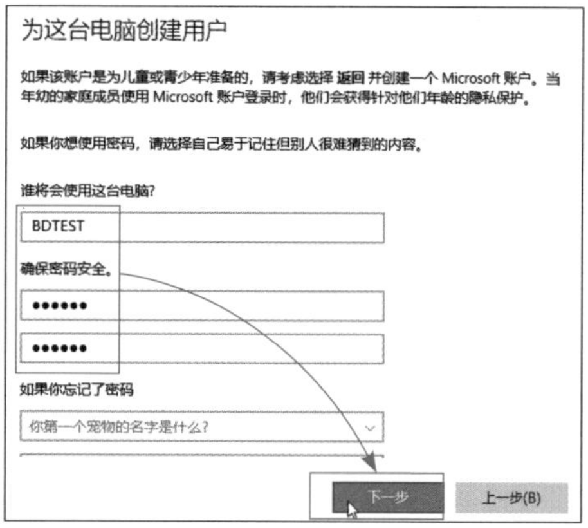

图 6-12

**〈 拓展知识 〉 可选的密码**

用户可以只创建用户账户不设置密码，这样在登录系统时就可以实现自动登录了。

**STEP 07**　完成后在“其他用户”中可以看到该用户的信息，如图 6-13 所示。

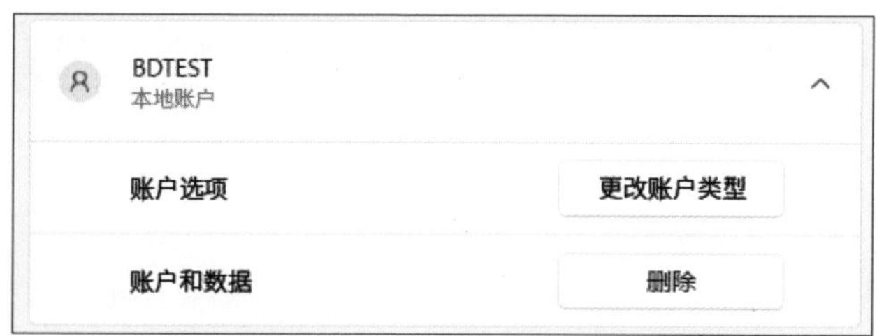


图 6-13

## 6.2.2 创建家庭账户

家庭账户主要针对家庭中的未成年人或者需要被控制使用电脑的人所创建的特别的账户，可以帮助他们安全地使用电脑和上网，下面介绍创建的方法。

**STEP 01**　在“家庭和其他用户”界面的“添加家庭成员”后，单击“添加账户”按钮，如图 6-14 所示。

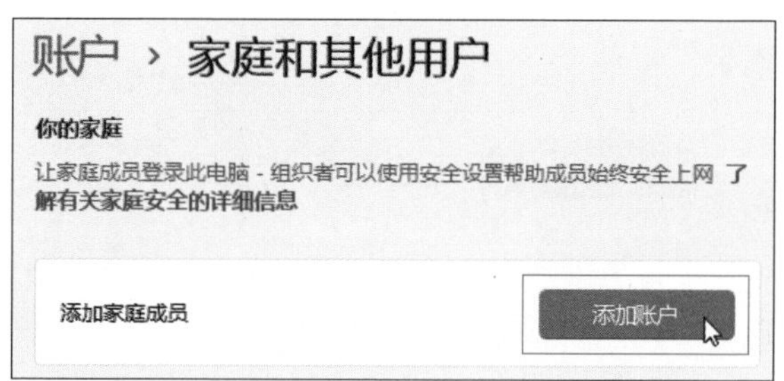


图 6-14

STEP 02 在“Microsoft 账户”配置界面中，输入家庭成员的 Microsoft 电子邮件地址，单击“下一步”按钮，如图 6-15 所示。如果没有 Microsoft 账户，可以单击“为子级创建一个”链接来创建一个。

STEP 03 选择角色，这里单击“成员”按钮，单击“邀请”按钮，如图 6-16 所示。

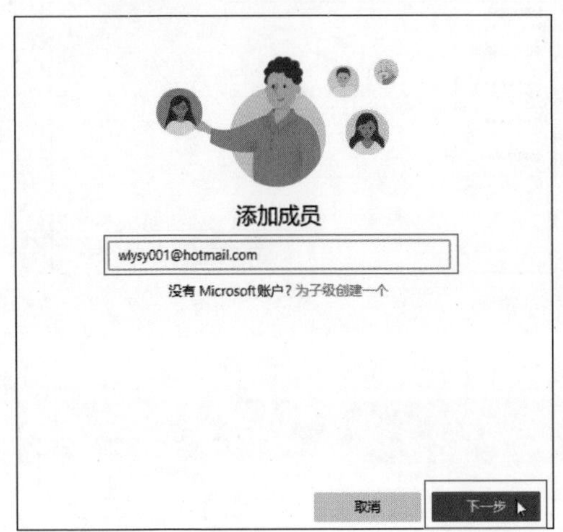

添加成员
wlysy001@hotmail.com
没有 Microsoft 账户？为子级创建一个
取消
下一步

图 6-15

他们应具有什么角色?
wlysy001@hotmail.com
组织者
可编辑家庭和安全设置
成员
可根据年龄编辑其设置
后退
邀请

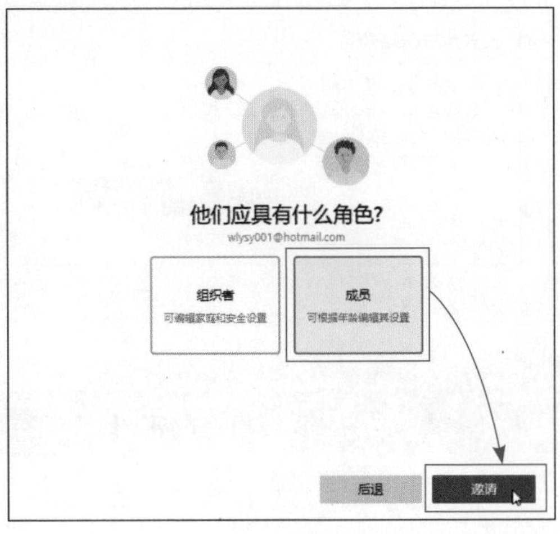

图 6-16

STEP 04 在家庭成员中，会出现该用户，如图 6-17 所示，并等待该用户登录。

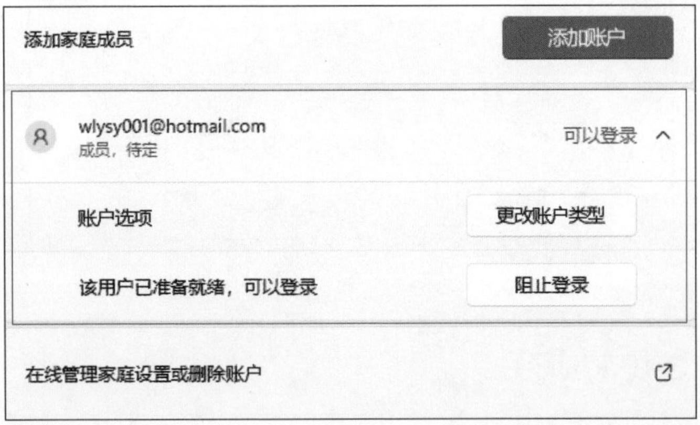

添加家庭成员
添加账户
wlysy001@hotmail.com
成员，待定
可以登录
账户选项
更改账户类型
该用户已准备就绪，可以登录
阻止登录
在线管理家庭设置或删除账户

图 6-17

## 上手体验 更改账户类型

扫一扫 看视频

创建的账户默认属于标准用户，要更改其账户类型，可以按照下面的方法进行。

STEP 01 在“家庭和其他用户”界面中，找到并展开刚才创建的“BDTEST”账户，展开其选项后，单击“更改账户类型”按钮，如图 6-18 所示。

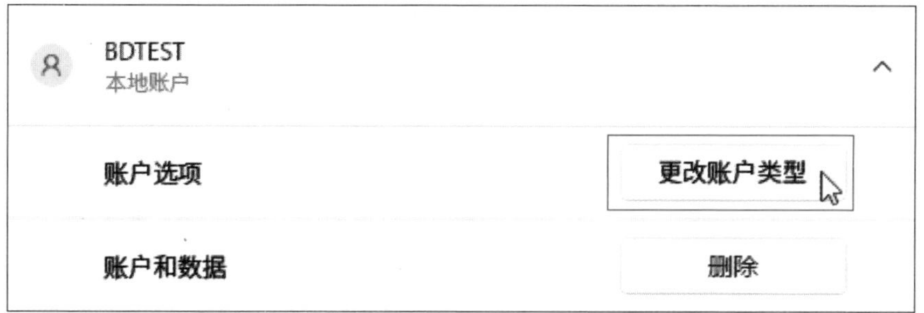


图 6-18

STEP 02　用户类型默认为"标准用户"，用户可以单击其下拉按钮，选择"管理员"选项，如图 6-19 所示。

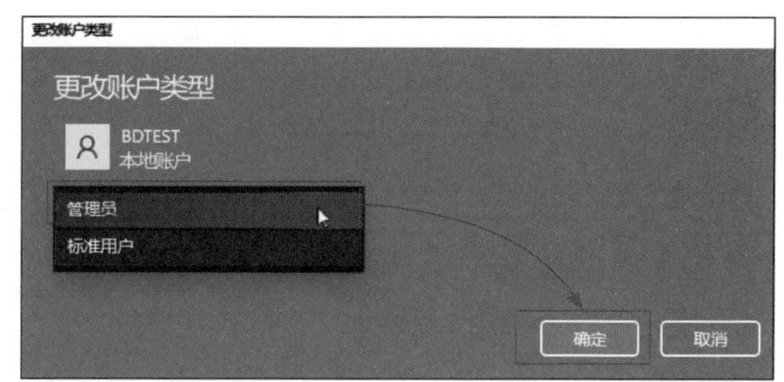


图 6-19

确定后，可以发现该用户下方的描述变成了"管理员 - 本地账户"，如图 6-20 所示。

图 6-20

## 6.2.3 切换登录账户

将当前登录的用户切换成其他账户登录的方法有很多，下面介绍一些常见的切换。

（1）切换为本地账户

要切换用户，可以单击"Win"键，在"开始屏幕"中单击当前用户头像，则刚才创建的其他用户都会出现在列表中，可以选择"BDTEST"选项，如图 6-21 所示。稍等片刻，弹出"BDTEST"的登录界面，输入密码后，单击"提交"按钮，如图 6-22 所示。

系统会弹出该账户的设置向导，根据提示选择合适的参数即可，最后单击“接受”按钮，如图 6-23 所示。完成后弹出桌面环境，可以看到和用户第一次进入的 Windows 11 类似，如图 6-24 所示，接下来就可以正常使用系统了。

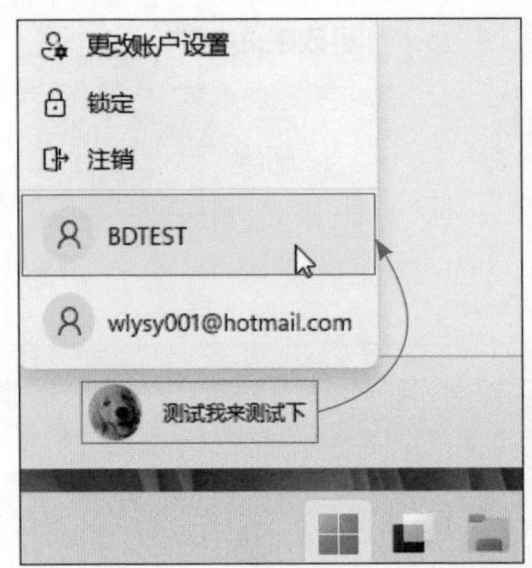


图 6-21

图 6-22

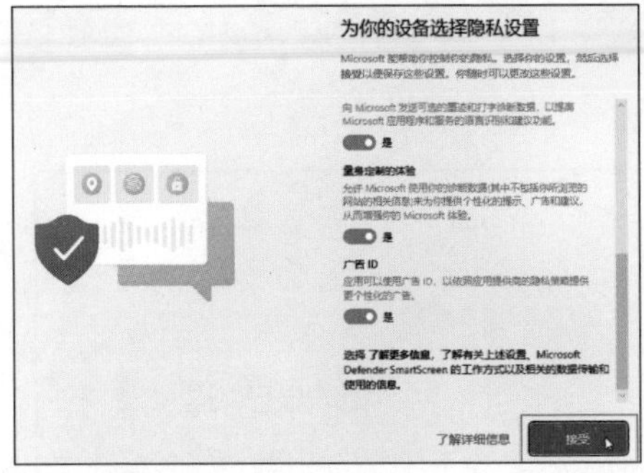


图 6-23

图 6-24

## 〈 拓展知识 〉 登录变慢的原因

因为切换了用户，Windows 需要为新用户准备各种环境，并针对该用户的类型配置不同的权限和其他参数以及桌面环境，所以第一次登录会较慢，下次登录就变快很多。

### (2) 切换为微软账户

切换为微软账户并且第一次登录时一定要联网。在图 6-21 中选择刚才新建的微软账户，单击“登录”按钮，如图 6-25 所示。接着系统会连接到微软服务器，并弹出验证界面，输入该微软账户的密码，单击“下一页”按钮，如图 6-26 所示。

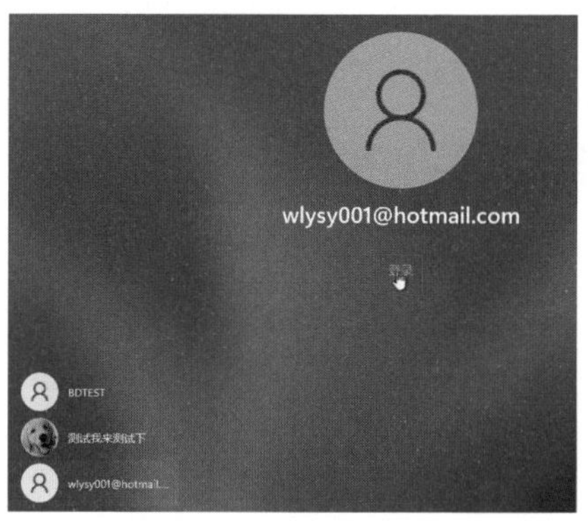


图 6-25

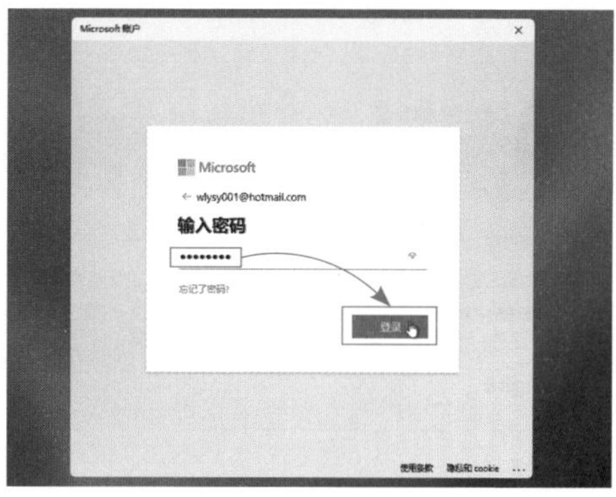


图 6-26

接下来和安装操作系统时使用微软账户一样，勾选“包括字母和符号”复选框，然后创建本地 PIN，也就是离线登录密码，如图 6-27 所示。

接着系统会准备用户环境，稍等片刻也会进入隐私设置，最后进入桌面环境中。

**专业术语　切换用户与注销账户**

上面介绍的方法是切换用户，所有用户都是登录状态，如图 6-28 所示，可以快速在多个账户间切换。但建议用户先注销当前登录的账户，然后选择其他需要登录的账户登录。否则会影响关机速度，没有注销的账户会占用部分系统资源。

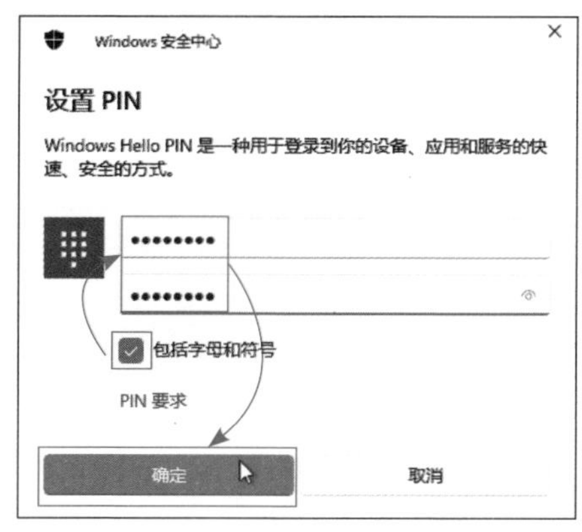


图 6-27

图 6-28

（3）单用户切换为本地账户

如果电脑只有一个人使用，先使用微软账号登录，现在想用本地账号登录，并且注销掉微软登录，可以按照下面的方法设置。

STEP 01　进入账号设置界面中，选择“账户信息”选项，如图 6-29 所示。

STEP 02　单击“改用本地账户登录”链接，如图 6-30 所示。

图 6-29

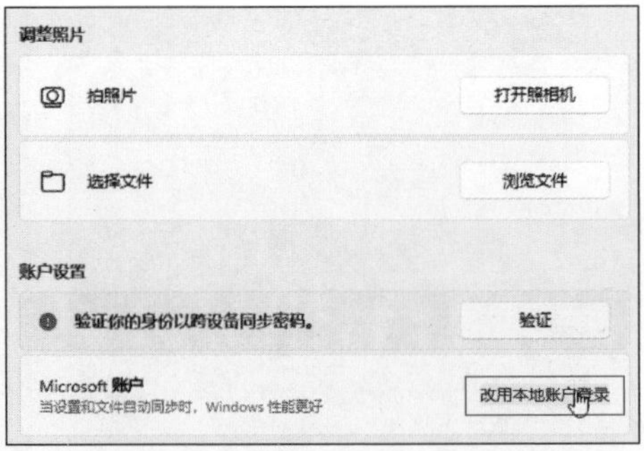

图 6-30

STEP 03 在弹出的界面中，确认信息后，单击“下一页”按钮，如图 6-31 所示。

STEP 04 输入PIN码，单击“确定”按钮，如图 6-32 所示，以便验证用户账户。

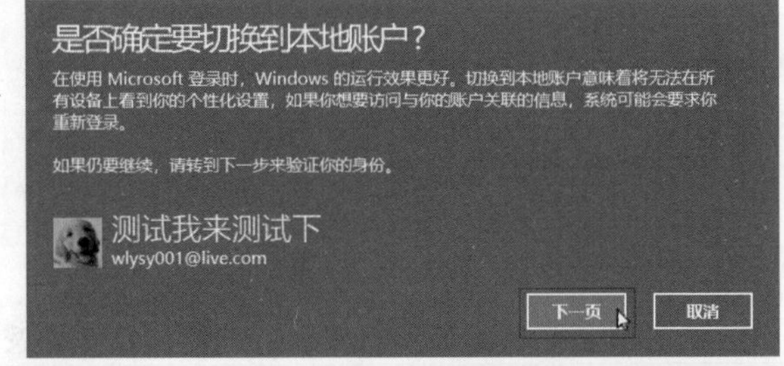


图 6-31

STEP 05 接着创建一个新用户，输入用户名及密码还有密码提示，单击“下一页”按钮，如图 6-33 所示。

STEP 06 保存好正在进行的工作后，单击“注销并完成”按钮，如图 6-34 所示。

STEP 07 接下来电脑注销当前的微软账户，并启动刚才创建的本地账户。完成后进入欢迎界面，登录后可以看到本地账户的界面，如图 6-35 所示。

图 6-32

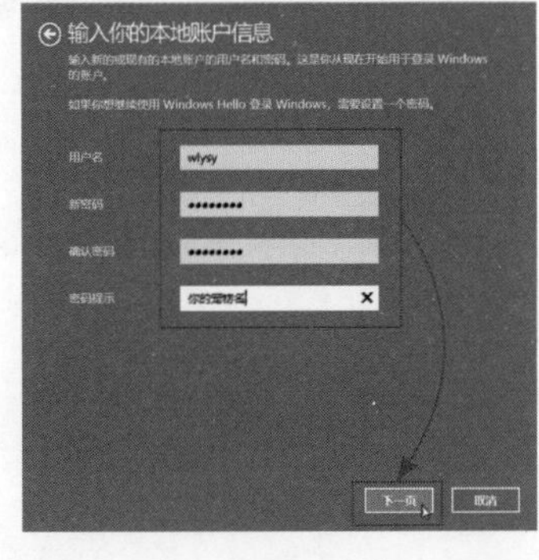


图 6-33

图 6-34

图 6-35

## 拓展知识 切换的原理

从微软账户切换到本地账户时，会进行账号合并，将所有的配置、环境、桌面文件等都转移到了刚才新建的本地账户中，所以并不需要新建用户环境。反过来的话，本地账户的设置会合并到微软账号中。

### 上手体验 单用户切换为微软账户

扫一扫 看视频

上面介绍了从微软账户切换到微软账户，下面介绍由本地账户切换到微软账户的步骤。

STEP 01 从“账户”进入“账户信息”界面中，单击“改用 Microsoft 账户登录”链接，如图 6-36 所示。

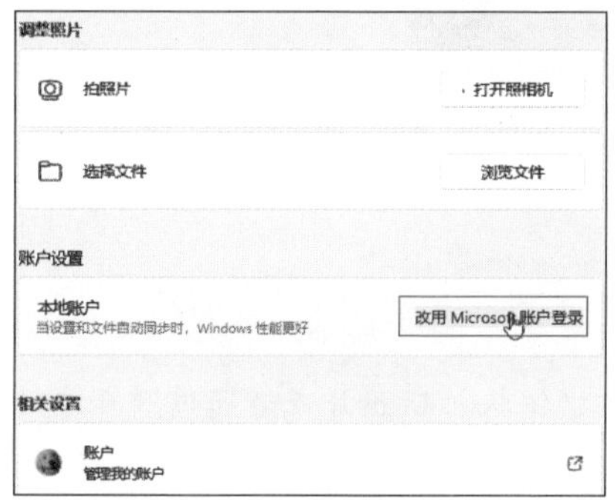


图 6-36

STEP 02 在弹出的登录向导中，输入微软账号，单击“下一步”按钮，如图 6-37 所示。

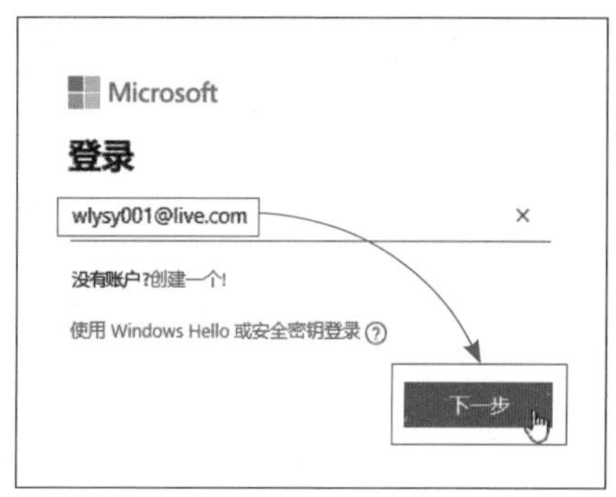


图 6-37

STEP 03 输入微软账号的密码后单击“登录”按钮，如图 6-38 所示。

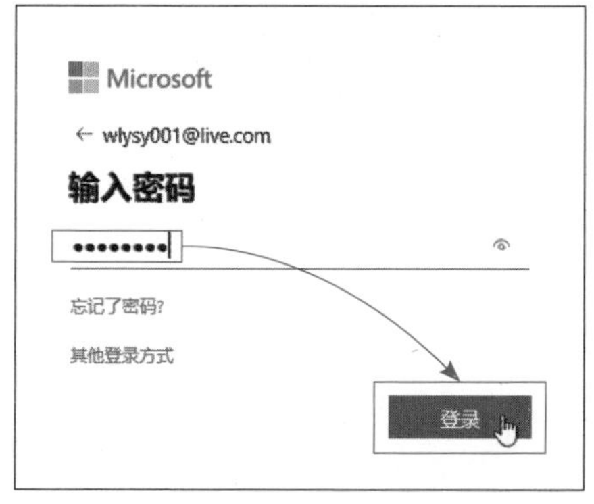


图 6-38

STEP 04 输入当前账户的密码，单击“下一步”按钮，如图 6-39 所示。

图 6-39

STEP 05 单击下一步按钮，如图 6-40 所示。

STEP 06 输入 PIN 码进行身份验证，单击“确定”按钮，如图 6-41 所示。到此完成了账号的切换，如图 6-42 所示。

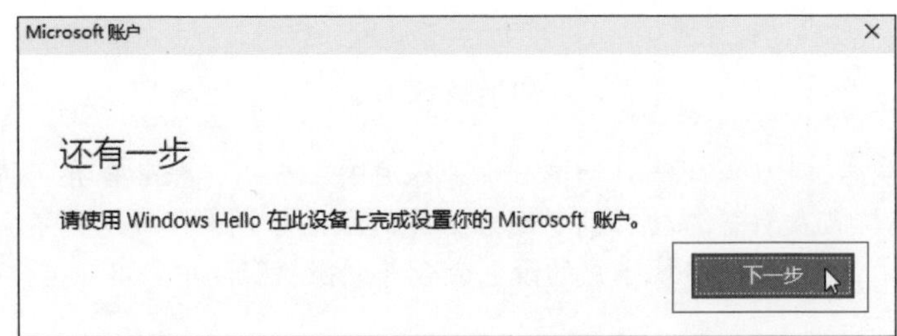


图 6-40

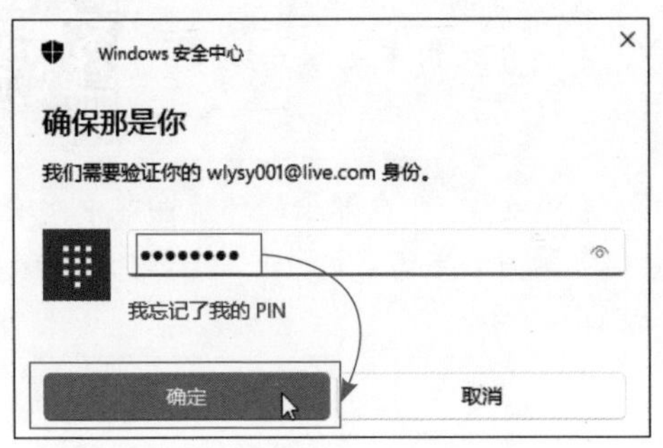


图 6-41

图 6-42

**拓展知识 更换账户头像**

用户可以进入“账户信息”界面中，通过摄像机拍摄照片或者通过选择本地文件的方式更换头像，如图 6-43 所示。

图 6-43

### 6.2.4 修改账户的登录 PIN 码及密码

账户在设置了 PIN 码或者登录密码后，可以在系统中更改。

（1）PIN 码的更改

PIN 码的更改和密码的更改其实是同样的道理，首先介绍更改 PIN 码的步骤。

STEP 01　在“账户”界面中，选择“登录选项”选项，如图 6-44 所示。

图 6-44

STEP 02　在“登录方式”中，单击“PIN”下拉按钮，并单击“更改 PIN”按钮，如图 6-45 所示。

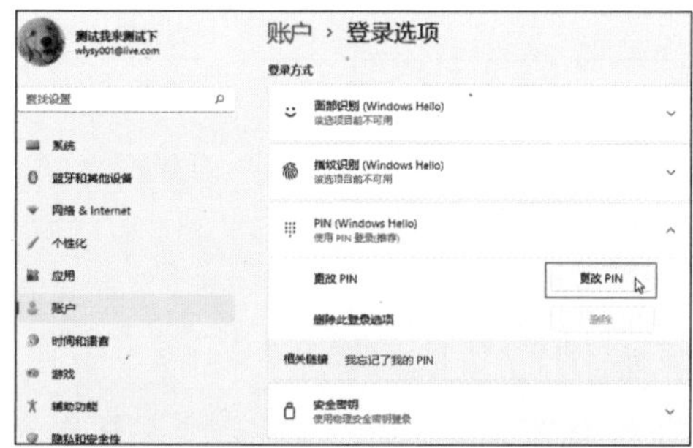


图 6-45

STEP 03　勾选“包括字母和符号”复选框，输入初始的 PIN 码，以及新的 PIN 码，单击“确定”按钮，完成 PIN 码的修改，如图 6-46 所示。

## 拓展知识　其他登录方式

“面部识别”和“指纹识别”需要用户设备上带有支持 Windows Hello 的摄像头或指纹识别器，就可以启动这两项功能，如图 6-47 所示。“安全密钥”需要用户使用 U 盘来创建，在登录时插入 U 盘，就像插入钥匙一样，来解锁并登录电脑。

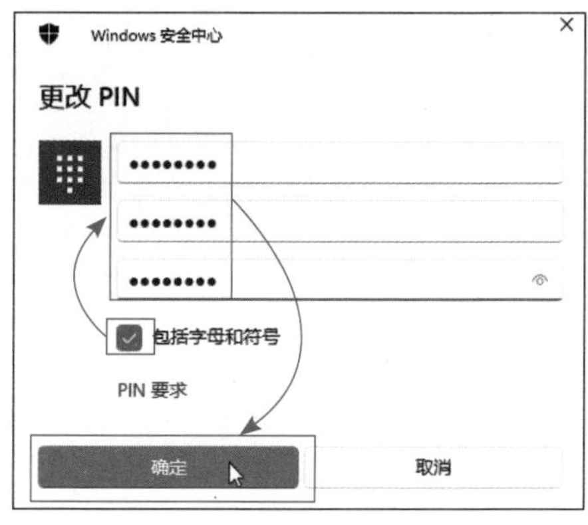


图 6-46

图 6-47

### （2）密码的修改

本地账户如果设置了密码，也可以修改本地账户的密码。

**STEP 01** 登录该账户，并进入“登录选项”界面中，可以看到此时出现“密码”选项，单击下拉按钮后，单击“更改”按钮，如图 6-48 所示。

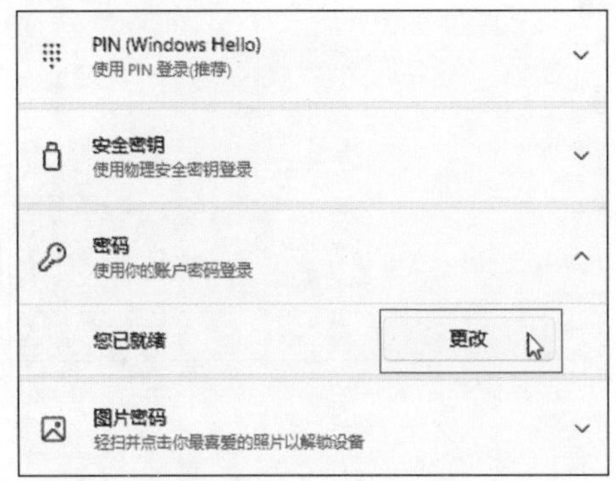


图 6-48

**STEP 02** 输入当前账号的登录密码，单击“下一页”按钮，如图 6-49 所示。

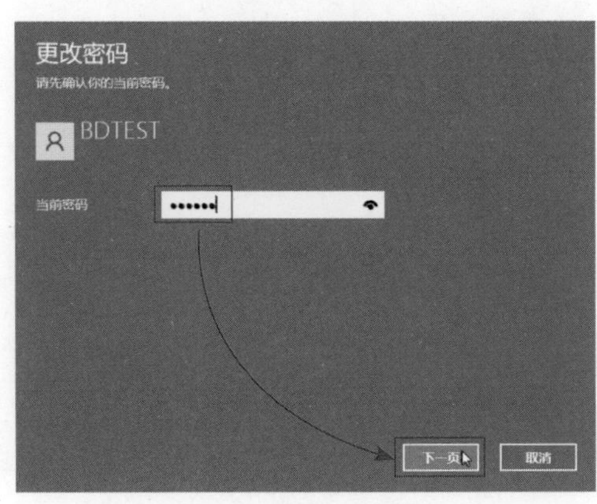


图 6-49

**STEP 03** 输入新密码以及密码提示后，单击“下一页”按钮，如图 6-50 所示。

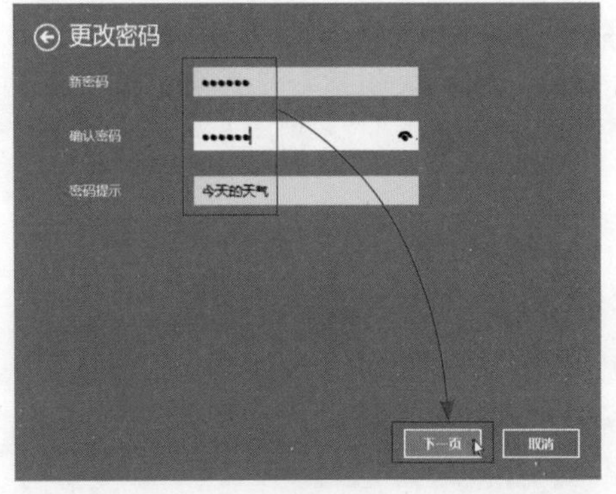


图 6-50

**STEP 04** 完成密码更改，单击“完成”按钮，下次登录可以使用新密码登录了。如图 6-51 所示。

图 6-51

**〈 拓展知识 〉 不设置密码**

如果不设置密码，在开机时单击该账号头像就可以登录。如果只有该账号，就可以自动登录了。

## 6.2.5 阻止及删除用户账户

如果不允许家庭中的某账户登录，可以使用“阻止”功能阻止微软账户登录，如果不需要本地账户，可以通过“删除”功能将该账户删除掉。

### （1）阻止微软账户登录

阻止后账户将不能登录电脑，也可以设置再允许登录。

**STEP 01** 进入“账户—家庭和其他用户”界面中，可以查看到当前系统中关联的微软账户，单击需要阻止账户下拉按钮，单击“阻止登录”按钮，如图 6-52 所示。

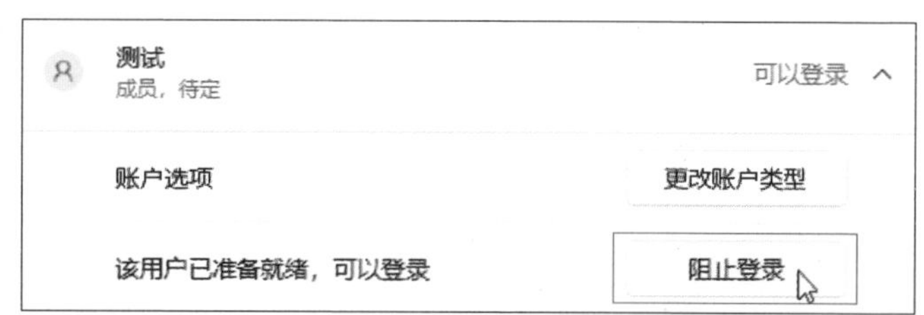


图 6-52

**STEP 02** 系统弹出“阻止”对话框，单击“阻止”按钮，如图 6-53 所示。

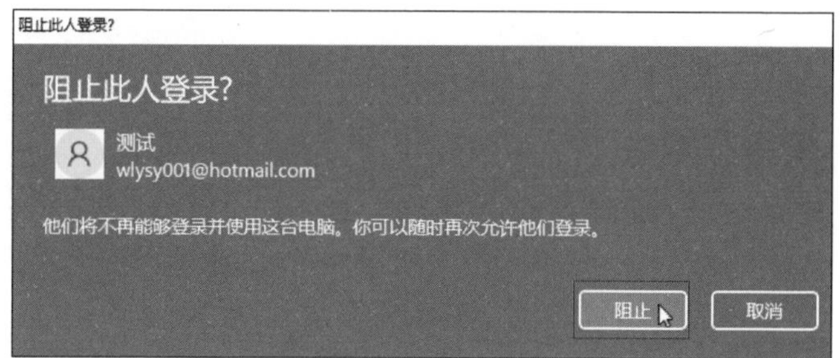


图 6-53

该用户就无法登录系统了，如果要再次允许其登录，单击“允许登录”按钮，如图 6-54 所示。

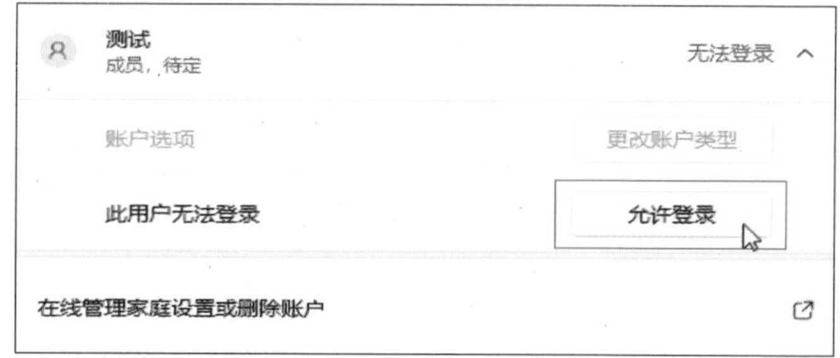


图 6-54

在欢迎界面已经看不到该用户的账号了，如图 6-55 所示。

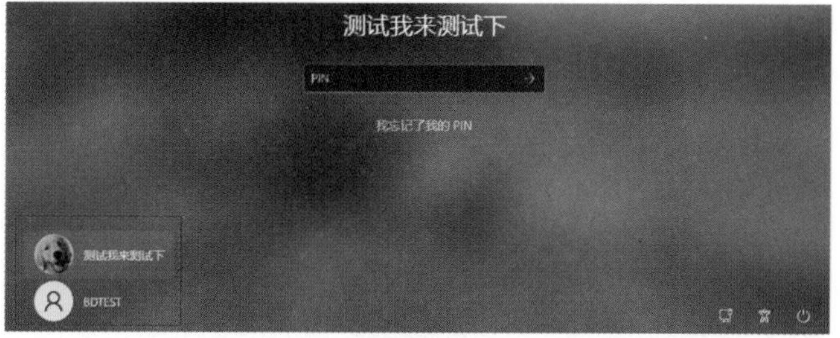


图 6-55

**〈 拓展知识 〉 删除家庭成员的微软账户**

要删除家庭成员添加的微软账户，需要在图 6-54 中单击“在线管理家庭设置或删除账户”后的“转到”按钮，在浏览器中进行操作。

（2）删除本地用户账户

删除本地账户的方法比较简单，同样在“账户—家庭和其他用户”界面中，展开“其他用户”中账户的下拉按钮，并单击“删除”按钮，如图 6-56 所示。

在弹出的确认对话框中，单击“删除账户和数据”按钮，如图 6-57 所示，稍等就完成了删除。

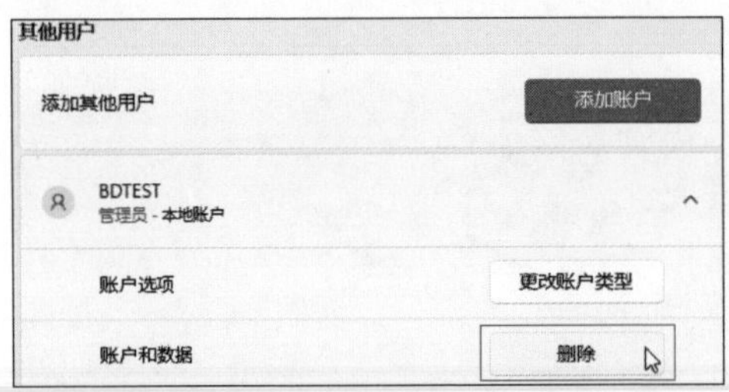


图 6-56

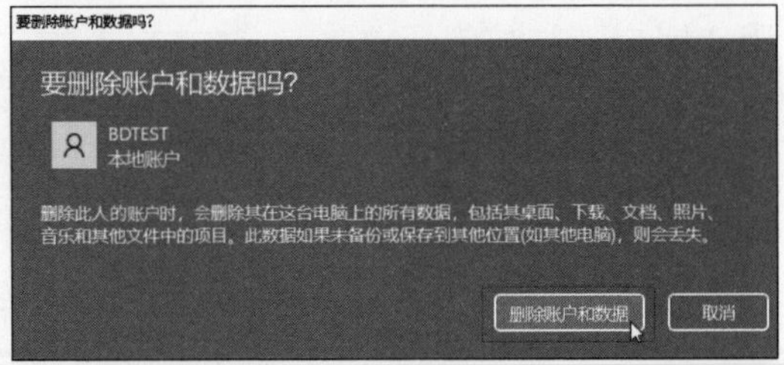


图 6-57

**上手体验** 删除微软账号登录的账户

扫一扫　看视频

在“其他用户”中，通过微软账号创建的账户的删除步骤和本地账户的删除方法一致，单击需要删除的“微软账户”右侧的下拉按钮，单击“删除”按钮，如图 6-58 所示，因为不是家庭成员账户，所以这里就不能阻止登录。

图 6-58

## 6.2.6 管理账户同步功能

微软账户可以将当前设备的信息、应用、偏好同步到微软账户中，以后如果更换设备或者重装系统后，可以通过同步功能同步系统个性化设置、偏好、微软商店的应用以及 OneDrive 文件夹中的内容。

### OneDrive

**OneDrive 是微软面向个人用户推出的云存储服务工具，作用类似于百度网盘，但功能更多。它支持 PC 端、移动端和网页端，用户可以使用它跨平台存储或同步设备数据。**

STEP 01　从“账户”界面选择“Windows 备份”选项，如图 6-59 所示。

STEP 02　在打开的界面中，可以打开或关闭账号记录应用或偏好的内容，如图 6-60 所示。

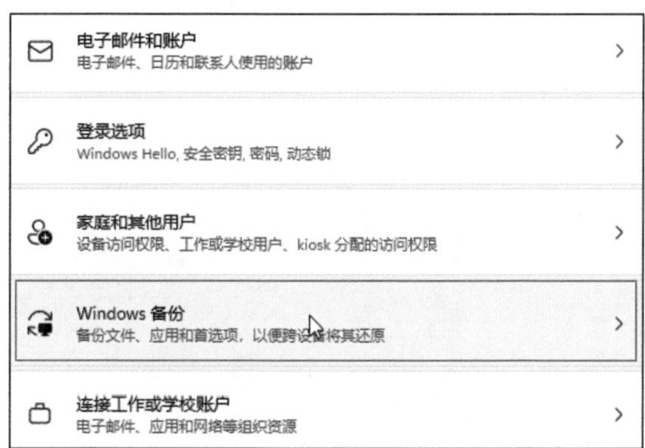


图 6-59

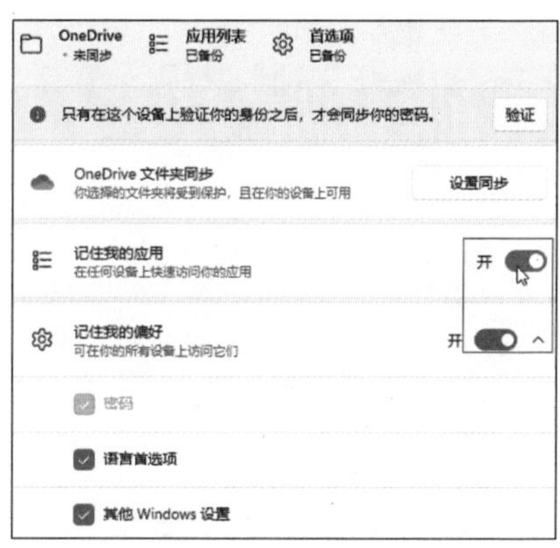


图 6-60

STEP 03　单击“OneDrive”后的“设置同步”后，可以选择需要同步的文件夹内容，单击“开始备份”按钮，启动备份如图 6-61 所示。

STEP 04　进行身份验证后，可以同步密码，如图 6-62 所示。

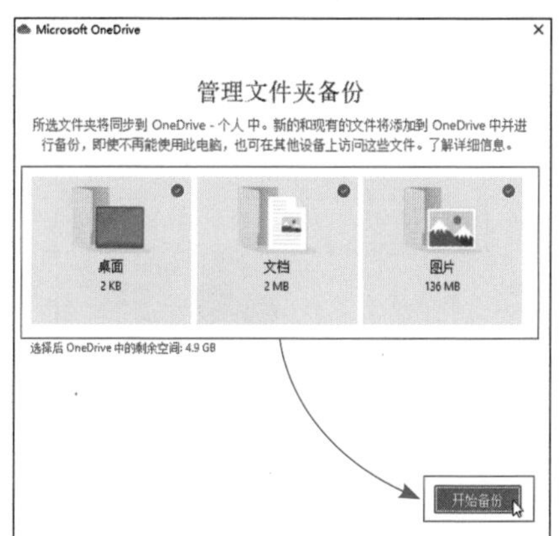

图 6-61

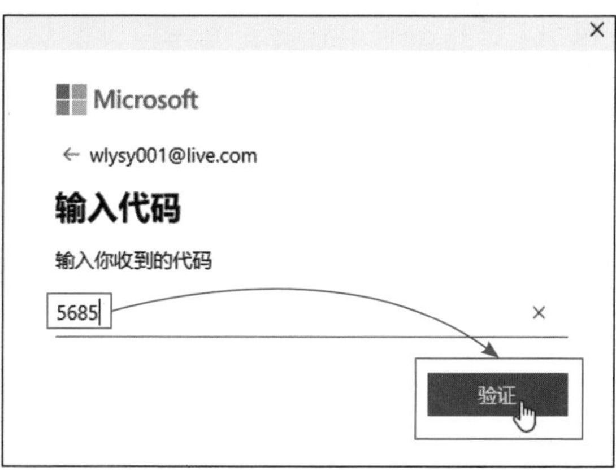


图 6-62

# 6.3 通过“用户账户”管理用户账户

如果不习惯在 Windows 11 的新界面管理用户，也可以使用“控制面板”的“用户账户”来管理。

## 6.3.1 启动“用户账户”功能

打开“控制面板”的“用户账户”可以按照下面的步骤进行。

**STEP 01** 单击“Win”键进入“开始屏幕”，搜索“控制面板”，单击“打开”按钮，如图 6-63 所示。

**STEP 02** 单击“类别”下拉按钮，选择“大图标”选项，如图 6-64 所示。

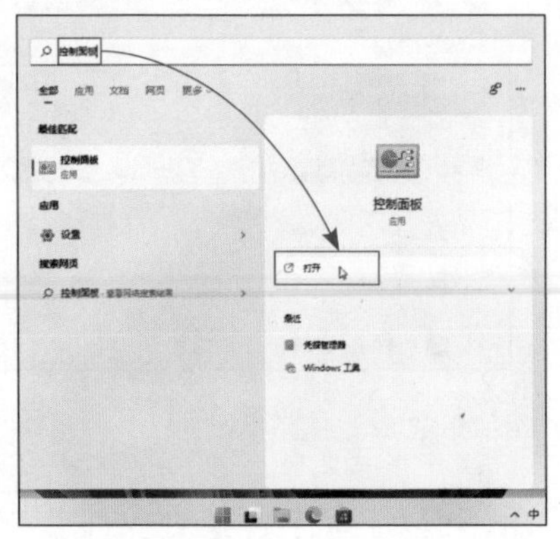

图 6-63

图 6-64

**STEP 03** 找到并单击“用户账户”，如图 6-65 所示，接下来就进入了经典的“用户账户管理界面”，如图 6-66 所示。

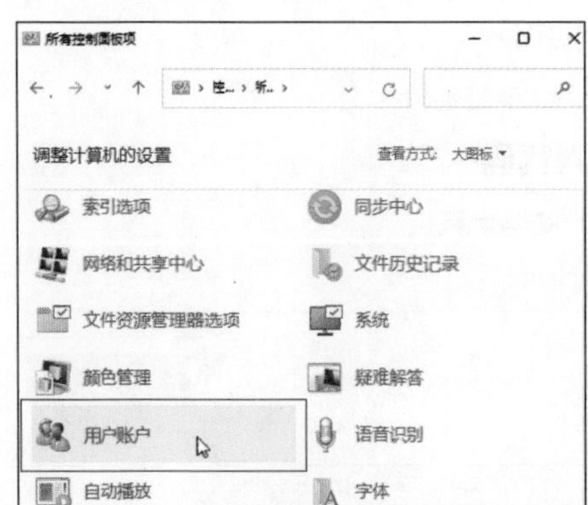


图 6-65

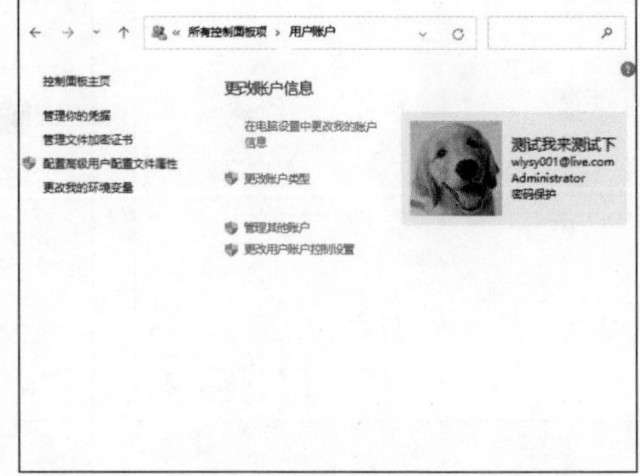


图 6-66

## 6.3.2 通过“用户账户”对账户进行管理

通过“用户账户”可以实现以下账户管理功能。

### （1）更改账户类型

在账户的主界面中，单击“更改账户类型”链接，进入功能界面，选择“标准”后，单击“更改账户类型”就可以将当前的“管理员”账户更改为“标准”账户了，如图 6-67 所示。

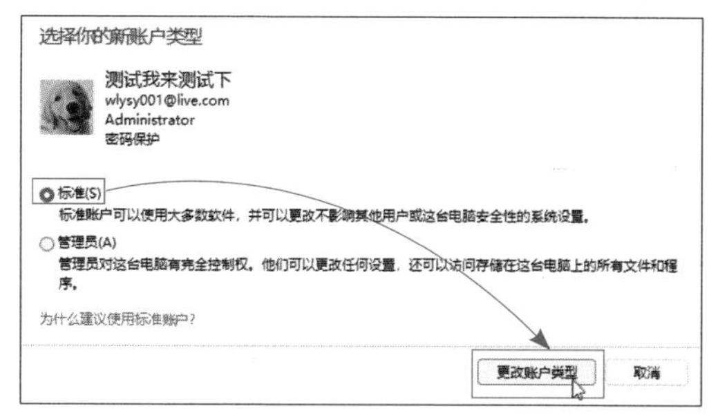


图 6-67

### （2）修改用户账户控制

在用户进行操作并需要管理员权限的时候，会弹出“用户账户控制”界面，以提示用户以下的操作存在风险，需要确认授权，如图 6-68 所示，如果用户不需要这种警告，可以将该功能在这里关闭。在图 6-66 中，单击“更改用户账户控制设置”链接，在弹出的设置界面中将滑块拖动到底部的“从不通知”中，单击“确定”按钮，如图 6-69 所示。

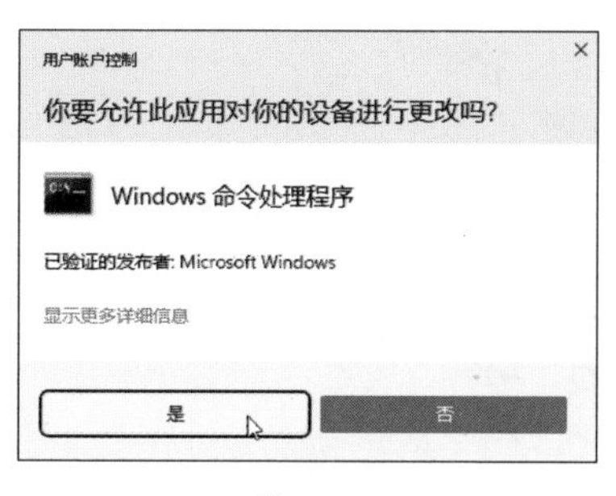


图 6-68

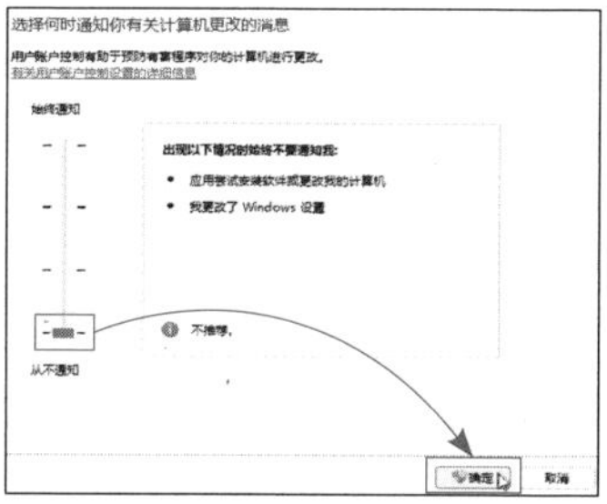

图 6-69

### （3）本地账户的管理

本地账户的管理包括了修改账户名称、修改密码、修改账户类型和删除账户。

**STEP 01** 单击“管理其他账户”链接，如图 6-70 所示。

**STEP 02** 在弹出的界面中，可以查看到所有可以登录系统的账户，单击“BDTEST”本地账户，如图 6-71 所示。

图 6-70

图 6-71

**STEP 03** 在该用户的界面中，可以查看到操作内容，如图6-72所示。

图 6-72

①更改账户名称　更改账户名称仅限于本地账户，单击“更改账户名称”链接，输入新名称，单击“更改名称”按钮，完成名称的更改，如图6-73所示。

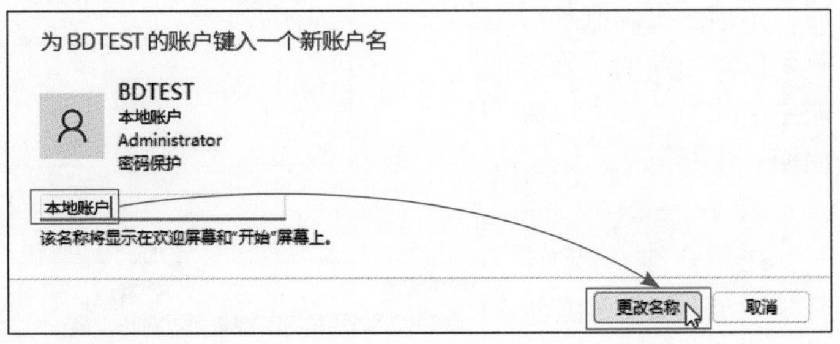


图 6-73

②更改密码　单击“更改密码”链接，可以进入修改密码的界面中，为该用户设置新密码和密码提示，单击“更改密码”按钮，如图6-74所示。

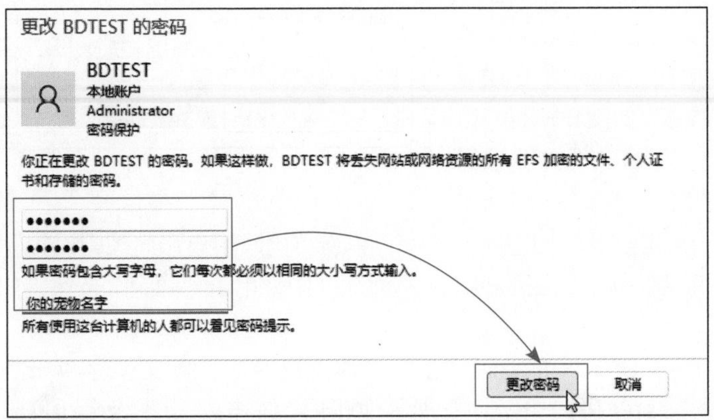


图 6-74

③更改账户类型　单击“更改账户类型”链接后，可以在弹出的窗口中更改账户的类型，操作前面已经介绍了。

④删除账户　单击“删除账户”链接后，会让管理员选择在删除该账户后是否保存该用户的文件，如图6-75所示，单击“删除文件”按钮。

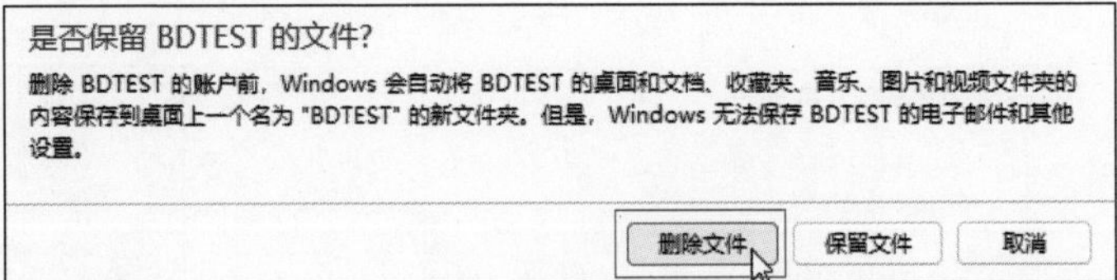


图 6-75

**< 拓展知识 >　微软账户的设置选项**

如果对微软账户进行管理，可以进入该用户的管理界面，可以看到选项就少很多，只有“更改账户类型”和“删除账户”选项。如图 6-76 所示。

图 6-76

## 6.4 通过 Netplwiz 管理用户账户

Netplwiz 全称为 Net Person Login Wizard（网络用户登录向导），使用该工具可以非常方便地管理账户。

### 6.4.1 打开 Netplwiz

该功能的管理界面打开方式如下：使用“Win+R”组合键启动“运行”对话框，输入命令“netplwiz”后单击“确定”按钮，如图 6-77 所示

随后系统会打开“用户账户”控制界面，如图 6-78 所示。在“本机用户”列表框中可以查看到当前系统中存在的用户账户信息，包括该账户所在的组。

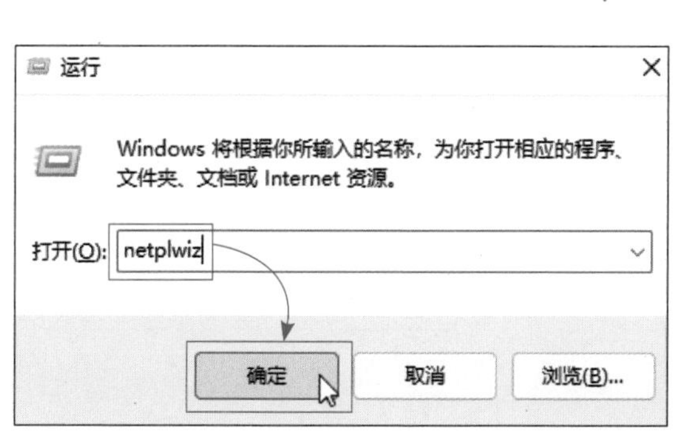


图 6-77

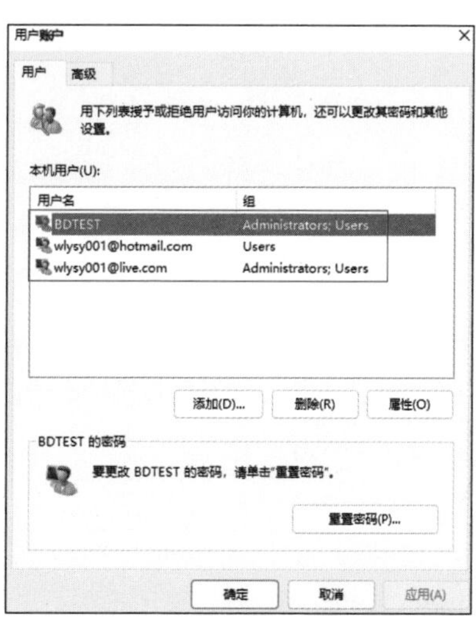


图 6-78

### 6.4.2 对账户进行各种管理

在该界面中，可以对账户进行各种管理操作。

（1）添加删除用户

单击“本机用户”列表下方的“添加”按钮，如图 6-79 所示，可以在弹出的“此用户如何登录”向导中（如图 6-80 所示）输入微软账号，创建用户；单击“注册新电子邮件地址”链接，注册新的微软账户；单击“不使用 Microsoft 账户登录”链接，可以创建本地账户。

选中用户后，可以单击“删除”按钮删除该用户，需要注意的是正在登录的账户不能删除，需要先切换到其他管理员账户中。

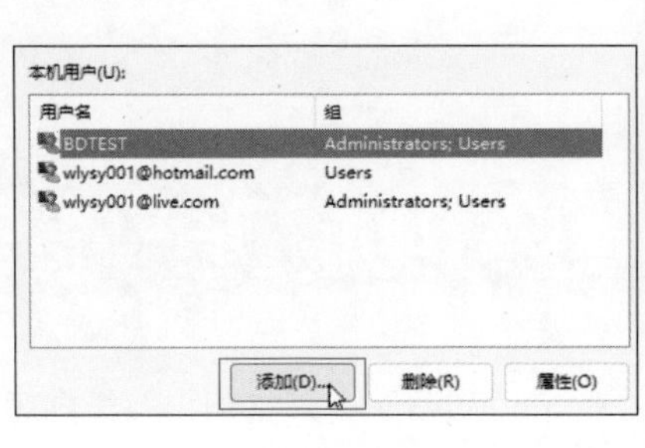


图 6-79

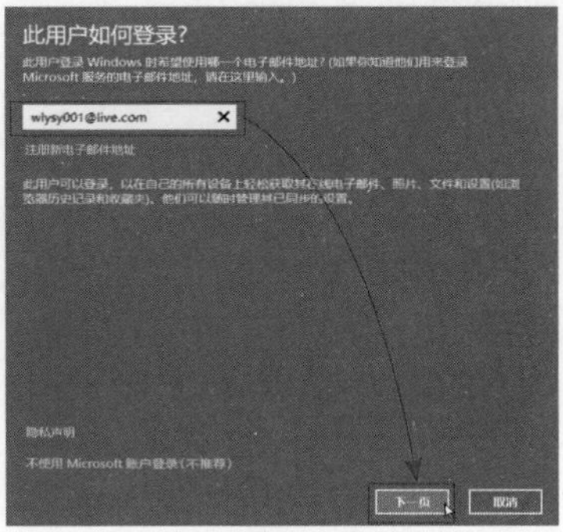

图 6-80

（2）重置密码

重置密码只能针对本地账户，选中后，在界面下方单击“重置密码”按钮，如图 6-81，会弹出输入密码窗口，不需要知道原密码就直接可以设置新密码，如图 6-82 所示。

图 6-81

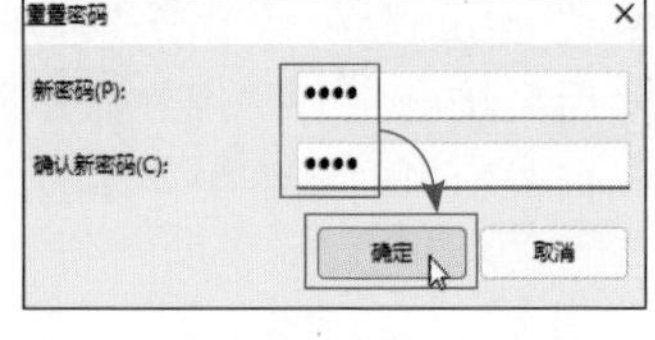


图 6-82

（3）修改账户名

这里可以修改本地账户和微软账户在本机的显示名称，选中某个账户后单击“属性”按钮，如图 6-83 所示，在弹出的界面中可以查看到当前的用户名和全名，如图 6-84 所示。

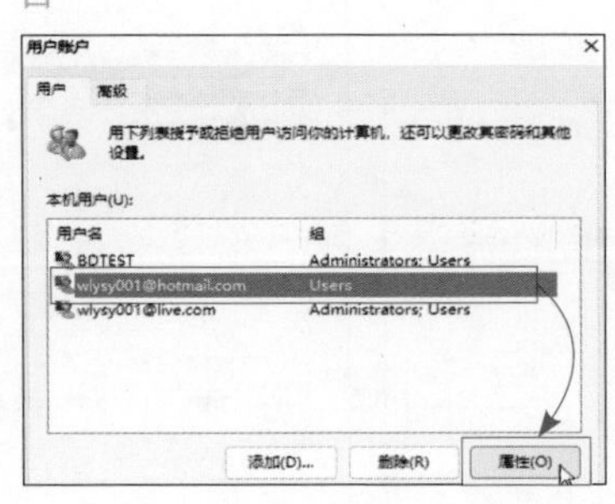


图 6-83

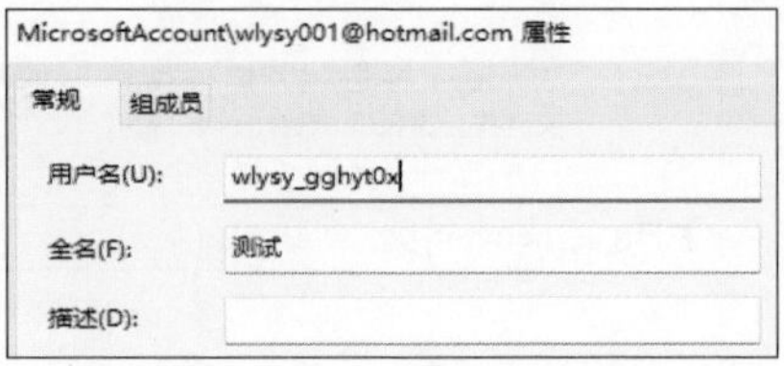

图 6-84

“用户名”是系统内部对该用户的分配的一个名称，是系统识别用户使用的，和系统中的 UID 相对应。而“全名”可以理解成“用户名”的快捷方式，是为了让使用计算机的人可以非常直观地了解该用户的所有者。如果设置了“全名”，则在系统登录界面不会显示“用户名”。

用户可以在该界面修改用户名和全名，如图 6-85 所示，单击“确定”按钮后，修改完毕，在系统欢迎界面中，可以查看到修改效果，如图 6-86 所示。

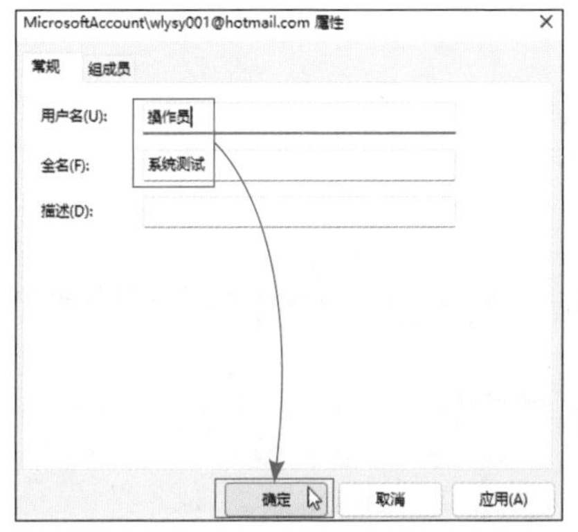


图 6-85

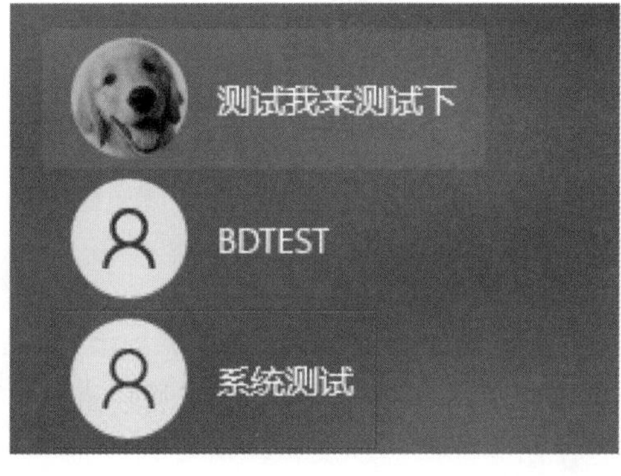


图 6-86

## 上手体验　修改用户所在组

扫一扫　看视频

从用户的“属性”界面中，切换到“组成员”选项卡，单击“管理员”单选按钮，单击“确定”按钮，可以将该用户加入“管理员”组中，如图 6-87 所示。

单击“其他”单选按钮，单击“Users”下拉按钮，可以选择并加入其他系统内置的组中，选择完毕单击“确定”按钮即可，如图 6-88 所示。

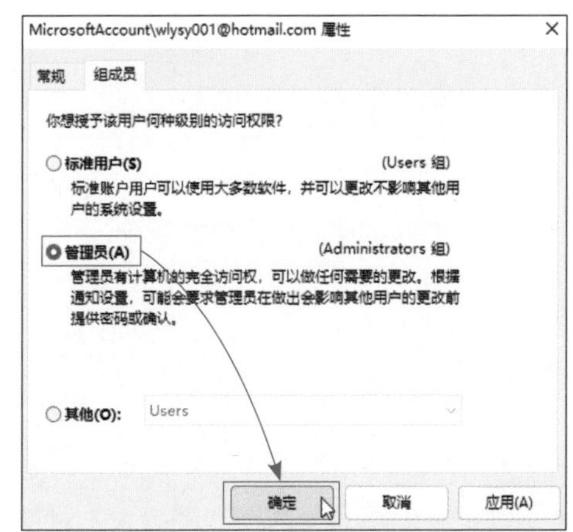


图 6-87

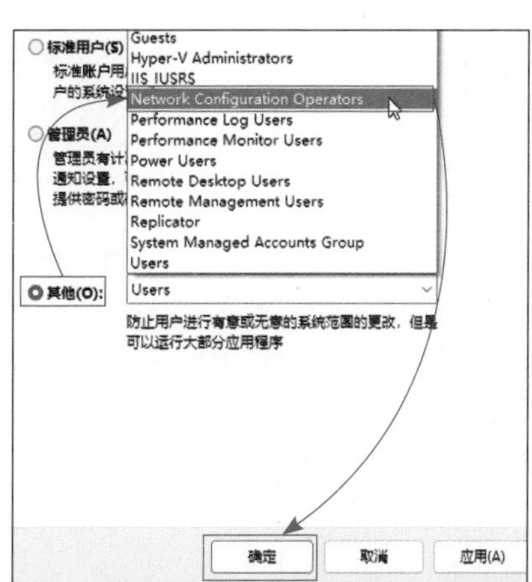


图 6-88

# 6.5 通过“本地用户和组”管理用户账户

“本地用户和组”可以对本地账户进行各种管理操作，而且可以禁用账户。虽然微软账户也可以在其中查看到，但并不是所有针对本地账户的设置都可以操作，如修改密码等。下面介绍“本地账户和组”的使用步骤。

## 6.5.1 查看本地账户

启动“本地账户和组”并查看本地账户信息可以按照下面的步骤进行操作。

**STEP 01** 使用“Win+R”组合键启动“运行”对话框，输入“lusrmgr.msc”，单击“确定”按钮，如图 6-89 所示。

**STEP 02** 在“本地用户和组”界面中，分别单击“用户”和“组”图标，可以查看本机上所有的账户以及组，如果是系统默认的，则会显示其描述信息，如图 6-90 及图 6-91 所示。

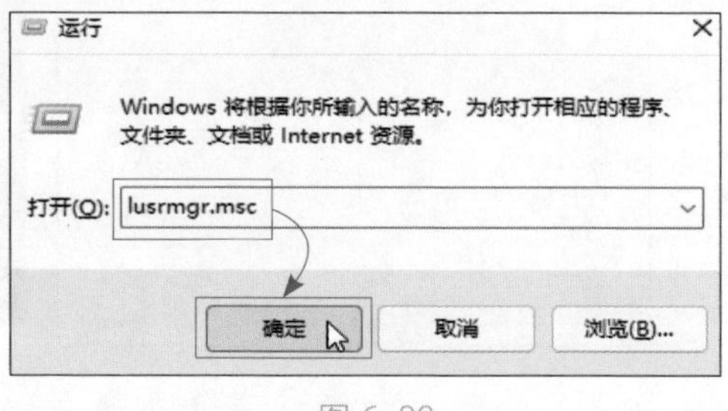


图 6-89

图 6-90

图 6-91

## 6.5.2 在“本地用户和组”中管理用户账户

在“本地用户和组”中管理本地用户账户非常简单方便，而且功能齐全。

（1）新建用户

选择“用户”后，在中间窗格的空白处单击鼠标右键，选择“新用户”选项，如图 6-92 所示，在弹出的界面中，输入新建的本地用户名、全名、密码，取消勾选“用户下次登录时须更改密码”以及“密码永不过期”，单击“创建”按钮，就完成了创建，如图 6-93 所示。

在这里不输入密码则账户可以不使用密码就能登录；“用户下次登录时须更改密码”，可以保护该用户的隐私；默认密码有有效期，到期需更换，勾选了“密码永不过期”系统就不会提醒用户了；“账户已禁用”可以禁用及解禁账户，可以提高系统的安全性。

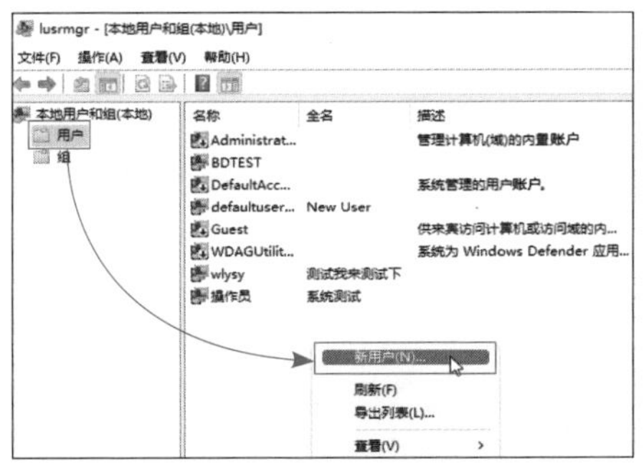
图 6-92

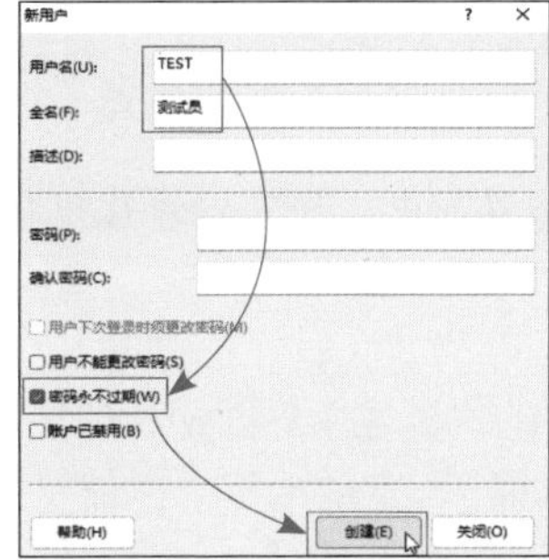
图 6-93

## 〈拓展知识〉创建完毕没有反应

创建完毕后，界面仍会停留在“新用户”界面中。用户单击“关闭”，返回后，就可以查看到创建的用户账户，如图 6-94 所示。

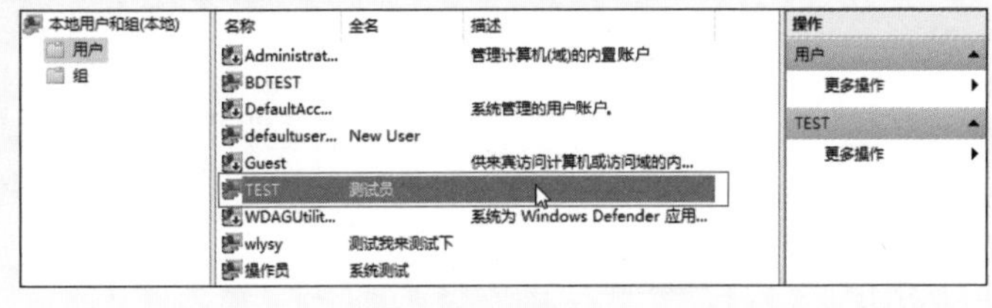
图 6-94

（2）禁用及解禁账户

在默认的界面中，除了用户创建的账户，还可以看到一些默认的系统账户，不过这些账户都被禁用了，无法登录。下面介绍如何禁用及解禁账户的操作。

STEP 01 在“TEST”账户上双击鼠标左键，在打开的“属性”界面中，勾选“此账户已禁用”复选框，单击“确定”按钮，如图 6-95 所示。返回后就可以看到该用户账户图标上有向下箭头，代表该账户被禁用了，如图 6-96 所示。

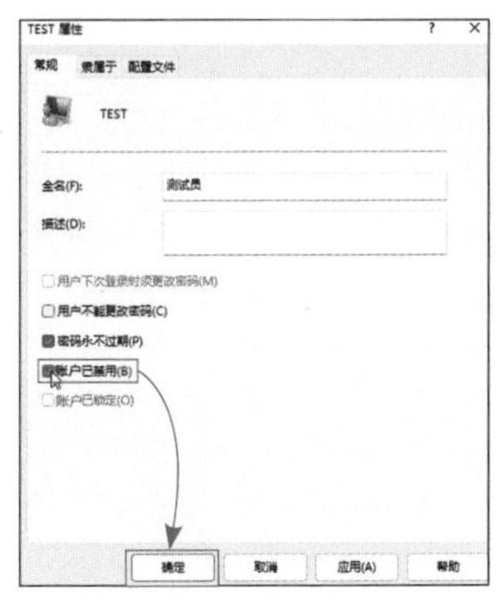
图 6-95

图 6-96

如果要取消禁用状态，可以再次进入该账户的“属性”界面中，取消勾选“此账户已禁用”，确定后就可以取消禁用状态了。

**〈 拓展知识 〉 修改全名**

在该界面中，还可以修改用户的全名。作用和前面介绍的一样。

（3）查看及修改用户所在组

在用户的“属性”界面中，切换到“隶属于”选项卡，可以查看到该用户所在的组，当前用户仅属于“Users”，也就是普通用户组中。如果要将其添加到管理员账户组，可以按照下面的步骤进行。

STEP 01 单击“添加”按钮，如图 6-97 所示。

STEP 02 输入“administrators”，单击“检查名称”按钮，如图 6-98 所示。

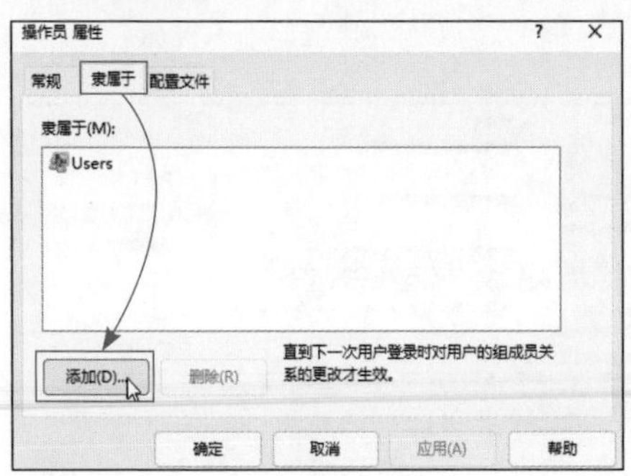


图 6-97

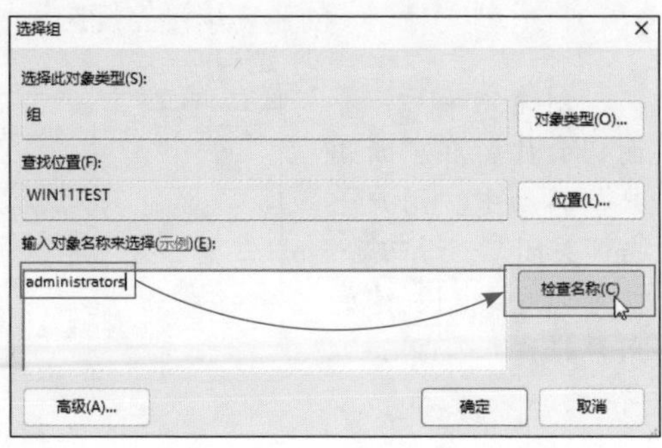


图 6-98

STEP 03 如果没有问题，系统会将组名补全，单击“确定”按钮即可完成组的添加，如图 6-99 所示。

图 6-99

**〈 拓展知识 〉 退出组**

退出某个组，可以在“隶属于”对话框中选择退出的组，单击“删除”按钮，将该组名从用户属于的组中删除掉即可，如图 6-100 所示。

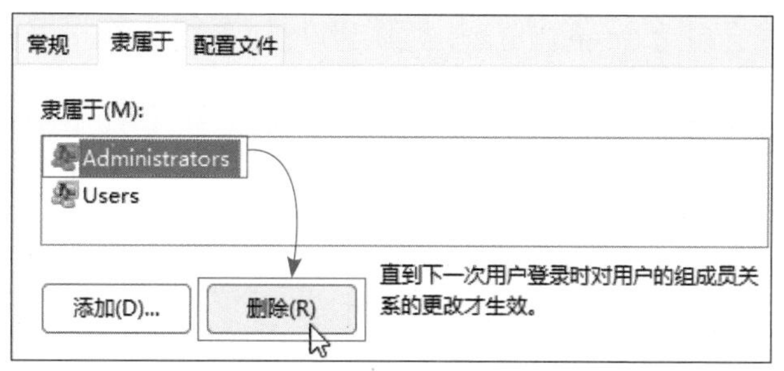


图 6-100

上手体验 重置账户密码

扫一扫 看视频

在需要重置密码的账户上单击鼠标右键，选择“设置密码”选项，如图 6-101 所示，系统弹出警告信息，输入密码后，单击“确定”按钮，完成密码重置，如图 6-102 所示。

图 6-101

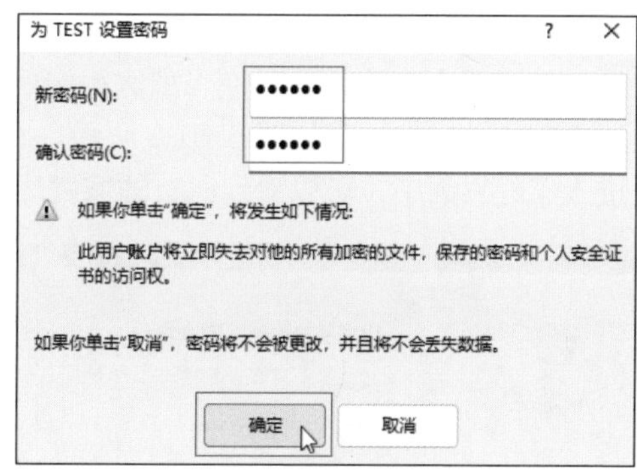


图 6-102

## 6.6 管理家庭设置

前面在介绍新建账户时介绍了通过添加家庭成员添加账户的方法。本节将着重介绍添加了家庭成员的账号后如何对账号进行管理。以前对家庭成员的管理都是在本地设置，因为添加了微软账户，为了安全，现在的设置都要通过网页，到微软服务器上进行设置。

### 6.6.1 进入管理页面

首先介绍如何进入管理页面的步骤。

STEP 01 进入“账户—家庭和其他用户”中，单击“在线管理家庭设置或删除账户”后的“转到”按钮，如图 6-103 所示。

**STEP 02** 接着会启动 Edge 浏览器，进入到设置页面中，单击“创建家庭组”按钮，如图 6-104 所示。

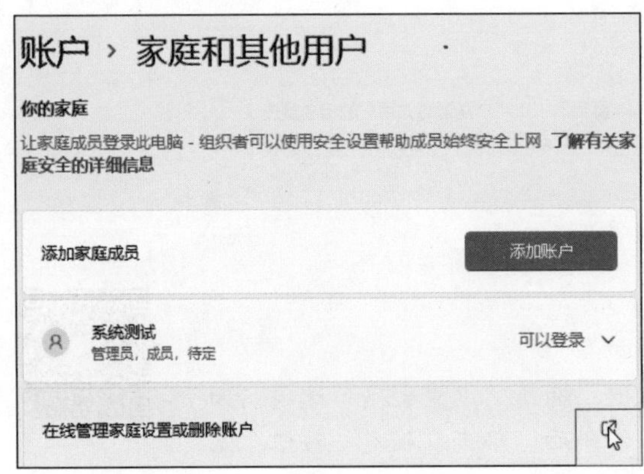


图 6-103

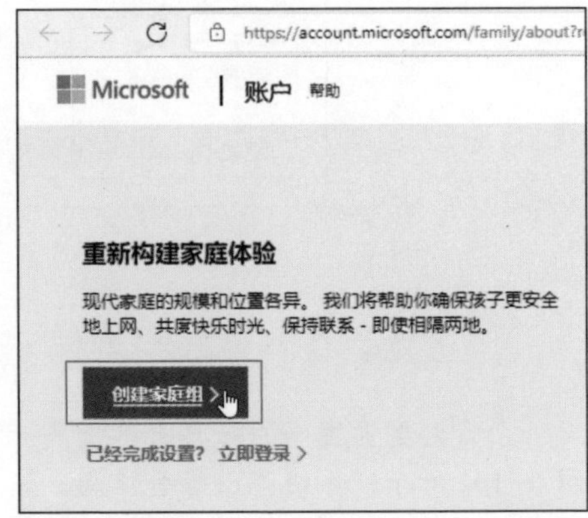


图 6-104

如果其他账户接收并同意加入家庭组中后，会自动创建家庭组。在弹出的界面中，单击“立即加入”按钮，如图 6-105 所示。

进入家庭界面中，可以看到所有的家庭成员，如图 6-106 所示。

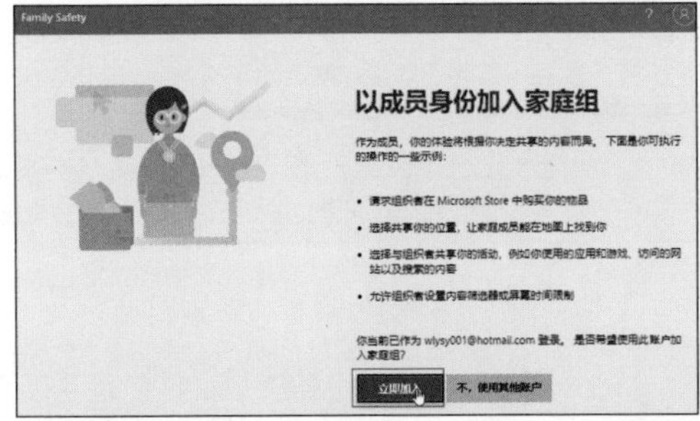


图 6-105

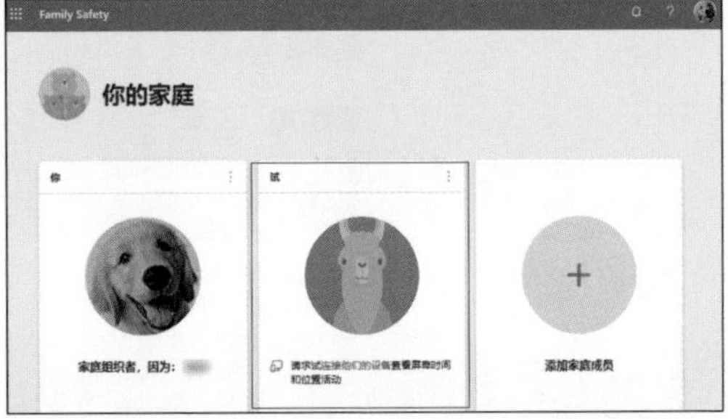


6-106

## 〈 拓展知识 〉 删除该成员

读者可以在家庭页面中，单击组成员头像右上角的“更多”按钮，选择“从家庭组中移除”选项，即可将该用户从家庭组中删除，计算机中的“家庭组成员”中也不再显示该用户了。

## 6.6.2 设置成员的访问时间

可以设置家庭组用户中的成员使用设备的时间，在图 6-106 中，单击头像，并单击“屏幕时间”按钮，如图 6-107 所示。

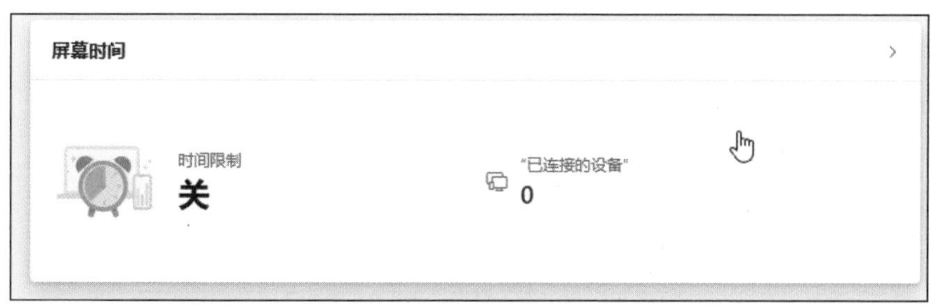


6-107

开启“在所有设备上使用相同的日程安排”按钮，并设置访问时间，如图 6-108 所示。

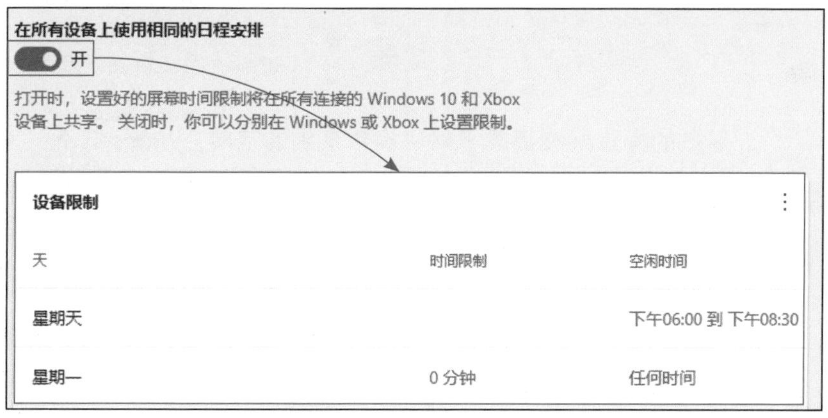


图 6-108

### 〈 拓展知识 〉 其他限制

除了使用时间外，还可以设置浏览器和搜索的内容、应用和游戏根据年龄分级、支出和游戏等。

# 第 7 章 织网踏浪不求人——网络的设置

现在的操作系统都属于网络操作系统的范畴，Windows 系列操作系统也不例外，越来越侧重于网络应用。如微软账户登录、设备配置和信息的上传下载、网页的浏览、各种网络客户端应用、网盘等，都在日益凸显网络的强大。本章就将向读者介绍 Windows 11 的网络设置、网络共享的实现、网络的应用等。

**本章重点难点：**

家庭局域网的组成 ⟷ Windows 11 网络参数的配置

Windows 11 网络的管理 ⟷ 网络共享的配置 ⟷ 浏览器的使用

# 7.1 小型局域网的连接

之所以先介绍网络结构，是因为不同的网络结构对于 Windows 11 来说设置并不相同。局域网相对于城域网和广域网来说，体量小、组建方便、维护简单。普通用户接触最多的就是家庭或小型企业局域网了。常见的小型局域网的拓扑图如图 7-1 所示。

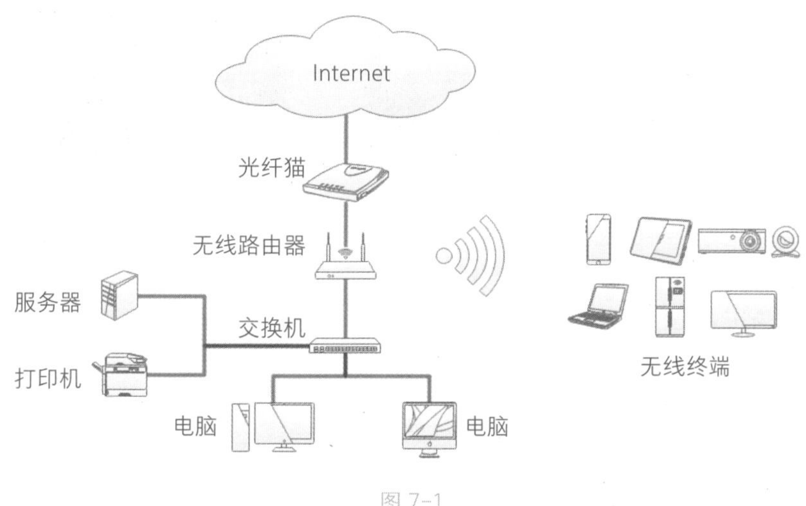


图 7-1

## 7.1.1 各设备的作用

在局域网的组成主要由以下几部分构成。

（1）运营商设备

运营商也就是网络服务提供商（移动、电信、联通）。主要的设备有光纤猫，如图 7-2 所示，负责光信号到电信号的转换。包括光纤和光纤猫在内，如果出现问题，需要联系运营商进行更换或维修。

图 7-2

专业术语

**光纤猫**

猫的专业术语叫做调制解调器，也叫做 Modem，负责信号的调节及转换。因为光纤中的光信号本身需要转换成电信号才能被电子设备处理，所以需要光纤猫的支持。

（2）网络设备

网络设备主要用来处理和传输网络信号，局域网常见的网络设备有无线路由器（如图 7-3 所示）、交换机（如图 7-4 所示）。路由器从逻辑上负责为数据找到合适的路径并发送给接收方以及接收对方返回的数据，无线路由器就是在路由器上增加了无线功能。而交换机从逻辑上主要负责各种有线设备的连接并在局域网内部的各终端和网络设备间传输数据。局域网主要的传输介质是网线，以及无线路由器发出的无线信号。

图 7-3

图 7-4

（3）终端设备

终端设备主要是使用网络接收和发送数据，如电脑、手机、投影仪、无线冰箱、无线打印机、服务器等。

## 7.1.2 各设备的连接

这里的连接指物理连接，一般来说在物理连接后还需要对设备的网络参数进行设置后才能联网。下面简单介绍下设备的物理连接方法。

光纤猫由运营商工程师上门安装调试，用网线从光纤猫的 LAN 口连接到路由器的 WAN 口，如图 7-5 所示。再用网线从路由器的 LAN 口连接到交换机的 LAN 口，其他有线设备也使用网线连接到交换机的 LAN 口，就完成了局域网的物理连接。

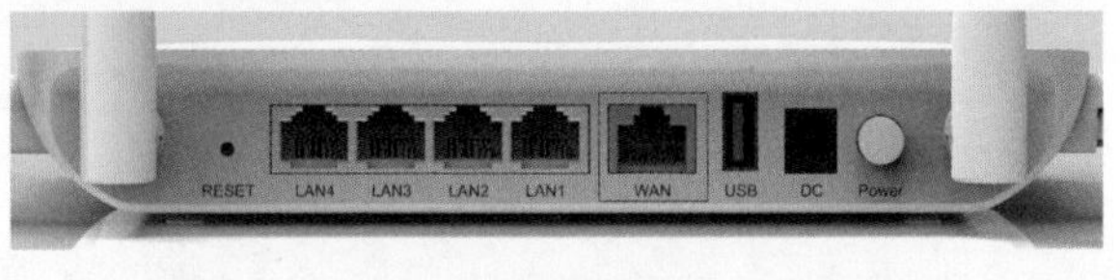


图 7-5

如果用户端的有线设备少，不需要交换机，其他有线设备直接连接到无线路由器的 LAN 口即可。

**〈 拓展知识 〉 没有无线路由器**

没有无线路由器，那么用网线连接电脑和光猫的 LAN 口，这样电脑拨号就可以上网了。

连接好以后，路由器设置为 PPPoE 拨号上网，通过路由器拨号后，所有设备调成 DHCP 状态就可以共享上网了。

# 7.2 网卡的设置

从上面的介绍可以看到，安装了 Windows 11 的设备一共有两种方式上网：一种是通过有线或无线连接路由器，通过 DHCP 获取 IP 地址，从而共享上网；另一种是 Windows 11 的设备用网线连接光纤猫，然后通过拨号上网。所以本节就将向读者详细介绍两种模式的设置过程。

**DHCP 和 IP 的联系**

**通过 IP 地址可以定位到设备。而本地局域网中的 IP 需要通过路由器的转化才能在互联网上传输数据。DHCP 的作用是路由器自动为各设备配置 IP 地址等网络参数。**

## 7.2.1 查看当前的网络信息

查看当前的网络信息，可以了解网络的状态、IP 地址获取情况等。

### （1）查看当前设备是否连接到 Internet

如果当前设备正确获取了 IP 地址并连接到互联网中，右下角的网络图标如图 7-6 所示，将鼠标悬停在网络图标上也会提醒用户已经连接到了 Internet。如果无法连接到 Internet，则会显示如图 7-7 所示状态。

图 7-6

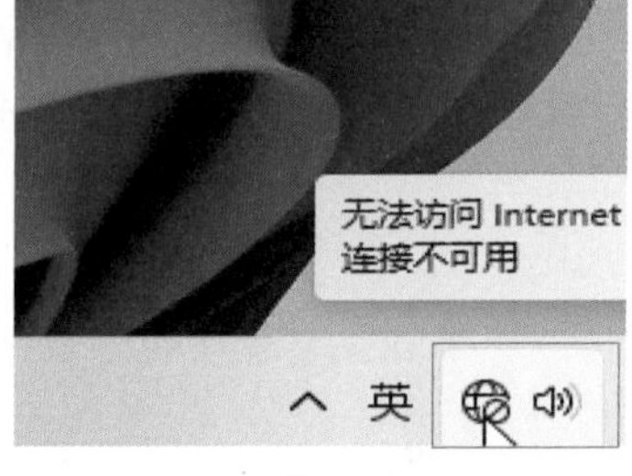


图 7-7

用户也可以使用“Win+I”组合键启动“设置”界面，选择“网络 &Internet”选项，从右侧也可以看到当前已经连接到互联网中，如图 7-8 所示。

图 7-8

### （2）查看网卡的网络信息

网卡如果是 DHCP 模式，会自动获取到各种网络参数，通过以下介绍的步骤可以查看网络的参数信息是否正确。

STEP 01 在“网络&Internet”界面中，单击“属性”按钮，如图7-9所示。

STEP 02 在其中可以查看到当前的IP地址和DNS地址的分配方式，以及现在的网络速度、IP地址、DNS地址、MAC地址等信息，如图7-10所示。

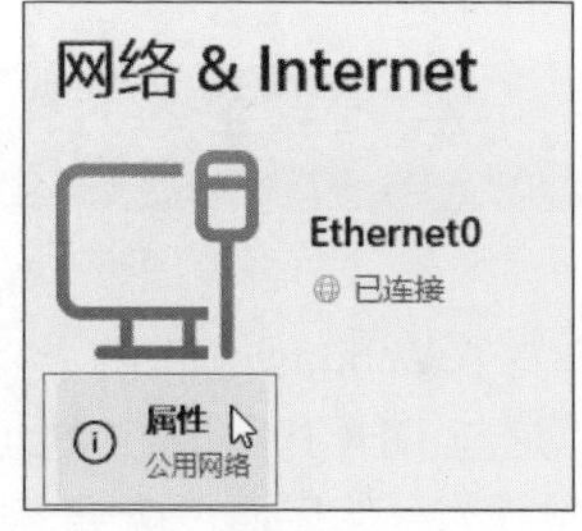

图 7-9

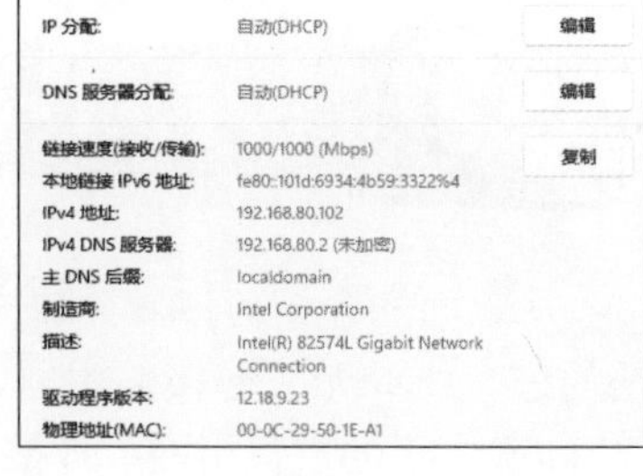

图 7-10

**DNS和MAC地址**

DNS是将域名如“www.baidu.com”，解析成IP地址，通过IP地址才能访问网页。因为IP地址比较不方便记忆，所以使用了域名。

MAC地址是网卡的物理地址，具有唯一性，主要用在相邻设备间传输数据时标记发送和接收方使用。如果用户对这些知识比较感兴趣可以阅读网络相关书籍进行了解。

## 上手体验 通过命令查看当前的网络参数

上面除了在“网络&Internet”中查看IP地址外，还可以通过命令提示符界面查看网卡的信息。操作方法如下：

扫一扫 看视频

**命令提示符界面**

界面主要处理的是各种命令，和DOS系统类似，特点是方便、快速。

STEP 01 使用“Win+R”键启动“运行”对话框，输入命令“cmd”，单击“确定”按钮，如图7-11所示。

STEP 02 输入命令“ipconfig”，按回车键执行命令，可以看到网卡信息，如图7-12所示。

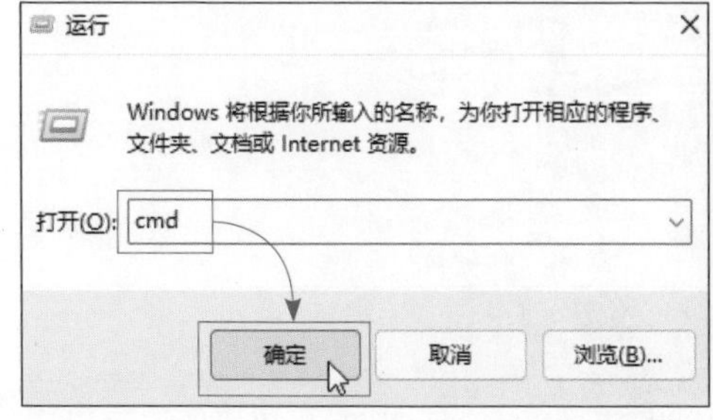

图 7-11

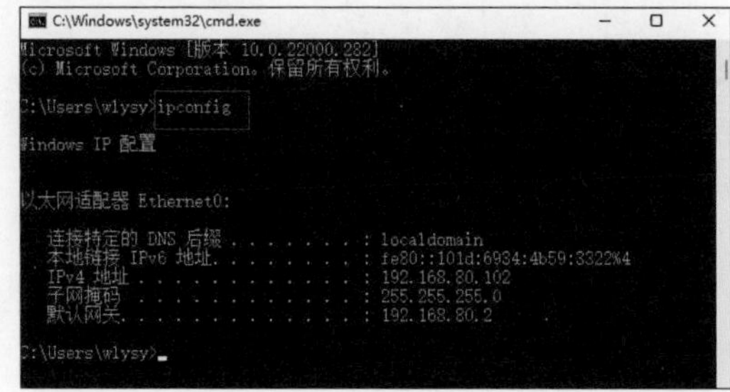

图 7-12

## 拓展知识　显示网卡详细信息

如果要查看所有网卡，包括网卡的详细网络信息，可以使用“ipconfig/all”命令，如图 7-13 所示。

图 7-13

### 7.2.2　修改网卡的网络参数

默认情况下网卡都是使用 DHCP 自动获取 IP 地址，下面介绍如何手动配置网卡的网络参数。

**STEP 01**　进入“网络 &Internet”界面中，单击“以太网”按钮，如图 7-14 所示。

**以太网**

以太网属于局域网的一种，主要的通信协议就是 TCP/IP 协议。以太网应用非常广，绝大多数的局域网都是以太网。

**STEP 02**　弹出的页面就是查看网络信息的界面，单击“IP 分配”后的“编辑”按钮，如图 7-15 所示。

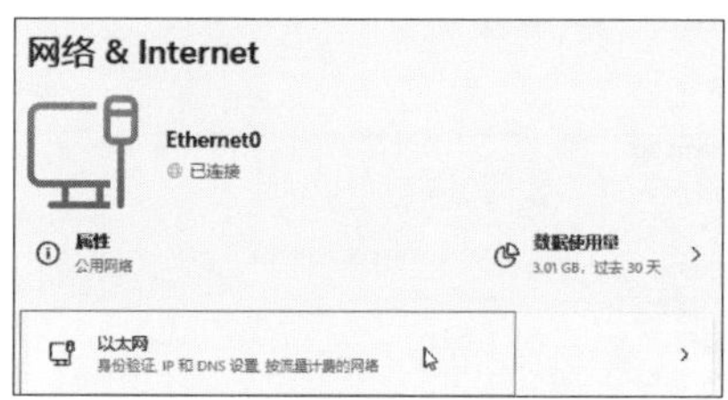


图 7-14

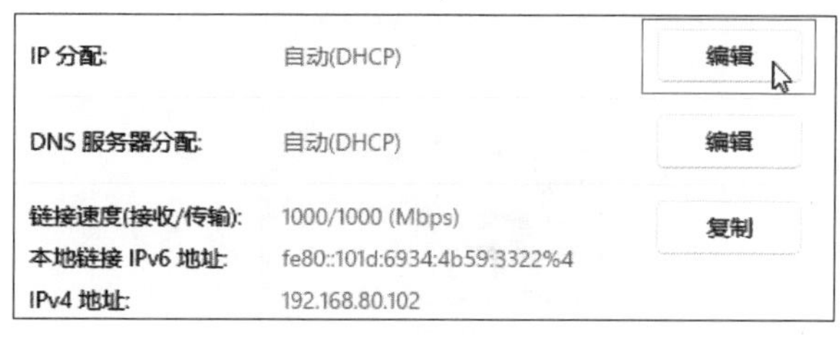


图 7-15

**STEP 03**　单击“DHCP”下拉按钮，选择“手动”选项，如图 7-16 所示。

**STEP 04**　开启“IPv4”的配置开关，输入 IP 地址、子网掩码、网关、DNS 信息，完成后单击“保存”按钮，如图 7-17 所示。

**专业术语　　其他网络参数**

“子网掩码”主要用来划分网络，一般家庭使用“255.255.255.0”即可。“网关”一般指的是路由器，本地的 IP 地址和网关的 IP 地址应该在同一个网络内（比如都是 192.168.1.X）。DNS 服务器如果未说明，可以设置为路由器的 IP。

另外，IPv6 是 IPv4 的替代品，主要解决 IPv4 地址分配完毕的问题，但现阶段家庭和公司电脑以及很多网络服务器仍然使用 IPv4 的配置，所以现在仍然配置的是 IPv4 的地址。

如果设置的没有问题，电脑就可以上网了。如果要改回“自动”，可以在图 7-16 中选择“自动（DHCP）”选项，保存后就可以改成自动获取了。

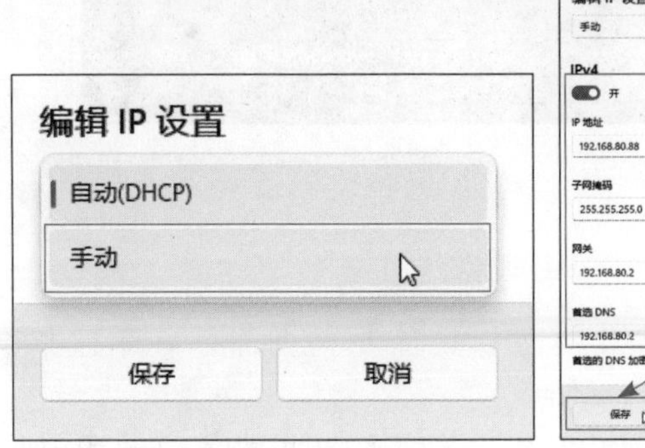


图 7-16　　图 7-17

## 上手体验　通过传统方法修改网络参数

扫一扫　看视频

上面介绍的是如何在 Windows 11 中修改 IP 地址的方法，下面介绍修改 IP 地址的传统方法，该方法在所有 Windows 中都可以使用。

STEP 01　在桌面的“网络”图标上单击鼠标右键，选择“属性”选项，如图 7-18 所示。

STEP 02　单击“更改适配器设置”链接，如图 7-19 所示。

图 7-18

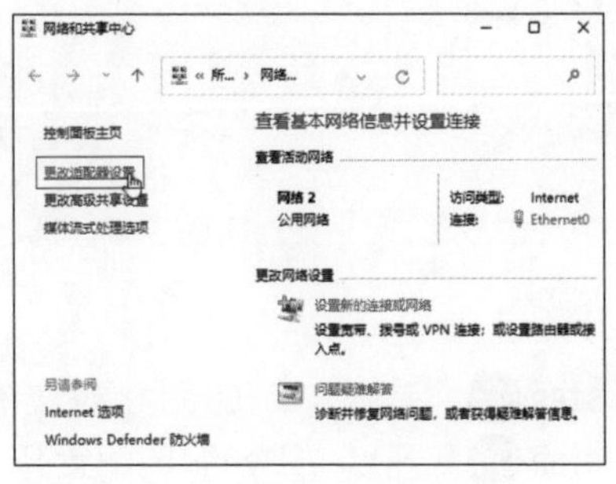


图 7-19

STEP 03 在“网络连接”中，可以查看当前计算机内部的所有网卡，双击该网卡，可以查看该网卡的速度、连接时间、网卡状态、接收及发送的字节数。单击“详细信息”按钮，可以查看网络参数的详细信息，如图 7-20 所示。

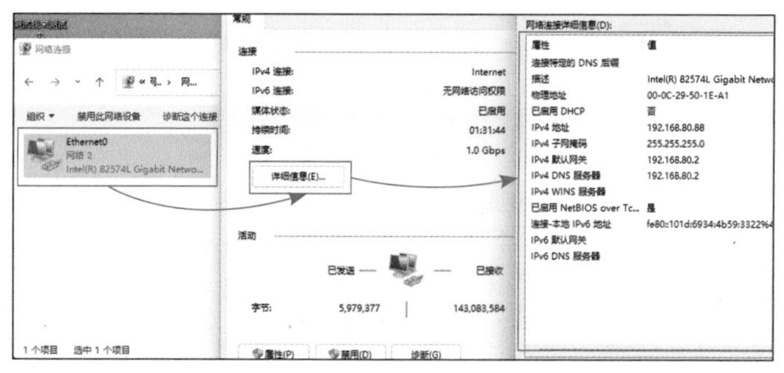


图 7-20

STEP 04 在网卡上单击鼠标右键，选择“属性”选项，如图 7-21 所示。

STEP 05 从中选择“Internet 协议版本 4（TCP/IPv4）”选项，单击“属性”按钮，如图 7-22 所示。

图 7-21

图 7-22

STEP 06 在弹出的界面中，就可以设置各种网络参数了，如图 7-23 所示。

确定返回后完成 IP 地址的修改。如果要改回去，可以在图 7-23 中单击“自动获取 IP 地址”以及“自动获取 DNS 服务器地址”单选按钮，保存即可。

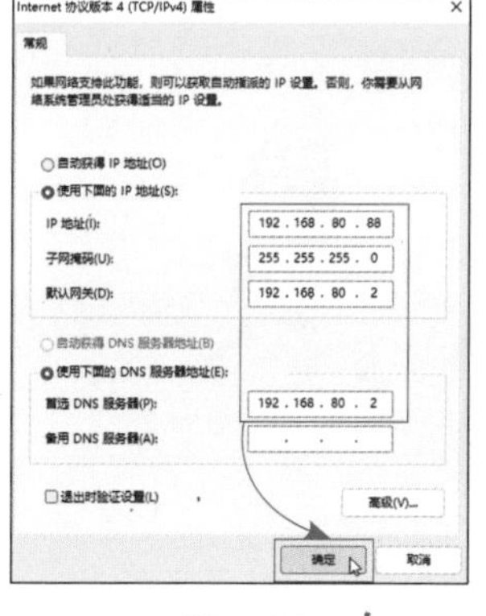


图 7-23

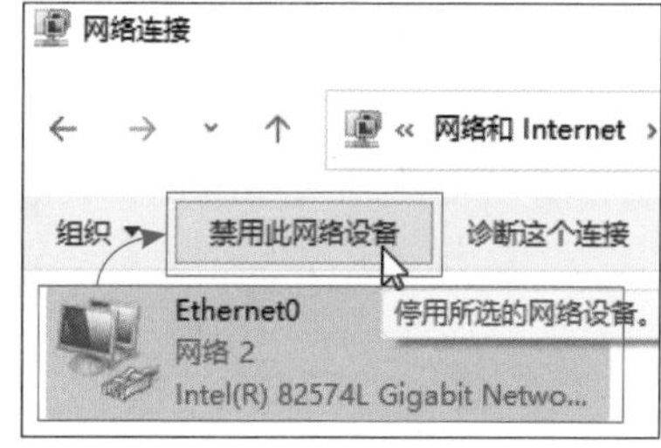


图 7-24

## 拓展知识 禁用网卡

对于多网卡的特殊情况，普通用户可以将不使用的网卡禁用掉，以免产生网络故障。在图 7-21 的“网络连接”界面中，选中网卡，单击“禁用此网络设备”按钮，如图 7-24 所示，就可以将其禁用掉了。在同样的位置可以再次启用该网卡。

# 7.3 在 Windows 11 中使用无线网卡

前面介绍了有线网卡的配置过程，下面介绍在 Windows 11 中如何使用无线网卡。

## 7.3.1 无线网卡的安装和启用

笔记本或一体机以及其他的终端设备因为自带或内置无线网卡，在安装了 Windows 11 后可以直接使用无线功能连接无线网络。大部分台式机使用的还是有线网卡，如果要使用无线网络，可以为其添加无线网卡，包括 USB 无线网卡和PCI-E无线网卡，如图7-25及图7-26所示。USB 无线网卡可以直接连接计算机的 USB 接口，使用方便。PCI-E 需要连接到主板的 PCI-E 接口中，安装稍烦琐但信号更稳定，比较适合长期依赖无线网络的电脑用户。

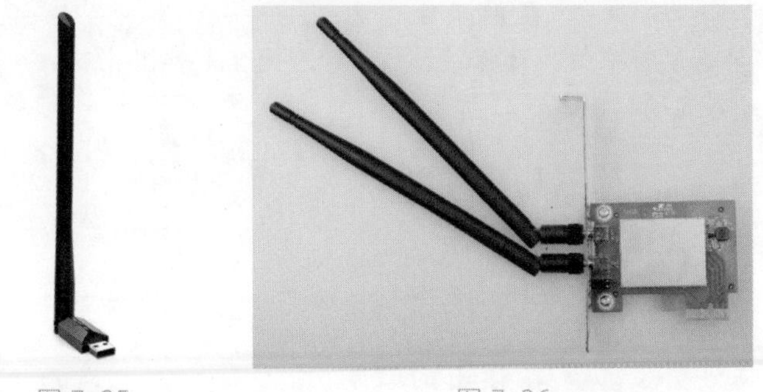

图 7-25　　图 7-26

因为 Windows 可以通过“更新”功能为新加的硬件安装驱动，而且现在大部分无线网卡都支持即插即用，所以安装到主机上就可以了。如果一些特殊型号或者老型号需要驱动，用户可以到官网下载驱动进行安装即可，如图 7-27 所示。安装完毕后可以在“设备管理器”中查看到网卡的状态，如图 7-28 所示。

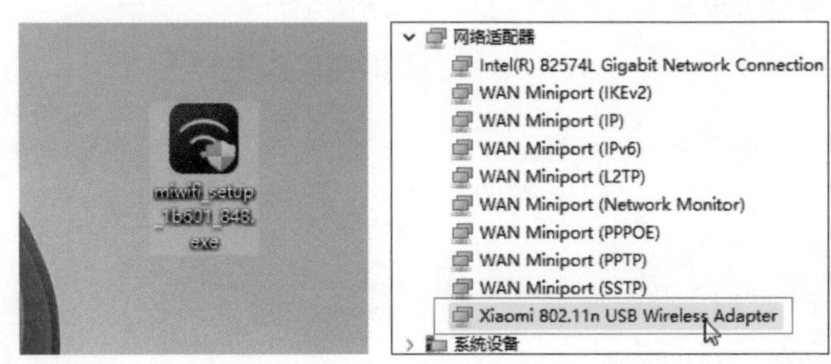


图 7-27　　图 7-28

为了真实地模拟无线的状态，用户按照前面介绍的内容，将有线网卡禁用掉，只保留无线网卡，如图 7-29 所示。

图 7-29

## 7.3.2 使用无线网卡连接无线网络

接下来介绍在 Windows 11 中如何使用无线网卡连接网络。

### (1) 连接正常的无线信号

连接正常的无线网络和 Windows 10 类似，具体操作如下：

**STEP 01** 在界面右下角单击带有网络和音频的“控制中心”按钮，在弹出的页面中，单击“管理 WLAN 连接”按钮，如图 7-30 所示。

**STEP 02** 单击需要连接的网络名，在弹出的网络中，单击“连接”按钮，如图 7-31 所示。

图 7-30

图 7-31

**拓展知识 关闭 WLAN**

在这里单击 WLAN 图标，可以关闭 WLAN 功能，以便使用有线网卡或进行断网操作。

**STEP 03** 输入网络安全密钥，单击“下一步”按钮，如图 7-32 所示。

**STEP 04** 如果密码没有问题，路由器会同意客户端的连接请求，连接界面会显示“已连接”的状态，如图 7-33 所示。单击“断开连接”按钮可以断开该网络。

图 7-32

图 7-33

### (2) 连接隐藏的无线网络

现在很多用户将无线网络名（SSID）设置为隐藏状态，以增强无线网络的安全性。下面介绍如何连接到隐藏的无线网络。

**STEP 01** 进入无线信号列表的底部，可以发现有“隐藏的网络”选项，选中该选项，单击“连接”按钮，如图 7-34 所示。

STEP 02 输入隐藏的网络名（SSID），单击“下一步”按钮，如图 7-35 所示。

STEP 03 输入网络密钥，单击“下一步”按钮，如图 7-36 所示。

STEP 04 如果信息都正确的话，会连接到该隐藏网络，如图 7-37 所示。

图 7-34

图 7-35

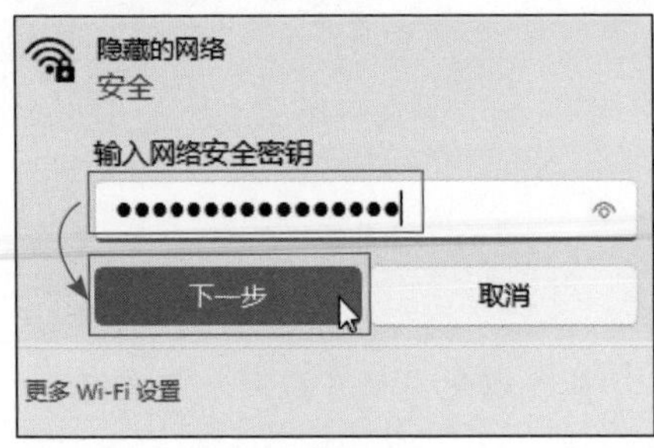


图 7-36

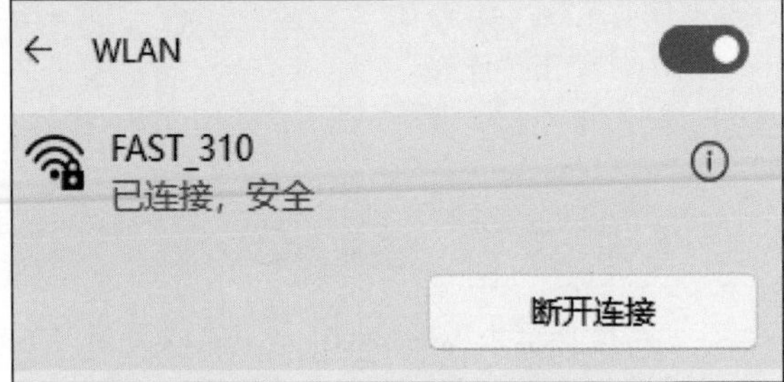


图 7-37

（3）查看并修改无线网卡的 IP 设置

无线网卡在连接到无线网络后，可以通过无线路由器的 DHCP 功能获取到 IP 地址，也可以自己配置 IP 地址，方法如下：

STEP 01 进入“网络 &Internet”界面中，单击“WLAN”按钮，如图 7-38 所示。

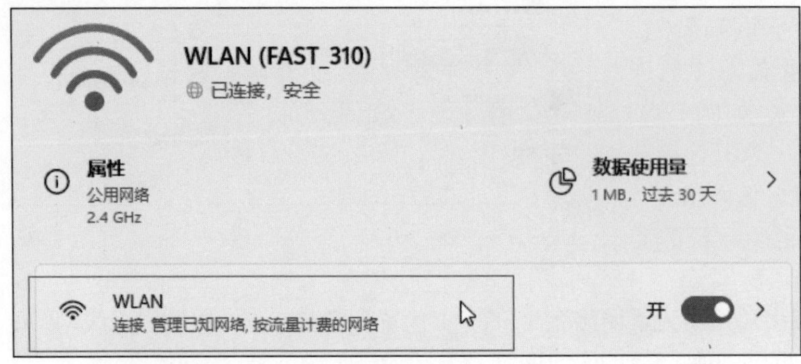


图 7-38

STEP 02　单击网卡的属性按钮，如图 7-39 所示。

STEP 03　单击 IP 分配后的“编辑”按钮，就可以手动配置 IP 地址等网络信息，和有线网卡的配置一样。在下方可以查看到无线网卡的各种信息，如图 7-40 所示。

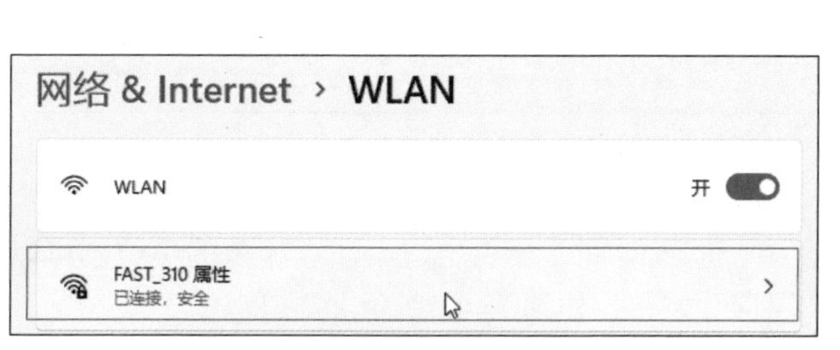


图 7-39

图 7-40

## 7.4 网卡和网络的管理

学习了有线和无线网络的连接和配置后，下面介绍经常使用的网卡和网络的管理功能。

### 7.4.1 为无线网络配置流量限额

有些用户使用上网卡上网或者连接的 WLAN 有流量限制，可以通过下面的步骤查看及限制流量。

STEP 01　进入“网络 &Internet”界面中，单击“数据使用量”按钮，如图 7-41 所示。从这里也可以看到过去的数据使用量。

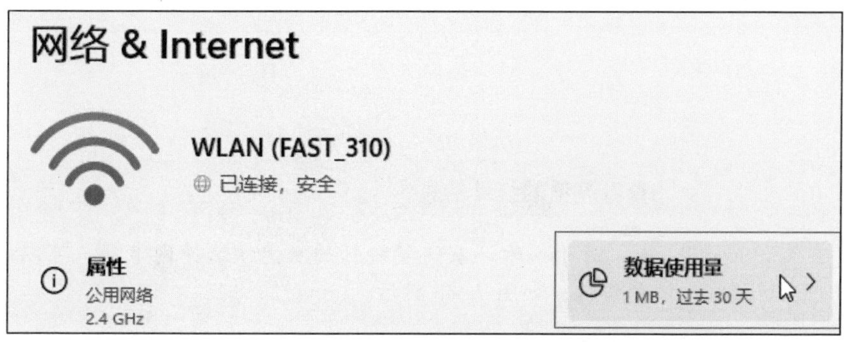


图 7-41

STEP 02 进入“数据使用量”界面中，可以查看过去的流量，在右上角的网卡列表中选择需要设置的网卡，单击“输入限制”按钮，如图 7-42 所示。

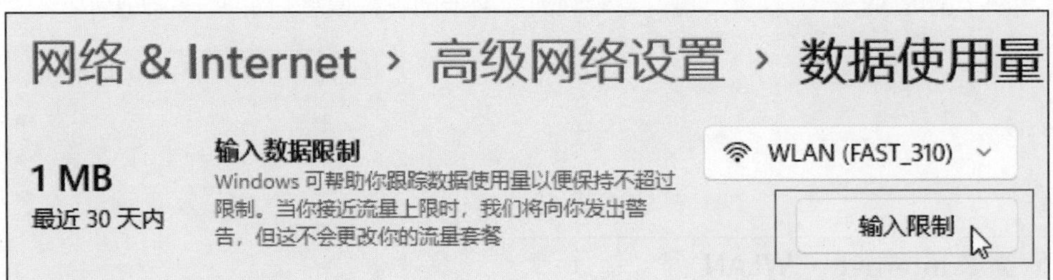


图 7-42

STEP 03 设置该网卡的限制类型、重置时间、流量上限。注意流量的单位，可以选择单位为“GB”，完成后单击“保存”按钮，如图 7-43 所示。

STEP 04 返回后，可以查看到限制和当前使用量，打开“按流量计费的连接”后，系统可以让应用以节流模式运行，节省流量，如图 7-44 所示。

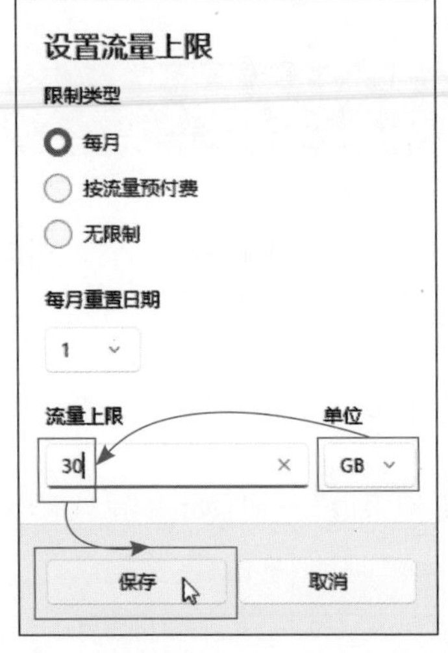


图 7-43

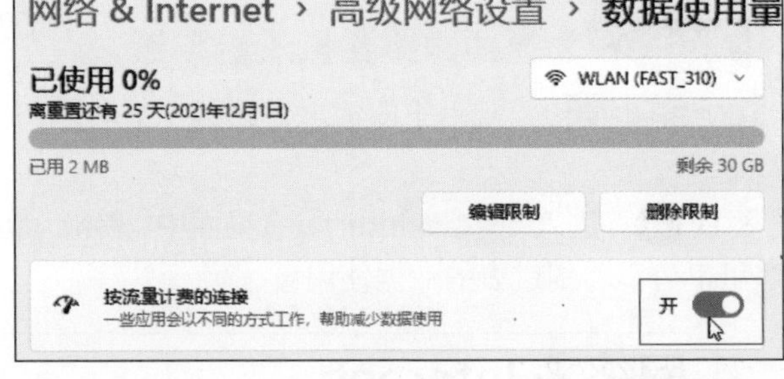


图 7-44

## 拓展知识 查看流量的统计信息

在 Windows 11 中，对于网卡还有流量统计的功能，选择网卡后，可以看到系统应用所消耗的流量排行，如图 7-45 所示。

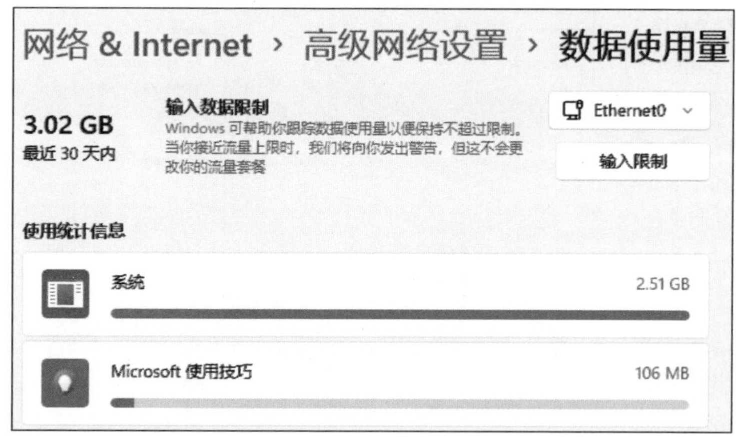


图 7-45

## 7.4.2 禁用网卡

前面介绍了一种禁用网卡的方法，其实在 Windows 11 的“设置”中也可以禁用网卡。

**STEP 01** 在“网络&Internet”中，单击“高级网络设置”按钮，如图 7-46 所示。

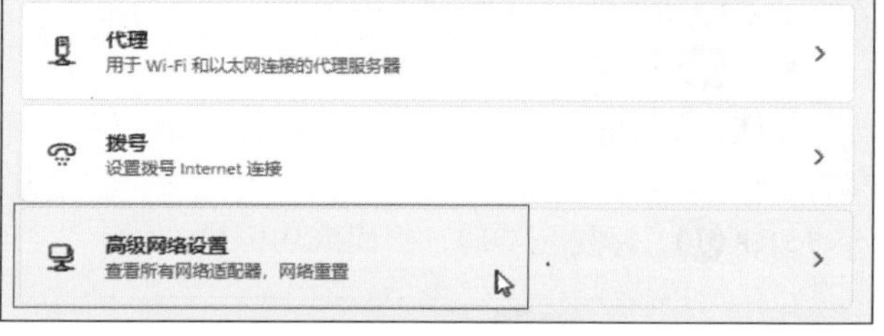


图 7-46

**STEP 02** 在“网络适配器”中，单击网卡后的“禁用”按钮，就可以禁用该网卡了，如图 7-47 所示。

图 7-47

## 7.4.3 网络故障疑难解答

如果网络发生了问题无法上网，可以使用网络故障诊断功能来自行排查和修复。下面介绍具体的操作步骤。

**STEP 01** 如网络发生故障后无法联网，可以在“网络&Internet”界面中单击“疑难解答”按钮，如图 7-48 所示。

图 7-48

STEP 02 Windows 11会自动检测问题，如图 7-49 所示。

STEP 03 选择出现故障的网卡，单击“下一页”按钮，如图 7-50 所示。

STEP 04 接下来继续诊断，完成诊断后，会弹出诊断说明，如图 7-51 所示，单击“尝试以管理员身份进行这些修复”链接来自动修复，如图 7-52 所示。

STEP 05 单击“应用此修复”按钮，如图 7-53 所示。

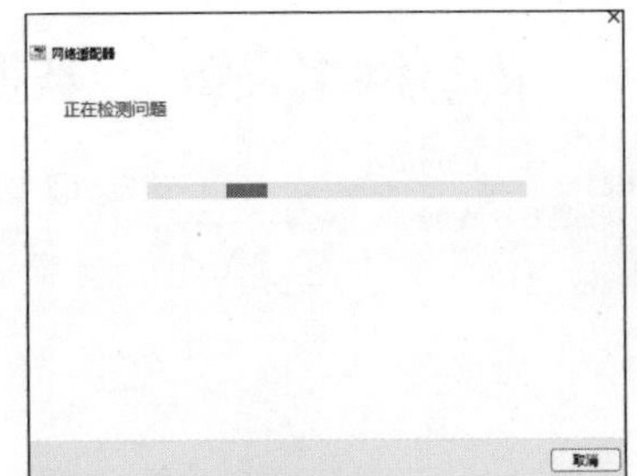


图 7-49

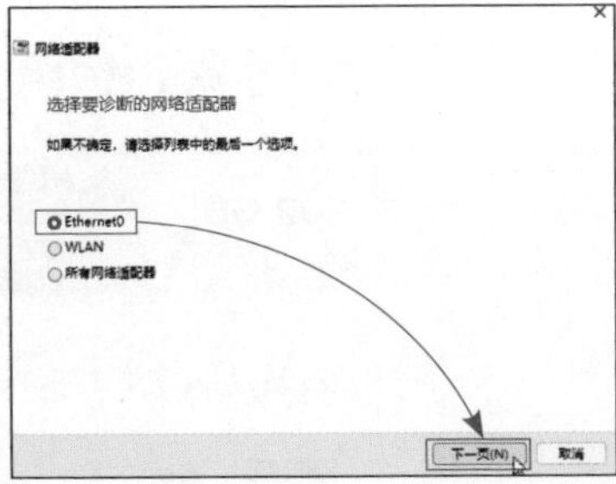


图 7-50

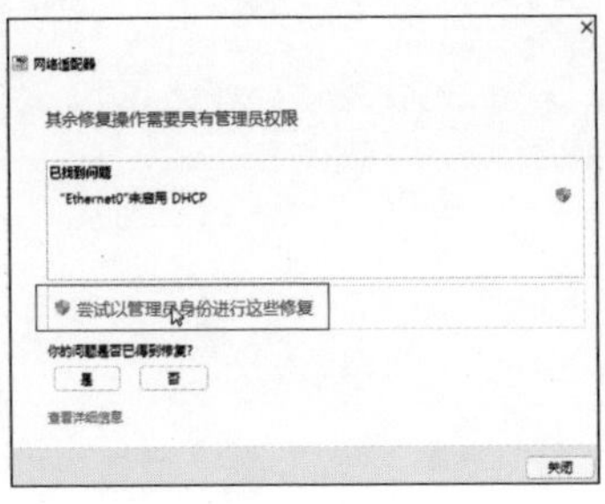


图 7-51

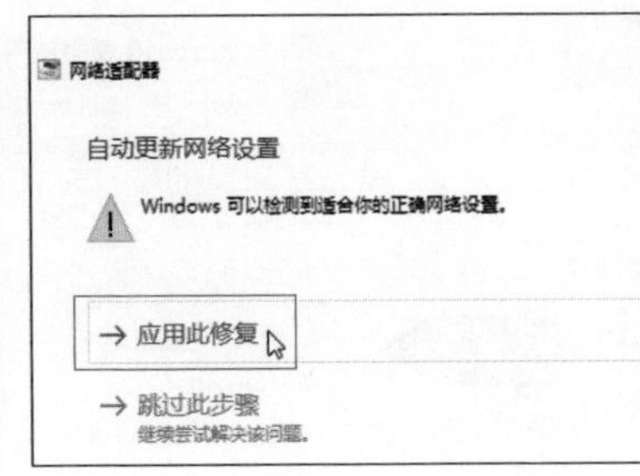


图 7-52

STEP 06 修复完毕后，弹出成功信息，单击“关闭”按钮，如图 7-53 所示

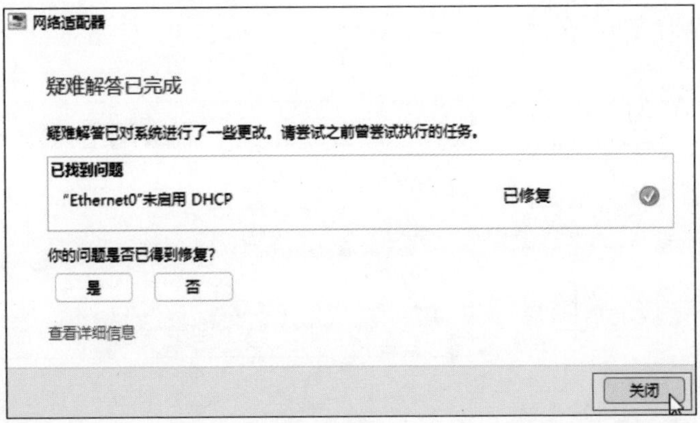

图 7-53

## 7.4.4 PPPoE 上网配置

简单来说，PPPoE是一种网络协议，因为带有验证功能，所以常被用于拨号联网使用。前面介绍的内容都是建立在有路由器的情况下，在路由器中填写运营商给定的用户名和密码，路由器就进行拨号上网，其他的设备都可以联网。下面介绍的是在直接使用电脑连接光纤猫的情况下，如何在安装了 Windows 11 的电脑中启动拨号上网功能的操作。

STEP 01 在“网络&Internet”设置界面中，单击“拨号”按钮，如图 7-54 所示。

STEP 02 在“拨号”设置界面中，单击“设置新连接”链接，如图 7-55 所示。

STEP 03 选择“连接到 Internet”选项，单击“下一页”按钮，如图 7-56 所示。

STEP 04 单击“宽带（PPPoE）”按钮，如图 7-57 所示。

STEP 05 输入运营商给定的连接宽带的用户名和密码，修改名称后，勾选“允许其他人使用此连接”复选框，单击“连接”按钮，如图 7-58 所示。

STEP 06 如果用户名和密码设置正确，则会自动获取到 IP 地址等网络信息，并自动联网。下次用户可以在“拨号”界面中单击宽带名下的“连接”按钮来拨号联网，如图 7-59 所示。

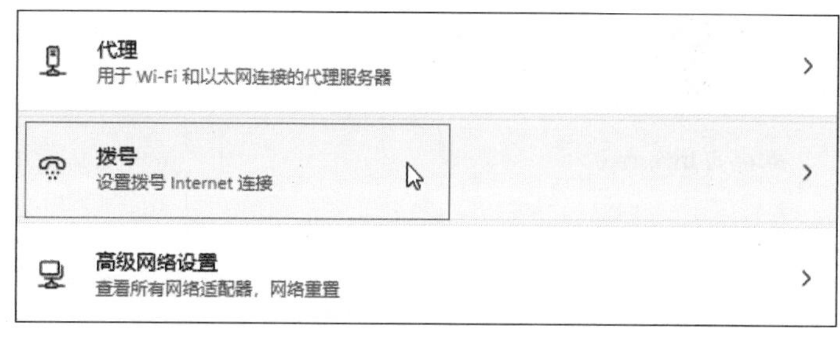


图 7-54

图 7-55

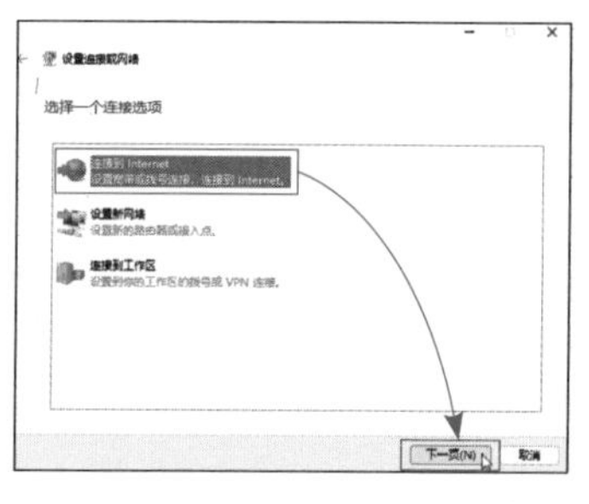


图 7-56

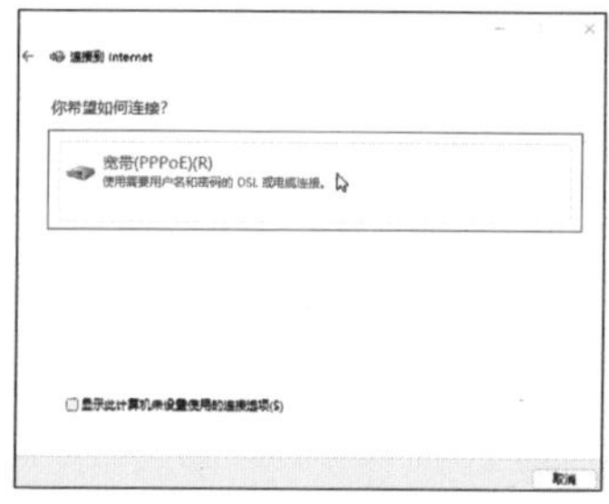


图 7-57

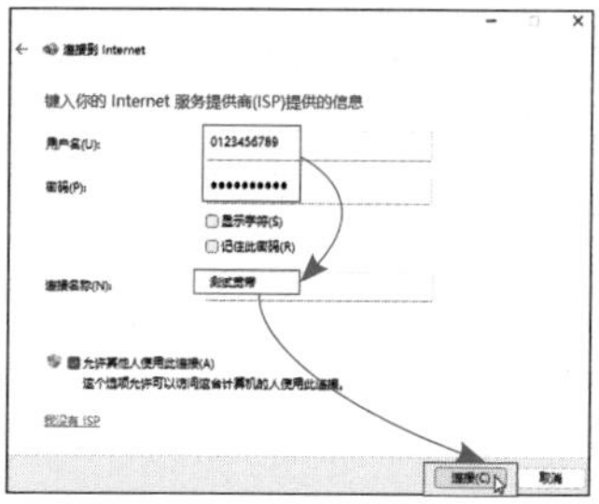

图 7-58

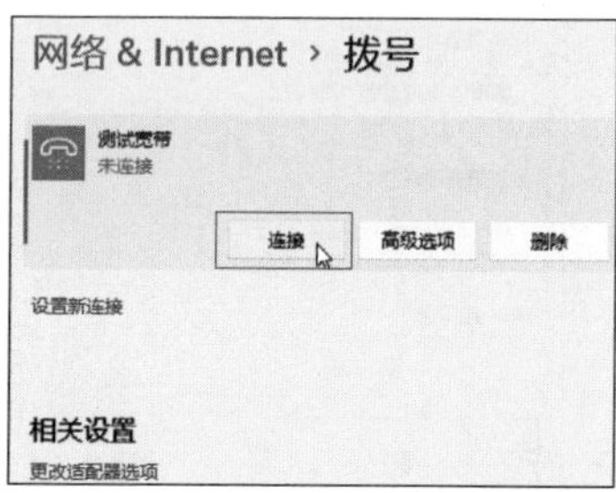


图 7-59

## 7.4.5 VPN 和代理的配置

VPN（虚拟专用网）是一种在两设备间建立的一条安全线路。而连接到代理服务器可以让代理服务器代替用户去访问定网页、下载资源、传输数据等操作。

### （1）VPN 的配置

VPN 是建立在正常连接 Internet 的前提下使用的，所以必须要先联网，再按照下面的方法配置：

**STEP 01** 在“网络 &Inernet”设置界面，单击“VPN”按钮，如图 7-60 所示。

**STEP 02** 在下级页面中，单击“添加 VPN”按钮，如图 7-61 所示。

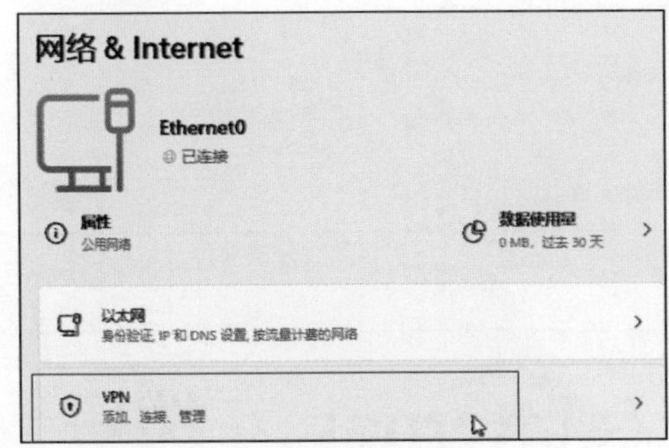


图 7-60

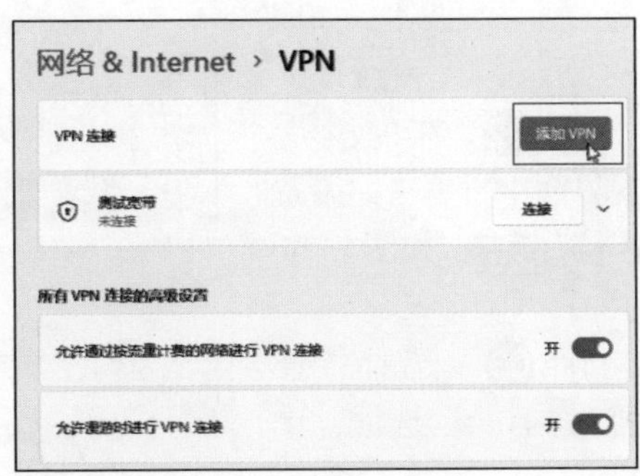


图 7-61

**STEP 03** 输入连接的名称、服务器的域名或 IP 地址、VPN 的安全协议、用户名和密码，单击“保存”按钮，如图 7-62 所示。

**STEP 04** 配置完成后，在返回后的界面中，可以单击该 VPN 连接后的“连接”按钮，来连接 VPN 服务器，如图 7-63 所示。

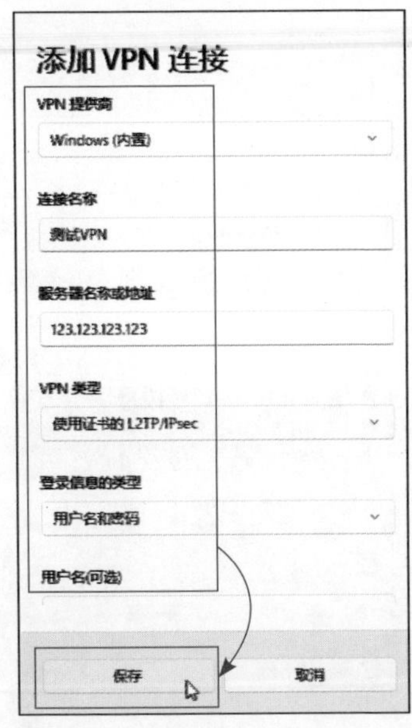


图 7-62

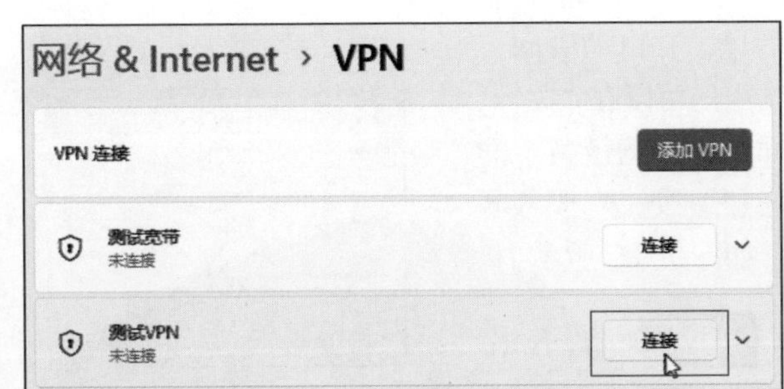


图 7-63

（2）代理服务器的配置

代理服务器可以在局域网中自己搭建，来控制访问的内容，也可以使用外网的服务器来解除局域网限制。下面介绍代理服务器的配置步骤。

**STEP 01**　在“网络 &Internet”设置界面中，单击“代理”按钮，如图 7-64 所示。

**STEP 02**　在代理设置界面中，单击“手动设置代理”后的“设置”按钮，如图 7-65 所示。

**STEP 03**　开启代理，输入服务器的 IP 地址和服务器连接指定的端口号，在下方可以设置不使用代理的网站地址或域名，单击“保存”按钮，如图 7-66 所示。

**STEP 04**　设置完毕后，可以使用 Edge 浏览器来测试代理是否工作正常，是否跳出局域网的网页封锁限制，如图 7-67 所示。

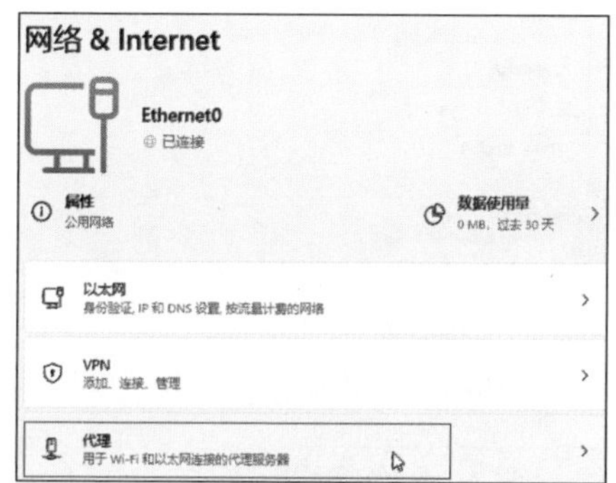


图 7-64

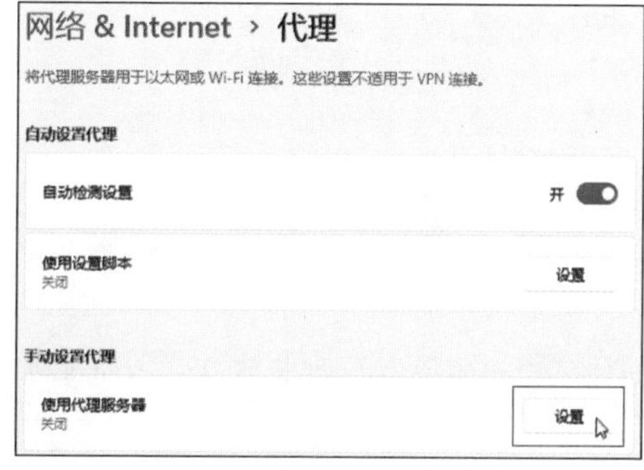


图 7-65

## 〈 拓展知识 〉 以上操作的注意事项

网上有很多服务器用作代理服务器，用户需要自己查找，并记录其 IP 地址等各种信息。以上介绍的只是为了方便演示，IP 地址和端口并无现实意义，也无法连接。VPN 服务器也是一样，也需要对端的支持，对端的 IP 地址需要用户按照实际情况配置。

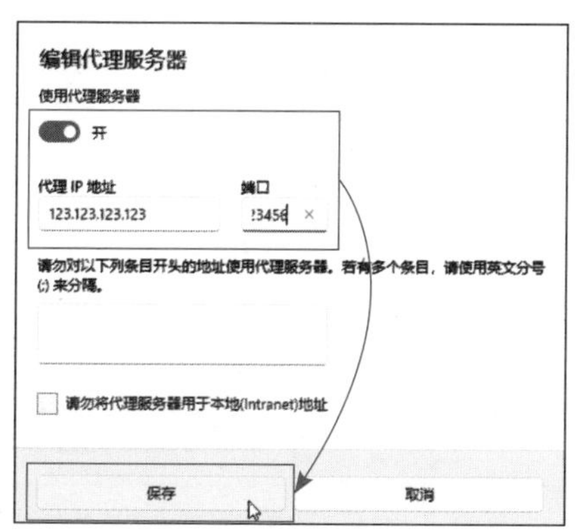


图 7-66

图 7-67

### 上手体验 网络重置

如果“疑难解答”无法修复故障，也可以尝试使用“网络重置”功能来卸载并重新安装网卡驱动，然后重置所有的网络配置信息、参数等。下面介绍具体的操作步骤。

STEP 01 在“网络 &Internet”界面中，单击“高级网络设置”按钮，如图 7–68 所示。

STEP 02 从“更多设置”中，单击“网络重置”按钮，如图 7–69 所示。

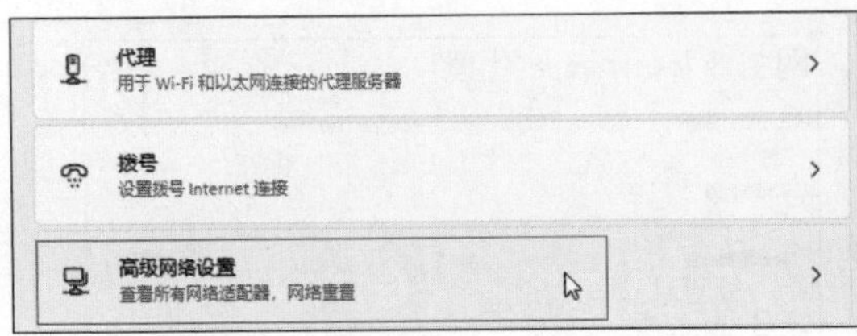


图 7–68

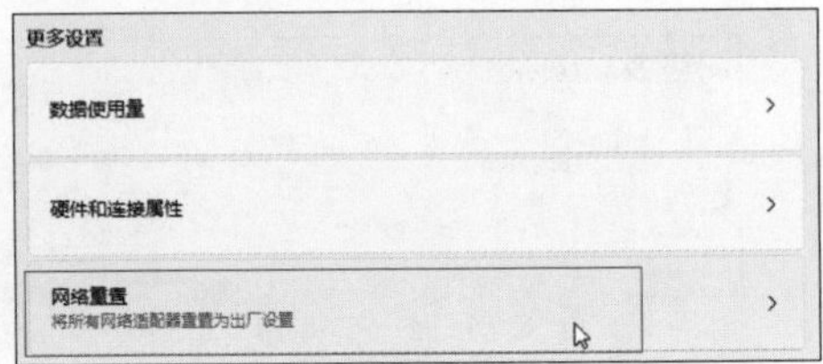


图 7–69

STEP 03 从弹出界面中单击“立即重置”按钮，如图 7–70 所示。

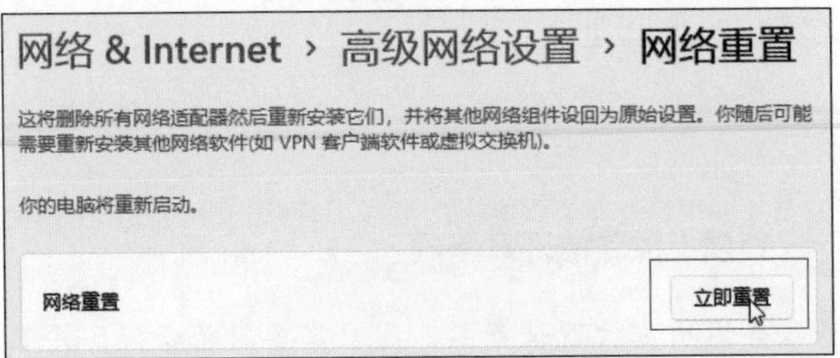


图 7–70

STEP 04 系统弹出确认信息，单击“是”按钮，如图 7–71 所示。

STEP 05 电脑弹出注销信息，单击“关闭”按钮，如图 7–72 所示，并手动重启电脑。

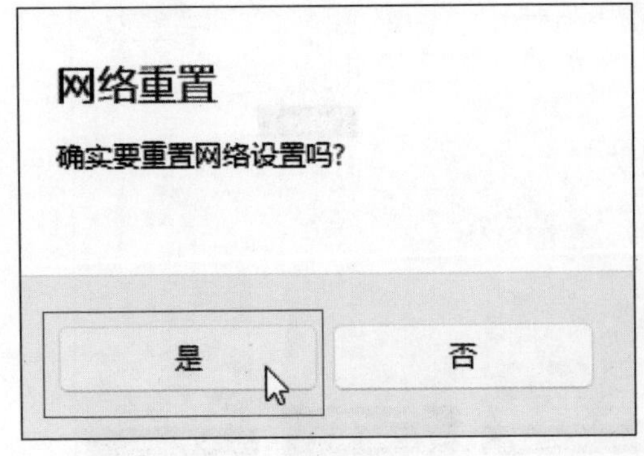


图 7–71

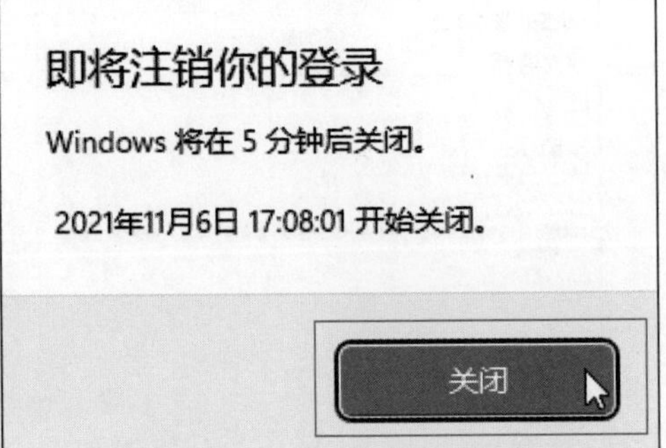


图 7–72

重启完毕后，网络恢复到原始状态，用户再根据需要重新配置网络即可。

# 7.5 在 Windows 11 中共享资源

利用 Windows 11 的网络功能，可以在局域网中共享及访问共享，下载文件的速度也非常快。

## 7.5.1 配置共享环境

很多用户在共享时，总会遇到各种问题，主要就是由于共享环境没有搭建成功，下面介绍共享环境的配置过程。

**STEP 01** 从“开始”屏幕中，搜索“高级共享设置”功能，并单击“打开”按钮，如图 7-73 所示。

**STEP 02** 在“专用”和“来宾或公用”中，都单击“启用网络发现”和“启用文件和打印机共享”单选按钮，如图 7-74 所示。

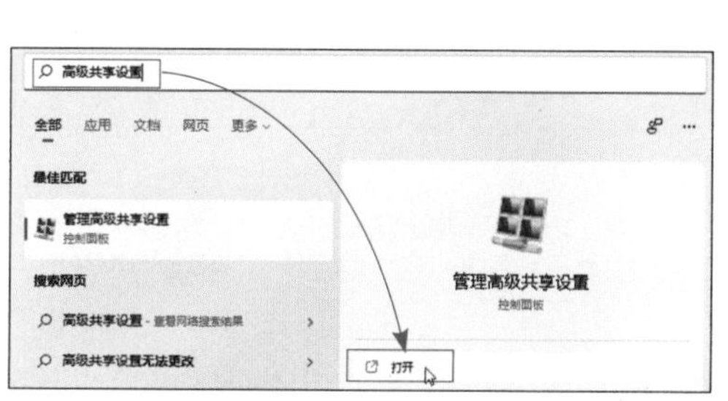


图 7-73

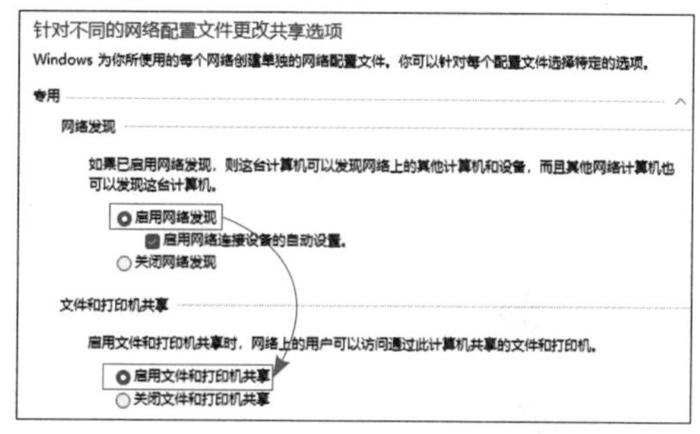


图 7-74

**STEP 03** 在“所有网络”中，启用共享，如图 7-75 所示。

**STEP 04** 单击“无密码保护的共享”并单击“保存更改”按钮，如图 7-76 所示。

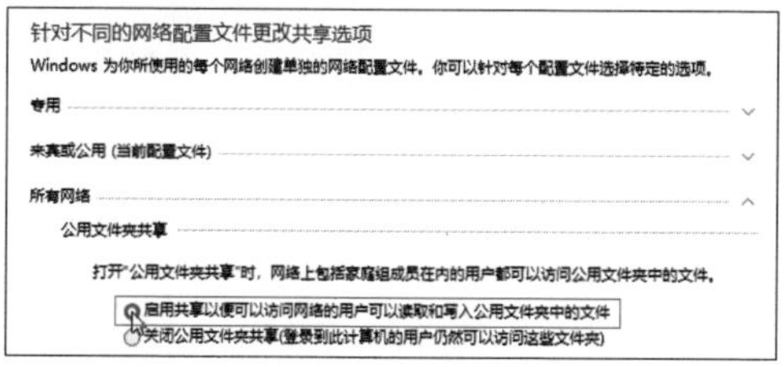

图 7-75

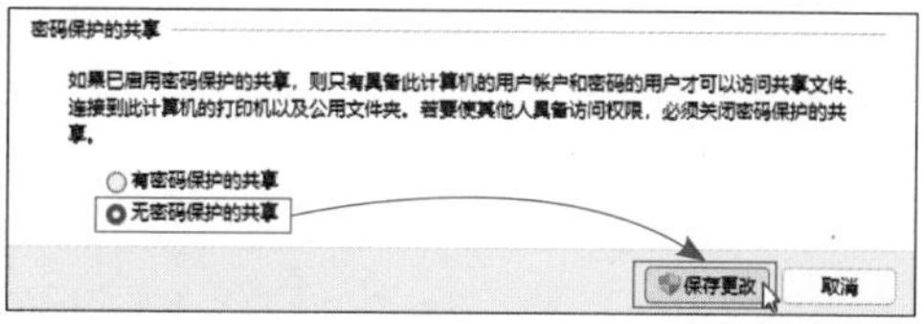

图 7-76

到这里，共享环境搭建完毕，一方面其他设备可以访问本机的“公用共享文件夹”，并且可以在共享中显示本电脑，另一方面关闭了密码保护，在访问本电脑的共享时就无须输入用户名和密码了。

## 7.5.2 设置共享文件夹

接下来就可以将文件夹设置为共享了。

STEP 01 找到需共享的文件夹，在其上单击鼠标右键，选择“属性”选项，如图 7-77 所示。

STEP 02 切换到“共享”选项卡，单击“共享”按钮，如图 7-78 所示。

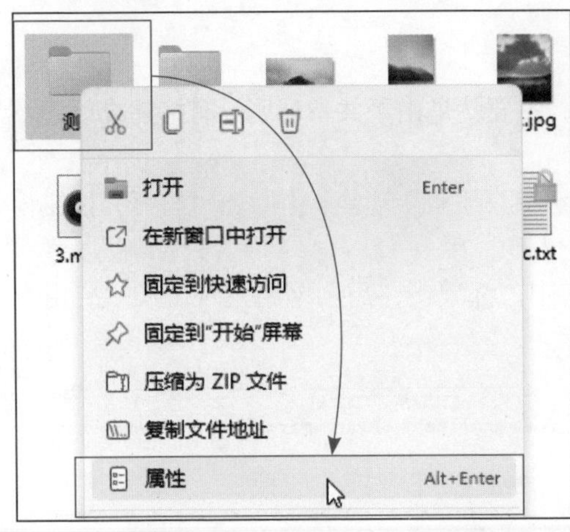


图 7-77

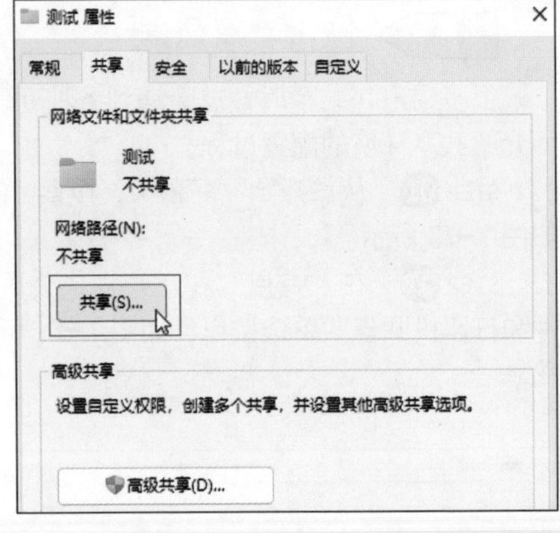


图 7-78

STEP 03 默认只有所有者有访问权，这里输入“everyone”，单击“添加”按钮，如图 7-79 所示。

STEP 04 添加该用户组后，单击其权限的“读取”下拉按钮，设置权限，完成后，单击“共享”按钮，如图 7-80 所示。

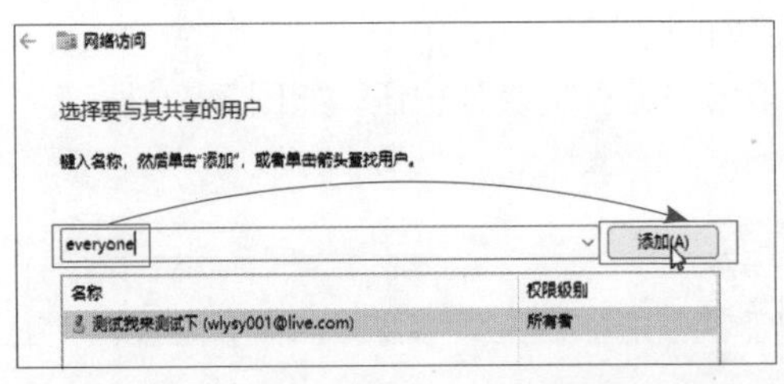


图 7-79

图 7-80

**拓展知识 权限说明**

“读取”的意思是可以访问该共享，可以下载其中的文件或者打开，但无法上传文件到该文件夹，也无法修改或者删除文件。“读取 / 写入”的意思是既可以上传也可以下载，还能够修改其中的文件。

完成后会弹出成功提示，如图 7-81 所示。

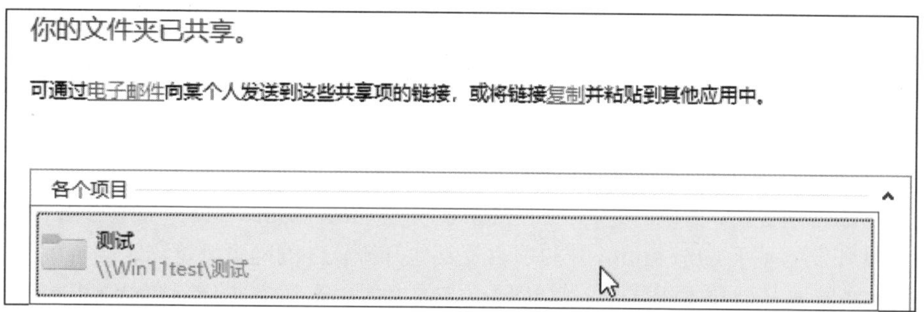


图 7-81

## 上手体验　访问共享文件夹

扫一扫　看视频

访问共享文件夹的方式有很多，最常用的是使用“Win+R”键启动“运行”对话框，输入“\\ 共享设备的 IP\”，单击“确定”按钮，如图 7-82 所示。然后就会弹出该设备的共享，如图 7-83 所示。

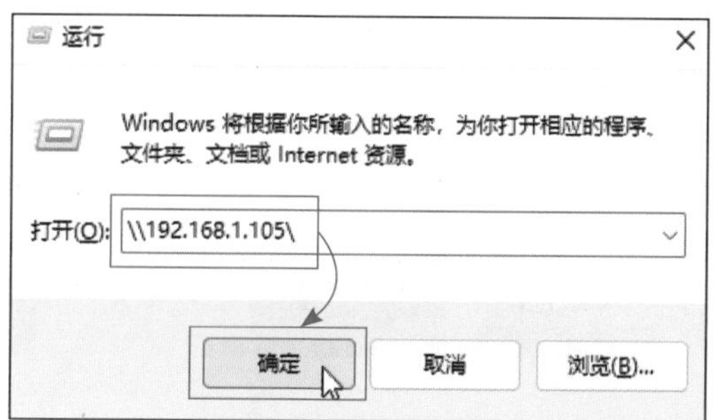


图 7-82

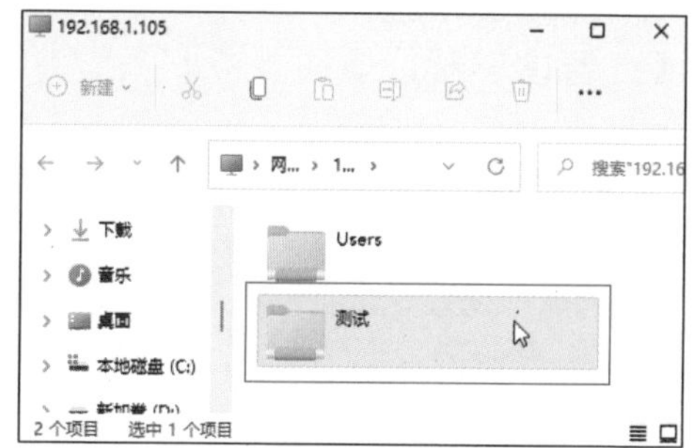


图 7-83

## 拓展知识　其他访问共享的方法

用户还可以在任务管理器中输入“\\ 共享设备的 IP\”，如图 7-84 所示。还可以双击“网络”，从中查看所有共享的主机，找到并访问共享的主机。

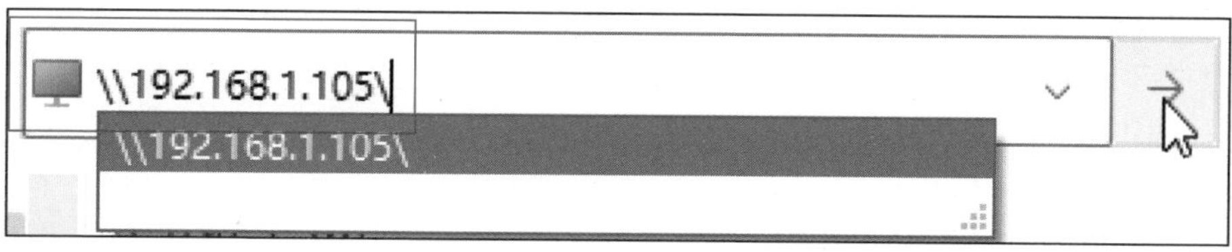


图 7-84

# 7.6 Edge 浏览器的使用

Edge 是 Windows 11 自带的浏览器，而传统的 IE 浏览器将在 2022 年退出市场，取而代之的就是更新、更快、更安全的 Edge 浏览器。Microsoft Edge（简称 ME 浏览器）是由微软开发的基于 Chromium 开源项目及其他开源软件的网页浏览器，与谷歌旗下的 Chrome 浏览器基础技术相同，能够实现更多的功能。本章主要介绍在 Windows 11 中如何使用 Edge 浏览器。

## 7.6.1 默认主页的设置

打开浏览器后，首先显示的页面叫做主页，为了方便，可以将主页设置为经常使用的网页或者导航网页，下面介绍具体的设置步骤。

STEP 01 在桌面上双击“Microsoft Edge”浏览器的图标，如图 7-85 所示。

STEP 02 单击右上角的“…”按钮，从列表中选择“设置”选项，如图 7-86 所示。

STEP 03 单击“设置”按钮，选择“开始、主页和新建标签页”选项，如图 7-87 所示。

STEP 04 单击“打开以下页面”单选按钮，单击“添加新页面”按钮，如图 7-88 所示。

STEP 05 输入默认主页的网址，单击“添加”按钮，如图 7-89 所示。这样在下次启动 Edge 时，会自动连接并打开该网站。

图 7-85

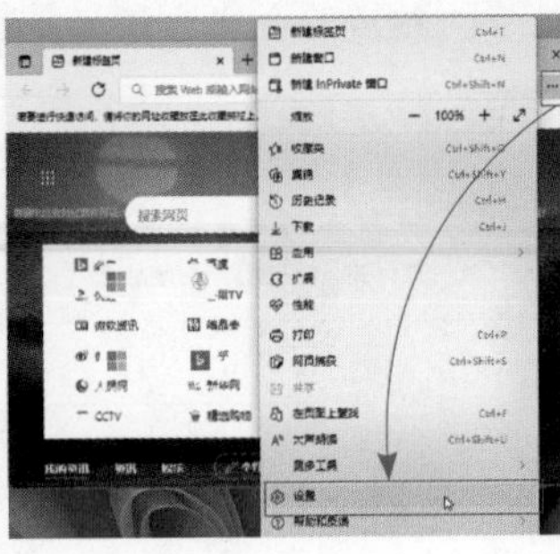

图 7-86

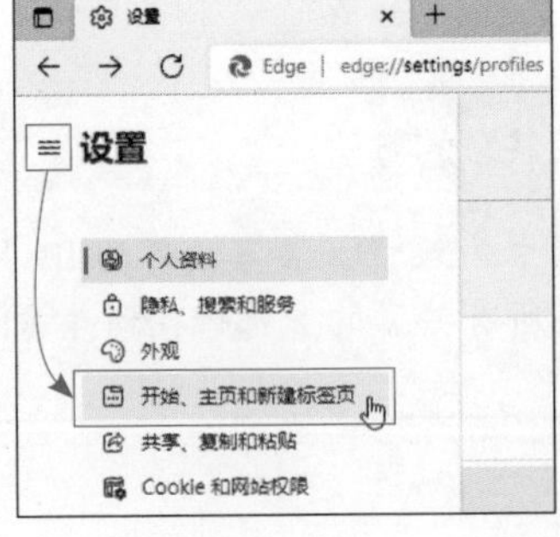


图 7-87

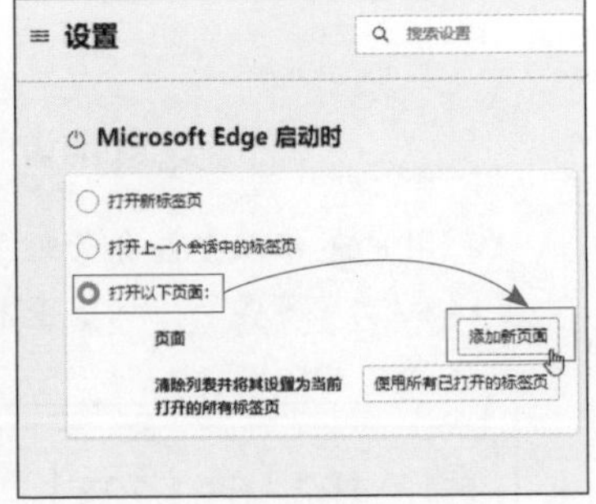


图 7-88

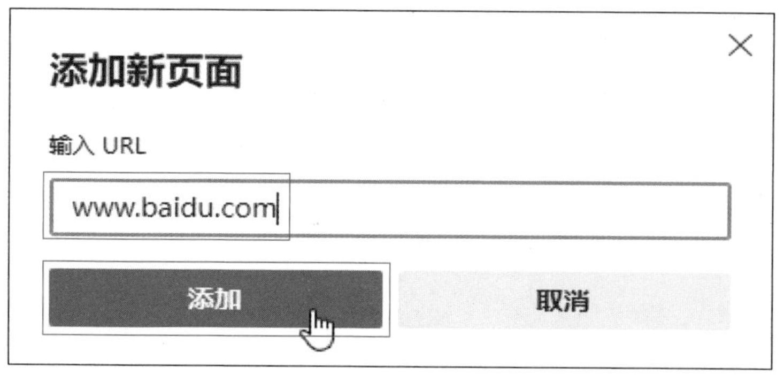


图 7-89

## 7.6.2 收藏夹的使用

将网址添加到收藏夹中，下次可以快速打开该网站。

STEP 01 打开某网站后，单击 Edge 浏览器地址栏后的“添加”按钮，如图 7-90 所示。在弹出的确认界面中，单击“完成”按钮，如图 7-91 所示。

图 7-90

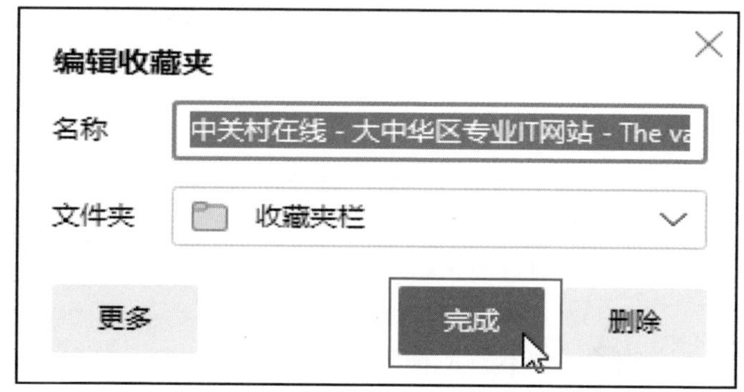


图 7-91

STEP 02 在地址栏单击“收藏夹”按钮，在弹出的收藏夹中，选择收藏的地址选项，如图 7-92 所示，就能快速打开该网页。

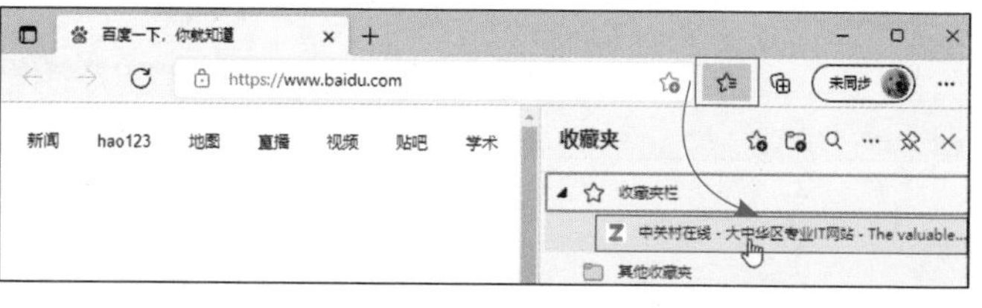


图 7-92

## 7.6.3 IE 兼容模式的使用

虽然现在大多数网站都支持了 Edge 浏览器和谷歌浏览器，但仍然有一些网站只支持传统的 IE 浏览器。在 Edge 中，可以设置在访问这些网站时使用 IE 模式。

STEP 01 进入浏览器的“设置”界面，单击“设置”按钮，选择“默认浏览器”选项，如图 7-93 所示。

STEP 02 单击“允许在 Internet Explorer 模式下重新加载网站”后的“默认值”下拉按钮，选择“允许”选项，如图 7-94 所示。

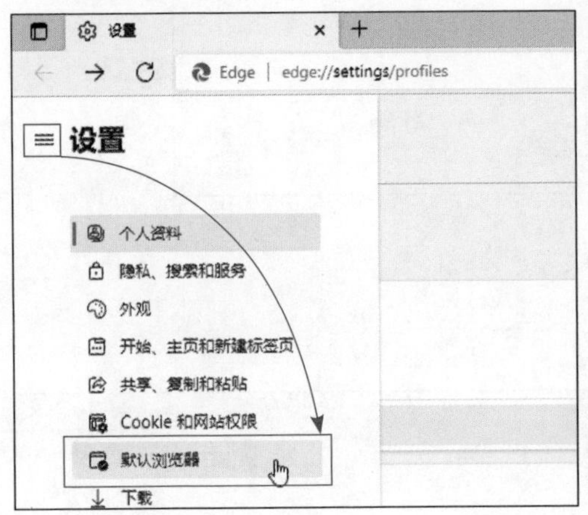


图 7-93

图 7-94

STEP 03 单击“重启”按钮，重启浏览器使设置生效，如图 7-95 所示。

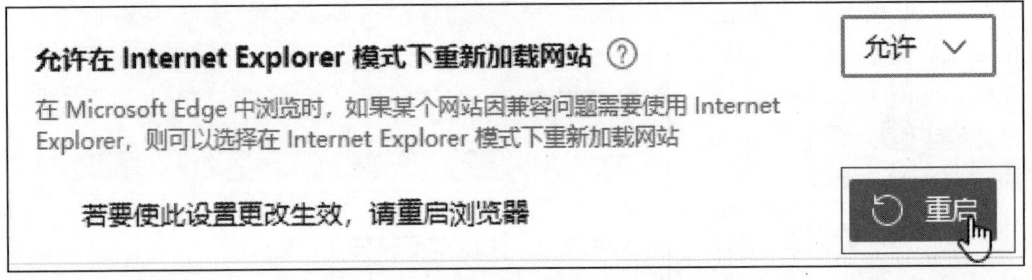


图 7-95

STEP 04 如果进入的网站需要 IE 模式，可以单击浏览器右上角“…”按钮，选择“在 Internet Explorer 模式下重新加载”选项，如图 7-96 所示。

图 7-96

## 7.6.4 浏览器插件的安装和使用

Edge 浏览器和谷歌 Chrome 浏览器一样，都可以安装小插件来实现更多实用的功能。下面就介绍浏览器插件的安装、使用和卸载的步骤。

（1）通过在线商城下载及安装插件

用户可以从网上下载 Edge 浏览器的插件，手动安装或者通过在线平台搜索下载及安装插件。

STEP 01　单击 Edge 浏览器右上角的“…”按钮，选择“扩展”选项，如图 7-97 所示。

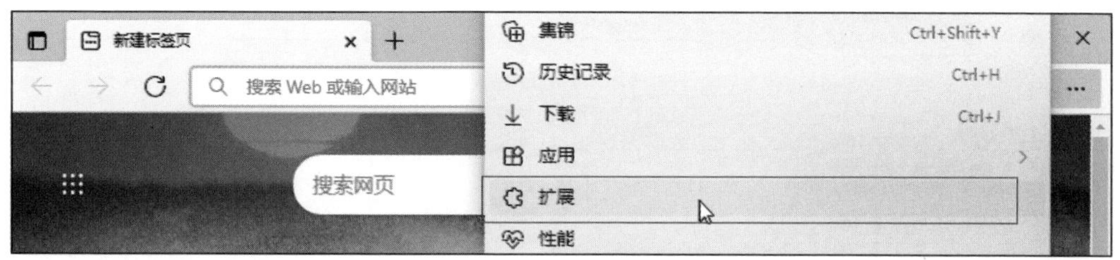


图 7-97

STEP 02　在“扩展”界面中，单击“获取 Microsoft Edge 扩展”按钮，如图 7-98 所示。

STEP 03　在打开的界面中，搜索需要的插件名称，在结果中单击“获取”按钮，如图 7-99 所示。

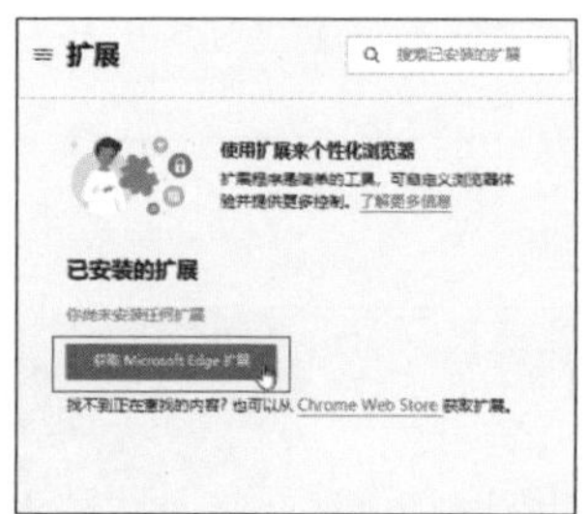


图 7-98

图 7-99

STEP 04　Edge 浏览器会弹出添加提示，单击“添加扩展”按钮，如图 7-100 所示。

STEP 05　稍等后，会弹出添加成功提示，用户到“扩展”界面中可以查看添加的所有插件，如图 7-101 所示。

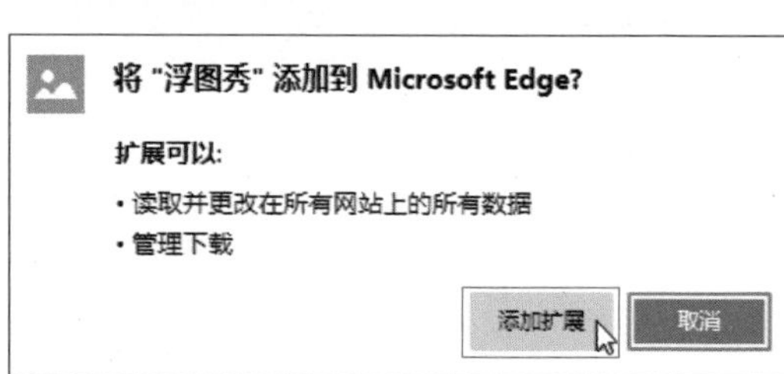


图 7-100

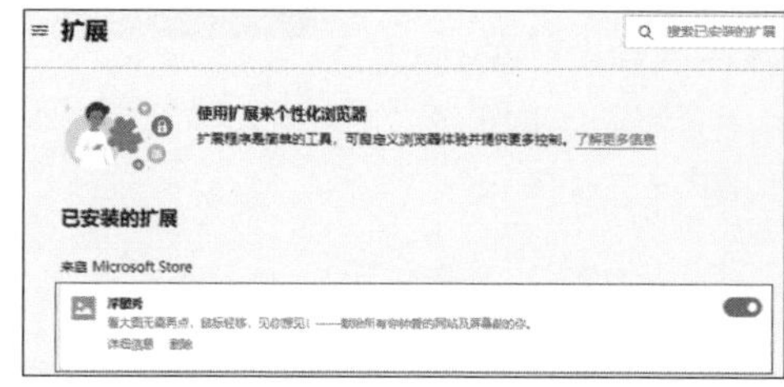


图 7-101

（2）通过文件安装插件

除了从插件商城中安装外，还可以将下载好的插件程序安装到浏览器中。

STEP 01 进入“扩展”界面，单击左上角的“扩展”按钮，如图 7-102 所示。

STEP 02 在弹出的窗格中，启动“开发人员模式”以及“允许来自其他应用商店的扩展”功能，如图 7-103 所示。

图 7-102

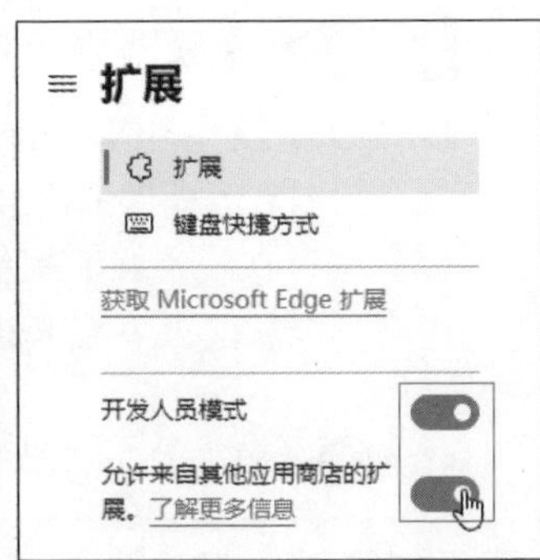


图 7-103

STEP 03 将插件文件拖入浏览器窗口中，松开鼠标进行安装，如图 7-104 所示。

STEP 04 接下来会弹出确认添加窗口，单击“添加扩展”按钮，添加插件，如图 7-105 所示。

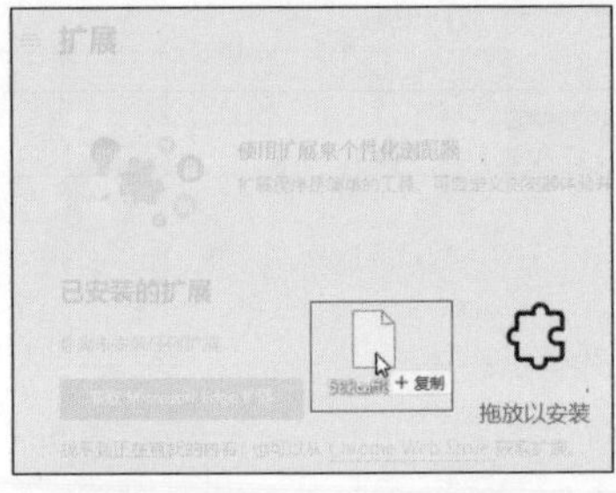


图 7-104

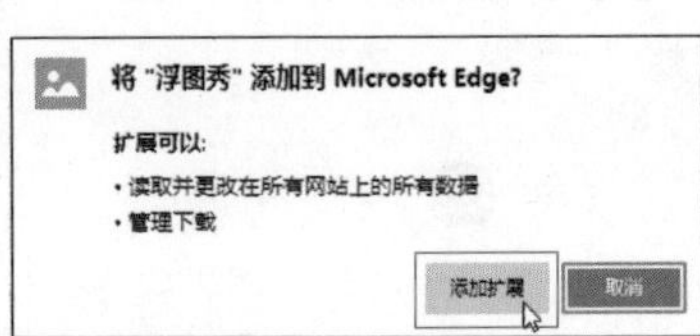


图 7-105

（3）插件的使用

不同的插件针对不同的网页或网页中的不同元素，如本例的“浮图秀”主要针对网页中的图片起到悬停放大的效果，读者可以进入含有图片的网页中，将鼠标悬停在图片上，就可以将图片放大浏览了，如图 7-106 所示。

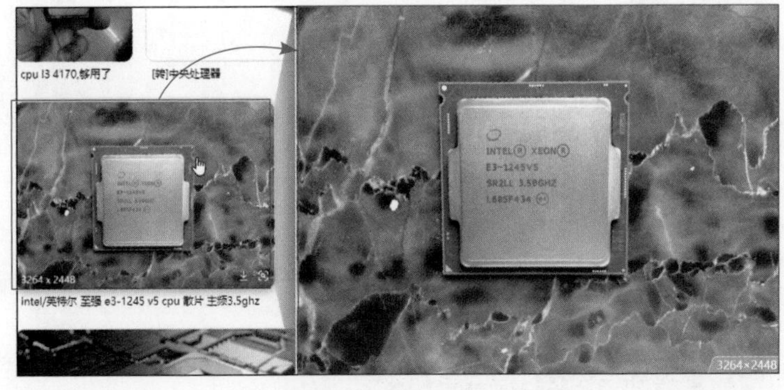


图 7-106

## 上手体验 插件的管理

扫一扫 看视频

安装好插件后，可以在“扩展”页面看到所有的插件，默认插件是启用状态，单击功能开关可以将该插件关闭，如图 7-107 所示。插件图标在地址栏右侧，如果该页面可以使用插件，则插件变为彩色，单击后会弹出插件配置窗口，不同的插件有不同的选项，如图 7-108 所示。

图 7-107

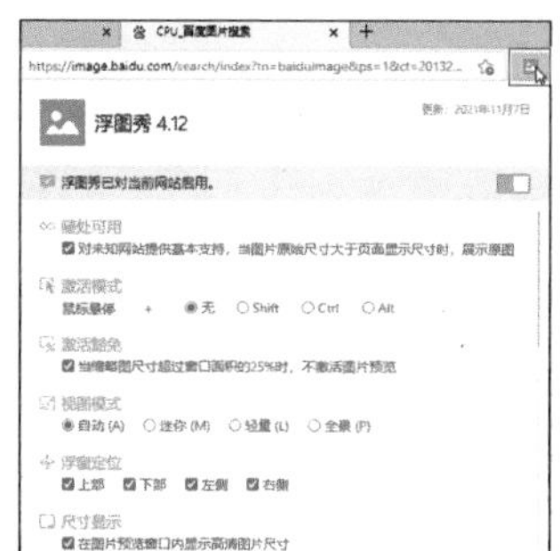


图 7-108

如果插件不再使用，可以在“扩展”中找到该插件，单击“删除”按钮，如图 7-109 所示，将该插件卸载掉。

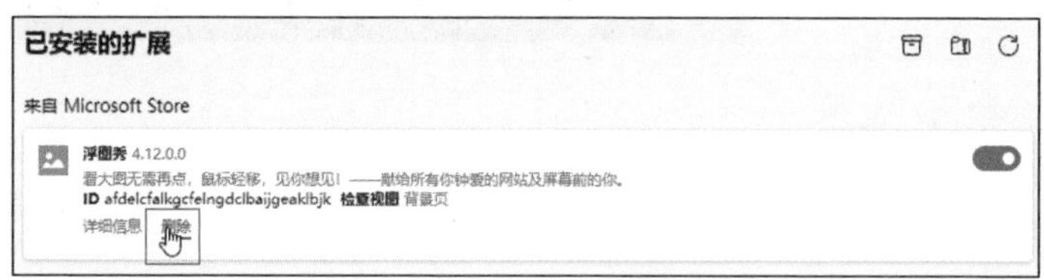


图 7-109

# 7.7 通过远程桌面管理电脑

远程桌面功能可以配置在局域网中，也可以通过广域网实现。它主要用来远程帮助其他用户远程处理电脑的故障，也可以在自己的两台电脑间使用，来远程办公或远程操作电脑。它因为简单方便，所以被广泛使用，在使用前需要开启远程协助的功能，下面介绍具体的操作步骤。

## 7.7.1 配置被控端的参数

需要别人来帮助的设备叫做被控端，被控端需要先进行设置，别人（主控端）才能访问本电脑。

**STEP 01** 使用“Win+I”组合键启动“设置”界面，在“系统”选项组中，单击“远程桌面”按钮，如图 7-110 所示。

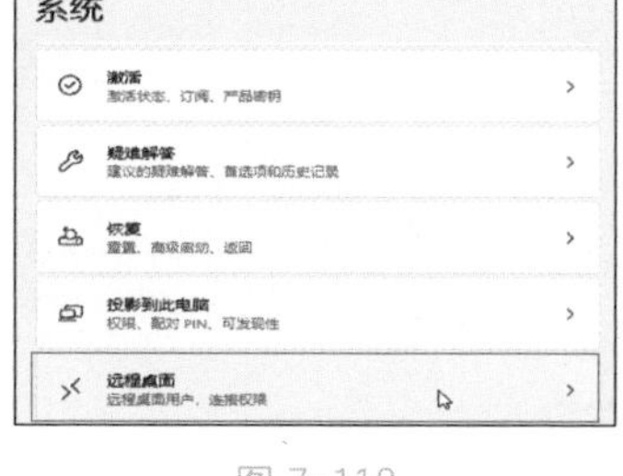

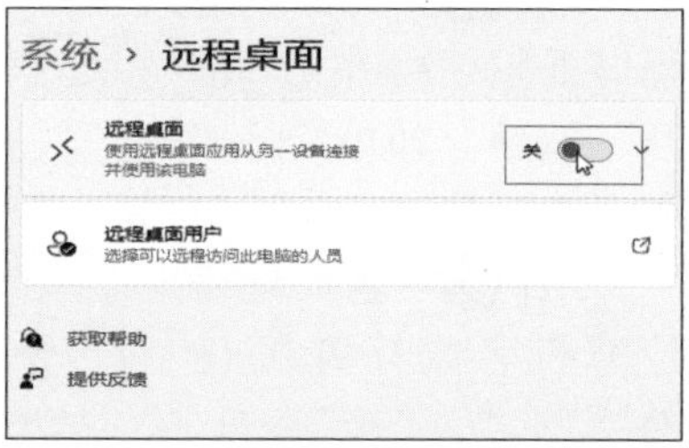

图 7-110

图 7-111

**STEP 02** 在“远程桌面”设置界面中，打开功能开关，如图 7-111 所示。

**STEP 03** 系统提示是否启用，单击“确认”按钮，如图 7-112 所示。

**STEP 04** 功能被启动后，系统提示可以使用电脑名称连接到该电脑，用户可以通过 Ping 命令检测是否可以 Ping 通该主机，如图 7-113 所示。

**STEP 05** 测试结束，回到设置界面，单击“远程桌面用户”后的“设置”按钮，如图 7-114 所示。

**STEP 06** 系统提示当前登录的用户具有访问权限，单击“确定”按钮，如图 7-115 所示。

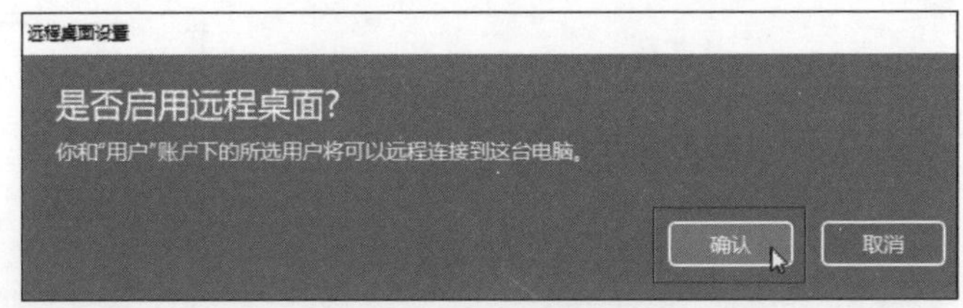


图 7-112

图 7-113

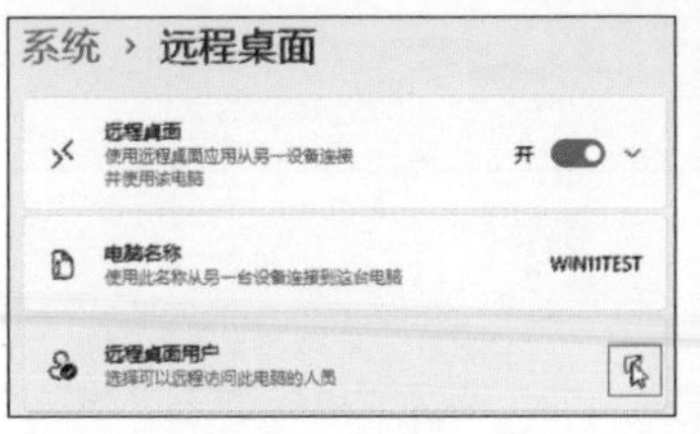


图 7-114

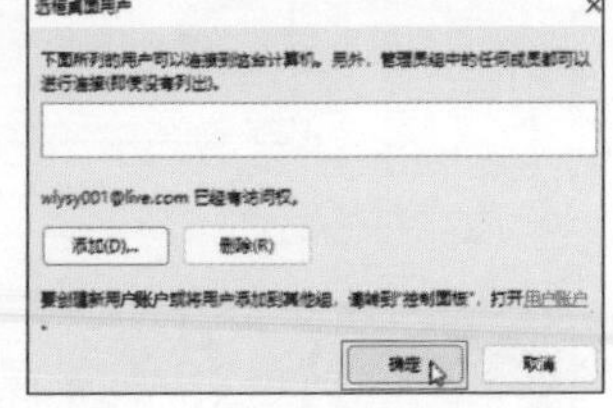


图 7-115

## 〈 拓展知识 〉 添加远程访问的用户

默认情况下，管理员组中的任何成员都可以使用远程桌面功能远程访问本电脑，即便没有列出，但其他类型用户如果需要访问，也必须在这里添加。

### 7.7.2 启动远程访问

主控端的电脑，需要在 Windows 中启动远程访问程序才能远程连接此电脑。

**STEP 01** 搜索“远程桌面连接”，单击“打开”按钮，如图 7-116 所示。

**STEP 02** 输入远程计算机名或计算机 IP 地址，单击“连接”按钮，如图 7-117 所示。

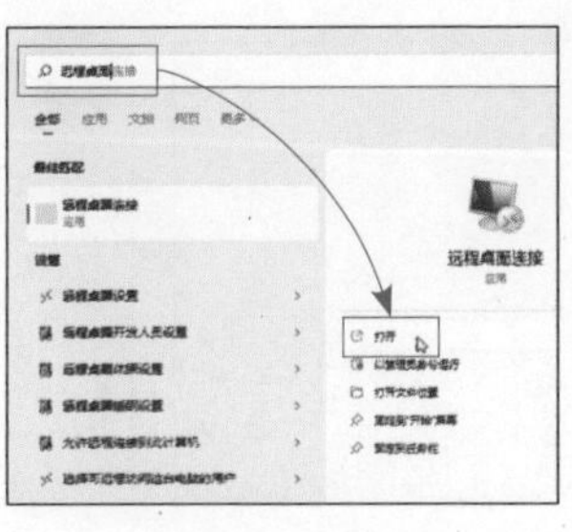


图 7-116

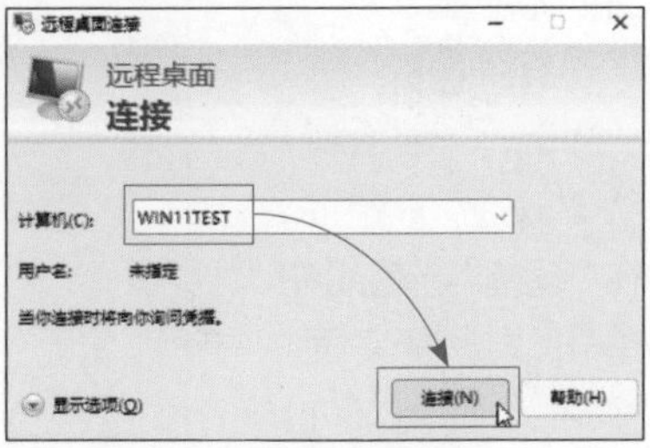

图 7-117

STEP 03　输入管理员账户和密码或者允许的其他用户账户和密码，勾选“记住我的凭据”复选框，单击“确定”按钮，如图 7-118 所示。

STEP 04　系统进行安全提示，单击“是”按钮，如图 7-119 所示。

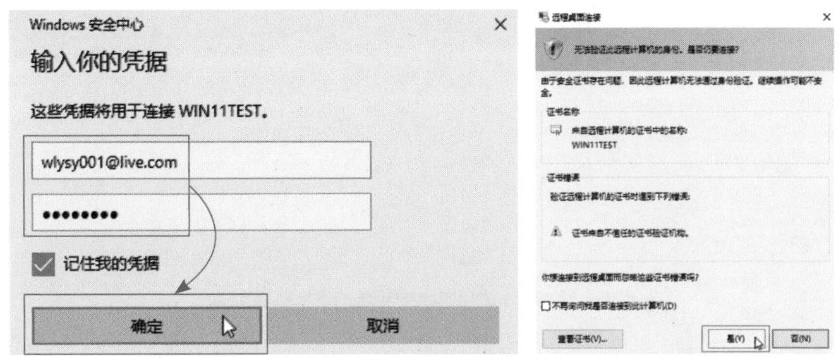


图 7-118　　图 7-119

STEP 05　被控主机的当前登录会被注销，主控端会显示其桌面环境，如图 7-120 所示，在这里可以实现远程控制、传输文件等操作，和使用本地电脑一样。

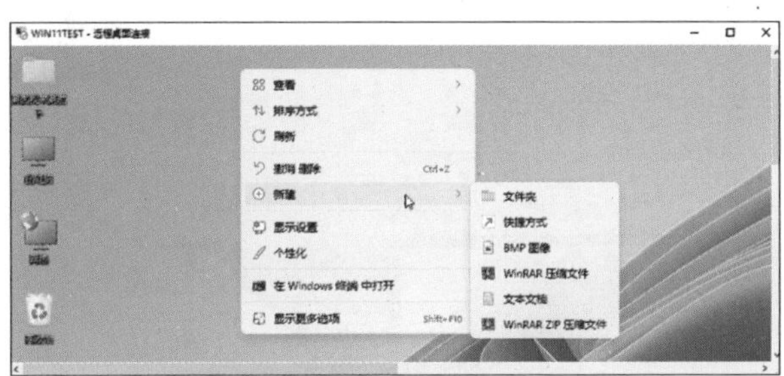

图 7-120

## 拓展知识　连接配置

在连接前，还可以设置连接后的分辨率、清晰度等，如图 7-121 及图 7-122 所示。

图 7-121

图 7-122

系统维护篇

# 第 8 章 磨刀不误砍柴工——性能监控及系统优化

在使用电脑的过程中，系统会协调内部各硬件，利用硬件的特性完成各种复杂的计算和存储过程。但有时电脑出现问题后，系统就无法正常地进行协调，就会出现电脑卡顿、响应速度慢的情况。此时要查看系统的状态变化，来确定并排除故障。而且要定期对系统进行优化设置，让系统长期处于正常且高效的运行状态。

**本章重点难点：**

任务管理器的使用 ⟷ 实时监控电脑状态 ⟷ 存储感知的配置

磁盘的清理 ⟷ 使用第三方软件优化系统

# 8.1 任务管理器的使用

任务管理器的作用就是查看当前的系统进程、硬件占用率等情况。在系统出现不正常的情况时，可以到任务管理器中查看是否有程序异常或硬件资源占用过高的情况。下面介绍任务管理器的使用。

## 8.1.1 启动任务管理器

Windows 10 及之前的操作系统可以在任务栏上单击鼠标右键，启动任务管理器，但 Windows 11 的任务栏重新调整了，所以启动任务管理器可以按照下面的步骤进行。

**STEP 01** 在“开始”按钮上单击鼠标右键，选择“任务管理器”选项，如图 8-1 所示。

**STEP 02** 接着就会弹出“任务管理器”的窗口，如图 8-2 所示。

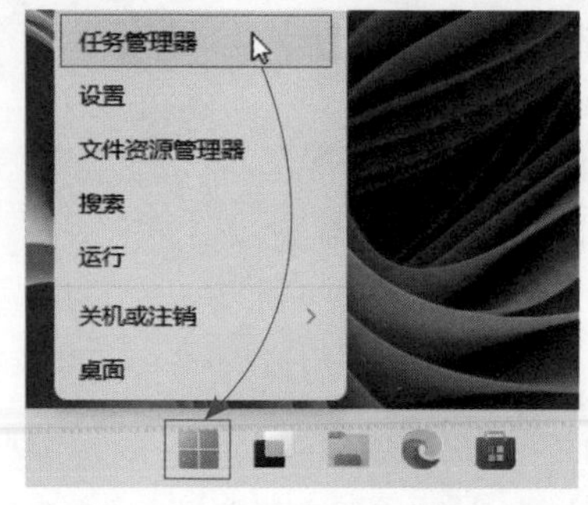


图 8-1

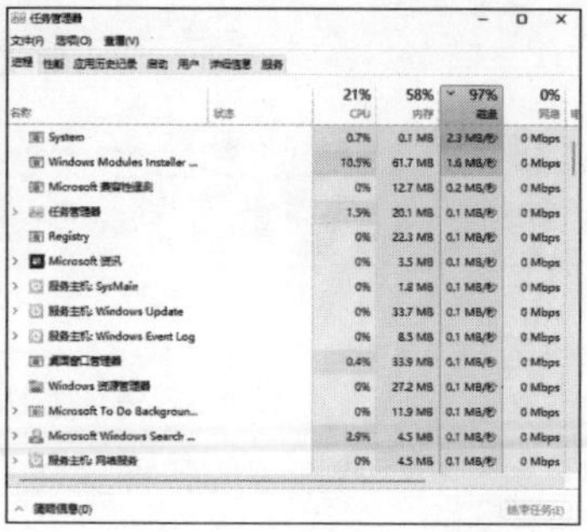

图 8-2

### 〈拓展知识〉快速调出任务管理

**用户可以使用“Ctrl+Shift+Esc”组合键快速调出任务管理器。**

## 8.1.2 查看并结束异常的进程

在 Windows 系统中，程序都是以进程的方式存在，每个进程都是该程序的一个实例，每个程序可以有多个进程。如果在系统中发现异常的进程，如占用率过高、可能是病毒或木马、失去响应等情况，可以先结束该进程，再处理程序的故障问题。接下来介绍查看进程及结束进程的步骤。

**STEP 01** 在任务管理器的“进程”选项卡中，可以查看到各种进程以及每个进程的资源占用情况，单击“CPU”按钮，则所有进程按照 CPU 占用情况进行排序，并且可以实时更新，如图 8-3 所示。

**STEP 02** 在标题栏单击鼠标右键，选择“PID”选项，如图 8-4 所示，调出进程号，以便与其他软件或命令配置，快速定位到异常进程。

## 〈 拓展知识 〉 红色的框体

红色的框体代表该资源的占用率非常高，用户需要检查是软件问题还是系统问题，或者系统中是否有病毒、木马的进程。

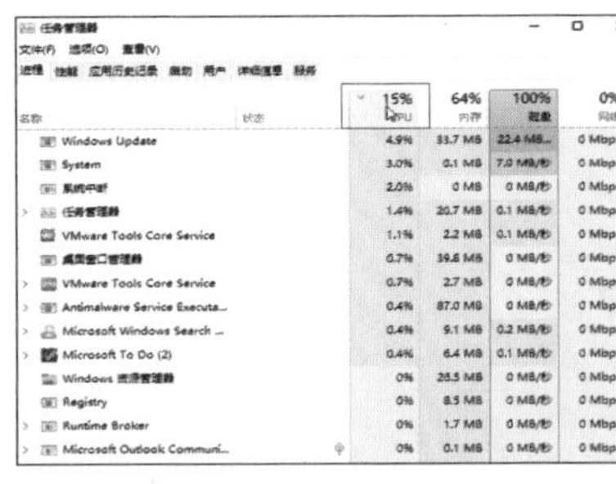

图 8-3

图 8-4

**STEP 03** 找到要结束的进程，在进程上单击鼠标右键，选择“结束任务”选项，如图 8-5 所示。

**STEP 04** 该任务被结束掉，在进程中也消失了。在进程上单击鼠标右键，选择“打开文件所在的位置”选项，如图 8-6 所示，可以快速进入该程序所在的文件夹，查看该程序文件。

图 8-5

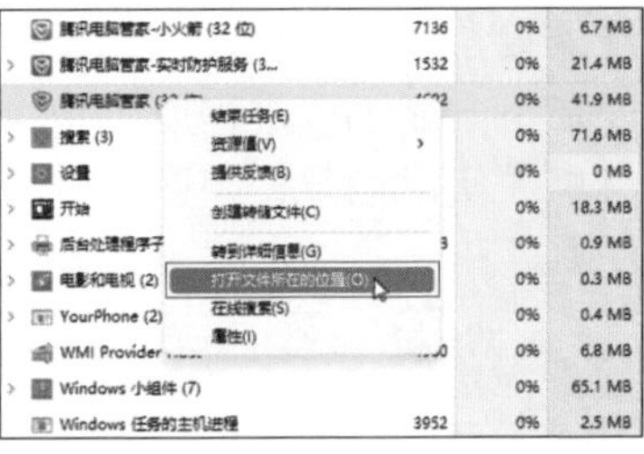

图 8-6

## 〈 拓展知识 〉 无法结束进程

一些系统程序的进程是无法结束的，选项变成了灰色，或者弹出“无法终止进程”的对话框，如图 8-7 所示。另外，进程是否可以结束或者该进程是否是非法程序，可以搜索相关资料来了解。

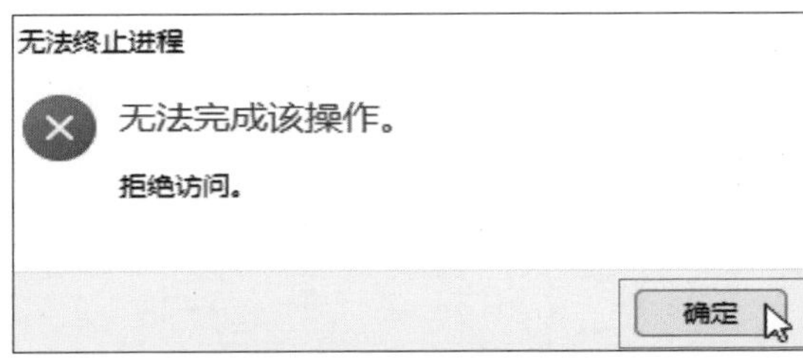


图 8-7

### 8.1.3 查看实时硬件占用情况

通过“进程”选项卡可以查看到其占用硬件的情况，通过“性能”选项卡，可以查看到当前硬件的使用情况。

STEP 01 单击“性能”选项卡，可以查看到当前各硬件的使用占比情况和硬件的各种信息。如选择“CPU”选项，可以查看到CPU的型号、利用率、频率、运行时间等，如图8-8所示。单击下方的“打开资源监视器”链接，如图8-9所示。

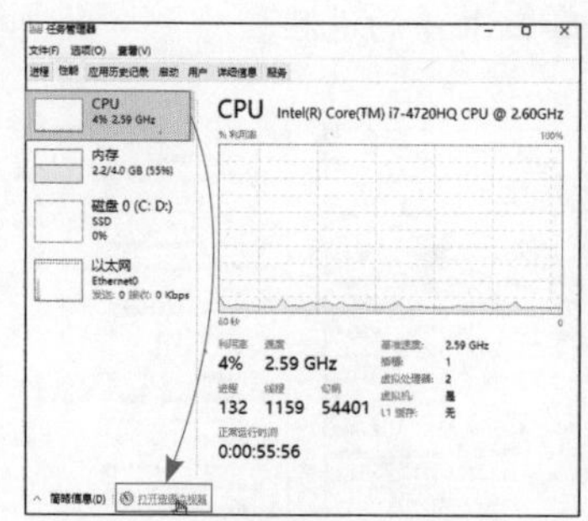

图 8-8

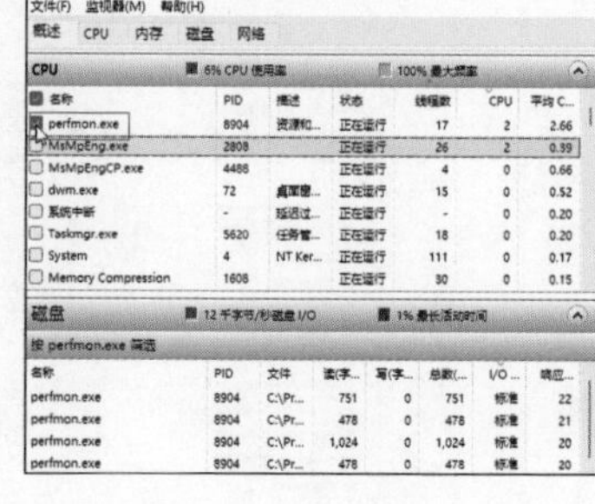

图 8-9

STEP 02 在其中勾选需要监视的进程，可以在下方显示该进程所有相关实时信息，如图8-10所示。

STEP 03 返回到上级后，可以选择“内存”“硬盘”或“以太网”，来查看当前这些硬件的占用情况，如图8-10及图8-11所示。

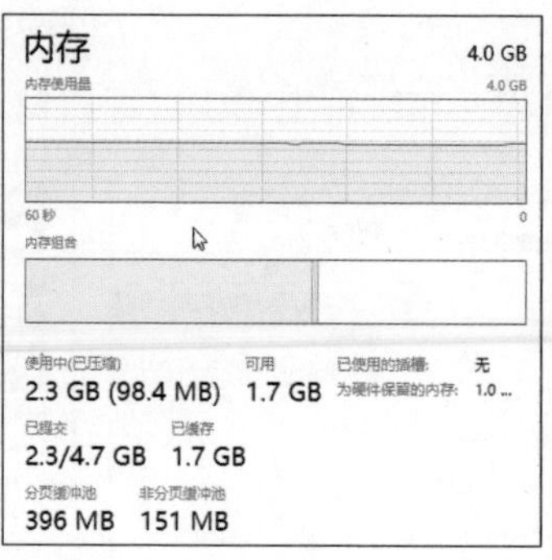

图 8-10

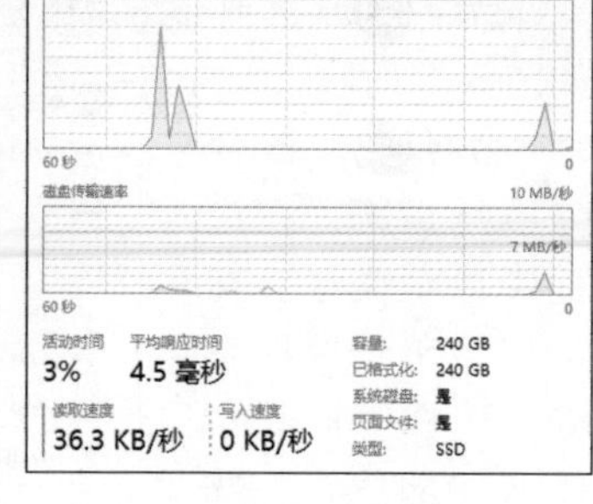

图 8-11

#### 上手体验 在其他选项卡查看系统信息

扫一扫 看视频

在“应用历史记录”选项卡可以查看系统应用占用的资源情况的统计记录，从“用户”选项卡中，可以查看到多用户状态下每个用户的资源占用情况。从“详细信息”选项卡中，可以查看到各种程序的详细信息，如图8-12所示。从“服务”选项卡中，可以查看到当前运行的各种服务，如图8-13所示。

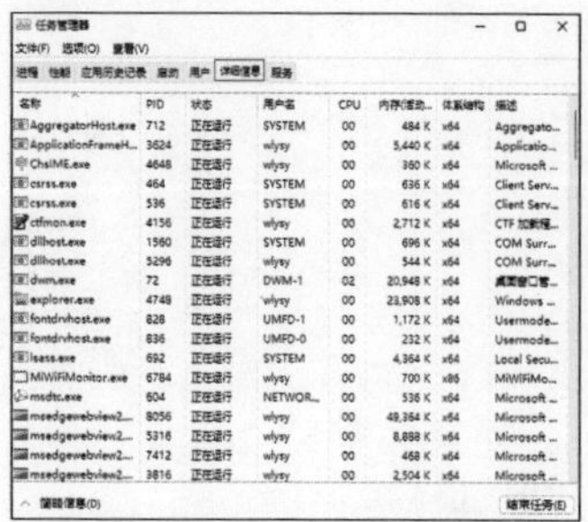

图 8-12

图 8-13

# 8.2 实时监测电脑的性能

虽然任务管理器显示非常全面，但日常监测中主要关注几个参数：CPU 占用率、内存占用率、硬盘使用率等。下面将对系统自带的监测软件和第三方监测软件的相关知识及使用方法进行介绍。

## 8.2.1 使用 Xbox Game Bar 进行性能监测

Xbox Game Bar 是从 Windows 10 起系统自带的截屏及录像工具，可以方便地记录游戏中的画面。不过下面主要介绍 Xbox Game Bar 一个非常有用的小组件，可以实时显示电脑的硬件利用率数据。

STEP 01　打开“开始”屏幕，搜索 Xbox Game Bar，单击“打开”按钮，如图 8-14 所示。

STEP 02　在弹出的界面中，找到“性能”卡片，将其移动到合适的位置并单击“固定”按钮，如图 8-15 所示。

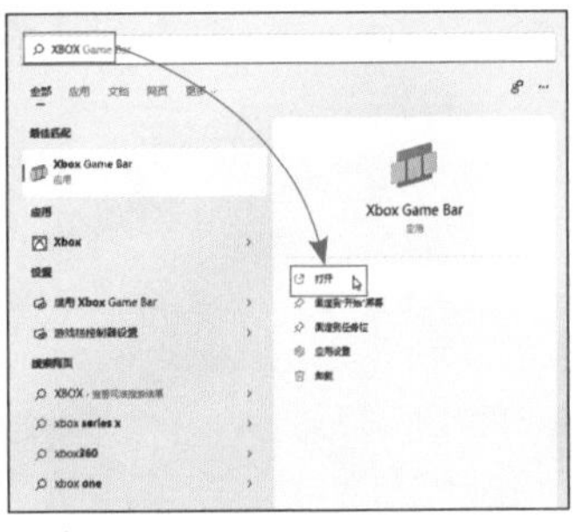


图 8-14

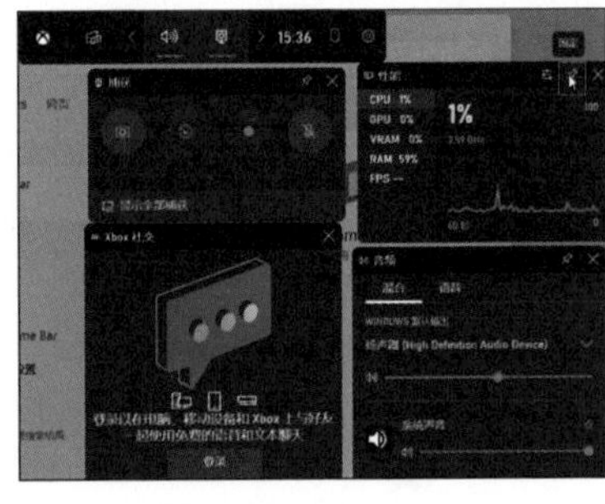

图 8-15

### 拓展知识 Xbox Game Bar 的功能板块

**除了“性能”板块外，还有调节声音的“音频”板块，可以与好友交流的“Xbox 社交”板块，可以截屏、录像的“捕获”板块以及最上方的功能控制板块。**

STEP 03　单击其他位置或按“Esc”键后，除“性能”板块外，其他板块会隐藏起来。默认检测的是 CPU 的占用率，选择“RAM”选项，可以检测内存使用情况，如图 8-16 所示。选择“GPU”选项，可以检测显卡的使用情况，如图 8-17 所示。

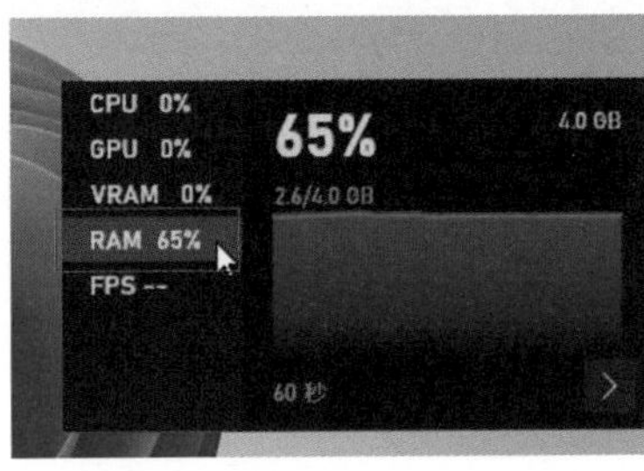


图 8-16

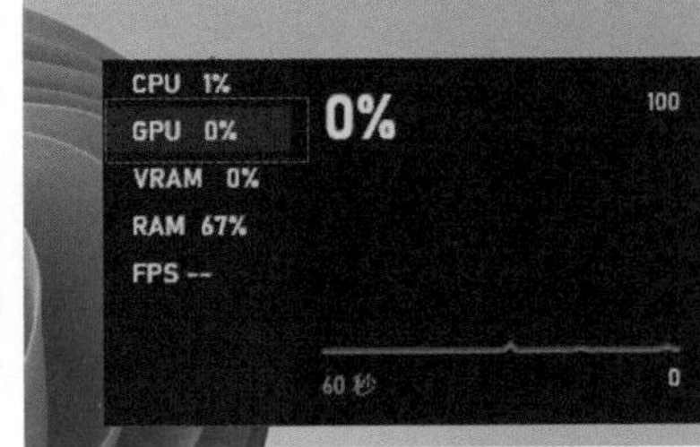


图 8-17

**〈 拓展知识 〉 其他选项的功能**

“VRAM”检测的是显存的使用情况；“FPS”是检测游戏中的帧数，启动游戏后会显示。

### 8.2.2 使用第三方软件进行性能监测

除了使用 Xbox Game Bar 外，用户还可以使用一些第三方的小型软件进行监测，接下来以“TrafficMonitor”监测软件为例展开介绍。该软件体积小巧、占用内存少、不需要安装、按需启动即可，下面介绍该软件使用的方法。

**STEP 01** 搜索并下载软件后，双击主程序图标就可以启动该软件了，如图 8-18 所示。

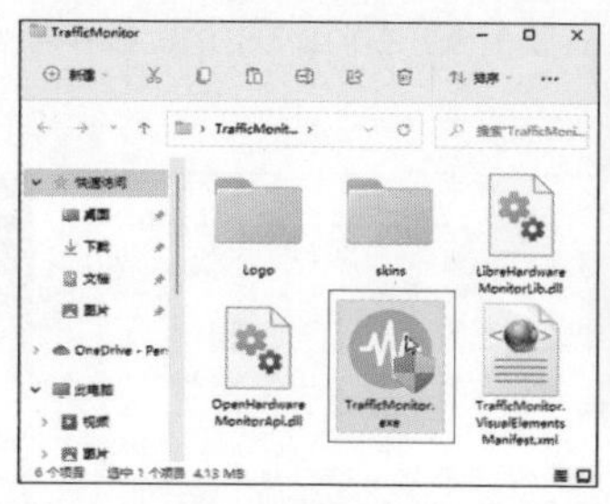

图 8-18

图 8-19

**STEP 02** 在桌面右侧会有悬浮框显示网速，在其上单击鼠标右键，选择“显示更多信息”选项，如图 8-19 所示。

**STEP 03** 此时悬浮框还显示 CPU 和内存的利用率。将鼠标悬停在悬浮框上，还可以显示更多信息，如图 8-20 所示。

图 8-20

## 8.3 手动优化 Windows 11

因为 Windows 系统本身的磁盘管理、存储策略和运行方式的原因，在使用过程中会产生磁盘碎片、垃圾文件等问题。所以在日常使用过程中，就要定期对系统进行设置的调整、垃圾文件的清理和磁盘碎片的整理。下面就介绍不使用第三方软件，手动对系统进行优化的过程。

### 8.3.1 禁用自启动软件

有些软件在安装后会自动随系统的启动而启动，不仅占用内存，而且拖慢开机速度，可以关闭这些软件的自启动功能，在需要时再启动。下面介绍具体的设置步骤。

STEP 01 使用“Win+I”键启动“设置”界面，选择“应用”选项，如图 8-21 所示。

STEP 02 从“应用”界面的列表中，单击“启动”按钮，如图 8-22 所示。

STEP 03 Windows 11 会将所有开机启动的项目罗列出来，用户可以单击需要关闭开机启动的程序后的开关，就可以禁止该程序开机启动，如图 8-23 所示。

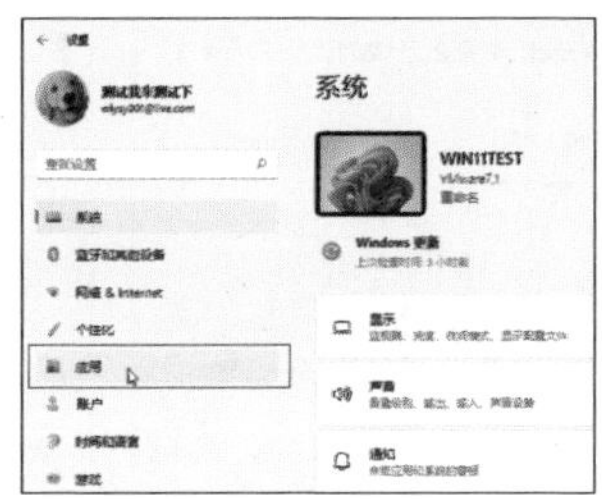

图 8-21

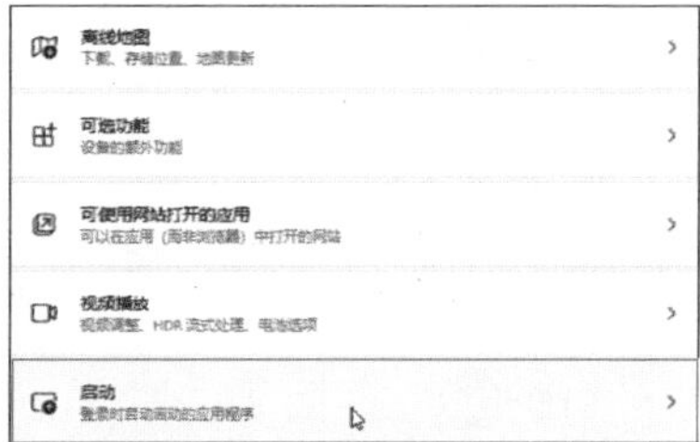

图 8-22

图 8-23

图 8-24

## 拓展知识 其他禁用开机启动的方法

用户也可以启动“任务管理器”，在“启动”选项卡显示的开机程序上单击鼠标右键，选择“禁用”选项，也可以禁止该程序开机启动，如图 8-24 所示。

## 8.3.2 设置系统默认应用

在安装了新的程序后，默认文件的打开方式会被更改，有时也需要修改某些类型文件的打开方式。这时可以通过设置默认应用来完成，下面介绍具体的操作步骤。

### （1）通过扩展名更换默认应用

前面介绍了扩展名可以区别不同的文件类型，来确定打开方式。可以通过扩展名来指定该类文件该由哪个程序打开。

STEP 01 从“设置”进入“应用”界面中，从列表中单击“默认应用”按钮，如图 8-25 所示。

STEP 02 在“默认应用”界面中，输入要搜索的文件类型扩展名，如输入“.mp4”，此时会显示该文件由“电影和电视”打开，用户可以单击后面的“更改”按钮，如图 8-26 所示。

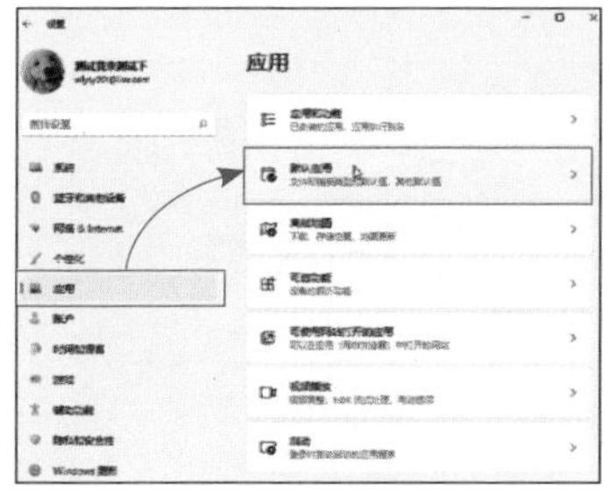

图 8-25

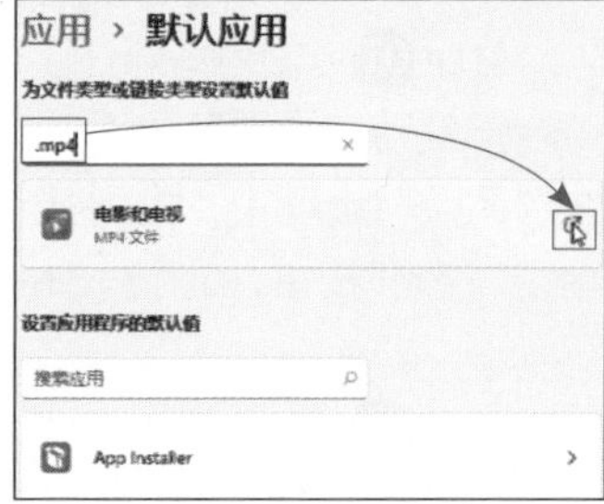



图 8-26

**STEP 03** 从列表中，选择其他打开该类文件的程序，如“Windows Media Player”，单击“确定”按钮，如图 8-27 所示。

**STEP 04** 返回到“默认应用”界面中，可以查看到该类型的文件已经默认使用“Windows Media Player”打开了，如图 8-28 所示。

图 8-27

图 8-28

（2）通过现在的默认程序来重新指定

除了通过扩展名指定外，还可以通过现在的打开程序，找到该类型的文件，进而更换打开的程序。下面介绍操作步骤。

**STEP 01** 在“默认应用”列表中，找到现在打开的程序，如“电影和电视”，单击该按钮，如图 8-29 所示。

**STEP 02** 从列表中找到“.mp4”项，如图 8-30 所示，更换步骤同前面一样。

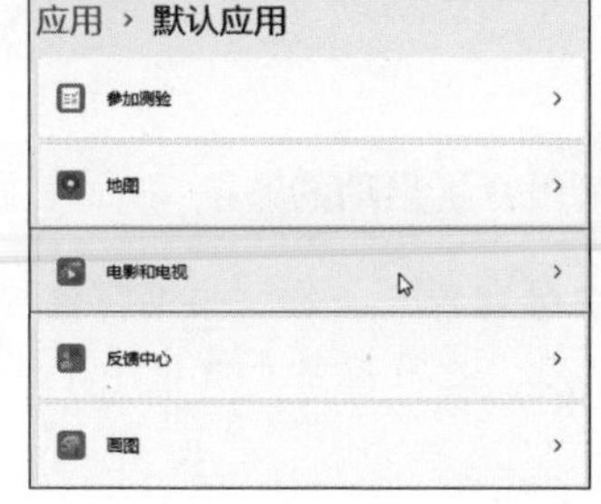


图 8-29

图 8-30

## 8.3.3 系统垃圾的清理

Windows 在运行过程中会产生大量的临时文件和缓存文件，占用硬盘的空间，定期对系统进行清理可以加快软件的读取和运行速度。下面介绍具体的操作步骤。

（1）手动清理文件

用户可以手动清理系统产生的临时文件，下面将对其具体操作过程进行介绍。

**STEP 01** 使用“Win+I”组合键启动“设置”界面。在“系统”选项中，找到并单击“存储”按钮，如图 8-31 所示。

**STEP 02** Windows 11 会自动统计磁盘的使用情况并自动分类。单击“临时文件”按钮，如图 8-32 所示。

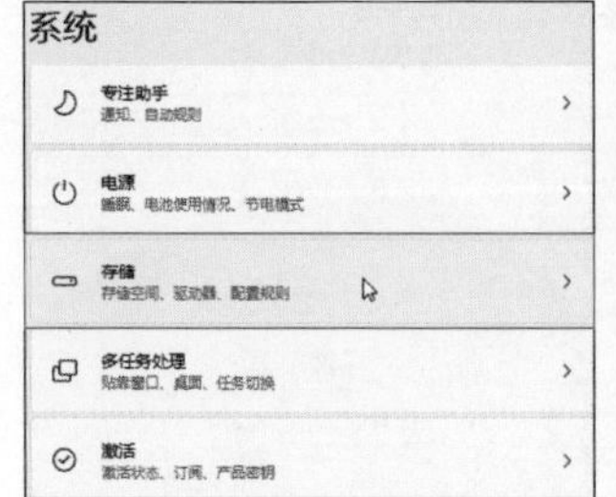


图 8-31

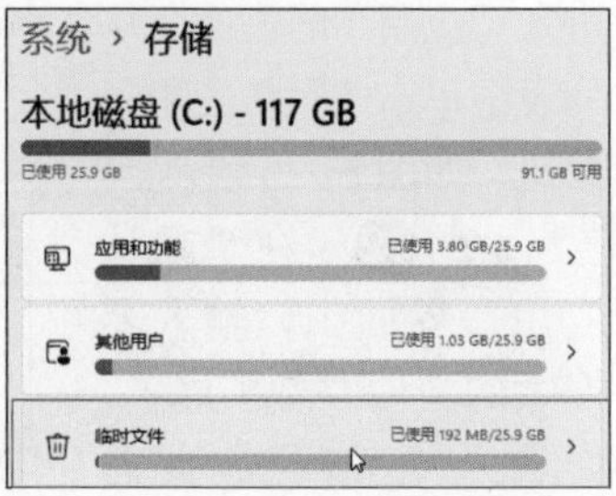

图 8-32

STEP 03 在界面中勾选需要删除的项目，单击“删除文件”按钮，如图 8-33 所示。

STEP 04 确认后，自动清除选中的文件，完成后，如图 8-34 所示。

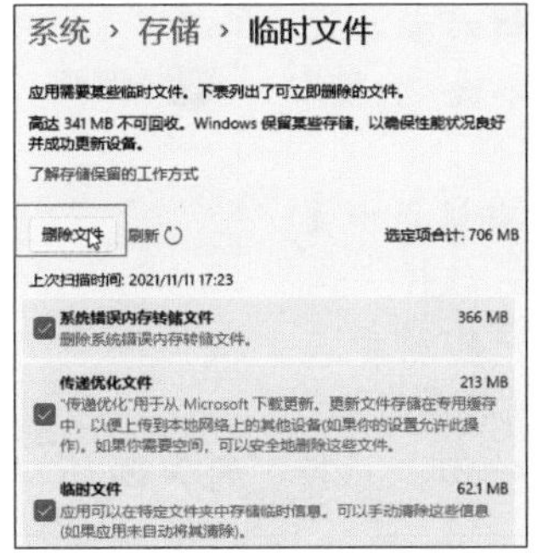


图 8-33

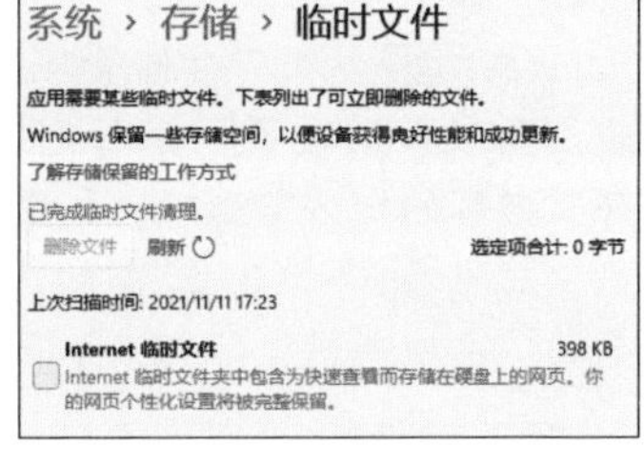


图 8-34

### （2）存储感知的配置

从 Windows 10 开始，系统便自带了存储感知的功能。它可以自动统计电脑中的临时文件和其他不需要的文件，按照设定周期自动删除这些文件以达到自动释放空间的目的。下面介绍存储感知的配置方法。

STEP 01 从“设置”中进入“存储”管理界面，找到并单击“存储感知”的开关按钮，开启存储感知，如图 8-35 所示。然后单击“存储感知”按钮，进入下级设置界面。

STEP 02 在“配置清理计划”中，设置“运行存储感知”的时间，设置为“每天”，回收站存放时间设置为“14 天”，如图 8-36 所示。

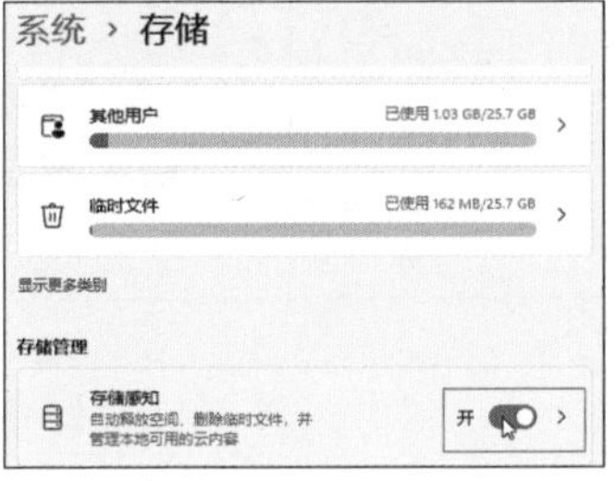


图 8-35

图 8-36

STEP 03 其他保持默认，在最下方，单击“立即运行存储感知”按钮，如图 8-37 所示。

STEP 04 系统会自动统计并清理，完成后会有提示，如图 8-38 所示。

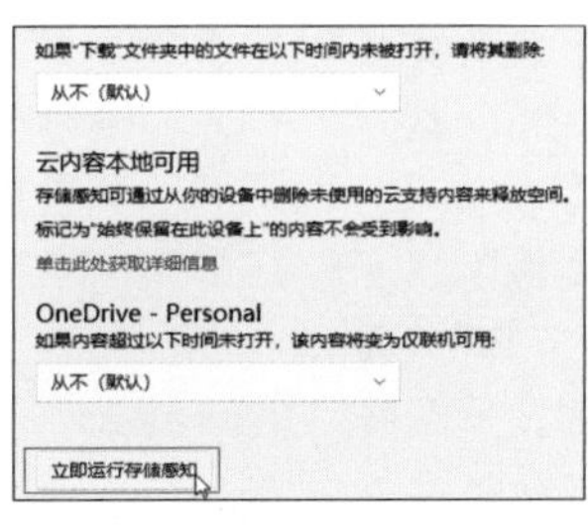


图 8-37

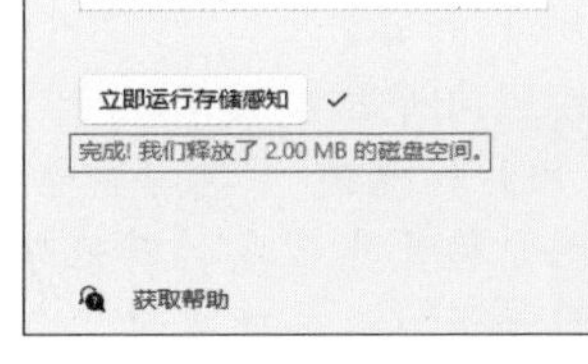


图 8-38

## 上手体验 更改默认存储位置

扫一扫 看视频

在 Windows 中，系统会自动生成很多默认文件夹，如“下载”“音乐”“视频”“图片”“文档”等。因为 Windows 存储策略的关系，这些文件夹默认都位于系统盘。如果用户的电脑水平不高，可能会将文件都存到默认目录，会使 C 盘可用空间越来越小，最终会影响系统的工作状态。可以将这些默认文件夹从 C 盘设置为其他分区，新增加的内容将不会自动保存到系统分区，从而减缓系统盘的空间压力。接下来介绍具体的操作步骤。

STEP 01 使用“Win+I”键启动“设置”界面，从“系统”中找到并单击“存储”按钮，如图 8-39 所示。

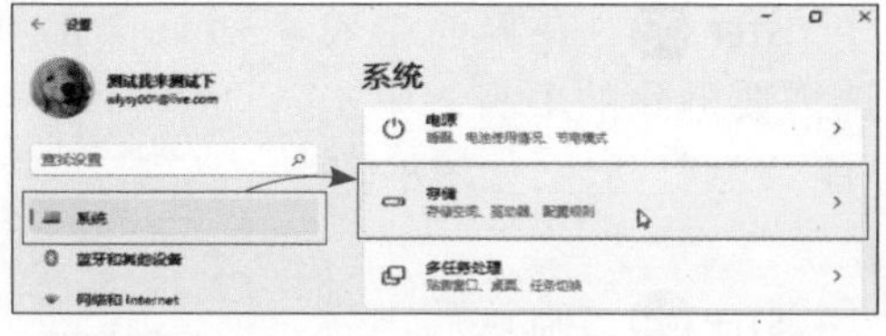

图 8-39

STEP 02 从“存储管理”中找到并展开“高级存储设置”下拉列表，选择“保存新内容的地方”选项，如图 8-40 所示。

STEP 03 如单击“新的应用将保存到”下的“本地磁盘（C：）”下拉按钮，选择“新加卷（D：）”选项，如图 8-41 所示。

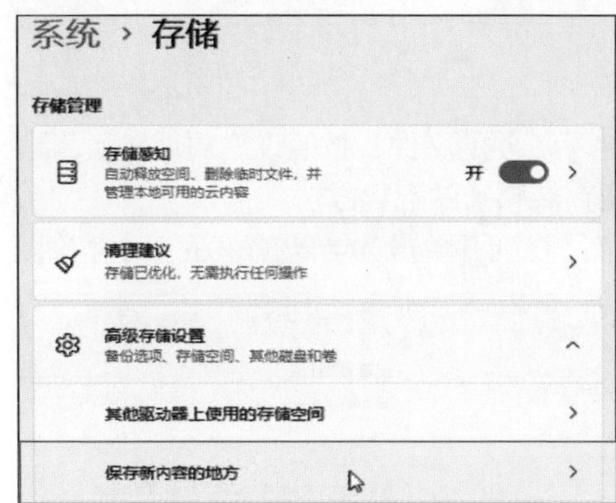


图 8-40

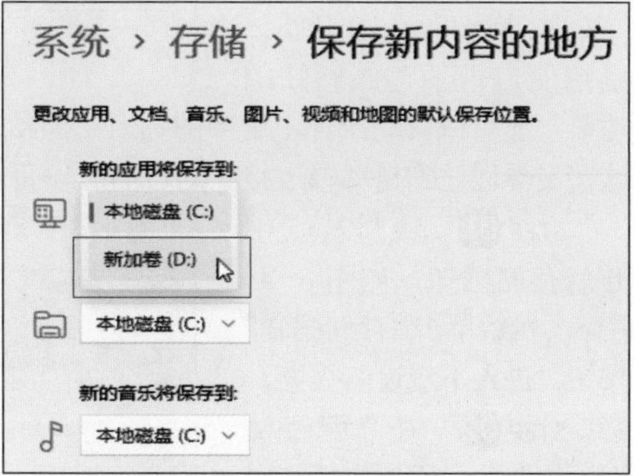


图 8-41

STEP 04 单击“应用”按钮，如图 8-42 所示。

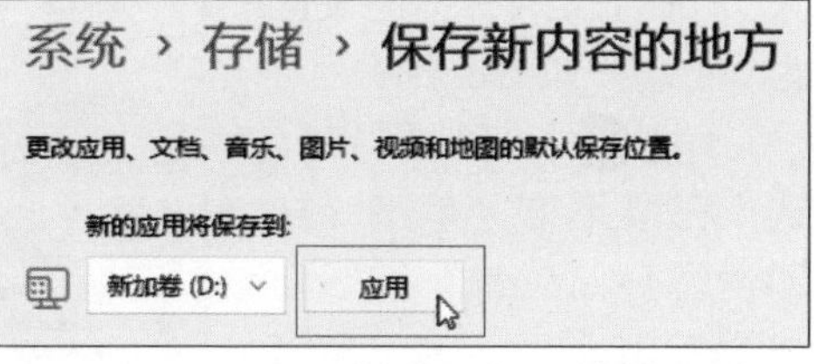


图 8-42

STEP 05 在微软商店中再下载及安装应用的话，会自动将该应用安装到 D 盘，如图 8-43 所示。

按照同样的方法可以将“文档”“音乐”“照片和视频”“电影和电视节目”“离线地图”移至非 C 盘的其他分区。当系统需要自动保存这些项目时，会自动保存至指定分区中。

排序依据: 名称 筛选条件: 新加卷 (D:)

找到 1 个应用

微信 Tencent WeChat Limited | 2021/11/12 123 MB

图 8-43

## 〈 拓展知识 〉 非系统程序安装

非系统程序的安装仍然会弹出安装向导，默认保存到 C 盘。这里设置的是“新添加”的系统自带的组件或新的微软商店中的软件安装路径。以前安装完成的不会主动迁移。

## 8.3.4 硬盘的优化设置

Windows 中硬盘会在使用时随机存储数据，这样容易产生数据碎片，如果存储的位置过于分散，还会加大硬盘的寻址时间，从而增加软件启动的时间。所以定期进行磁盘的优化和碎片整理，可以有效提升磁盘的使用效率。不过需要注意的是，如果用户使用的是固态硬盘，就不需要进行磁盘碎片整理了，因为机械硬盘和固态硬盘的存储机制有差别，而且固态硬盘反复读写会大大降低其寿命，所以以下操作主要针对的是机械硬盘。

### （1）磁盘碎片的整理

磁盘在进行碎片整理前，需要自动对磁盘进行检测。

**STEP 01** 在磁盘分区上单击鼠标右键，选择“属性”选项，如图 8-44 所示。

**STEP 02** 切换到“工具”选项卡，单击“优化”按钮，如图 8-45 所示。

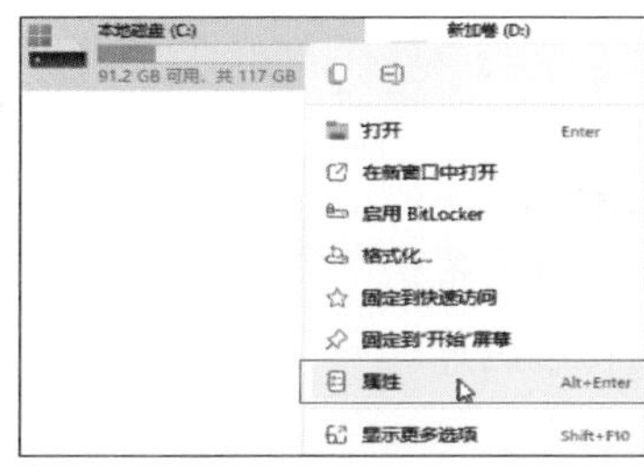

图 8-44

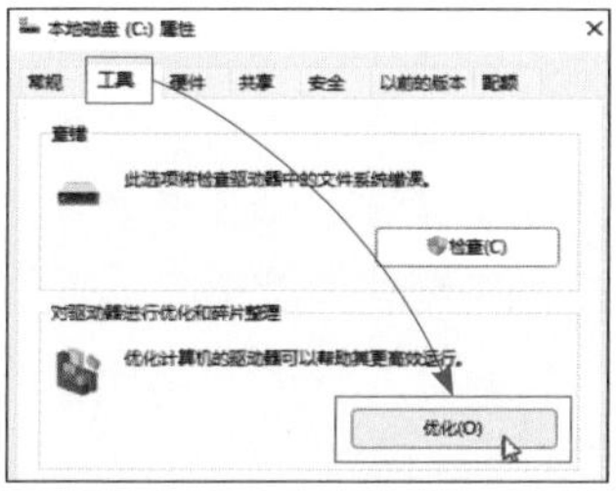

图 8-45

**STEP 03** 在“优化驱动器”界面中，单击“分析”按钮，如图 8-46 所示。

**STEP 04** 完成分析后，单击“优化”按钮，如图 8-47 所示。

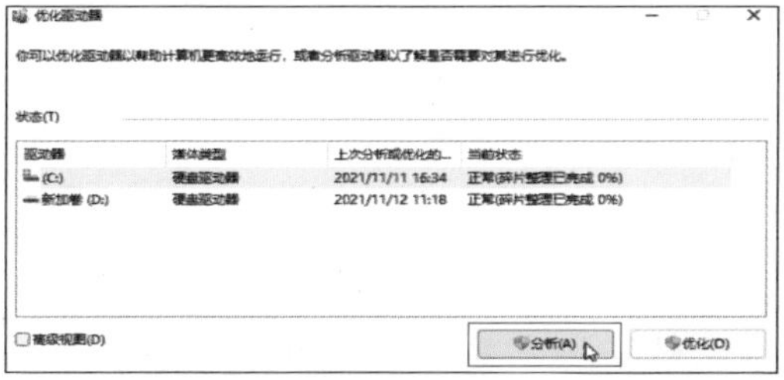

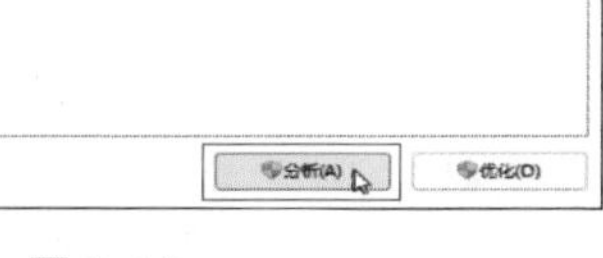

图 8-46

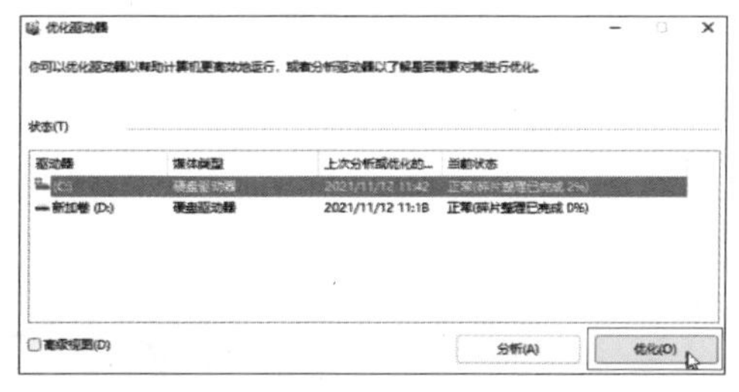

图 8-47

**STEP 05** 系统自动进行磁盘整理和优化，然后对文件进行合并，如图 8-48 所示。稍等片刻完成碎片整理。

**STEP 06** 单击下方优化计划的“更改设置”按钮，如图 8-49 所示。

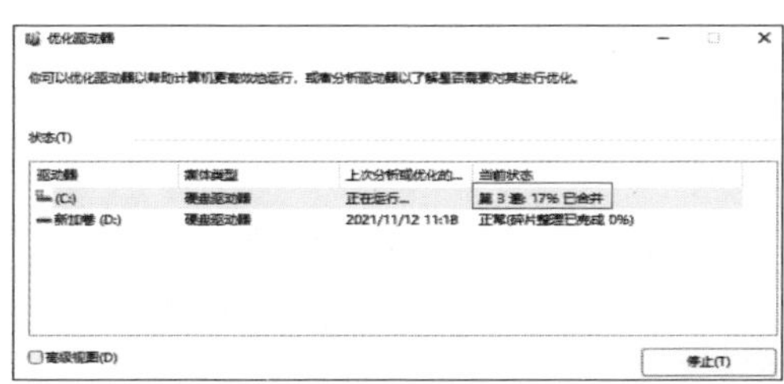

图 8-48

图 8-49

**STEP 07** 设置优化计划的执行时间，单击驱动器后的“选择”按钮，如图 8-50 所示。

**STEP 08** 选择所有的机械硬盘分区，单击“确定”按钮，如图 8-51 所示。

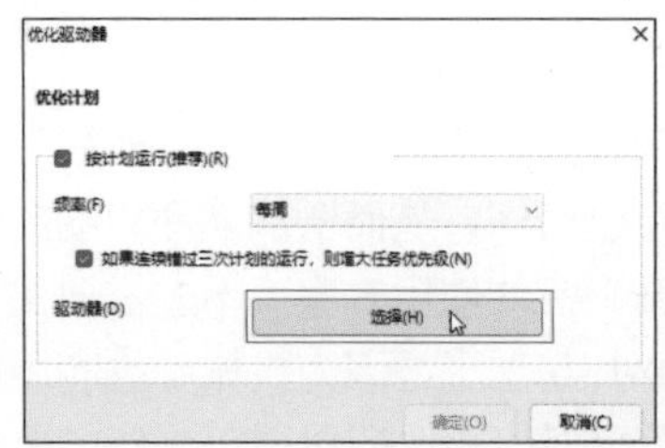

图 8-50

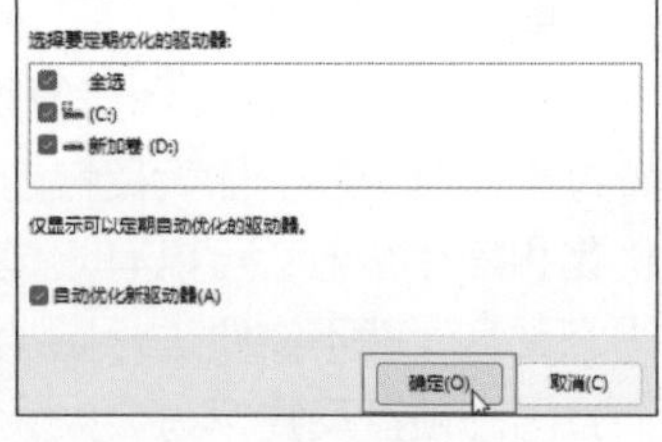

图 8-51

完成全部设置后，“确定”返回，以后每周都会自动进行机械硬盘的碎片整理。

(2) 硬盘的检测

电脑中最易损的部件就是硬盘了，而硬盘存储着用户的重要资料，随时掌握硬盘的状态就变得尤为重要了。电脑中常用的硬盘检测软件有很多，如查看硬盘各种信息的软件、检测硬盘坏道的软件和测速的软件。

**STEP 01** 下载 CrystalDiskInfo 软件，启动后便可以查看到硬盘的各种信息，如硬盘的大小、转速、通电次数、通电时间、接口和传输模式、健康状况、温度，如图 8-52 所示。

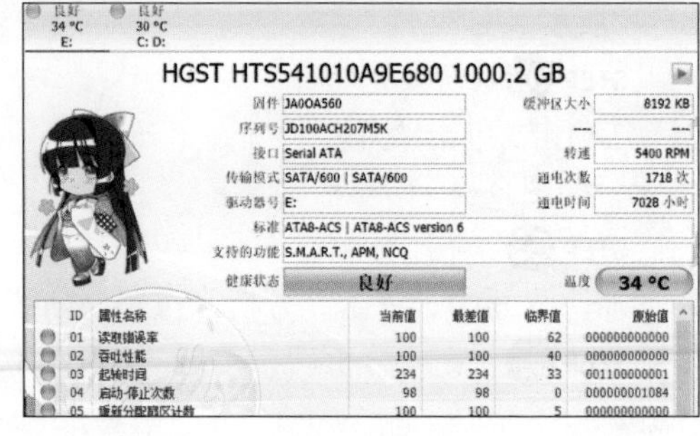

图 8-52

**STEP 02** 下载“HD Tune Pro”，用来检测硬盘坏道。打开后切换到“错误扫描”选项卡，勾选“快速扫描”复选框，单击“开始”按钮，如图 8-53 所示。

**STEP 03** 稍等后完成坏块检测，效果如图 8-54 所示。除了检测坏道外，该软件还能检测硬盘速度、查看硬盘健康状态、抹除硬盘数据等。

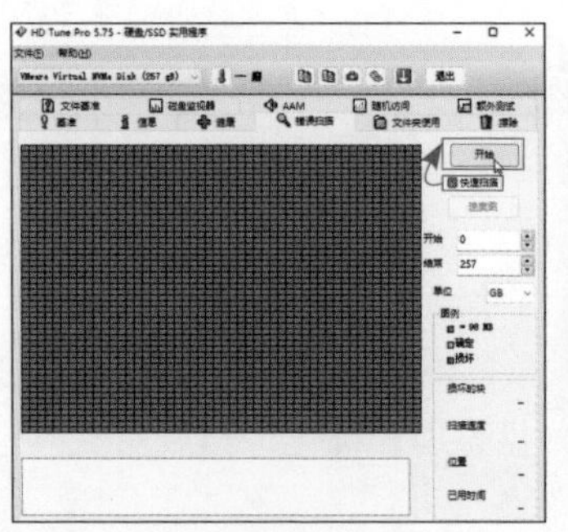
图 8-53

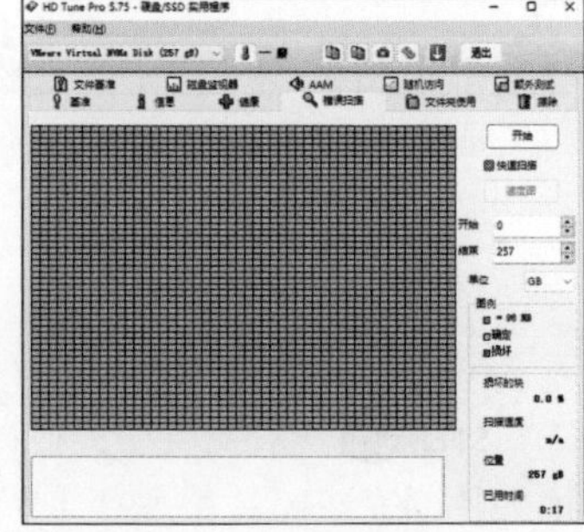
图 8-54

**〈 拓展知识 〉 出现物理坏道怎么办**

如果快速检测出了物理坏道，可以使用低级格式化屏蔽坏道，但还是建议用户尽快更换硬盘，因为物理坏道会随着使用快速扩展，所以应尽快备份重要的资料，并迁移到新的硬盘上，毕竟数据是很宝贵的。

STEP 04　下载“AS SSD Benchmark”，用来检测固态硬盘的速度。启动软件后，在主界面中单击“Start”按钮，如图 8-55 所示。

STEP 05　稍等片刻，完成速度的测试，如图 8-56 所示。

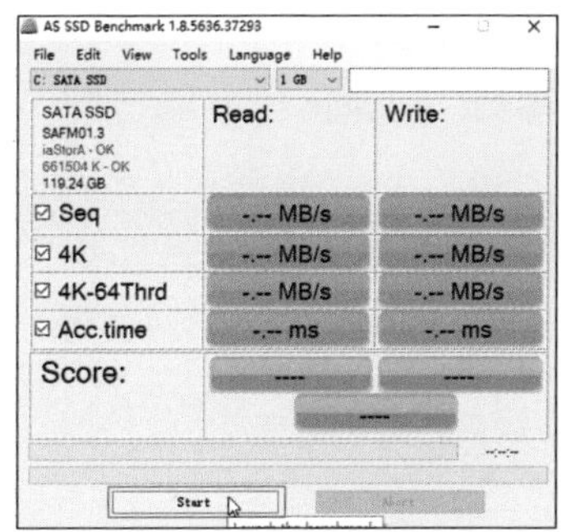

图 8-55

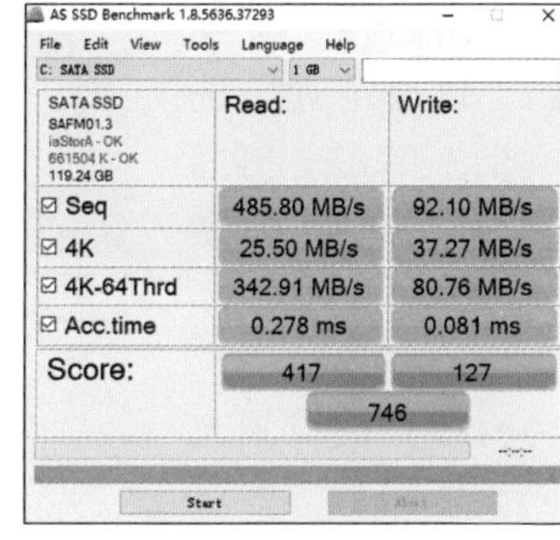

图 8-56

# 8.4 使用第三方软件优化 Windows 11

Windows 11 本身自带的优化针对系统的比较多，对于用户的个性化设置较少，如果用户要按照自己的需求对系统进行优化的话，还需要第三方软件的支持。下面介绍几款在 Windows 11 中方便进行优化管理和个性化设置的软件。

## 8.4.1 使用腾讯电脑管家优化系统

腾讯电脑管家可以实现一键检测、优化系统、电脑杀毒、拦截弹窗、锁定主页等。下面就介绍腾讯电脑管家优化系统的方法。

### （1）使用电脑管家执行全面检测

全面检测功能可以自动搜索电脑的设置、电脑的垃圾、关键区域电脑病毒等，一键即可优化系统，非常方便。

STEP 01　双击启动腾讯电脑管家后，单击主页的“全面体检”按钮，如图 8-57 所示。

STEP 02　软件自动检测系统的各方面问题，并弹出问题项，单击“一键修复”按钮，进行全面优化和修复，如图 8-58 所示。

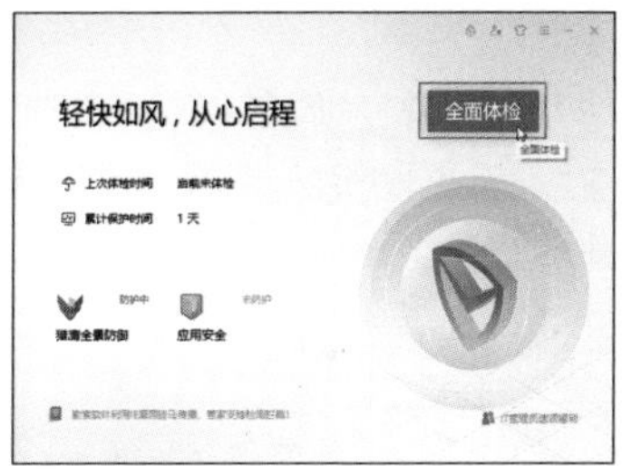

图 8-57

图 8-58

### （2）使用电脑管家执行垃圾清理

腾讯电脑管家的“垃圾清理”功能可以全面检测电脑中的临时文件、备份补丁等垃圾文件，用户可以查看结果并删除确认的垃圾。

STEP 01 切换到“垃圾清理”选项卡，单击“扫描垃圾”按钮，如图 8-59 所示。

STEP 02 软件会将所有的垃圾文件进行归类，勾选需要删除的垃圾项目，单击“放心清理”按钮，如图 8-60 所示，软件会自动清理扫描出的垃圾。

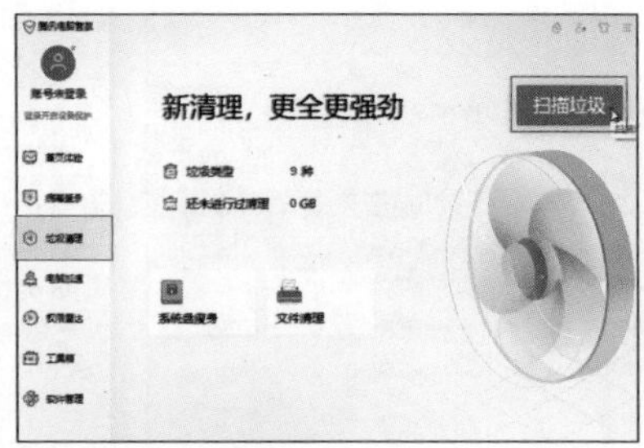


图 8-59

图 8-60

（3）使用电脑管家加速电脑

腾讯电脑管家的加速功能可以扫描启动项目，可以禁用这些启动项目，还可以清理内存，并且按照设置的参数优化系统性能和网络性能。

STEP 01 切换到“电脑加速”选项卡，单击“一键扫描”按钮，如图 8-61 所示。

STEP 02 软件会自动扫描启动项目，勾选取消开机启动的项目和需要结束的程序，单击“一键加速”按钮，如图 8-62 所示。

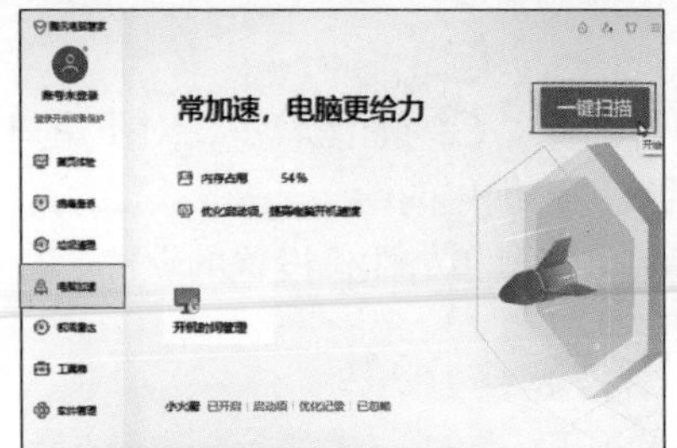


图 8-61

图 8-62

（4）使用电脑管家阻止弹窗

弹窗广告非常影响电脑的正常使用，腾讯电脑管家的“权限雷达”可以方便有效地阻止弹窗广告。

STEP 01 切换到“权限雷达”选项卡，单击“立即管理”按钮，如图 8-63 所示。

STEP 02 软件自动扫描弹窗内容，勾选需要禁用弹窗的软件，单击“一键阻止”按钮，如图 8-64 所示。

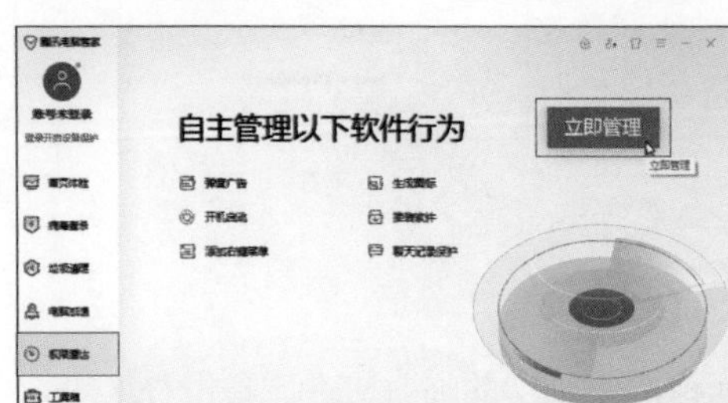


图 8-63

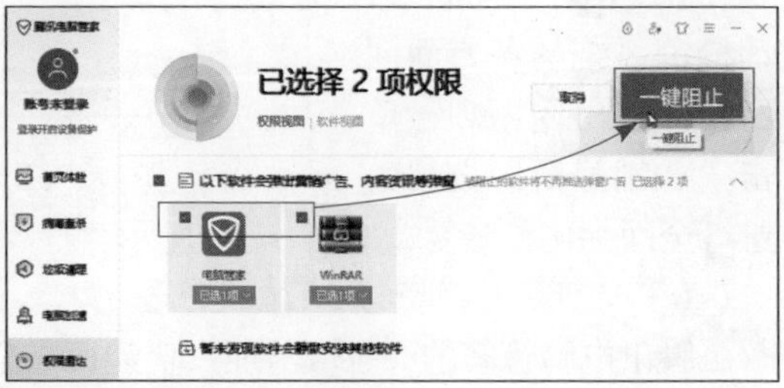

图 8-64

## 8.4.2 恢复传统的右键菜单

Windows 11 操作系统的右键菜单非常美观（以图标的形式显示了常用的操作按钮），但有些读者在使用时容易混淆，一时难以适应，而且很多功能必须进入“显示更多选项”中才能实现。这里将介绍一款小工具来恢复传统的右键菜单，即“W11ClassicMenu”。

**STEP 01** 该软件是绿色软件，下载后双击程序图标就可以启动该工具了，如图 8-65 所示。

**STEP 02** 主界面非常简单，要恢复传统右键菜单，单击“Enable Win11 Classic Context Menu Style”按钮，如图 8-66 所示。

图 8-65

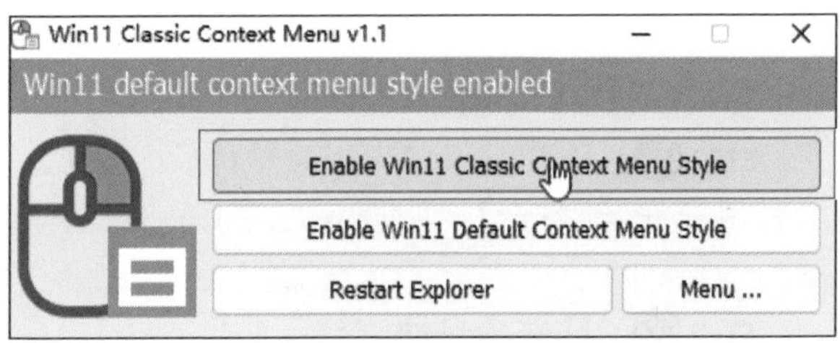


图 8-66

**STEP 03** 软件提示如果要应用设置，需要重启 Windows 的资源管理器，单击“是”按钮，如图 8-67 所示。

**STEP 04** 重启后，单击鼠标右键，熟悉的界面又回来了，如图 8-68 所示。

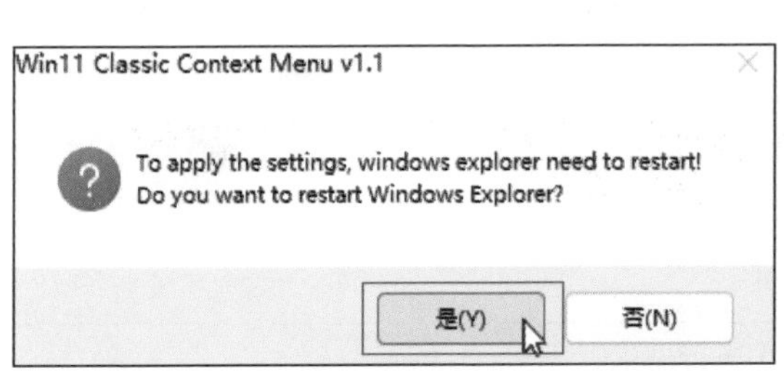

图 8-67

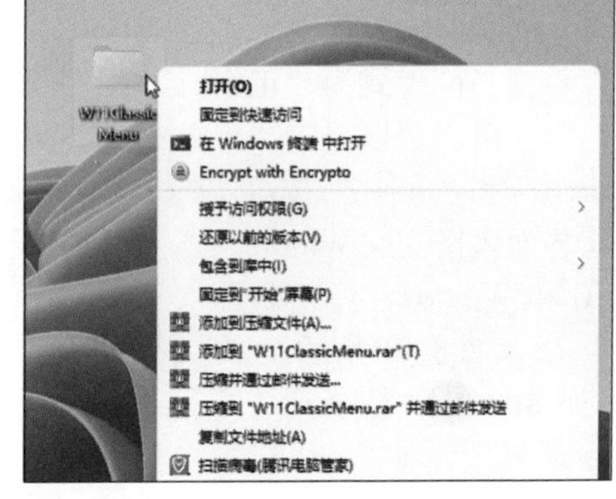


图 8-68

### 拓展知识　恢复 Windows 11 的右键菜单

如果需要改回来看，可以再次启动“W11ClassicMenu”，单击“Enable Win11 Default Context Menu Style”按钮，来恢复到 Windows 11 的默认右键菜单，如图 8-69 所示。

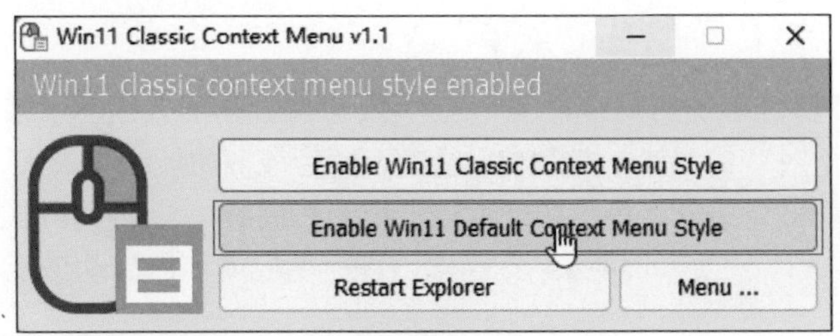


图 8-69

### 8.4.3 开始屏幕和任务栏的优化

Windows 11 的界面和操作与以往操作系统截然不同，尤其是开始屏幕和任务栏给很多用户造成了困扰。下面介绍一款小工具，可以修改开始屏幕和任务栏，恢复到 Windows 10 的传统界面。

STEP 01 下载 StartAllBack 软件后，双击启动安装，在弹出的界面中，单击“为所有用户安装”按钮，如图 8-70 所示。

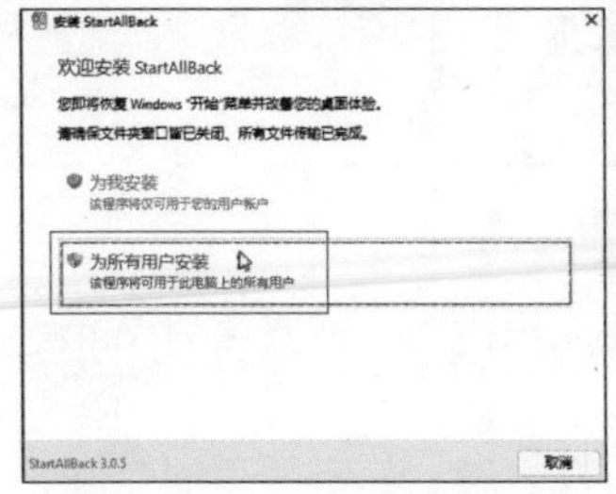

图 8-70

STEP 02 软件会自动安装，完成后会发现任务栏和开始屏幕变成了类似 Windows 10 的模样，如图 8-71 所示。

图 8-71

STEP 03 在弹出的 StartAllBack 界面中，可以看到当前模式为“正宗 11”，用户可以单击“相识 10”和“重制 7”按钮，将界面风格变成 Windows 10 和 Windows 7，如图 8-72 及图 8-73 所示。

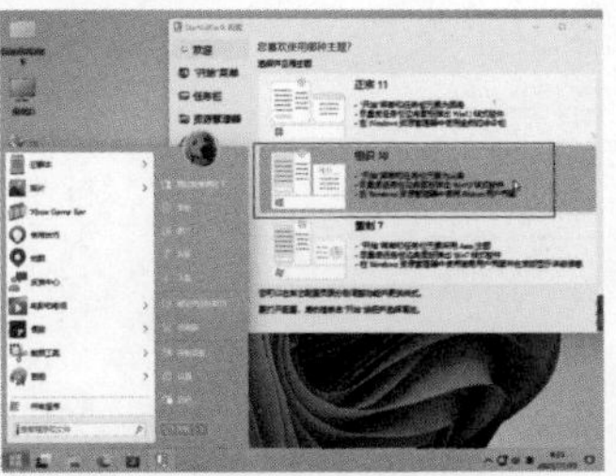

图 8-72

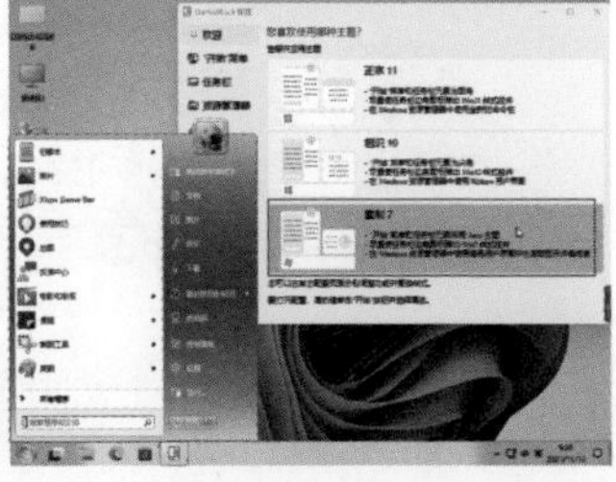

图 8-73

STEP 04 切换到“开始菜单”选项卡，可以设置“开始屏幕”的样式（如图 8-74 所示）以及开始屏幕右侧的显示项目（如图 8-75 所示）。

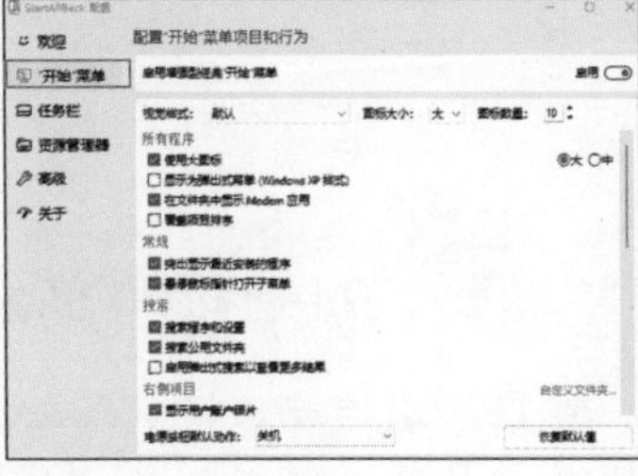

图 8-74

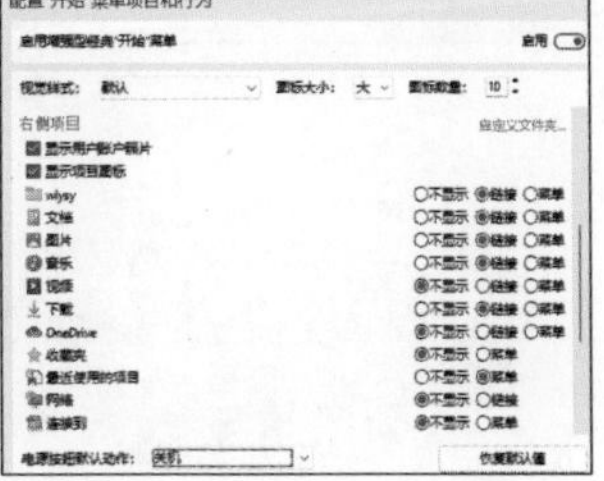

图 8-75

STEP 05 切换到“任务栏”选项卡，可以设置

“Win”图标的样式、任务栏图标的大小和间距。这里可以单击“合并任务栏按钮”下拉列表，选择“从不”选项（如图 8-76 所示）来展开任务栏打开的内容（如图 8-77 所示）。

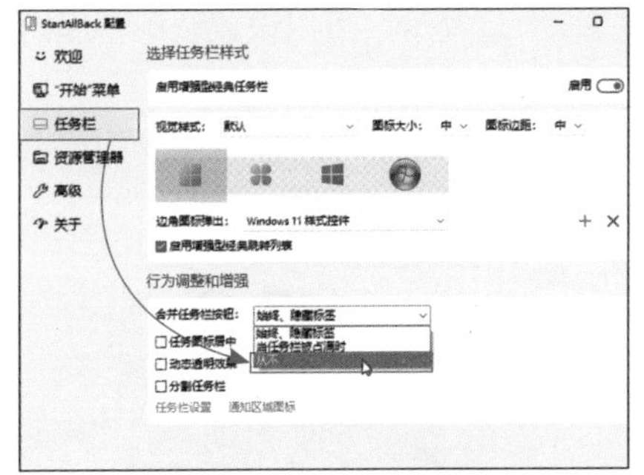


图 8-76

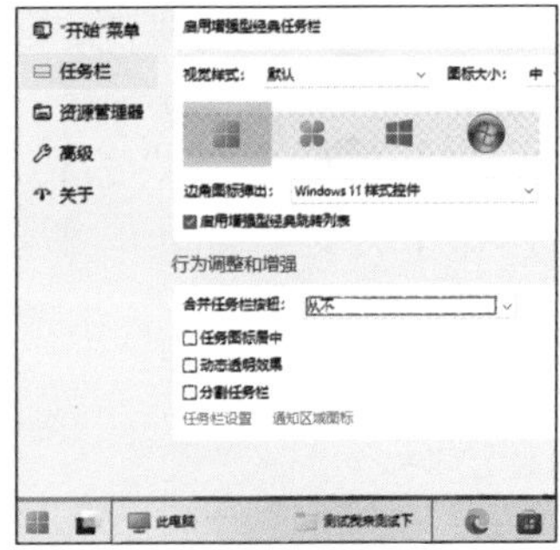


图 8-77

**STEP 06**　勾选了“动态透明效果”后，任务栏变成了透明状态，非常美观，如图 8-78 所示。

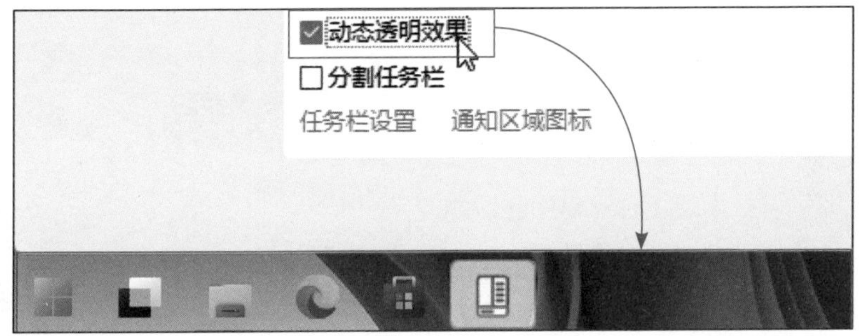


图 8-78

## 〈 拓展知识 〉 自动应用传统右键菜单

在安装了该软件后，右键菜单和任务栏右键菜单都变成了传统模式，如图 8-79 及图 8-80 所示。

图 8-79

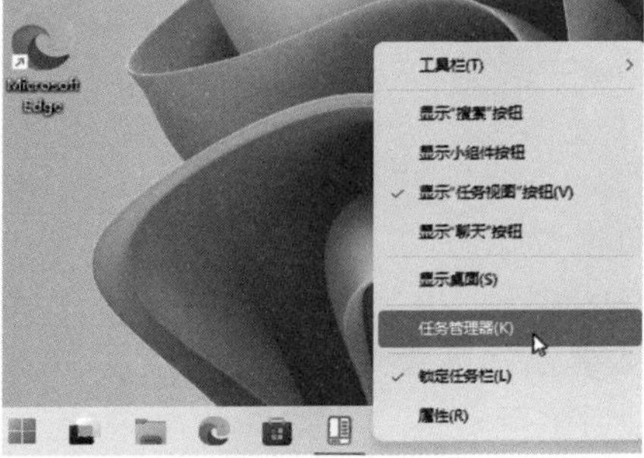


图 8-80

STEP 07 切换到“资源管理器”选项卡，可以设置资源管理器的样式为 Windows 10 的样式，如图 8-81 所示。

STEP 08 勾选“底部显示详细信息窗格”，可以在界面底部显示选定的文件或文件夹的信息，如图 8-82 所示。

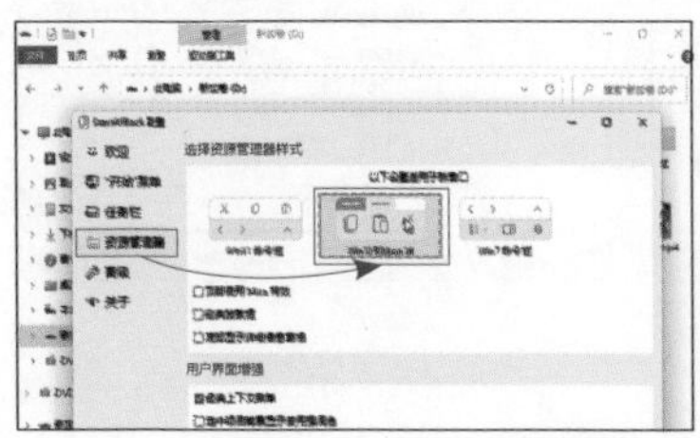

图 8-81

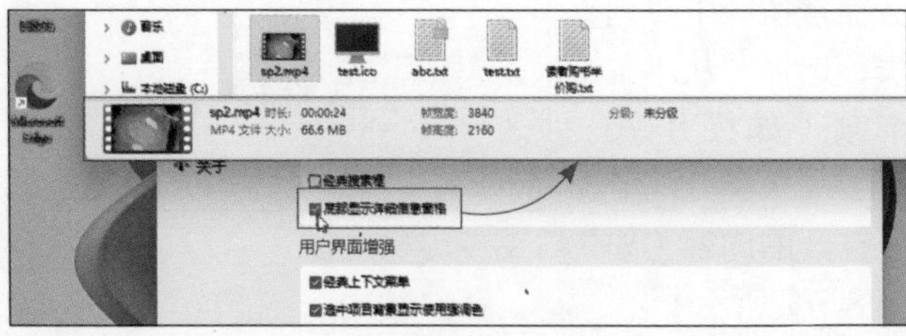

图 8-82

## 〈 拓展知识 〉 没有立即生效

资源管理器修改后不是即时生效，需要重启资源管理器。

## 上手体验 恢复 StratAllBack 的更改

扫一扫　看视频

该软件因为与系统高度融合，所以设置等都不会占用系统资源，非常方便，但有时更改完毕要恢复默认值比较麻烦。

STEP 01 “开始”菜单的更改恢复，可以在该选项卡中关闭“启用增强型开始菜单”后的功能按钮，如图 8-83 所示。

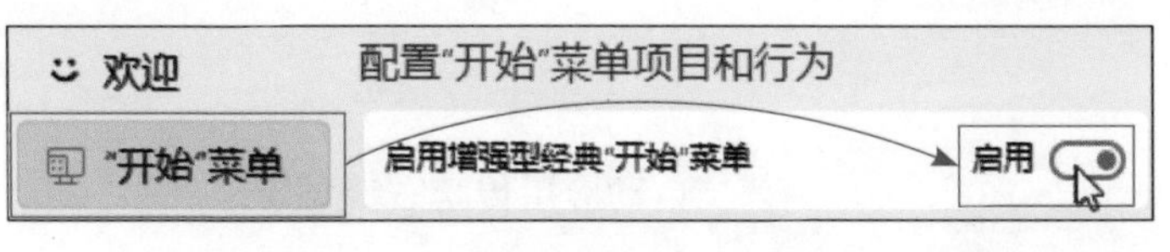


图 8-83

STEP 02 “任务栏”的还原，需要关闭“启用增强型经典任务栏”后的功能按钮，如图 8-84 所示，重启任务管理器即可。

图 8-84

该软件的功能非常多，用户可以尝试各功能并任意组合搭配，如果改变的太多，也可以将软件卸载后重新安装，如图 8-85 所示。

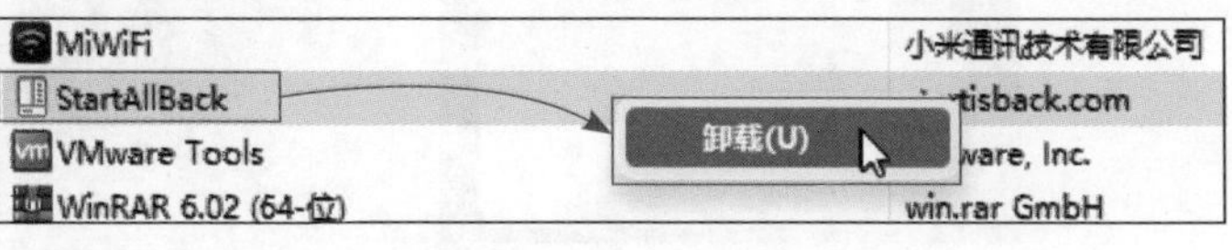


图 8-85

## 〈 拓展知识 〉 StartAllBack 的启动

该软件因为和系统进行了融合，所以在开始屏幕和程序列表中找不到该程序的启动图标。其实该程序入口在“控制面板”中。搜索并进入控制面板后，可以查看该程序图标，双击启动该程序，如图 8-86 所示。

图 8-86

## 8.4.4 Windows 11 的管理工具

由于 Windows 11 在上一版操作系统的基础上做了大量的整合和优化，用户体验感会更佳，因此有必要对 Windows 11 的管理操作进行一番学习。这里以“Windows 11 Manager”为例，对这款管理软件的使用方法进行详细介绍。

**STEP 01** 该软件分为安装版与绿色版，下载绿色版后单击其中的“Windows11Manager”图标来启动该软件，如图 8-87 所示。

**STEP 02** 启动后可以看到软件分成了很多板块，如在“信息”板块中单击“系统信息”按钮，如图 8-88 所示。

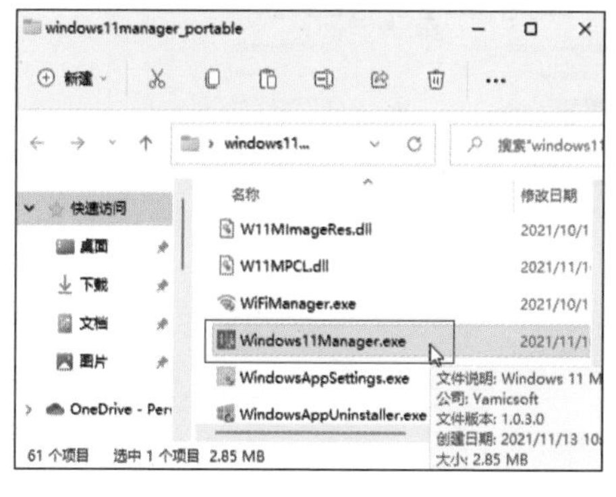


图 8-87

图 8-88

**STEP 03** 在弹出的“系统信息”界面中，可以查看到所有的系统信息，如图 8-89 所示。

STEP 04 在“信息”选项卡中，单击“一键清理”按钮，如图 8-90 所示。

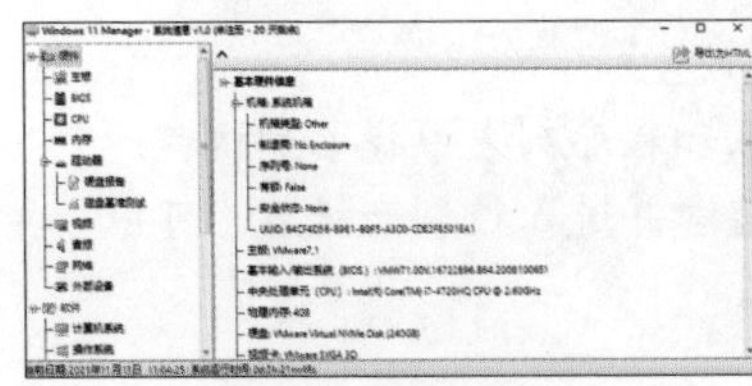

图 8-89

图 8-90

STEP 05 勾选需要进行清理的项目，单击“开始”按钮，如图 8-91 所示，

STEP 06 接下来弹出具体的清理内容对话框，勾选需要清理的内容，单击“清理”按钮，如图 8-92 所示，软件会自动清理，接下来还会进行注册表清理和磁盘碎片整理。

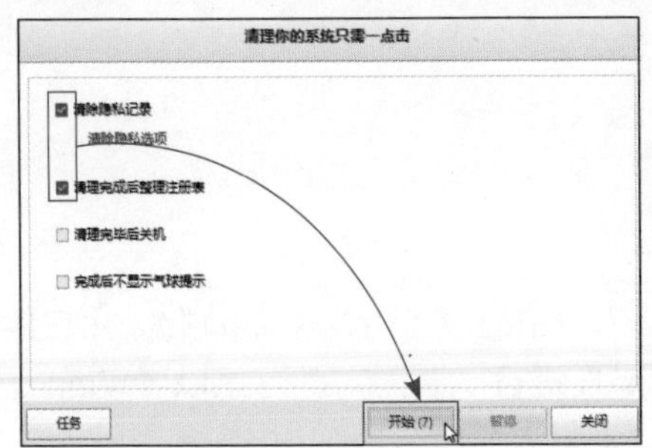


图 8-91

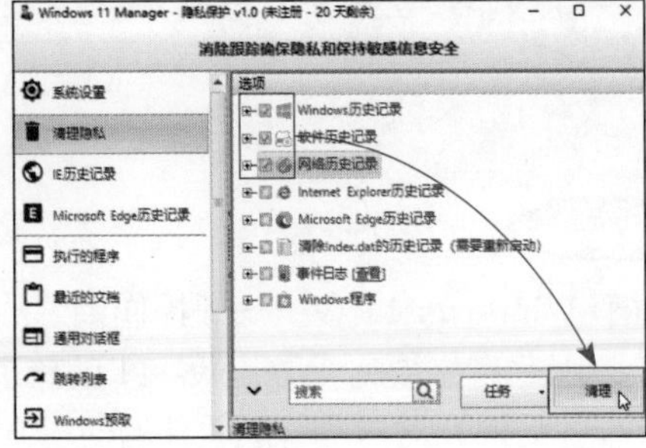


图 8-92

STEP 07 在“自定义”选项卡中，单击“自定义系统”按钮，如图 8-93 所示。

STEP 08 在弹出的对话框中，可以详细自定义系统中的各种功能，如图 8-94 所示。

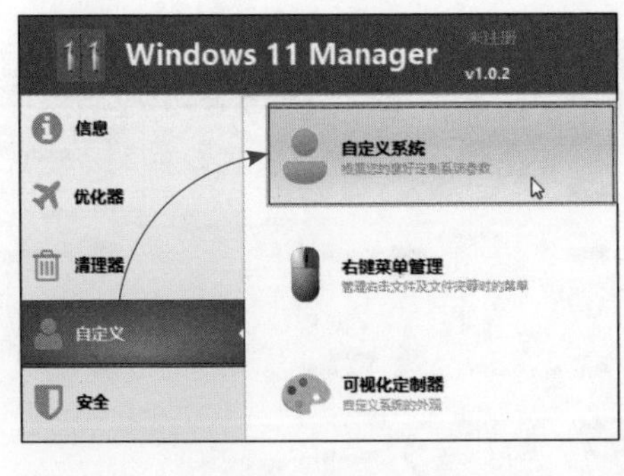


图 8-93

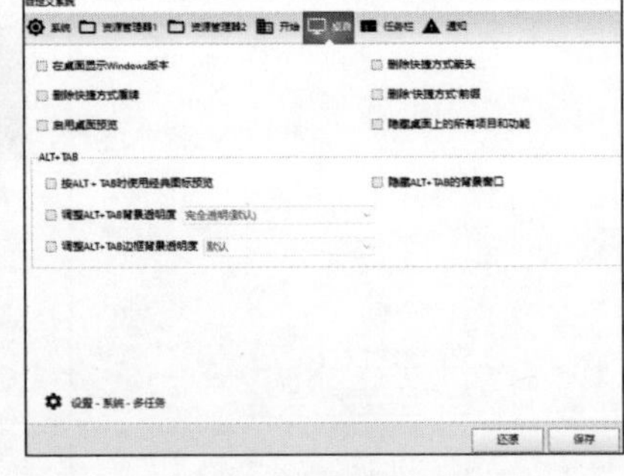


图 8-94

Windows 11 Manager 的功能非常强大，涵盖了系统的各方面优化、设置等，而且有 Windows 10 的版本。建议有一定基础的读者尝试按照自己的需求对系统进行优化，以达到提高效率、简化操作等目的。

# 第9章 铜墙铁壁铸防线——操作系统的安全防护

Windows 11 在以往操作系统的基础上进行了大量的修改，也产生了一些问题和漏洞。在前期使用时可以通过各种升级、补丁程序进行安全性更新，只要不禁用 Windows 更新功能即可。对普通用户来说，养成良好的使用习惯，学会使用安全工具并对 Windows 11 进行适当安全设置，就可以大幅度提升系统安全性。

**本章重点难点：**

病毒与木马简介 ⟷ Windows 安全中心的使用

第三方安全软件的使用 ⟷ Windows11 隐私和权限的设置

# 9.1 病毒与木马简介

病毒和木马是一类特殊的电脑程序，它们不能给用户带来各种实用的功能，而是非法破坏计算机数据，使用户遭受损失。Windows 作为应用最广泛的操作系统，也是病毒和木马最为活跃的系统。

## 9.1.1 电脑病毒简介

电脑病毒是编制者利用电脑的漏洞编制的，可以在计算机中运行并且可以破坏数据的一类特殊电脑 = 程序或代码。它可以按照编制的内容潜伏在电脑中，在特定条件下运行，并且可以自动进行复制，通过各种途径感染电脑。

图 9-1

现在的病毒不只是破坏数据，而且可以对数据做各种操作，如非常流行的勒索病毒，如图 9-1 所示，就是非法加密数据，然后勒索受害者以达到非法获利的目的。

## 9.1.2 电脑木马简介

电脑木马和病毒类似，也是人工编制的特殊的计算机程序。与病毒不同，木马的主要目标并不是破坏电脑的系统和数据，而是通过木马提升权限，控制对方的电脑，如图 9-2 及图 9-3 所示。发现电脑中的有用数据、隐私数据等，盗取后通过勒索或出售的方式非法获利。或者将电脑变成“肉鸡”，通过“肉鸡”来隐匿行踪或攻击其他电脑，还有一些将电脑变为挖矿的设备，需要特别注意。另外，木马不会自动繁殖，也不会主动感染其他文件。

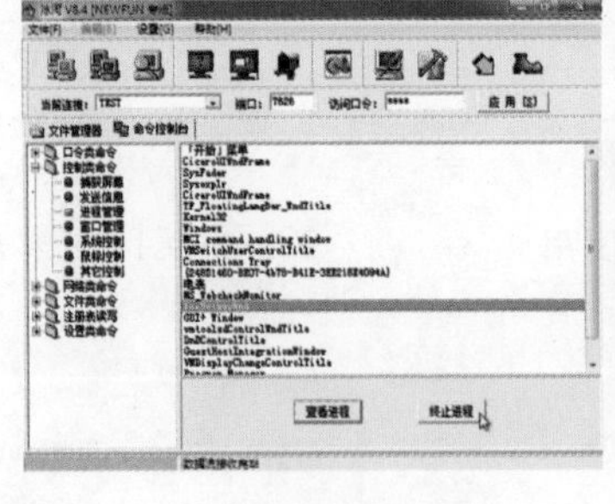

图 9-2

图 9-3

**拓展知识　病毒和木马的合并**

**现在的病毒和木马的界线已经越来越不明显，通常通过木马控制对方电脑，通过病毒来进行勒索。**

## 9.1.3 电脑中招的表现

电脑在中毒或被安装了木马后，会有很多不正常的现象。综合观察并记录这些现象并综合判断电脑是否中招。

（1）启动异常

启动不正常，无法启动或者在启动过程中会弹出奇怪的界面。

（2）运行异常

在正常使用电脑的过程中，发现电脑运行缓慢，经常无故死机、蓝屏、重启、报错，网页被劫持，频繁弹窗等。

（3）磁盘异常

磁盘无故无响应，磁盘容量变成 0，磁盘长期占用率在 100%，如图 9-4 所示。

任务管理器

文件(F)　选项(O)　查看(V)

进程　性能　应用历史记录　启动　用户　详细信息　服务

| 名称 | 状态 | 49% CPU | 61% 内存 | 100% 磁盘 | 0% 网络 |
|---|---|---|---|---|---|
| System | | 0% | 0.3 MB | 0.7 MB/秒 | 0 Mbps |
| Windows 磁盘空间清理管理器 | | 34.1% | 2.4 MB | 0.5 MB/秒 | 0 Mbps |
| 服务主机: 本地服务 (7) | | 0% | 8.1 MB | 0.1 MB/秒 | 0 Mbps |

图 9-4

（4）文件异常

文件的图标变化，如图 9-5 所示，包括无法打开文件、文件大小变化、内容被更改、文件被隐藏等。

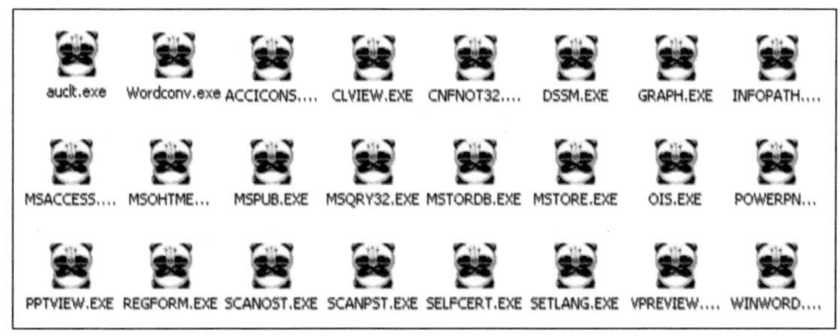


图 9-5

（5）可疑启动项

在电脑开机时有可疑启动项目执行，而且会自动下载软件，有可疑的服务被启动。

（6）杀软失效

有些病毒和木马会屏蔽杀毒软件，使其失去响应、自动关闭等。

## 9.2 使用 Windows 安全中心保护电脑

Windows 安全中心是 Windows 中的一个综合型的安全功能组，包括了杀毒、防毒、防火墙、账户保护、应用和浏览器控制、设备安全、设备性能监测等功能在内，主要负责系统的安全性控制。利用安全中心可以非常好地保护好系统。

### 9.2.1 进入系统“安全中心”

进入系统安全中心的操作步骤如下：

STEP 01 使用“Win+I”组合键启动“设置”界面，从“隐私和安全”中，找到并单击“Windows 安全中心”按钮，如图 9-6 所示。

STEP 02 从中可以查看到 Windows 安全中心的保护区域，单击“打开 Windows安全中心”按钮，如图 9-7 所示。

接着会打开“Windows 安全中心”应用界面的“安全性概览”界面，如图 9-8 所示。

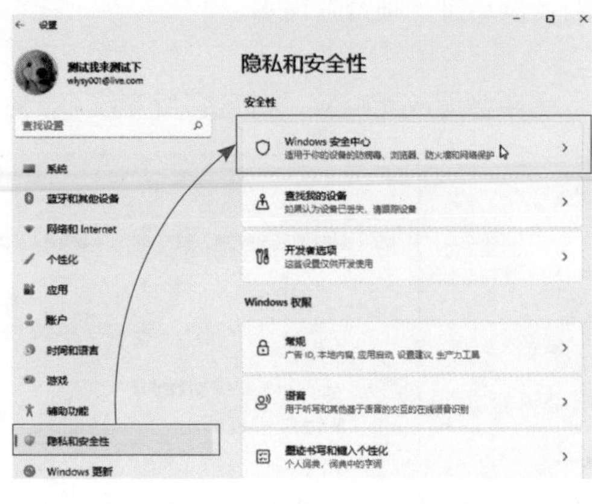


图 9-6

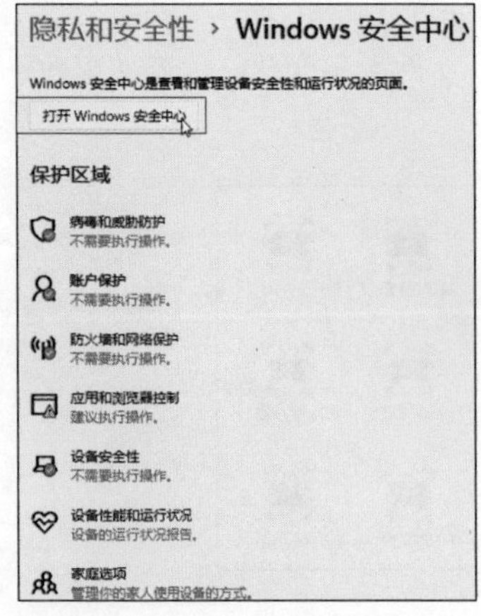


图 9-7

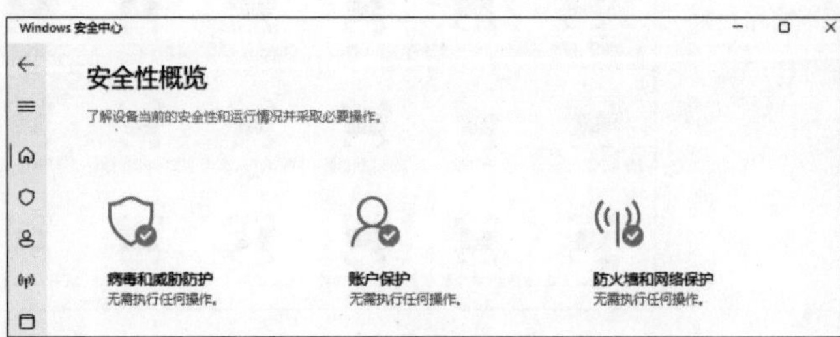


图 9-8

## 9.2.2 使用病毒和威胁防护功能

病毒和威胁防护功能不仅可以杀毒，还可以实时监测系统中的文件和软件，发现病毒木马后会立即处理。其查毒、杀毒策略都可以与国际一流水平接轨，而且病毒库的更新也非常及时，查杀率大幅度提升。如果安装了其他杀毒软件，病毒和防护功能会自动关闭以免产生冲突。

（1）对电脑查杀病毒

应对病毒和威胁防护最常用的手段就是查杀病毒了，而且如果用户不安装第三方杀毒软件，完全可以使用系统的该功能查杀病毒。下面介绍具体的操作步骤。

STEP 01　从“安全性概览”页面中，进入“病毒和威胁防护”板块中，单击“扫描选项”链接，如图 9-9 所示。

STEP 02　从中选择扫描的方式，默认是快速扫描，单击“立即扫描”按钮，如图 9-10 所示。

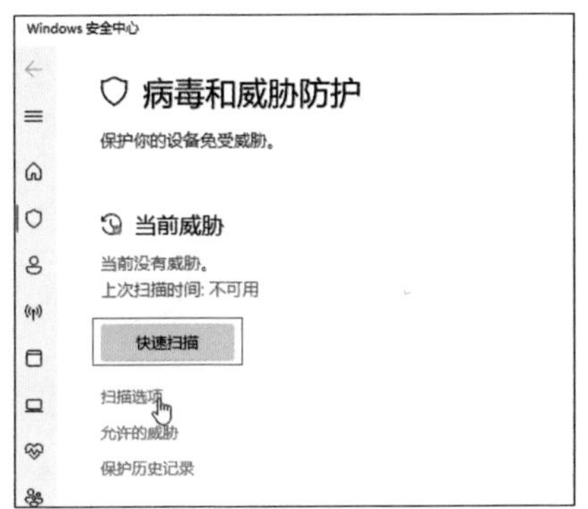


图 9-9

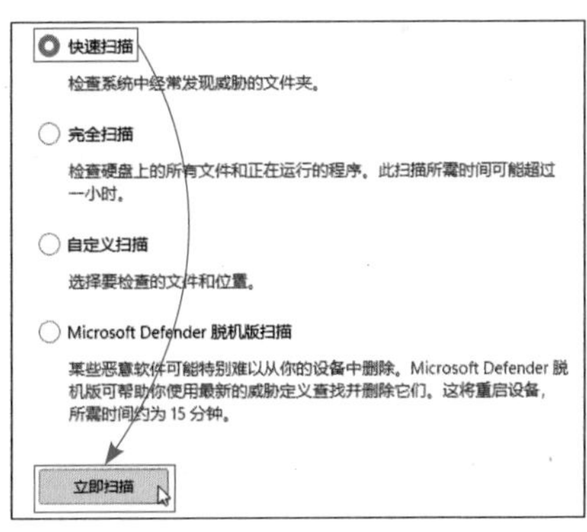


图 9-10

STEP 03　系统启动快速扫描，如图 9-11 所示，扫描完毕后弹出扫描结果，如图 9-12 所示。

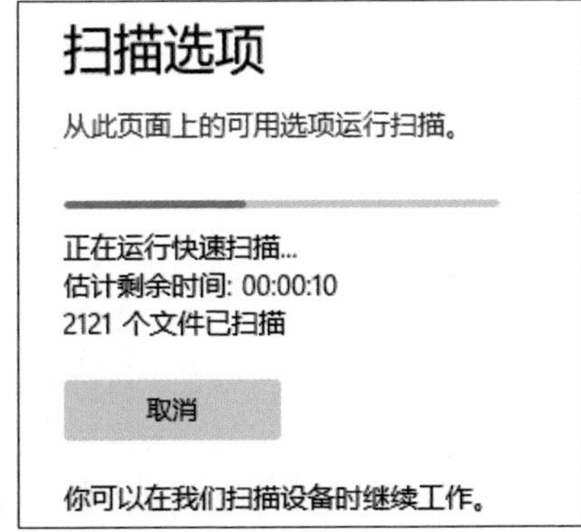


图 9-11

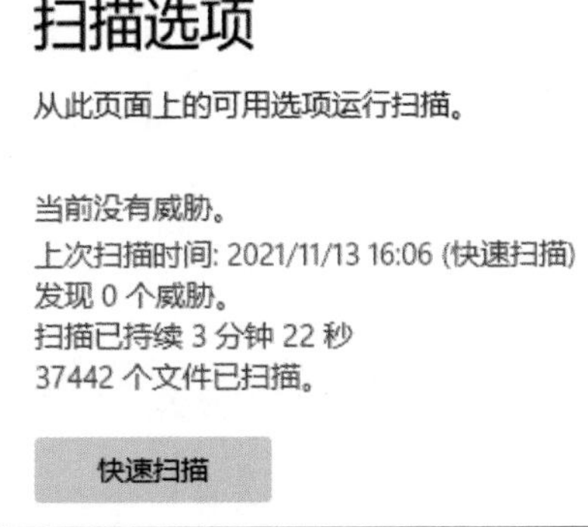


图 9-12

**〈 拓展知识 〉 杀毒的建议**

建议定期执行杀毒任务，3 ～ 4 天执行一次快速扫描，半个月到一个月左右执行一次完全扫描。自定义扫描可以定制扫描位置，比如常见的桌面和下载文件夹，按需扫描。至于脱机扫描，可以在发生严重病毒影响的情况下进行。

（2）更新病毒库

病毒库是杀毒软件查毒的关键，通过病毒库的更新，可以获取到最新的病毒特征，从而可以有效地识别出病毒，所以要定期及时更新病毒库。

**STEP 01** 在“病毒和威胁防护”界面中，找到并单击更新中的“保护更新”链接，如图 9-13 所示。

**STEP 02** 接着会自动跳转到“保护更新”界面中，单击“检查更新”按钮，如图 9-14 所示。稍等片刻就完成更新。

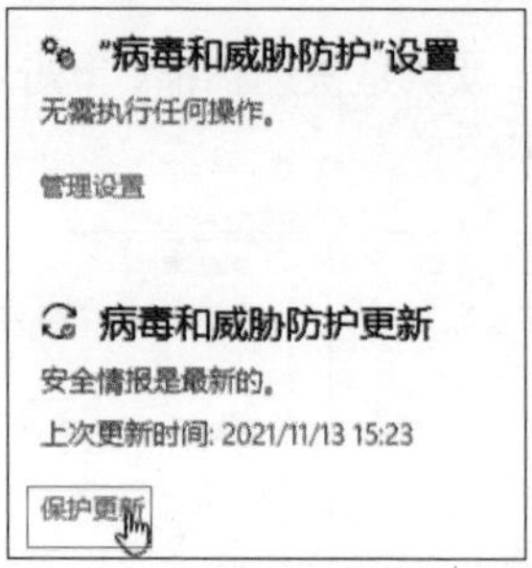

图 9-13

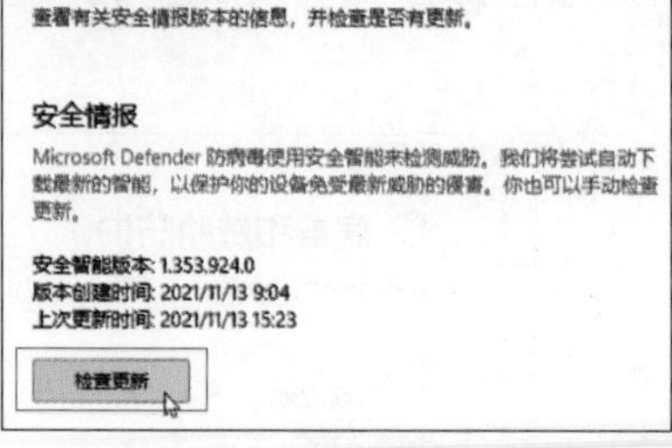


图 9-14

（3）防毒的设置

除了杀毒外，“病毒和威胁防护”还可以实时检测系统中的文件或软件，发现病毒及时处理，下面介绍具体的设置方法。

**STEP 01** 在“病毒和威胁防护”中，找到并单击“管理设置”链接，如图 9-15 所示。

**STEP 02** 如果电脑主要做测试使用，可以关闭“实时”保护的开关，如图 9-16 所示。

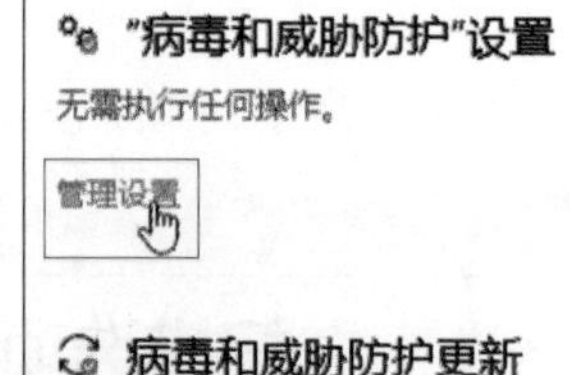

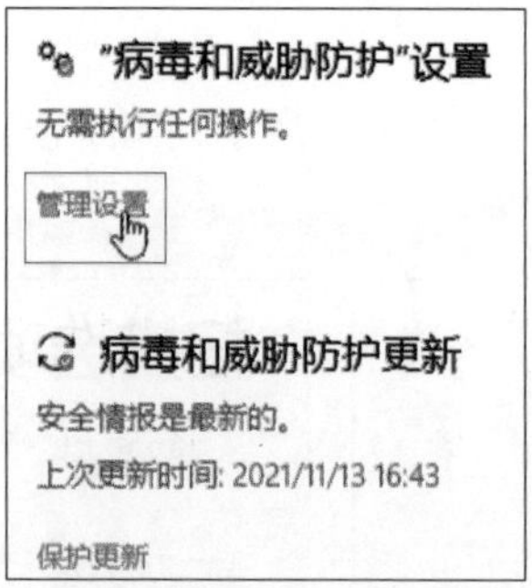

图 9-15

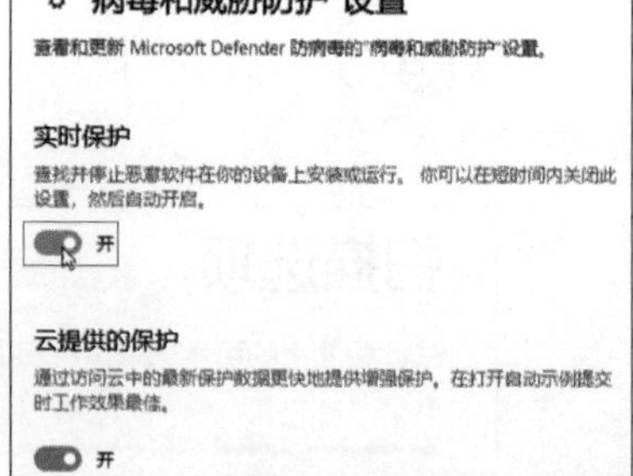


图 9-16

**〈 拓展知识 〉 其他设置**

其他设置还包括病毒样本自动提交功能和设置在扫描时排除的文件夹，用户可以按需设置。

## 9.2.3 使用防火墙功能

防火墙可以监测本电脑发送或接收的网络数据包，根据不同的策略，截获或丢弃掉可疑的或不允许的数据包，只让安全的、信任的数据包通过。这在一定程度上可以保障网络的安全。Windows 系统自带防火墙功能，使用起来也非常简单。

**STEP 01** 在“安全中心”中，单击“防火墙和网络”按钮，如图 9-17 所示。

**STEP 02** 默认有三处防火墙，“使用中”的是“公用网络”，单击该按钮，如图 9-18 所示。

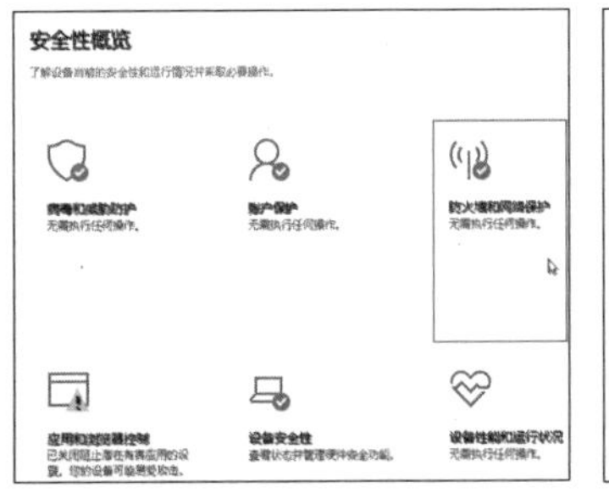

图 9-17

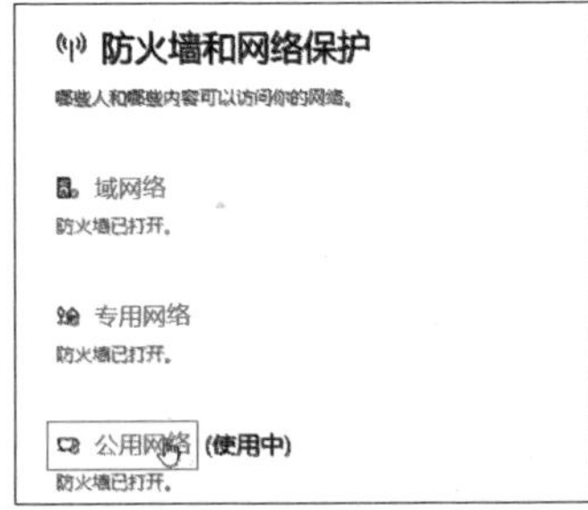


图 9-18

**STEP 03** 在这里可以关闭该网络上的防火墙，如图 9-19 所示。选择“阻止所有传入连接”复选框后，包括 Ping 在内的传入数据都被禁用了。

**STEP 04** 返回上级后，单击“允许应用通过防火墙”链接，如图 9-20 所示。

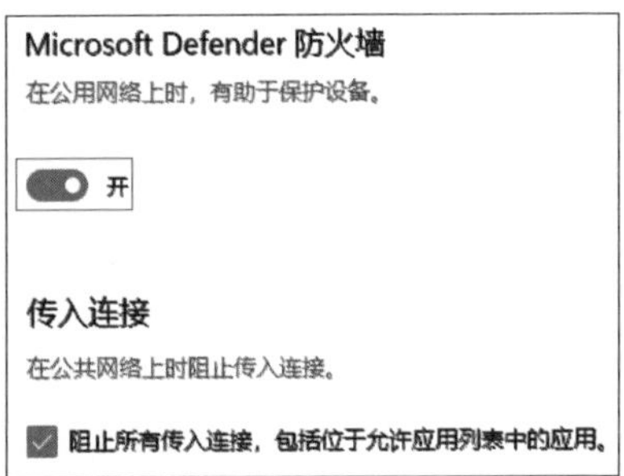


图 9-19

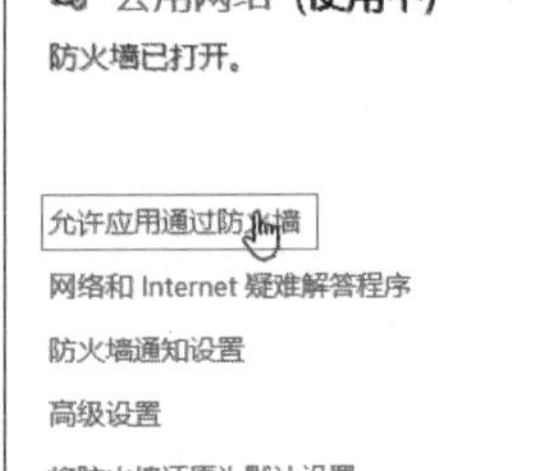


图 9-20

**STEP 05** 单击“更改设置”按钮，此时所有选项可用，取消勾选不允许联网的应用的复选框，如图 9-21 所示，该程序就无法联网了，如图 9-22 所示。

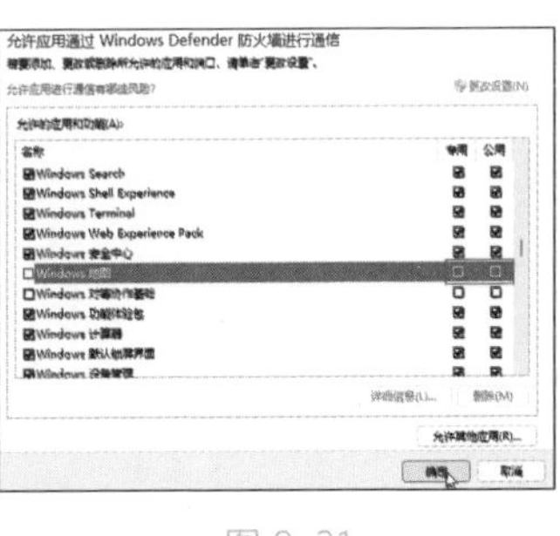

图 9-21

图 9-22

### 拓展知识 高级防火墙设置

有一定基础的用户可以使用高级防火墙设置来针对端口、应用、出站、入站、协议等位置做好限制策略，达到更加安全的目的，如图 9-23 所示。

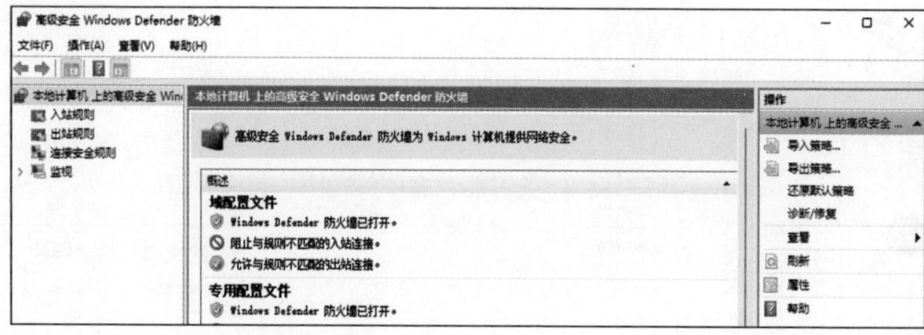


图 9-23

## 9.2.4 其他安全设置

除了杀毒防毒和防火墙功能外，安全中心中还有很多其他的保护功能，如“账号”保护功能可以查看账户信息，设置各种安全锁，如图 9-24 所示。“应用和浏览器控制”可以保护设备的应用程序和浏览器，单击“启用”按钮，开启该保护，如图 9-25 所示。

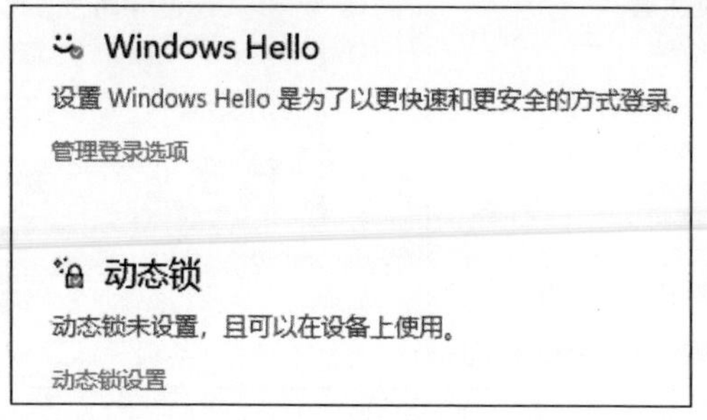


图 9-24

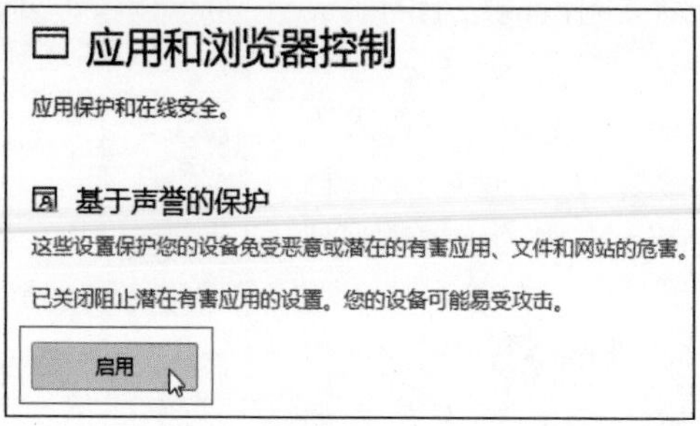

应用和浏览器控制
应用保护和在线安全。
基于声誉的保护
这些设置保护您的设备免受恶意或潜在的有害应用、文件和网站的危害。
已关闭阻止潜在有害应用的设置。您的设备可能易受攻击。
启用

图 9-25

“设备安全性”可以隔离内核，如图 9-26 所示。“设备性能和运行状况”可以查看系统自检的结果，如图 9-27 所示。

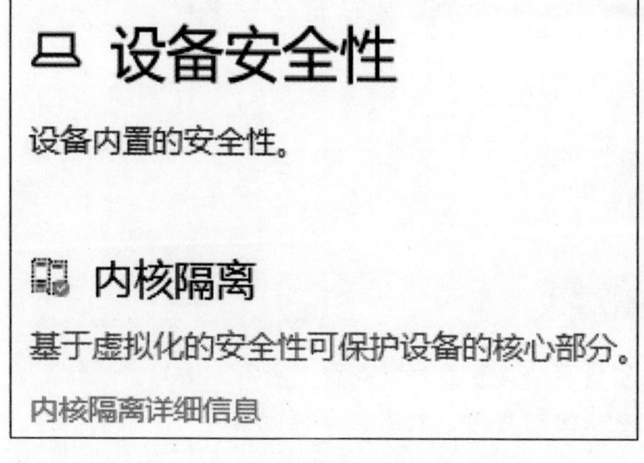


图 9-26

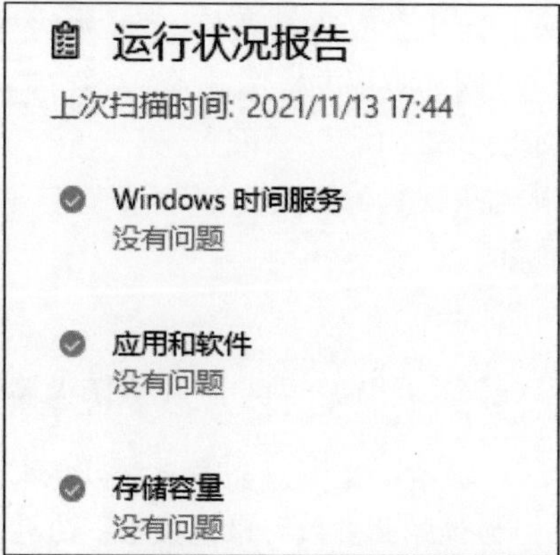


图 9-27

# 9.3 第三方安全软件的使用

有很多读者并不喜欢使用 Windows 的安全中心，这时可以使用一些第三方的安全软件，它们在功能性和便捷性上要比安全中心好很多。常用的第三方安全软件有 360 安全卫士、腾讯电脑管家等综合型的安全软件，还有卡巴斯基、小红伞等专业型杀毒防毒的软件。本节将介绍非常流行的综合型电脑安全工具——火绒安全软件。

## 9.3.1 火绒简介和下载

火绒安全软件是一款小巧、强悍的电脑防护产品。功能集“杀、防、管、控”于一身，为用户提供全面保护；强大的内“芯”配置自主研发反病毒引擎，抵御勒索病毒等各类高危病毒入侵；使用简单，无需复杂设置，小白用户也能轻松驾驭；纯净干练，资源占用小，无弹窗打扰，只在后台默默守护；多方位保护用户自由、安全地使用电脑和网络。

读者可以到火绒官网下载安装包，另外火绒软件已经顺利进入了微软商店，用户可以在微软商店下载并安装。

STEP 01　启动微软商店后，搜索关键字“火绒”，在结果中，单击“火绒安全软件”卡片，如图 9-28 所示。

STEP 02　单击“安装”按钮，如图 9-29 所示。

图 9-28　　图 9-29

STEP 03　下载并安装后，火绒会常驻后台进行安全监测，单击任务栏图标或快捷方式，将弹出软件主界面，如图 9-30 所示。

## 9.3.2 使用火绒的杀毒功能

作为安全软件，杀毒防毒功能是首要的需求。下面介绍如何使用火绒来查杀病毒。

STEP 01　启动软件后，单击“病毒查杀”按钮，如图 9-31 所示。

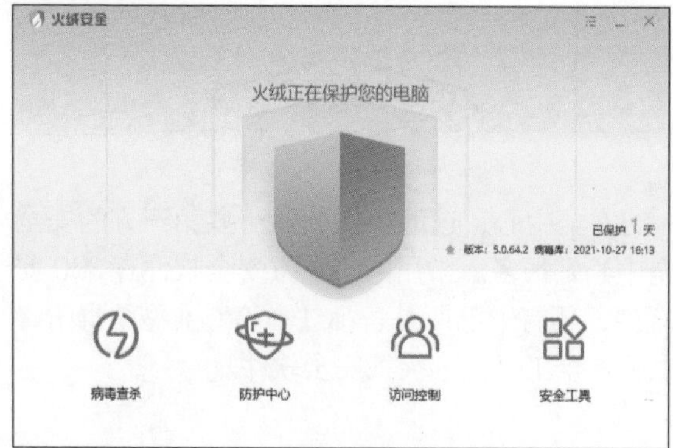


图 9-30

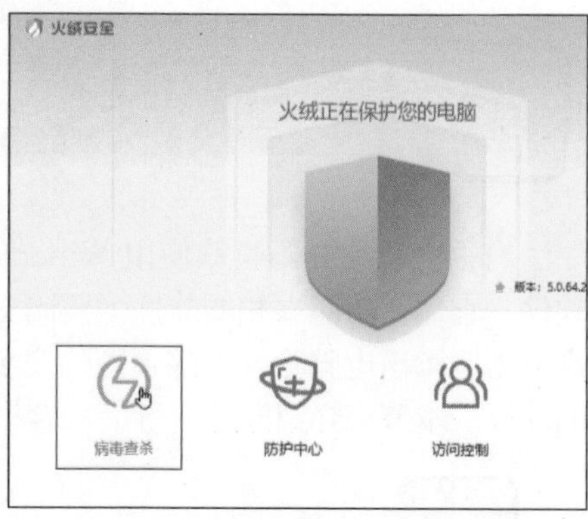


图 9-31

**STEP 02** 在弹出的界面中，单击“快速查杀”按钮，如图 9-32 所示。

**STEP 03** 火绒启动快速查杀，对设置好的一些关键区域进行扫描杀毒，完成后弹出查杀报告，如图 9-33 所示。“全盘查杀”以及“自定义查杀”的功能和系统自带的安全软件的查杀病毒的方式是一样的。

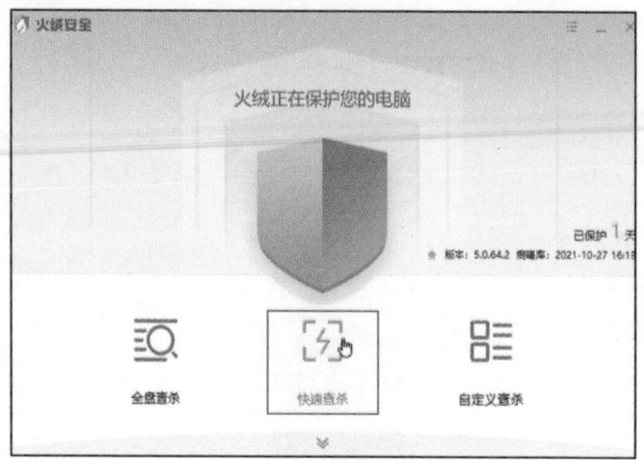


图 9-32

火绒安全 病毒查杀

本次扫描未发现风险

扫描已完成

扫描对象：15594个

总用时：00:11:44

发现风险：0个

处理风险：0个

图 9-33

## 拓展知识 病毒库的升级

和其他杀毒软件类似，火绒也有自己的病毒库，建议读者及时升级。升级的方法就是在主界面上单击“检查更新”按钮，火绒会自动启动软件和进行病毒库的更新，如图 9-34 所示。

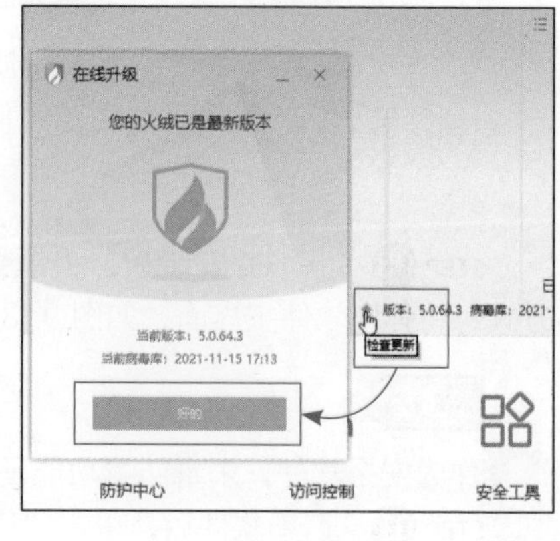


图 9-34

## 9.3.3 使用火绒的弹窗拦截功能

火绒功能非常全面，包括应对现在比较常见的弹窗广告。下面介绍该功能的使用方法。

STEP 01 在主界面中，单击“安全工具”按钮，如图 9-35 所示。

STEP 02 从“系统工具”组中，找到并单击“弹窗拦截”按钮，如图 9-36 所示。

图 9-35

图 9-36

STEP 03 该软件会自动下载并启动，在弹出的主界面中，会弹出扫描到的含有弹窗广告的软件，默认会自动屏蔽掉，如图 9-37 所示。

图 9-37

该软件默认开机启动，并常驻在系统后台，监测各种软件的弹窗。

## 上手体验 管理启动项

扫一扫　看视频

**火绒也可以禁用启动项目，加快开机速度，减少硬件资源的占用。**

STEP 01 在“安全工具”的“系统工具”中，找到并单击“启动项管理”按钮，如图 9-38 所示。

STEP 02 单击需要禁用的启动项的下拉按钮，选择“禁止启动”选项，如图 9-39 所示。

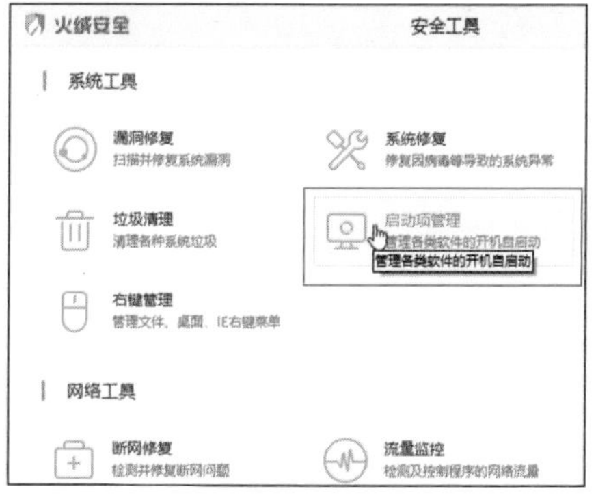


图 9-38

图 9-39

## 〈拓展知识〉 恢复禁用的启动项

禁用后单击界面下方的“优化记录”按钮，从弹出的列表中可以查看到禁用的启动项，单击“恢复”按钮即可恢复开机启动，如图 9-40 所示。

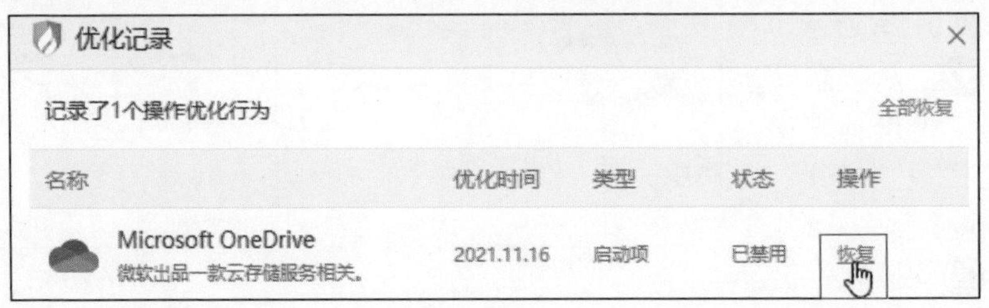


图 9-40

### 9.3.4 其他常见“安全工具”的使用

除了过滤广告外，在“安全工具”中还有很多其他常用的功能，非常好用且方便，如图 9-41 所示。

（1）“漏洞扫描”功能

在“漏洞扫描”功能中，可以扫描当前系统中有没有已知的安全漏洞，如图 9-42 所示，如果有的话，可以在这里修复漏洞。

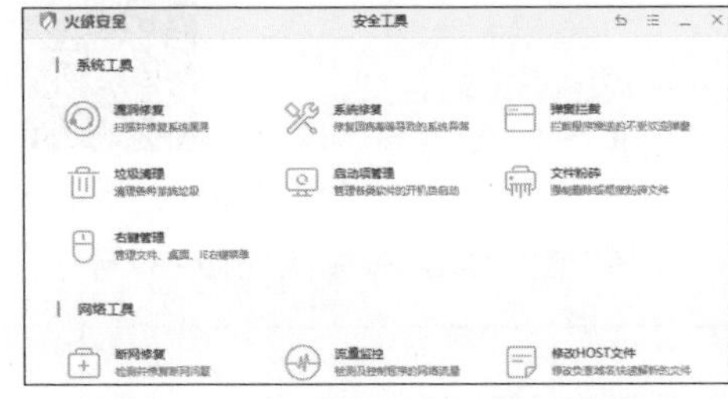


图 9-41

图 9-42

（2）“系统修复”功能

在系统发生故障后，可以尝试使用“系统修复”功能，如图 9-43 所示，来排查故障点以及修复故障。

（3）“断网修复”功能

和前面介绍的系统疑难解答类似，使用该功能可以检查网路的问题并自动修复故障。在“安全工具”中，找到并进入“断网修复”界面，单击“全面检查”后会自动检查断网原因，如图 9-44 所示。出现故障会自动修复故障。

图 9-43

图 9-44

## 拓展知识　其他应用

除了上面介绍的外，在“安全工具”中，还可以清理垃圾，如图 9-45 所示，另外还有文件粉碎、自定义右键菜单、流量统计（如图 9-46 所示）、HOST 文件的修改等。

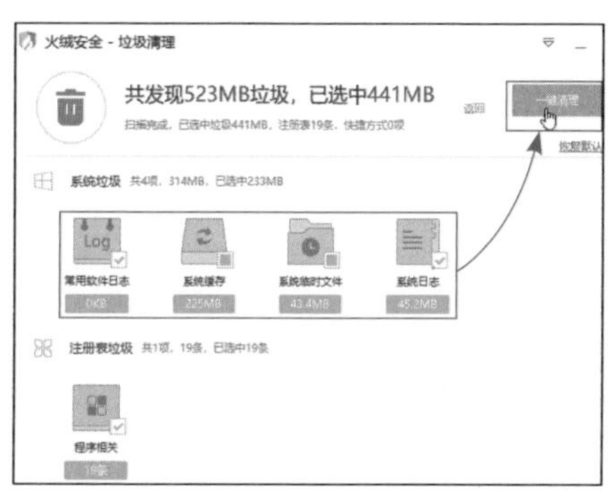


图 9-45

图 9-46

### 9.3.5 使用火绒的访问控制功能

火绒的访问控制功能可以有效地控制使用者的访问时间、访问哪些网站、可以使用哪些程序等。下面介绍具体的访问控制配置过程。

（1）控制上网时间

设置上网的时间参数，可以有效管控未成年人的上网行为，下面介绍具体设置步骤。

STEP 01　在软件主页中单击“访问控制”按钮，如图 9-47 所示。

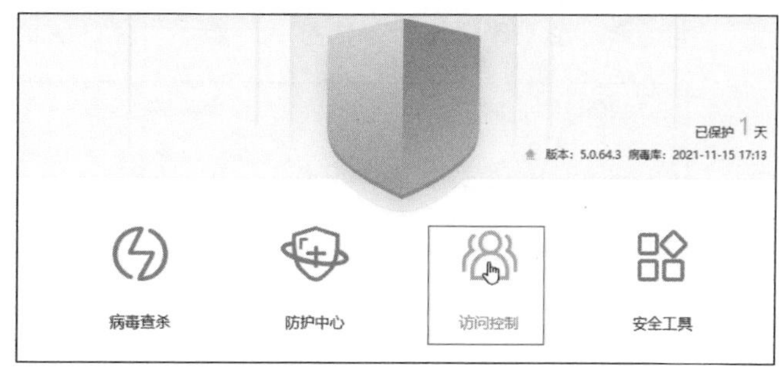


图 9-47

**STEP 02** 启动“上网时段控制”的开关，单击“上网时段控制”名称，如图 9-48 所示。

**STEP 03** 选中阻止上网的时间段，如图 9-49 所示。

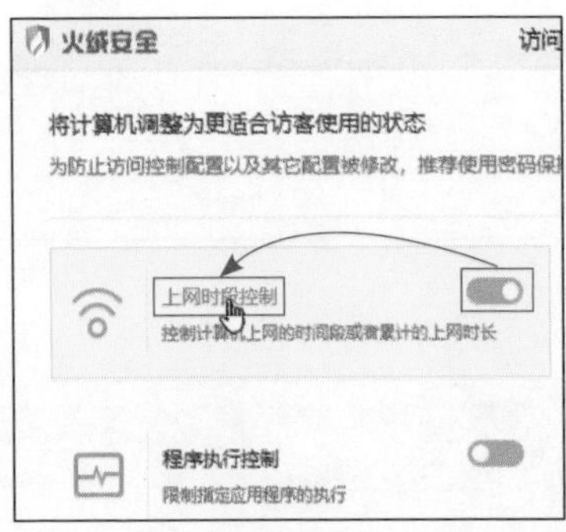


图 9-48

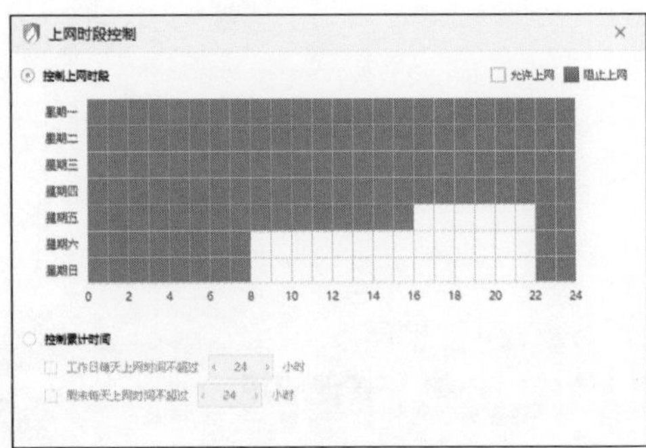


图 9-49

在非规定上网的时间内，Windows 11 系统无法连接到互联网，经过检测，如图 9-50 所示。

Windows 网络诊断　　发布者详细信息

找到问题

| | | |
|---|---|---|
| Windows 无法与设备或资源(主 DNS 服务器)通信 | 检测到 | ⚠ |
| 请联系网络管理员或 Internet 服务提供商(ISP) | 已完成 | |
| 安全设置或防火墙设置可能正在阻止连接 | 检测到 | ⚠ |
| 请与网络管理员联系 | 已完成 | |

图 9-50

## 上手体验 1 为访问控制设置保护密码

扫一扫　看视频

访问控制可以控制电脑的各种行为，如果知道了该功能，将其关闭，所有的控制策略就无效了。所以需要为火绒增加密码，以防止受管理者擅自更改。

**STEP 01** 在“访问控制”界面中，单击“密码保护”链接，如图 9-51 所示。

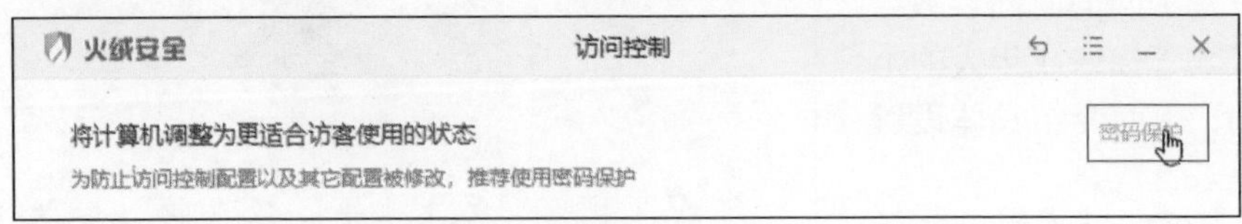


图 9-51

**STEP 02** 勾选“开启密码保护”复选框，如图 9-52 所示。

**STEP 03** 输入密码和确认密码后，勾选需要保护的位置，建议勾选“访问控制”“退出程序”和“卸载程序”，单击“保存”按钮，如图 9-53 所示。

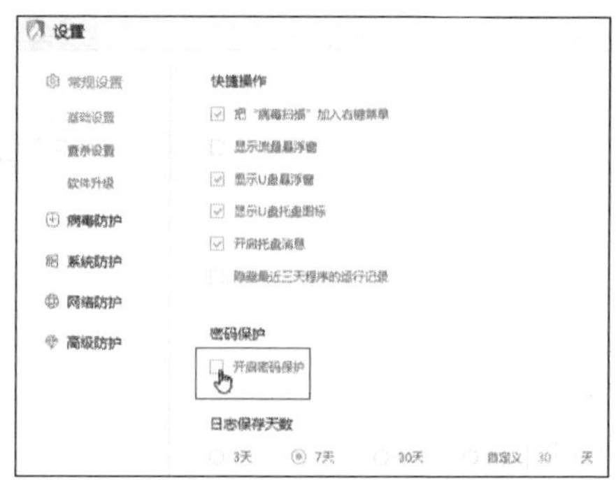


图 9-52　　　　图 9-53

（2）控制访问的网站

除了控制上网时间外，在上网时间内，也可以控制用户可以访问的网站，来进一步规范电脑的使用。

**STEP 01** 在“访问控制”界面中，启动“网站内容控制”开关。输入刚才设置的保护密码后，单击该名称，如图 9-54 所示。

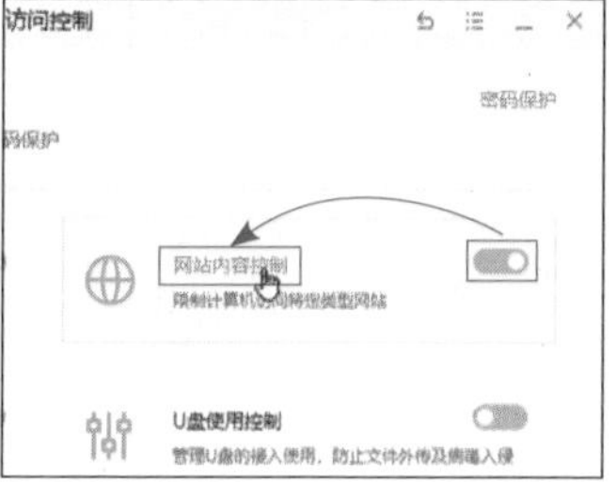


图 9-54

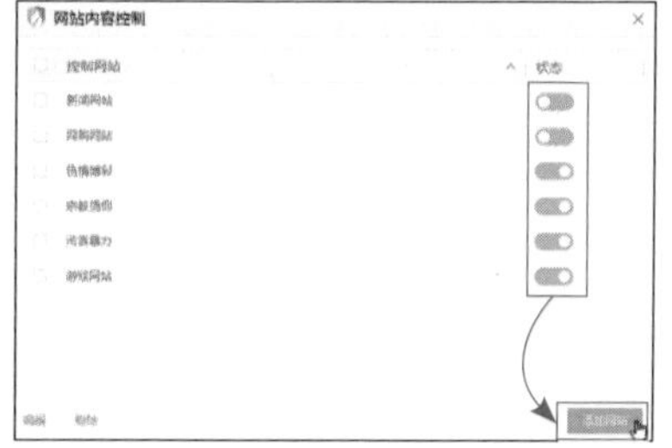

图 9-55

**STEP 02** 启动控制的网站类型，单击“添加网站”按钮，如图 9-55 所示。

**STEP 03** 输入类型的名称以及禁止访问的域名后，单击“保存”按钮，如图 9-56 所示。

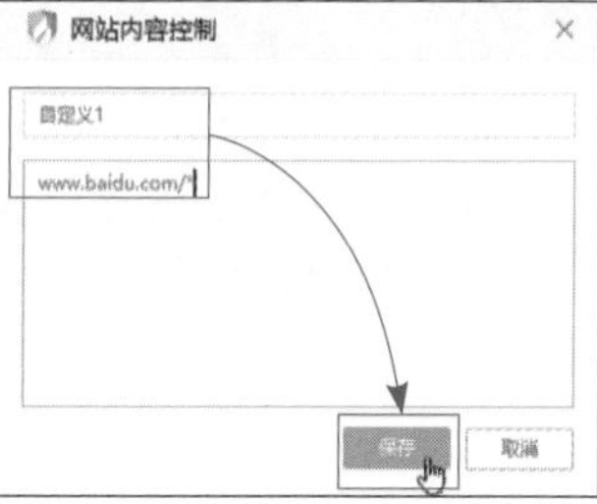


图 9-56

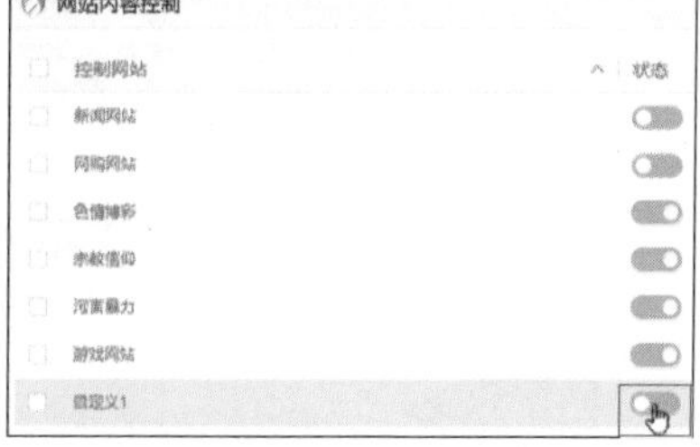


图 9-57

**STEP 04** 保存返回后，打开该类型的控制开关，如图 9-57 所示。

此时再访问被限制的网站，会弹出提示信息，如图 9-58 所示。

图 9-58

## 上手体验 2 控制可以启动的程序

扫一扫　看视频

除了控制可访问网站外，还可以控制系统中的程序，可以禁止某程序的启动。

STEP 01　在“访问控制”界面中，启动“程序执行控制”开关，并单击该名称，如图 9-59 所示。

STEP 02　在这里启动需要禁用的程序类别，单击“添加程序”按钮，如图 9-60 所示。

STEP 03　勾选“隐藏系统程序”复选框，从列表中选择禁用的程序，单击“保存”按钮，如图 9-61 所示。返回后，再次启动程序，火绒会将其禁用，并弹出提示，如图 9-62 所示。

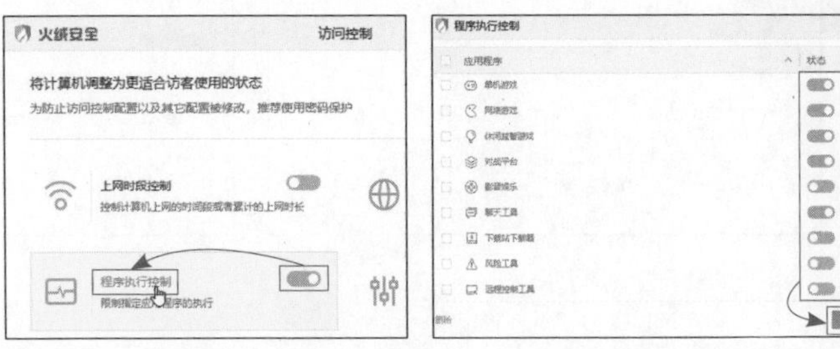


图 9-59　　图 9-60

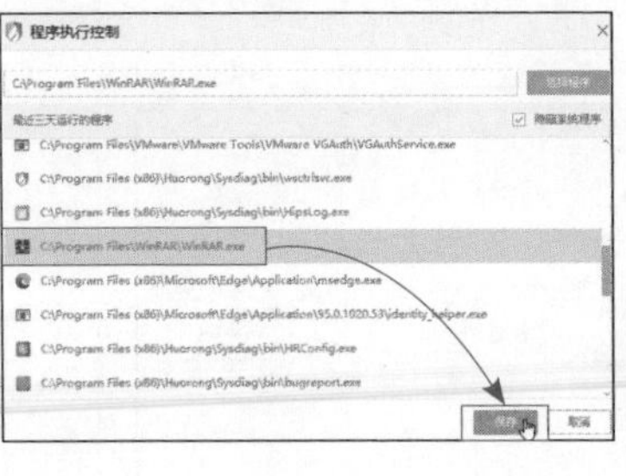


图 9-61

图 9-62

### 〈 拓展知识 〉 如何找到所需程序

列表中显示的是近 3 天启动的程序，如果没有用户所需程序，可以单击“选择程序”按钮，手动指定程序。或者先运行一遍程序，就可以在列表中找到该程序了。“隐藏系统程序”的作用是尽量不要禁用系统程序，以免产生不可预料的后果。

## 9.3.6 防护中心的设置

实时监控系统可以做到随时发现病毒文件随时进行查杀，还可以预防系统中的一些危险操作或者软件进行的各种非法操作。在使用防护中心时，可以对其中的一些参数做个性化设置，来进一步提高防护中心的防护效果。

STEP 01　在主界面中单击“防护中心”按钮，启动防护中心，如图 9-63 所示。

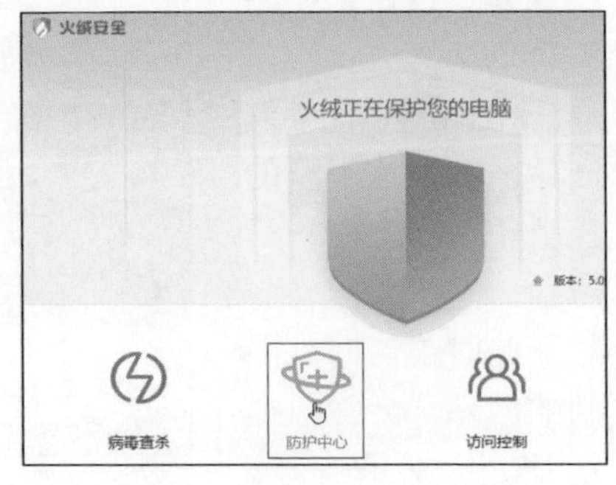


图 9-63

STEP 02　选择左侧的选项卡，如“系统防护”，在右侧可以看到病毒防护的所有功能项，可以通过开关按钮来启动或禁用该功能，这里单击“浏览器保护”名称，如图9-64所示。

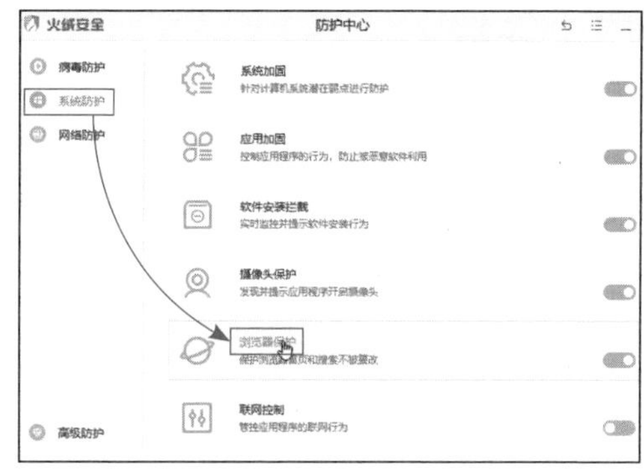

图9-64

**STEP 03** 在这里可以锁定浏览器首页、锁定浏览器搜索，如图9-65所示。

**STEP 04** 其他的功能用户可以根据需要自行设置，比如在“系统防护—联网控制”中，可以设置是否允许程序联网，如图9-66所示。

**STEP 05** 还可以在“高级防护”板块中，设置IP黑名单，禁止该IP的各种连接，如图9-67所示。也可以设置IP协议控制，

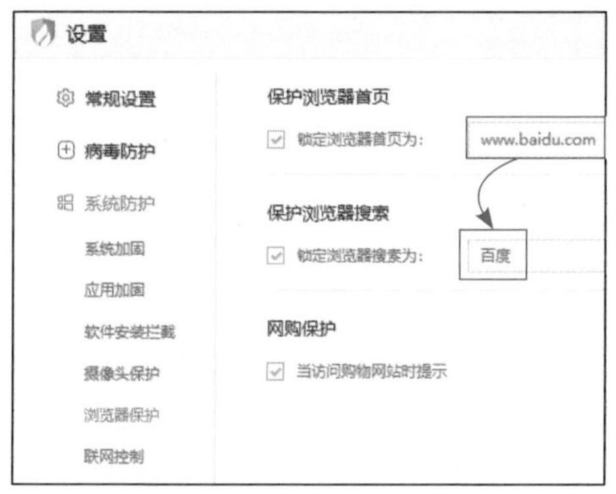

图9-65

图9-66

图9-67

图9-68

该功能其实就是防火墙的策略设置了，如图9-68所示。

# 9.4 设置隐私和权限

和智能手机的功能类似，在 Windows 11 中，可以设置系统中的隐私和权限来提高系统的安全性。

## 9.4.1 关闭微软的数据收集

在安装操作系统的过程中，可以设置是否使用微软的各种个性化设置或推送，或者发送诊断数据等。如果不希望将本地数据上传，可以按照下面的方法进行操作。

STEP 01 使用"Win+I"组合键，启动"设置"界面，在"隐私和安全性"选项卡中，找到并单击"常规"按钮，如图 9-69 所示。

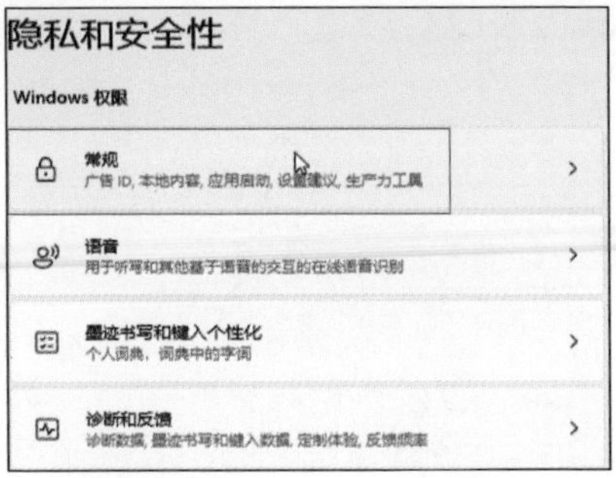

图 9-69

STEP 02 在这里可以关闭个性化广告、跟踪应用的启动、显示建议内容等，如图 9-70 所示。

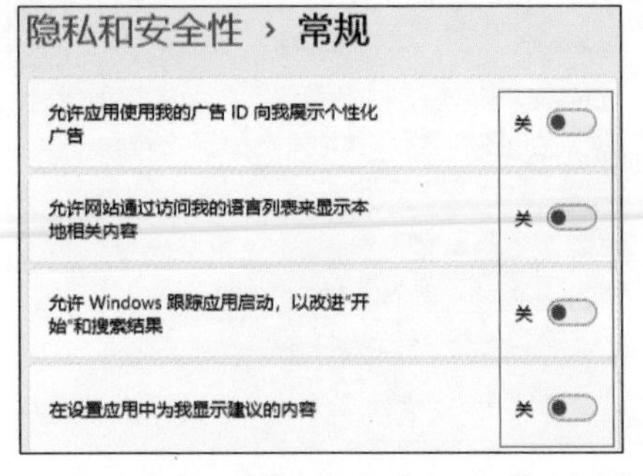


图 9-70

STEP 03 返回到"隐私和安全"界面，单击"诊断和反馈"按钮，如图 9-71 所示。

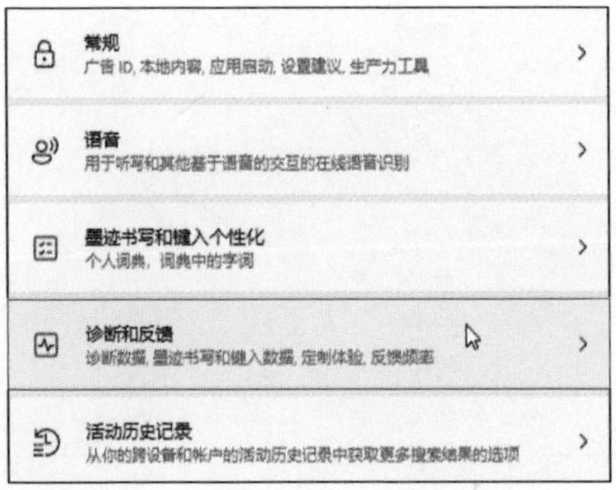

图 9-71

STEP 04 在打开的界面中，关闭"诊断数据"开关，如图 9-72 所示。

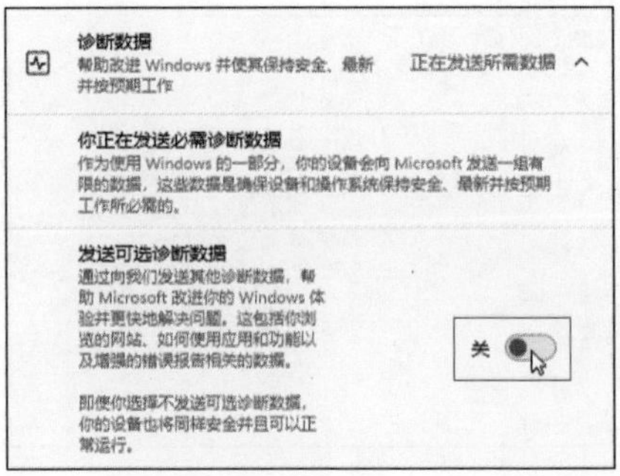

图 9-72

**STEP 05** 展开下方的“量身定制的体验”，关闭该功能，并删除诊断数据，如图 9-73 所示。

**STEP 06** 返回后，单击“活动历史记录”按钮，如图 9-74 所示。

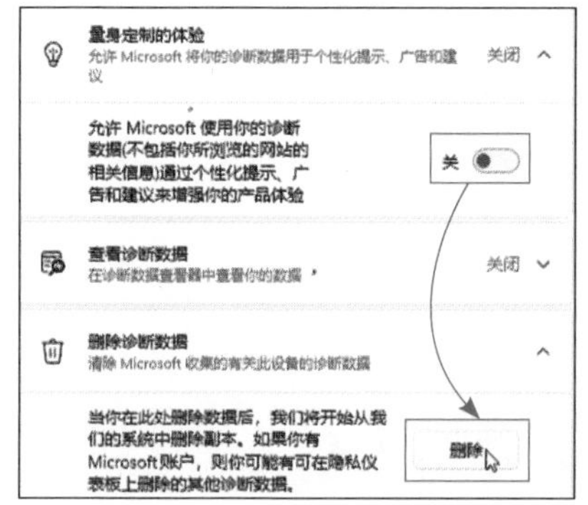


图 9-73

图 9-74

**STEP 07** 取消勾选“在此设备上存储我的活动历史记录”复选框，并单击“清除”按钮，如图 9-75 所示。

## 〈 拓展知识 〉 其他清除的方法

除了在本地清除外，读者也可以到该用户的微软账户中操作，如图 9-76 所示。

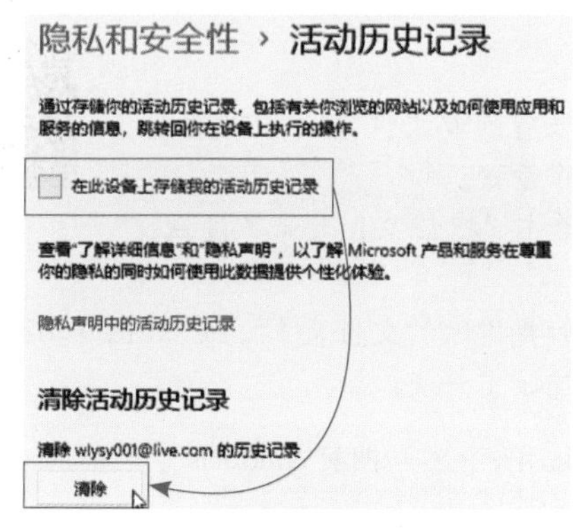


图 9-75

图 9-76

## 9.4.2 设置应用的权限

在使用手机时，经常遇到需要赋予权限后才能使用手机的相机、存储、定位等功能的情况。在 Windows 11 中，也可以通过这些权限设置来控制应用的权限范围，更好地保护系统安全。下面介绍设置的具体步骤。

**STEP 01** 进入“隐私和安全性”界面中，从“应用权限”中单击需要设置权限的系统功能，如单击“位置”按钮，如图9-77所示。

图 9-77

**STEP 02** 在弹出的列表中，可以单击定位服务后的开关按钮来打开或关闭定位服务，如图9-78所示，这里相当于总开关。

图 9-78

**STEP 03** 在下方可设置是否允许应用获取位置以及哪些应用程序可以获取到位置服务的权限，用户可以根据需要打开或关闭这些程序的权限，如图9-79所示。

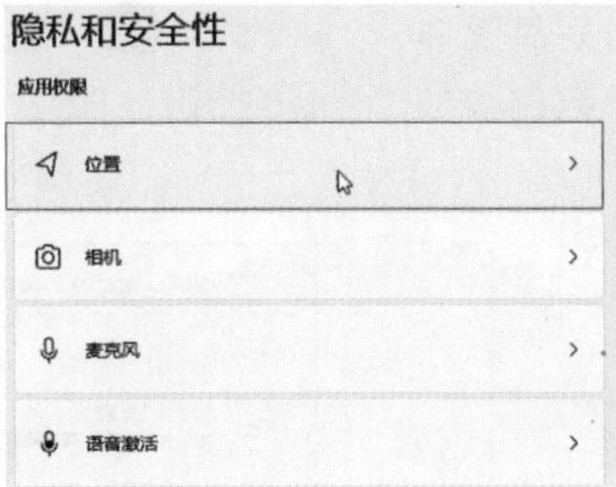

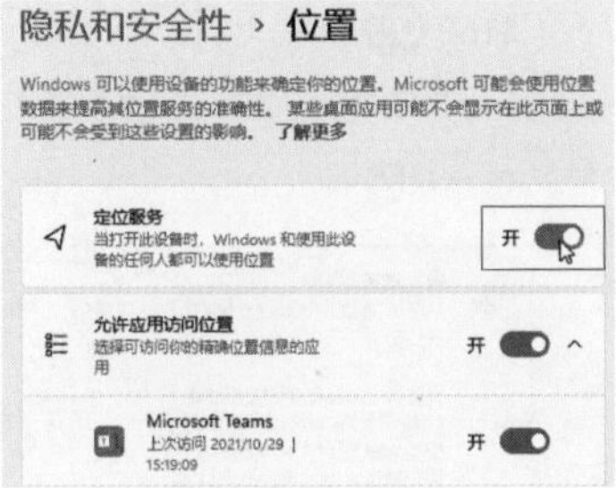

图 9-79

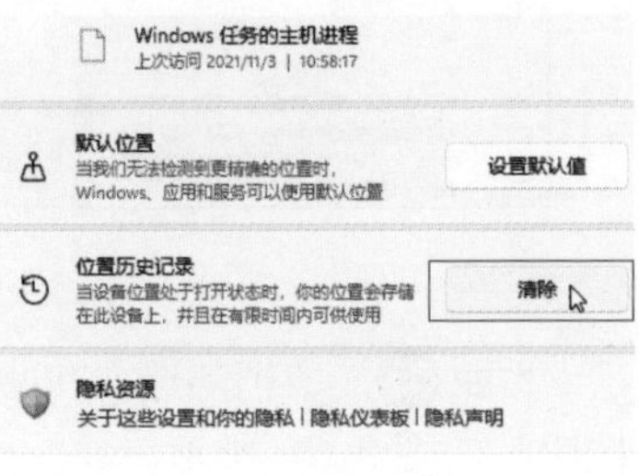


图 9-80

**STEP 04** 单击“位置历史记录”后的“清除”按钮，可以清除位置信息，如图9-80所示。

其他系统功能的权限设置和此类似。

## 上手体验 设置搜索的内容

扫一扫 看视频

搜索功能可以搜索电脑内的所有位置，如果有隐私文件夹，可以设置成不搜索该文件夹的模式。下面介绍具体的操作步骤。

**STEP 01** 来到“隐私和安全性”界面中，单击“搜索 Windows”按钮，如图9-81所示。

**STEP 02** 在“搜索 Windows”中，单击“添加要排除的文件夹”按钮，如图9-82所示。添加完毕，再次执行搜索操作时，将排除掉该文件夹。

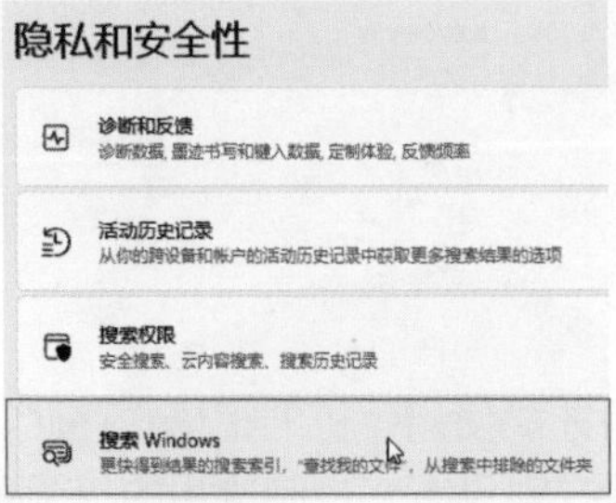

图 9-81

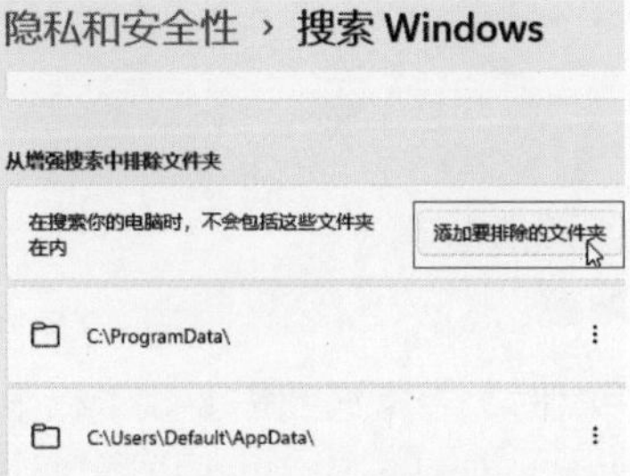

图 9-82

# 9.5 高级安全防护设置

除了前面介绍的系统安全防护外，还有一些高级的系统安全设置，可供有一定基础且动手能力强的读者使用。

## 9.5.1 Windows 服务的设置

在 Windows 中有很多服务，通过服务功能来监听程序或客户端的请求，并提供各种服务。经常会有恶意软件停用了服务或者伪装成正常服务来为黑客提供连接。所以系统异常的情况下可以查看系统的服务，打开或关闭某些服务项。

**STEP 01** 使用“Win+R”组合键启动“运行”对话框，输入“Services.msc”，单击“确定”按钮，来启动服务管理组件，如图 9-83 所示。

**STEP 02** 在打开的“服务”界面中，可以查看到本地运行的各种服务、描述等。双击“Windows Update”选项，如图 9-84 所示。

图 9-83

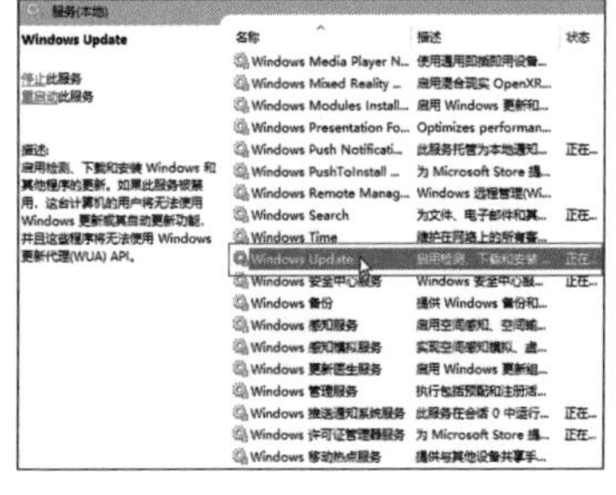

图 9-84

**STEP 03** 该服务是 Windows 更新的关键服务，是运行状态，单击“停止”按钮，可以停止该服务，如图 9-85 所示。

**STEP 04** 单击“启动类型”下拉列表，选择“自动”选项，如图 9-86 所示。

图 9-85

图 9-86

其中自动是跟随系统启动，延时的话是系统启动完成后启动，手动是用户在需要时手动启动。如果该服务有错误或属于可疑服务，可以将其禁用掉。

**〈 拓展知识 〉 启动按钮是灰色的**

**这种情况下，首先应选择该服务的启动类型，在单击“应用”按钮后，“启动”按钮就变成了可操作状态。**

## 9.5.2 组策略的使用

组策略是系统中的功能集合，将 Windows 系统中的一些设置综合起来，可以简单地理解成一个开关集合箱。通过组策略可以完成系统中一些关键的安全参数的配置。下面介绍具体的操作步骤。

STEP 01 使用“Win+R”组合键启动“运行”对话框，输入“gpedit.msc”，单击“确定”按钮，如图 9-87 所示。

STEP 02 随后会启动“组策略编辑器”，在左侧的窗格中，依次展开“计算机配置”→“Windows 设置”→“安全设置”→“密码策略”，在右侧双击“密码长度最小值”选项，如图 9-88 所示。

图 9-87　　图 9-88

STEP 03 设置长度最小值为 6 个字符，单击“确定”按钮，如图 9-89 所示，这样以后再设置密码就必须大于等于 6 个字符了。

STEP 04 按照同样方法，可以设置密码最长使用期限，如图 9-90 所示，到期后必须更改密码才能登录。

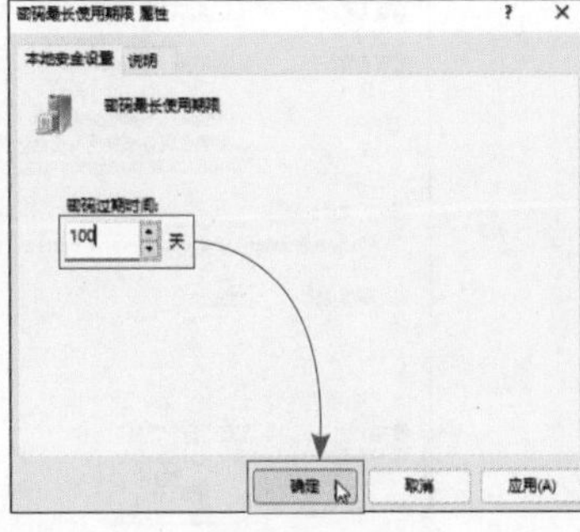

图 9-89　　图 9-90

**STEP 05** 依次展开“计算机配置”→“Windows 设置”→“安全设置”→“本地策略”→“安全选项”，在右侧找到并双击“账户：重命名管理员账户”，如图 9-91 所示。

**STEP 06** 修改“Administrator”为新的用户名，这样系统就更加安全了，如图 9-92 所示。

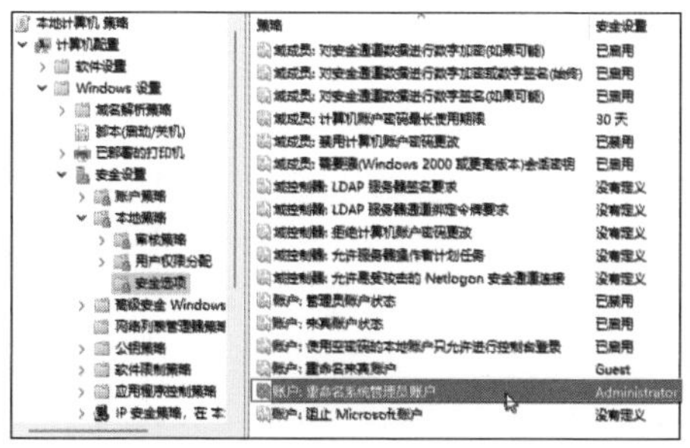

图 9-91

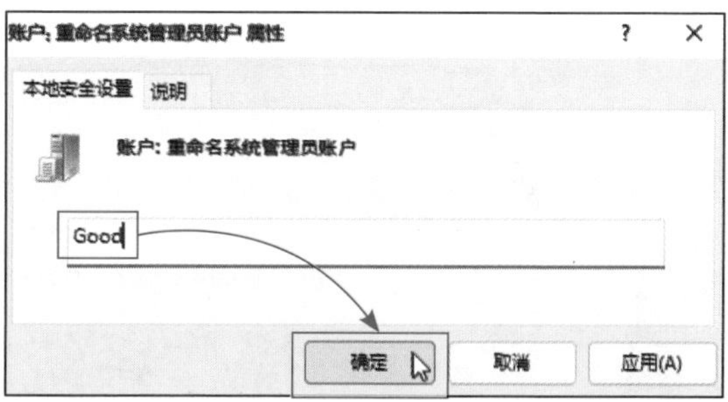


图 9-92

因为组策略编辑器的策略非常多，而且都是针对系统的设置，所以建议有一定基础的用户来使用。其他的策略可以按照用户需求进行配置，这里就不再赘述了。

## 拓展知识 “计算机配置”和“用户配置”的区别

可以看到，在组策略中，策略被划分成“计算机配置”和“用户配置”两大类。计算机配置是针对所有用户，而“用户配置”针对的是当前用户。如果冲突的话，一般以计算机配置为准。

# 第 10 章 有备无患保安全——操作系统的灾难恢复

Windows 系统的稳定性还是有目共睹的，但无论多稳定的系统都会存在崩溃的风险，所以强烈建议读者养成良好的备份习惯，毕竟系统可以重装，而珍贵的数据要恢复就非常麻烦。

**本章重点难点：**

- Windows 11 的备份及还原 ⟷ Windows 11 的高级启动
- Windows 11 的重置 ⟷ Windows 11 文件误删除的恢复

# 10.1 Windows 自带的备份和还原

Windows 自带的备份和还原功能非常多，有使用还原点备份和还原、使用文件历史记录备份还原文件和使用“备份还原（Windows 7）”功能备份和还原等。

## 10.1.1 使用还原点备份和还原

系统的还原点存储了当前系统的主要状态，包括一些关键的配置信息和参数。将此时的状态进行备份，在系统发生故障时，可以还原到此还原点的状态中，这对一些安装了软件、驱动、电脑系统参数误设置后产生的故障比较有效。

（1）创建还原点

系统会自动对还原点进行备份，也可以手动备份还原点。下面将介绍手动备份还原点的步骤。

**STEP 01** 搜索关键字“还原点”，会弹出结果“创建还原点”，单击“打开”按钮，如图 10-1 所示。

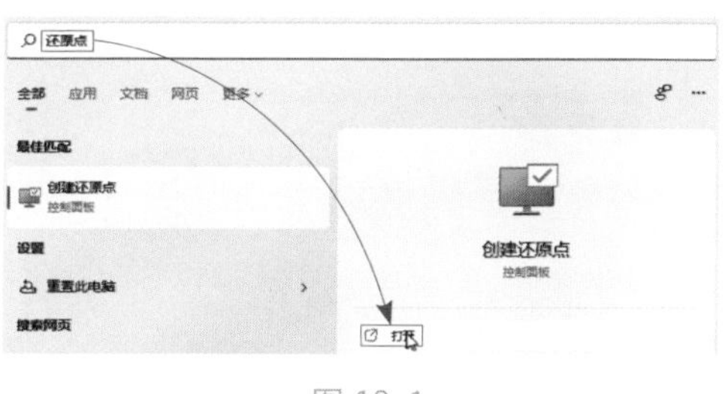


图 10-1

**STEP 02** 选中C盘,单击“配置”按钮，如图 10-2 所示。

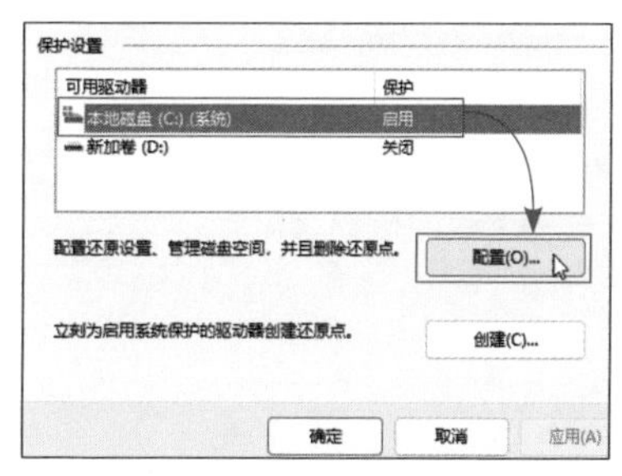


图 10-2

**STEP 03** 单击“启用系统保护”单选按钮，设置还原点的使用空间，单击“确定”按钮，如图 10-3 所示。

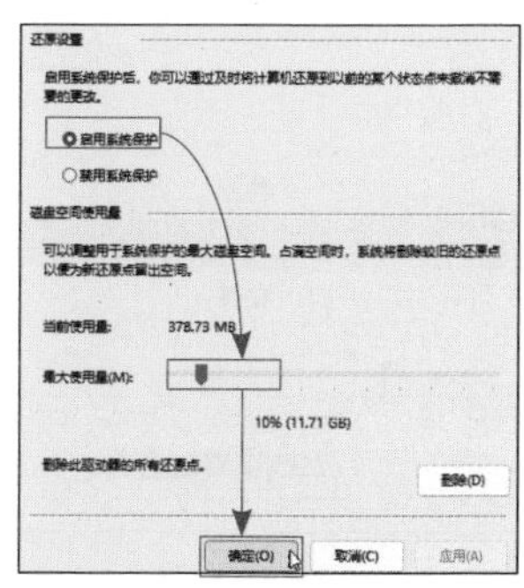


图 10-3

**STEP 04** 返回到“系统属性”界面中，单击“创建”按钮，如图 10-4 所示。

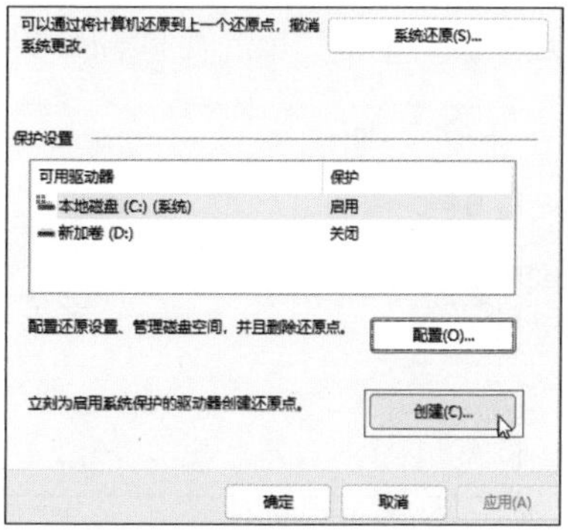

图 10-4

**STEP 05** 设置还原点的名称，单击“创建”按钮，如图 10-5 所示。

**STEP 06** 完成创建后，会弹出成功提示，单击“关闭”按钮，如图 10-6 所示。

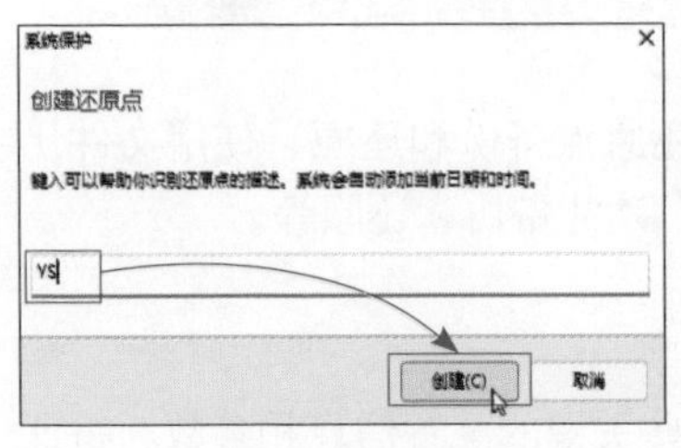


图 10-5

图 10-6

（2）使用还原点还原系统

创建完毕后，就可以进行还原了。为了测试，这里随意安装一款软件。

**STEP 01** 在“系统属性”界面中，单击“系统还原”按钮，如图 10-7 所示。

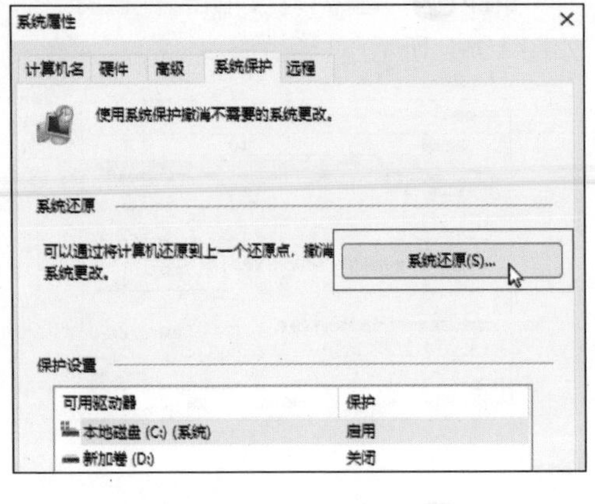


图 10-7

**STEP 02** 在还原向导界面中，选择“选择另一还原点”，单击“下一页”按钮，如图 10-8 所示。

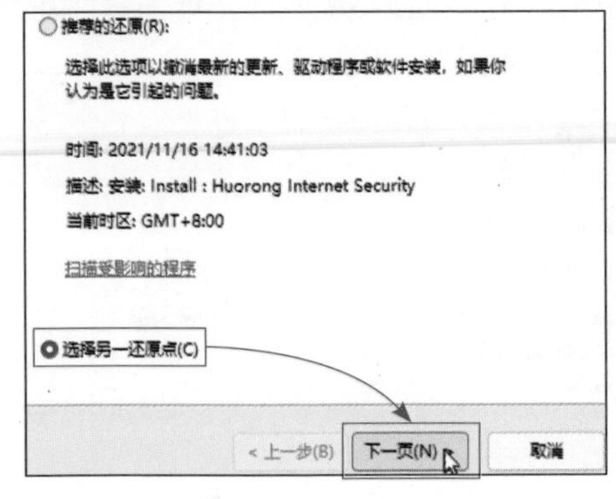


图 10-8

**STEP 03** 在这里可以看到有自动创建的还原点也有手动创建的，选择刚刚手动创建的还原点，单击“扫描受影响的程序”按钮，如图 10-9 所示。

当前时区: GMT+8:00

| 日期和时间 | 描述 | 类型 |
| --- | --- | --- |
| 2021/11/17 15:12:42 | YS | 手动 |
| 2021/11/16 14:41:03 | Install : Huorong Internet Security | 安装 |

扫描受影响的程序(A)

图 10-9

**STEP 04**　系统会将还原后无法使用的程序列举出来，用户可以记录，并在完成恢复后重新安装该程序。这里检测出刚安装的测试用的“看图王”会被删除，没有程序会被安装，单击“关闭”按钮，如图10-10所示。

**STEP 05**　返回后，选择该还原点，单击“下一页”按钮，如图10-11所示。

图 10-10

图 10-11

**STEP 06**　确认无误后，单击“完成”按钮，如图10-12所示。

**STEP 07**　系统弹出警告信息，不能中断还原，单击“是”按钮，如图10-13所示。

系统重新启动，开始还原，如图10-14所示，接着系统会重新启动。完成还原后，发现测试软件已经不见了，而且弹出还原成功的提示信息，如图10-15所示。

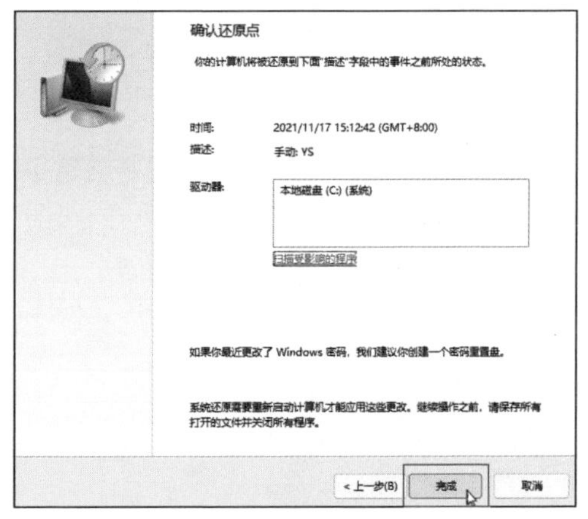


图 10-12

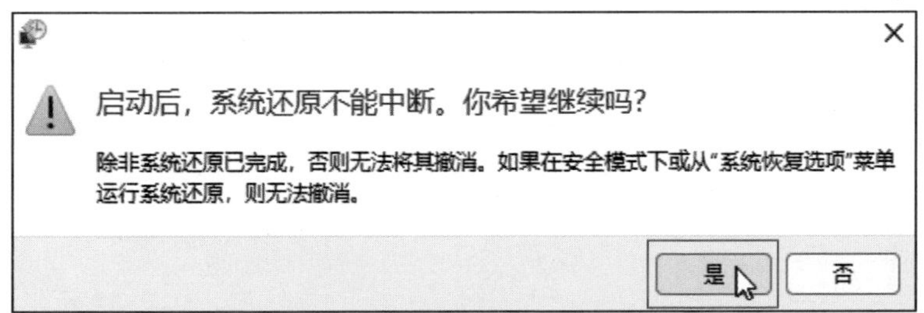


图 10-13

图 10-14

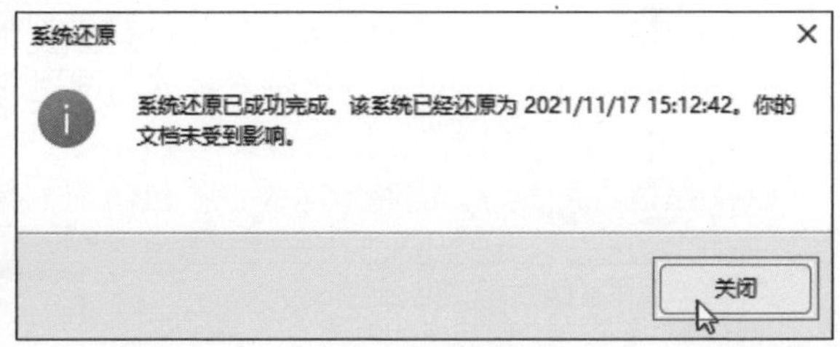


图 10-15

## 10.1.2 使用文件历史记录备份还原文件

还原点备份还原无法对文件备份或还原，而使用文件历史记录可以备份和还原各种文件。需要注意的是在使用该功能前，需要为电脑添加一块硬盘。下面介绍使用文件历史记录功能备份和还原的操作过程。

**拓展知识 添加硬盘的原因**

因为即便使用不同分区的备份，一旦硬盘坏掉，所有分区的数据都会丢失。为了提高备份的安全性，需要在另一块硬盘上进行备份。另外也可以使用网络备份。

### （1）创建备份

和还原点备份一样，首先需要创建备份才能还原，其具体的操作过程如下：

**STEP 01** 搜索关键字“文件历史记录”，单击“通过文件历史记录还原你的文件”的“打开”按钮，如图 10-16 所示。

**STEP 02** 单击“配置文件历史记录设置”链接，如图 10-17 所示。

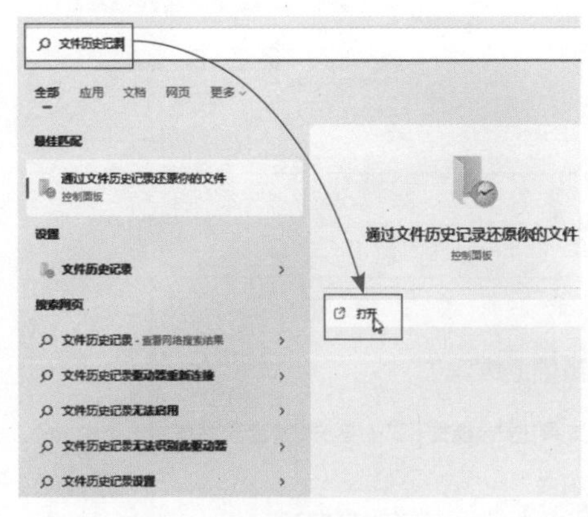


图 10-16

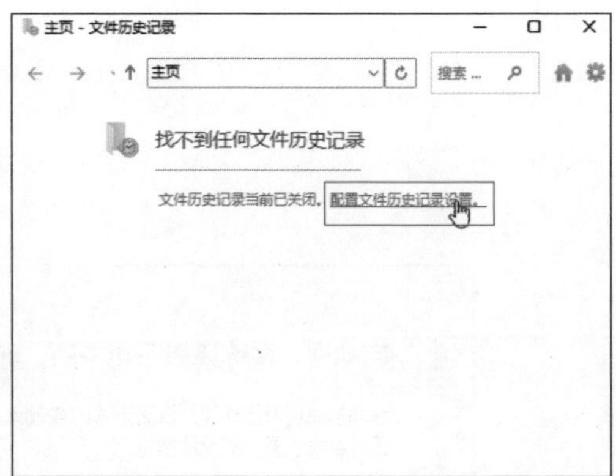


图 10-17

**STEP 03** 该功能默认是关闭的，单击新硬盘 F 盘下的“启用”按钮，如图 10-18 所示。

**STEP 04** 会提示备份的内容包括“库”“桌面”“联系人”“收藏夹”等。备份会自动进行，完成后会显示备份的日期。将测试用的文件放置在桌面上，单击“立即运行”按钮，如图 10-19 所示，再次运行备份。

图 10-18

图 10-19

到这里文件的备份就完成了，下面介绍文件的还原操作。

（2）使用备份还原文件

备份创建完毕后，在文件被误删除或者损坏的情况下，可以将备份文档还原到原始位置。将桌面上用于测试的图片文件删除掉，然后进入文件还原的过程中。

**STEP 01** 进入“文件历史记录”页面，单击左侧“还原个人文件”链接，如图 10-20 所示。

**STEP 02** 在打开的还原界面中，可以查看到共有两次备份的记录，在最新的备份中，单击“桌面”，如图 10-21 所示。

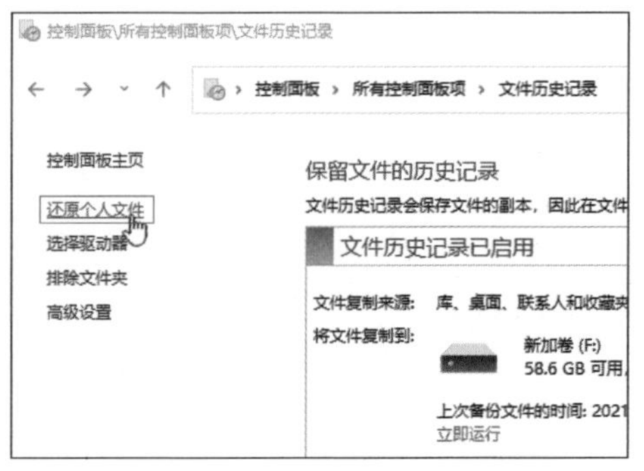

图 10-20

图 10-21

**〈 拓展知识 〉 选择还原目录**

在 Windows 11 中，无法指定备份的目录，只能使用系统默认的目录，用户可以将文件存放到这些目录，如果空间不足，可以使用前面介绍的，将默认目录移动到其他分区。

STEP 03 选中备份中的图片文件，单击“还原到原始位置”按钮，如图 10-22 所示。

STEP 04 接着弹出桌面所在的文件夹，可以查看到文件已经恢复，如图 10-23 所示。

图 10-22

图 10-23

(3) 常用的参数设置

在使用“文件历史记录”还原时，可以在如图 10-20 所示的界面中，单击“排除文件夹”链接，在弹出的界面中排除不需要备份的文件来减少备份占用的空间，如图 10-24 所示。

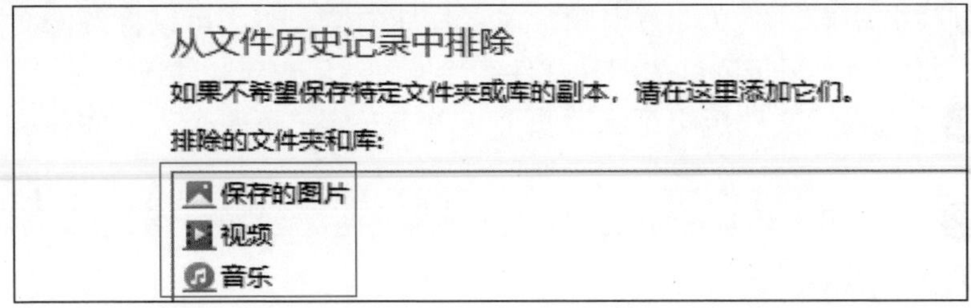


图 10-24

在图 10-20 中单击“高级设置”，可以设置备份的频率、备份的保留时间，也可以清理不需要的备份，如图 10-25 所示。

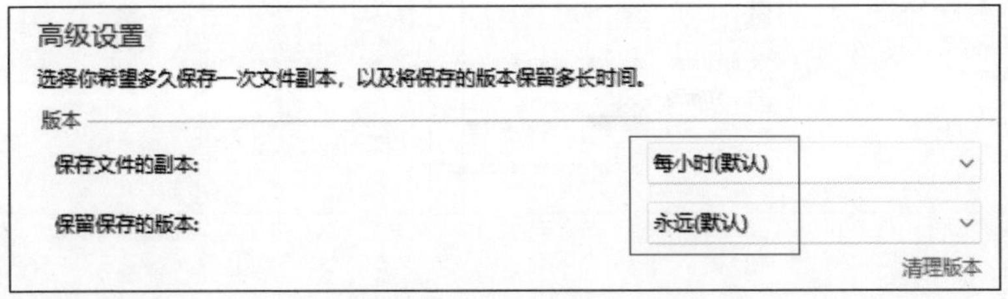


图 10-25

### 10.1.3 使用“备份和还原（Windows 7）”功能备份和还原

该功能从 Windows 7 发展而来，对 Windows 7 兼容性较强，但功能非常强大，一直从 Windows 10 沿用到 Windows 11，下面将介绍该工具的使用方法。

（1）创建备份

首先要启动该功能才能使用备份。

STEP 01　搜索并打开“控制面板”，找到并单击“备份和还原（Windows 7）”按钮，如图 10-26 所示。

STEP 02　默认情况没有备份，单击“设置备份”链接，如图 10-27 所示。

图 10-26

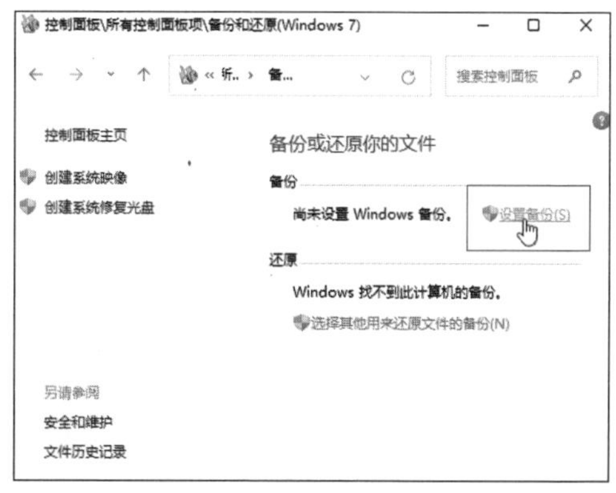


图 10-27

STEP 03　接着弹出备份向导，选择备份的位置，单击“下一页”按钮，如图 10-28 所示。

STEP 04　选择备份的内容，选择“让我选择”单选按钮，单击“下一页”按钮，如图 10-29 所示。

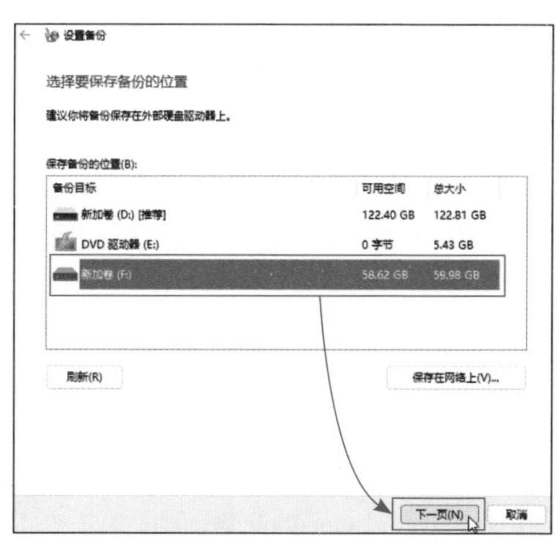


图 10-28

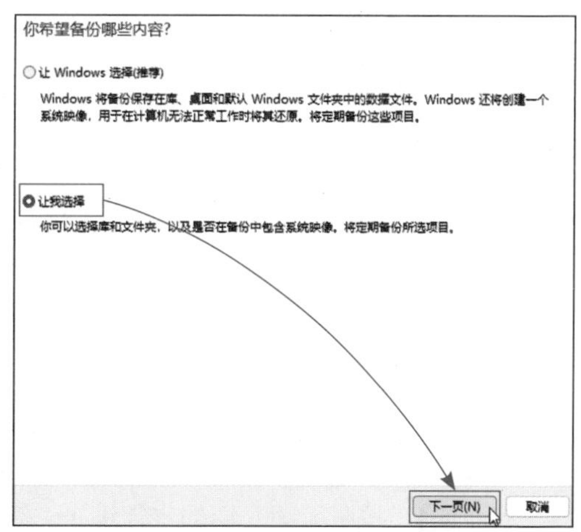


图 10-29

STEP 05　选择需要备份的内容和文件夹，取消勾选“包括驱动器 EFI 系统分区，（C:）的系统映像”（该功能会在后面介绍），单击“下一页”按钮，如图 10-30 所示。

STEP 06　核对备份的内容后，单击“保存设置并运行备份”按钮，如图 10-31 所示。

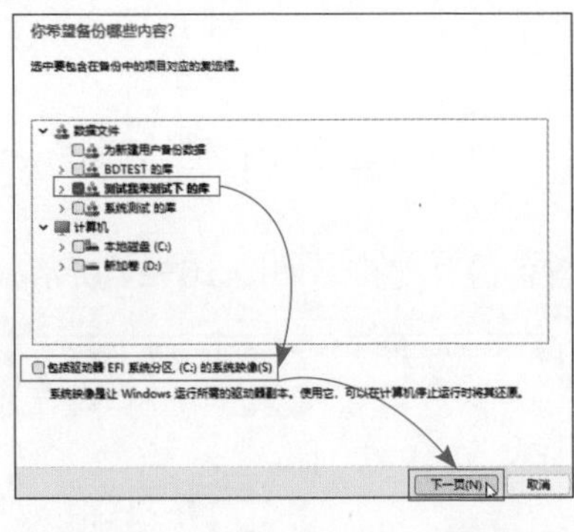
图 10-30

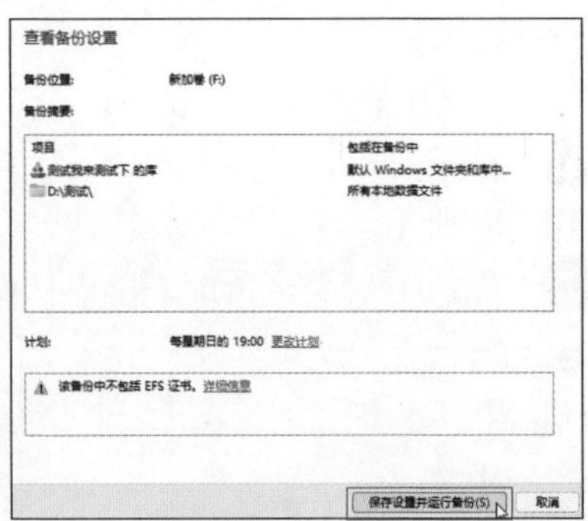
图 10-31

接着会自动启动备份，备份系统数据和刚才设置的文件，完成后会弹出备份的信息，如图 10-32 所示。

**〈 拓展知识 〉 备份的高级设置**

在图 10-31 中，单击“更改计划”链接，可以设置备份的时间和频率。除了备份本人的数据外，还可以备份其他用户的文件。

图 10-32

（2）还原文件

系统出现故障或者文件被误删除后，可以使用“备份和还原（Windows 7）”进行还原，下面介绍还原的过程。

STEP 01 按照前面介绍的步骤进入“备份和还原（Windows 7）”界面中，单击“还原我的文件”按钮，如图 10-33 所示。

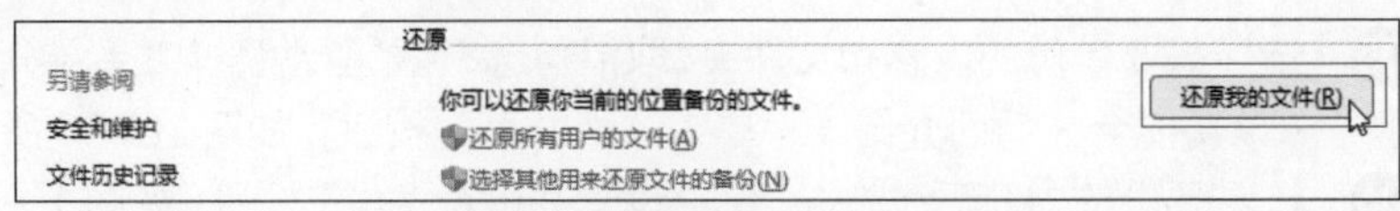
图 10-33

**STEP 02**　在弹出的对话框中，单击“浏览文件”按钮，如图 10-34 所示。

**STEP 03**　找到并选择需要还原的文件，单击“添加文件”按钮，如图 10-35 所示。

**STEP 04**　可以继续选择文件或文件夹，完成后单击“下一页”按钮，如图 10-36 所示。

**STEP 05**　选择“在原始位置”单选按钮，单击“还原”按钮，如图 10-37 所示。

完成文件还原后，会弹出成功提示，单击“完成”按钮，如图 10-38 所示，可以到原始位置查看是否还原正常。

图 10-34

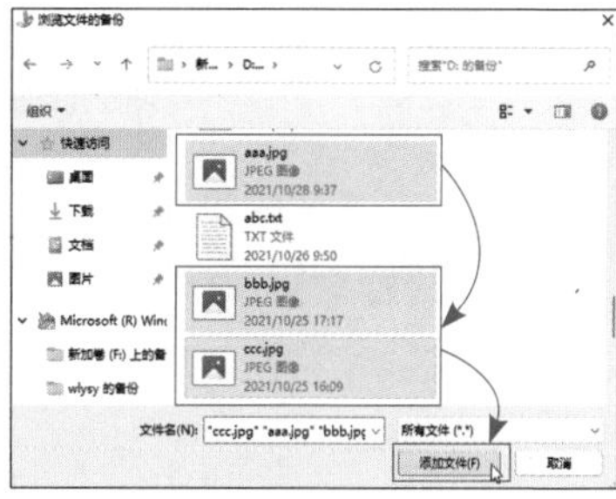

图 10-35

图 10-36

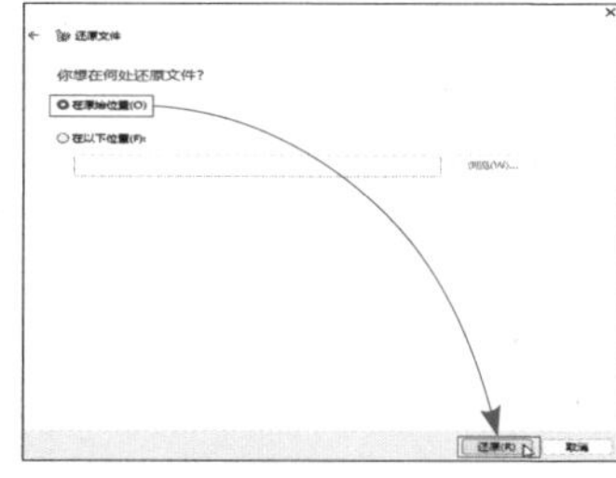

图 10-37

图 10-38

## 10.1.4 系统映像的创建和使用

系统映像可以备份包括启动分区和系统分区中的所有文件，在系统发生故障而无法进入系统时，用来恢复系统。Windows 11 也支持这种功能，下面介绍系统映像的创建和使用步骤。

### （1）系统映像的创建

前面在介绍使用“备份和还原（Windows 7）”时，可以看到在备份向导中有创建系统映像的选项。另外系统映像也可以独立创建，更加符合用户使用习惯。下面介绍单独创建系统映像的方法，以适应更多的场景。

**STEP 01**　从“控制面板”进入“备份和还原（Windows 7）”界面中，单击左侧的“创建系统映像”链接，如图 10-39 所示。

图 10-39

**〈 拓展知识 〉 系统映像的保存位置**

建议将系统映像备份到其他驱动器中，以增强系统的安全性。也可以在创建后，将其移动到移动硬盘或大容量的 U 盘中，在系统发生故障时，可以从这些介质中恢复系统。

**STEP 02** 选择映像保存的位置，单击“下一页”按钮，如图 10-40 所示。

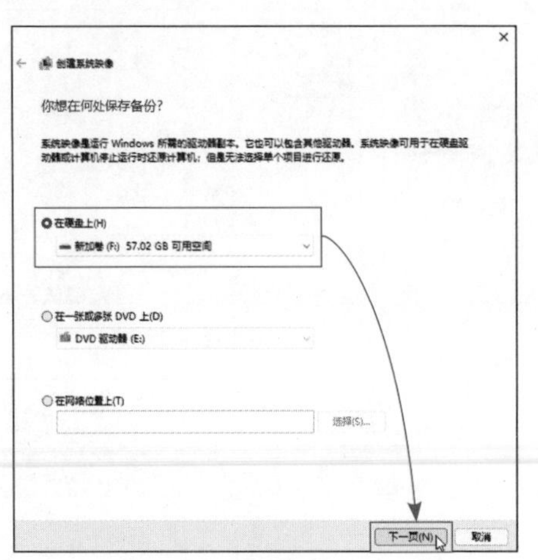

图 10-40

**STEP 03** 选择备份的内容，默认情况下备份的是 EFI 启动分区和系统所在分区（C：）。单击“下一页”按钮，如图 10-41 所示。

图 10-41

**STEP 04** 确认备份的信息，单击“开始备份”按钮，如图 10-42 所示。

**STEP 05** 完成备份后弹出是否创建恢复光盘的提示，单击“否”按钮，如图 10-43 所示。

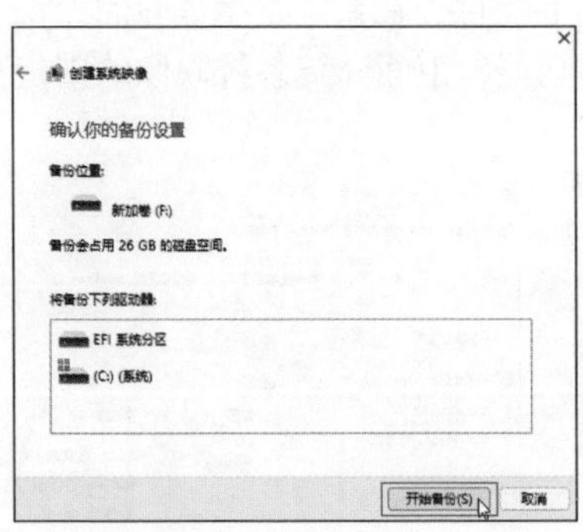

图 10-42

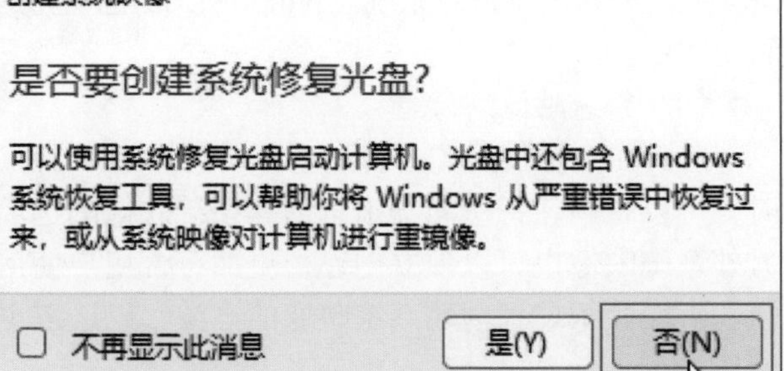


图 10-43

**STEP 06** 关闭向导，在备份目标位置，可以查看到备份的文件，如图 10-44 所示。

| 名称 | 修改日期 | 类型 |
| --- | --- | --- |
| FileHistory | 2021/11/17 16:37 | 文件夹 |
| WIN11TEST | 2021/11/17 17:29 | 文件夹 |
| WindowsImageBackup | 2021/11/18 9:22 | 文件夹 |
| MediaID.bin | 2021/11/17 17:27 | BIN 文件 |

图 10-44

（2）系统映像的使用

因为要还原系统，就不能在系统工作时使用，所以系统映像还原一般在系统的高级启动中。如何进入高级启动，高级启动都有哪些功能，这些知识将在后面进行详细介绍。下面主要介绍使用系统映像还原系统的操作步骤。

STEP 01 按住“Shift”键，对电脑执行重启操作，电脑重启后就会进入高级启动界面中。这里单击“疑难解答”按钮，如图 10-45 所示。

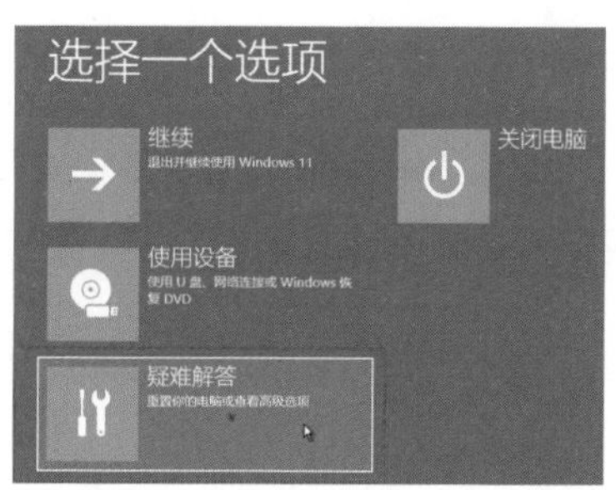


图 10-45

STEP 02 单击“高级选项”按钮，如图 10-46 所示。

图 10-46

STEP 03 单击“查看更多恢复选项”按钮，如图 10-47 所示。

图 10-47

STEP 04 单击“系统映像恢复”按钮，如图 10-48 所示。

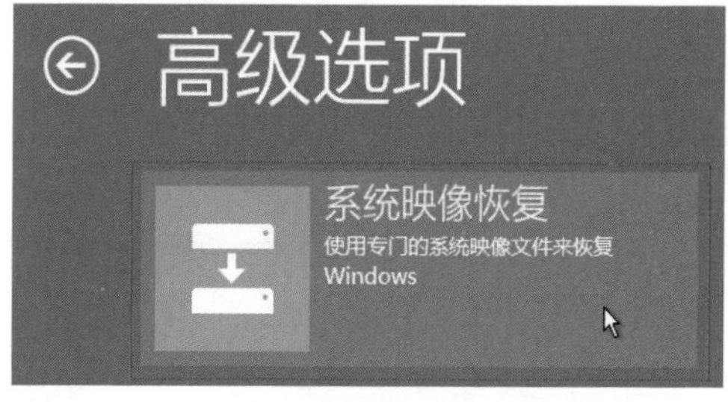


图 10-48

**STEP 05** Windows 11 会自动查找可用的恢复映像，单击“下一页”按钮，如图 10-49 所示。

**STEP 06** 单击“下一页”按钮，如图 10-50 所示。

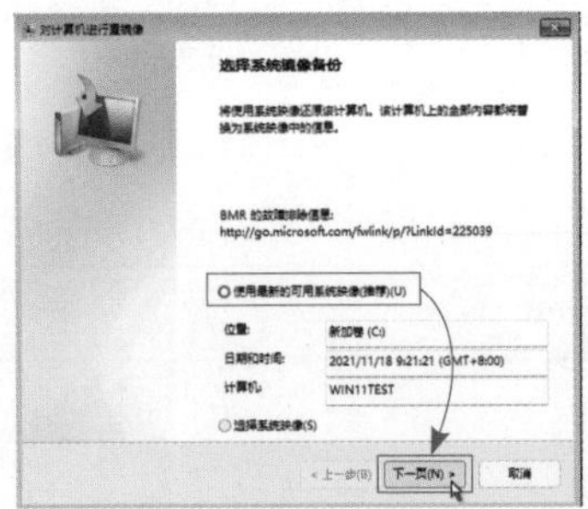


图 10-49

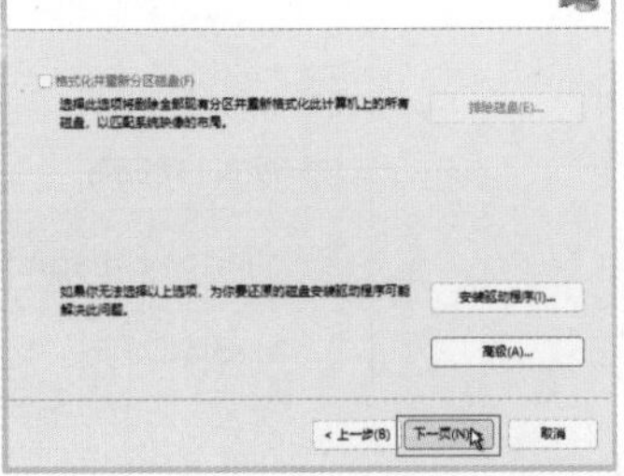


图 10-50

## 〈 拓展知识 〉 高级恢复

如果识别不到映像，可以手动指定映像文件。在恢复过程中，还可以对硬盘格式化或重新分区。但高级启动模式的驱动并不全，所以如果使用这些功能，可能要手动安装驱动。

**STEP 07** 确认信息后，单击“完成”按钮，如图 10-51 所示。在警告提示窗口，单击“是”按钮，如图 10-52 所示。

**STEP 08** 系统启动还原，时长和镜像大小有关，如图 10-53 所示。

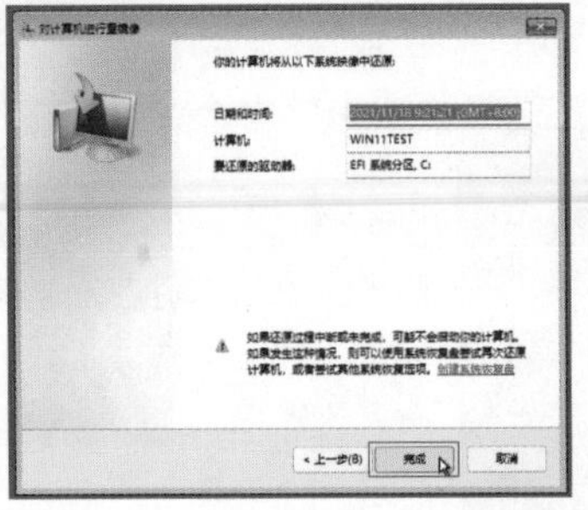


图 10-51

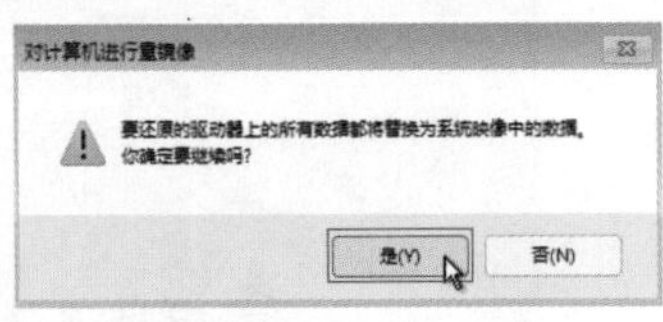


图 10-52

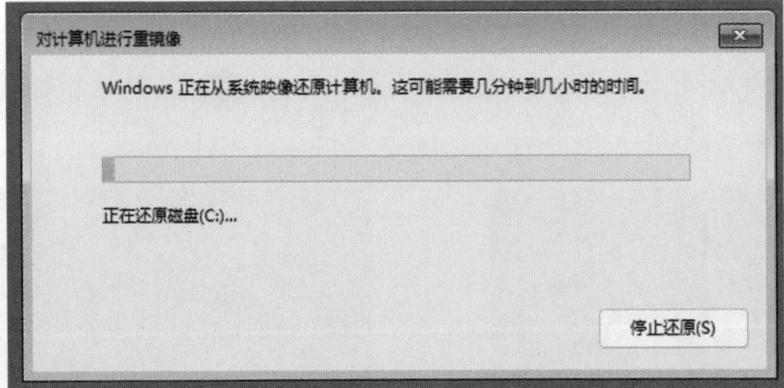


图 10-53

完成后自动重启，来到系统中，查看是否已经成功恢复。在整个过程中，用户一定不要将电脑断电或重启。

## 上手体验 重置系统

扫一扫　看视频

如果以上的方法都无法修复系统或者没有备份，就要考虑重装系统了。但是重装系统需要一定的技术要求，普通用户可以考虑使用系统自带的“重置系统”的功能，就像手机恢复出厂值一样。无须备份，只要可以进入系统中即可使用该功能。下面介绍操作的具体步骤。

STEP 01　使用“Win+I”组合键进入“设置”界面中，找到并单击“恢复”按钮，如图 10-54 所示。

STEP 02　单击“重置此电脑”后的“初始化电脑”按钮，如图 10-55 所示。

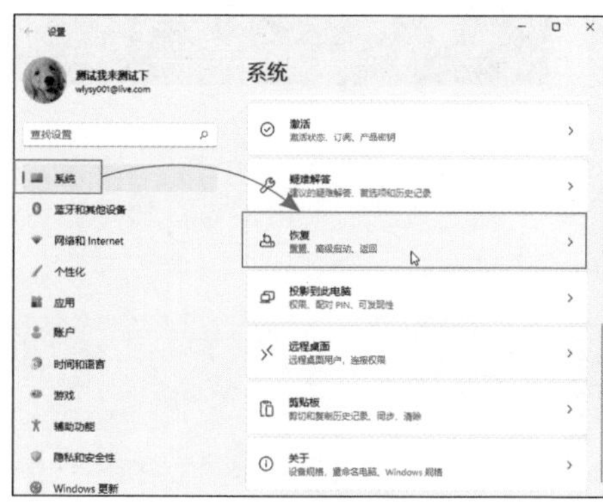


图 10-54

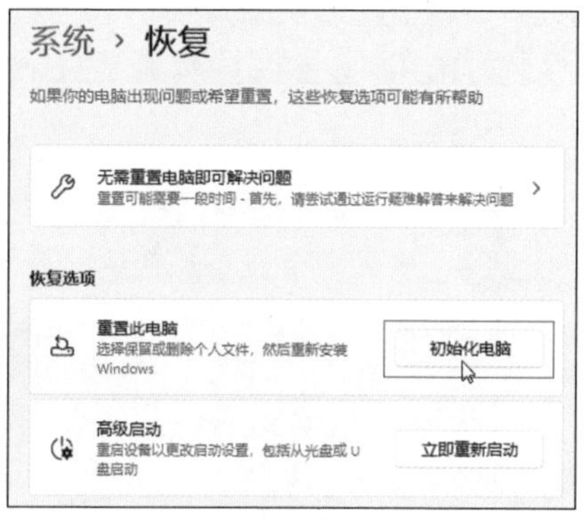


图 10-55

STEP 03　系统弹出初始化电脑选项，单击“保留我的文件”按钮，如图 10-56 所示。

STEP 04　提示如何重装 Windows，这里选择“本地重新安装”按钮，如图 10-57 所示。

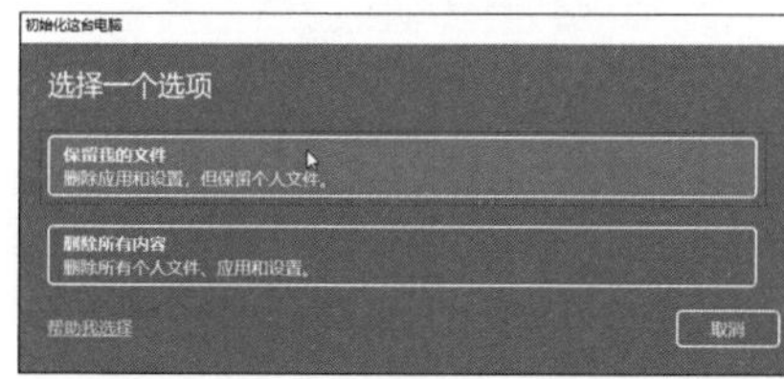


图 10-56

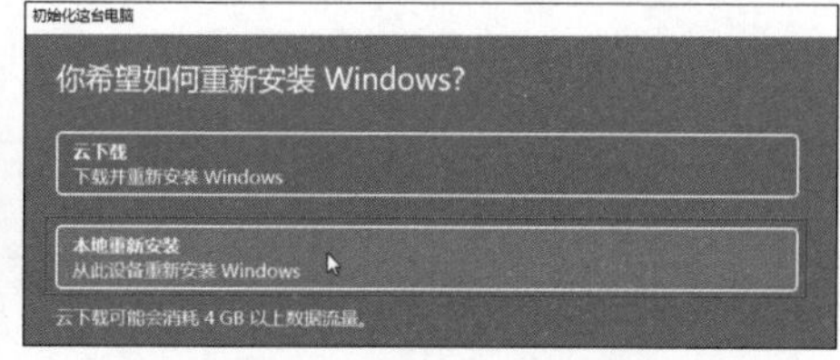


图 10-57

STEP 05　单击“下一页”按钮，如图 10-58 所示。

STEP 06　系统弹出初始化的重置内容，确认后单击“重置”按钮，如图 10-59 所示。

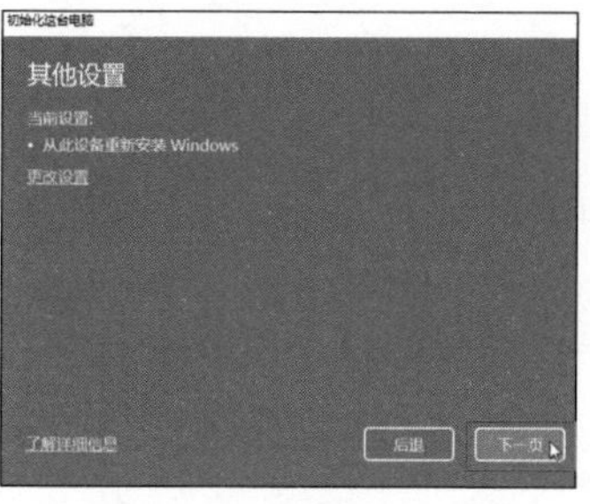


图 10-58

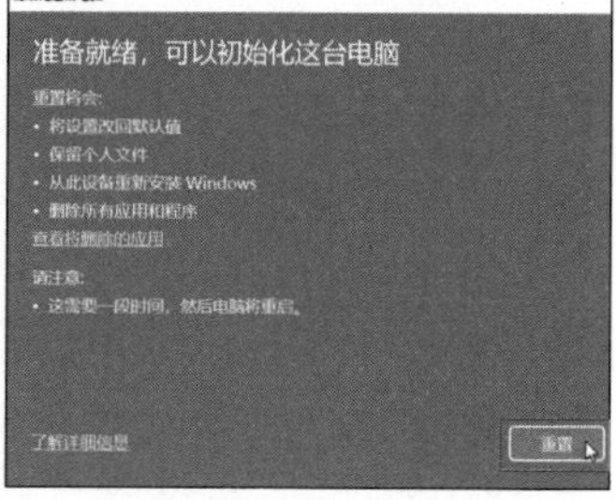


图 10-59

STEP 07　系统开始准备工作并启动重置，如图 10-60 所示。

STEP 08　电脑重启并继续重置，如图 10-61 所示。

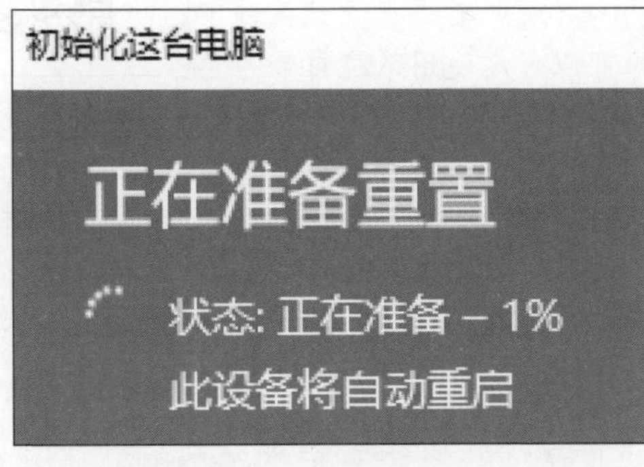


图 10-60

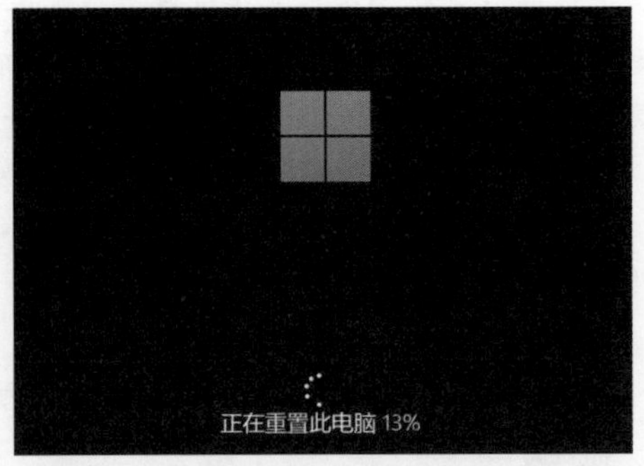


图 10-61

STEP 09　接下来和安装系统类似，用户不要关闭电脑，如图 10-62 所示。

STEP 10　重置完毕，登录系统，如图 10-63 所示。

图 10-62

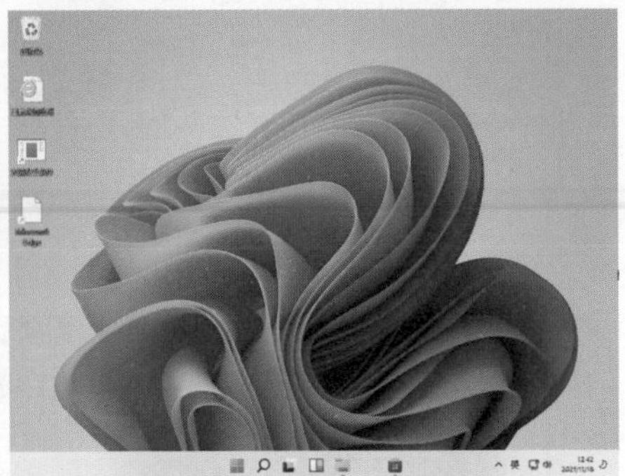

图 10-63

此时的界面和第一次进入系统类似，需要手动调出常用图标，所有用户安装的软件，如火绒等都无法使用了，需要重新安装。但系统已经恢复到正常的状态了，所有的用户文件都在，甚至回收站里的也存在。打开桌面上的“已删除的应用”，可以查看到在本次重置时删除的应用名称、发布者、版本信息，如图 10-64 所示。

在重置电脑时删除了应用

| 应用名称 | 发布者 | 版本 |
| --- | --- | --- |
| Microsoft Edge | Microsoft Corporation | 95.0.1020.53 |
| Microsoft Edge WebView2 Runtime | Microsoft Corporation | 95.0.1020.53 |
| Microsoft OneDrive | Microsoft Corporation | 21.220.1024.0005 |
| Microsoft Update Health Tools | Microsoft Corporation | 2.87.0.0 |
| Microsoft Visual C++ 2015-2019 Redistributable (x64) - 14.27.29016 | Microsoft Corporation | 14.27.29016.0 |
| Microsoft Visual C++ 2015-2019 Redistributable (x86) - 14.27.29016 | Microsoft Corporation | 14.27.29016.0 |
| VMware Tools | VMware, Inc. | 11.2.6.17901274 |
| WinRAR 6.02 (64-位) | win.rar GmbH | 6.02.0 |
| 火绒安全软件 | 北京火绒网络科技有限公司 | 5.0 |

图 10-64

**拓展知识　使用第三方软件进行备份和恢复**

除了使用系统自带的各种备份和还原功能外，用户也可以使用第三方的软件。如使用 GHOST 程序备份系统分区，还原后重建 EFI 引导即可。也可以使用第三方系统部署工具的备份功能，将系统分区备份，在需要时还原。这些工具都非常可靠，可以放心使用。

### 10.1.5 使用“系统更新”功能保留软件恢复

除了以上的恢复功能外，还有一种是利用“系统更新”功能，在保留所有用户的程序和文件的前提下，对系统进行升级或者说重装，对已经安装了大量软件，且计算机发生故障的情况，是最好的解决方案。需要用户下载好系统的镜像文件，在操作系统中解压后执行升级操作即可，如图 10-65 及图 10-66 所示。

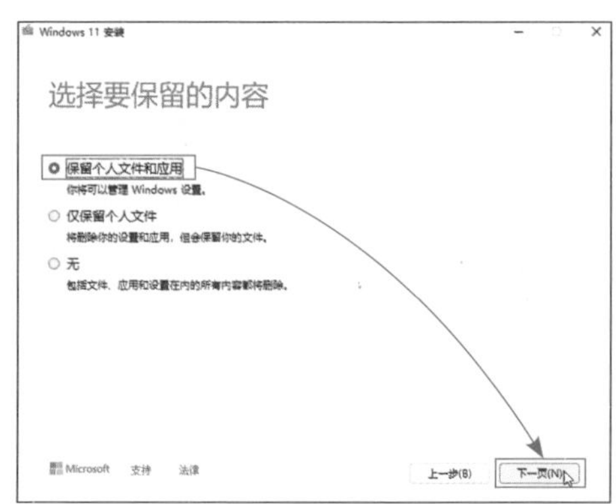


图 10-65

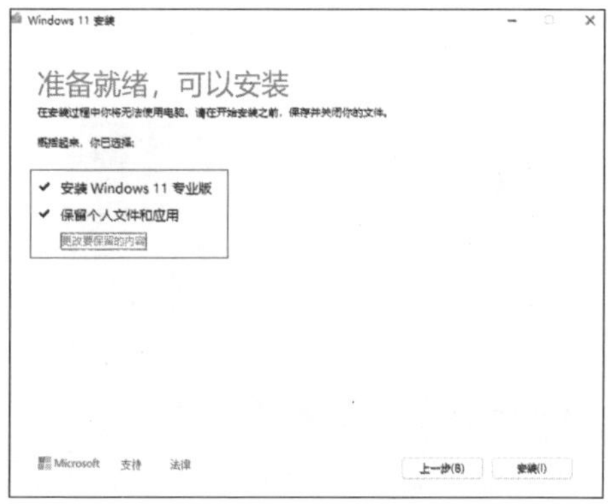


图 10-66

## 10.2 Windows 11 高级启动功能

在前面介绍使用系统映像恢复系统时曾使用过高级启动功能，这是 Windows 中一个比较特殊的环境，独立于系统之外，用来处理系统产生的一些问题或实现一些功能。因为这些功能不能在系统运行时进行操作，所以微软使用了高级启动功能来摆脱系统的影响，属于一类特殊的系统。下面介绍高级启动的使用方法。

### 10.2.1 高级启动的进入

前面介绍了，按住“Shift”键，重启系统就可以进入高级启动模式。除了该方法外，还可以从系统中进入。

（1）从系统中进入

如果可以进入系统，可以通过系统中的功能板块进入高级启动界面。

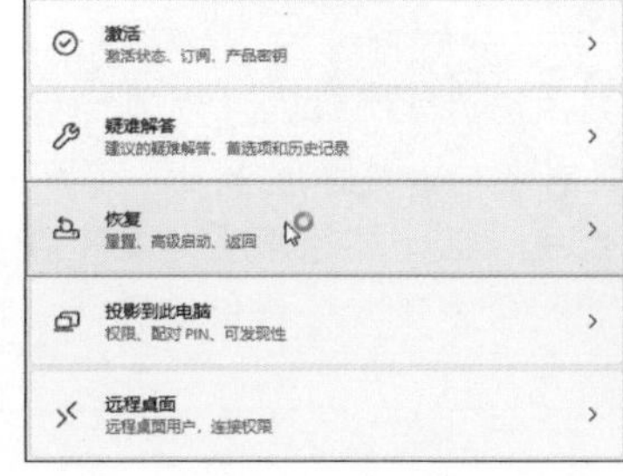


图 10-67

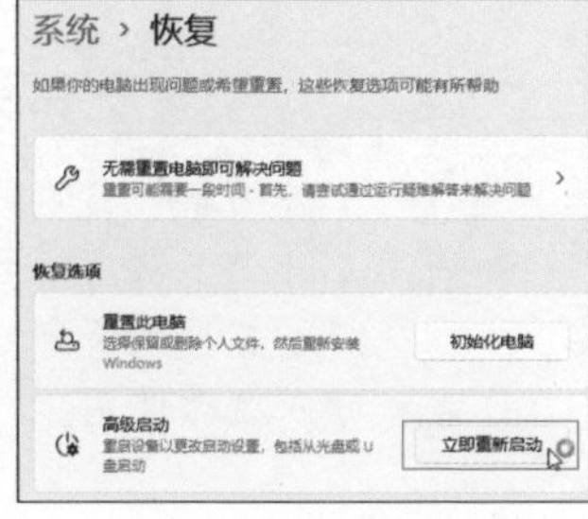


图 10-68

**STEP 01** 使用“Win+I”组合键进入“设置”界面，找到并单击“恢复”按钮，如图 10-67 所示。

**STEP 02** 单击“高级启动”后的“立即重新启动”按钮，如图 10-68 所示。

**STEP 03** 重启后，进入高级启动环境中。

（2）通过安装介质进入

如果系统无法进入，可以使用安装系统的 U 盘启动电脑进入。进入安装界面，单击“修复计算机”链接进入高级启动界面，如图 10-69 所示，但功能略少，如图 10-70 所示。

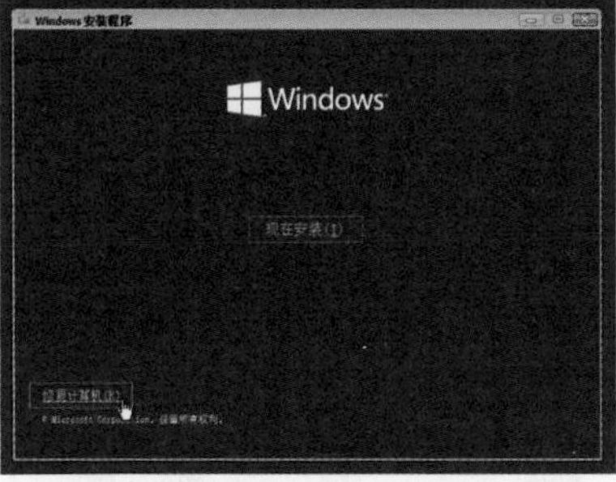


图 10-69

图 10-70

**〈拓展知识〉 通过重启进入电脑**

**在进入 Windows 时，重启电脑，3 次后就会启动自动修复功能，并进入高级启动界面中。**

## 10.2.2 高级启动的功能介绍

高级启动有很多板块，下面介绍下具体的功能。

（1）首页功能介绍

在启动高级启动后，会进入高级启动主界面中，如图 10-71 所示。

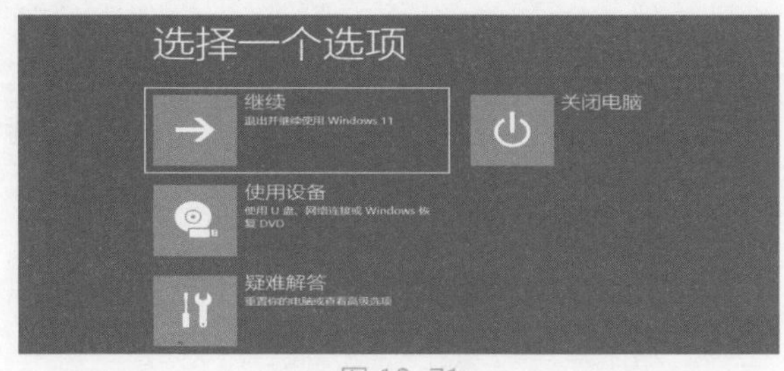


图 10-71

①继续：继续的作用是退出高级启动功能，并启动硬盘中的 Windows 11。

②关闭电脑：关机。

③使用设备：单击“使用设备”按钮，可查看所有的启动设备，如硬盘、光驱、网络等，如图 10-72 所示。可以选择启动的方式，比如从硬盘启动、光驱启动、U 盘启动、网络启动等，和 BIOS 中的启动设备选择功能类似。

④疑难解答：重要的修复功能都在其中，单击后进入下级界面，如图 10-73 所示。

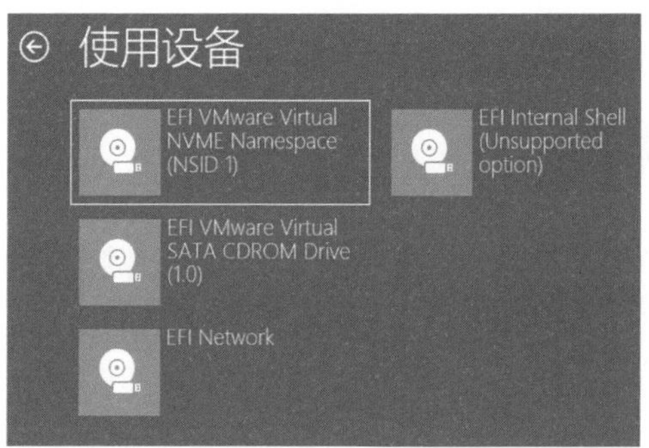


图 10-72

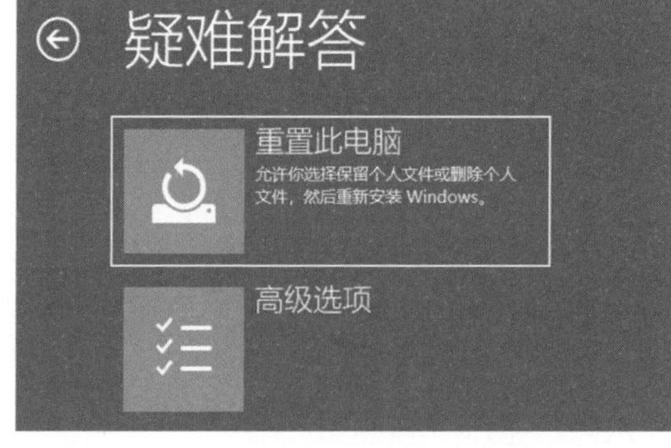


图 10-73

（2）疑难解答主要选项

这里的选项比较少，“重置此电脑”的功能和系统中的一样，在这里主要为了在无法进入 Windows 11 操作系统时使用。“高级选项”中的功能非常多，主要针对了系统的各种故障和功能处理方式，如图 10-74 所示。

图 10-74

（3）启动修复

系统无法启动时可以使用启动修复来检测是否有启动故障。单击该按钮后系统会自动重启并自动诊断电脑启动，如果有故障则自动修复，如图 10-75 所示。

图 10-75

（4）卸载更新

如果系统安装更新后发生故障，如系统崩溃、无法进入桌面、开机无法启动等情况，可以卸载更新。单击后会弹出两个选项：“卸载最新的质量更新”和“卸载最新的功能更新”。“质量更新”主要指系统的各种修补补丁，以安全性和稳定性为主的更新。而“功能更新”主要是指新增加的功能。无论是哪种，都有可能造成系统的不稳定，而“功能更新”的概率稍大而已。

这里单击“卸载最新的功能更新”按钮，如图 10-76 所示，在弹出的确认界面中单击“卸载功能更新”按钮，如图 10-77 所示。

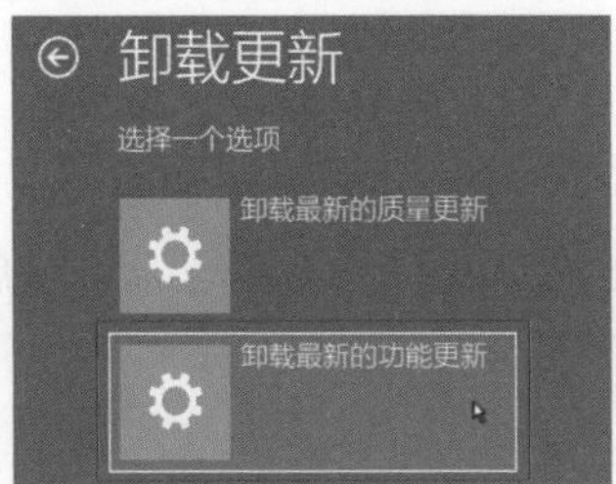

图 10-76

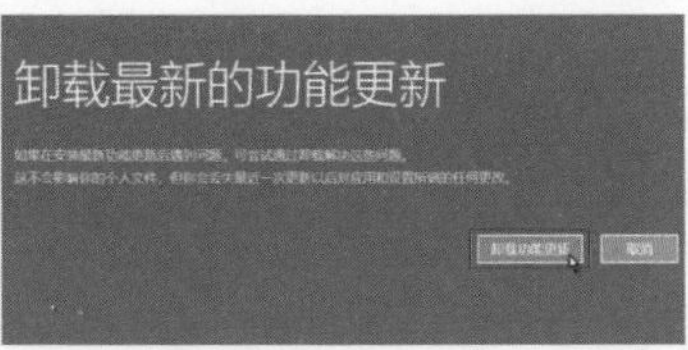


图 10-77

(5)进入“安全模式”

在这里的“启动设置”有一个非常常用的功能，就是进入安全模式，单击“启动设置”按钮，如图 10-78 所示，会弹出该功能可以进入的子功能项目，如果要使用该功能，单击“重启”按钮，如图 10-79 所示。

图 10-78

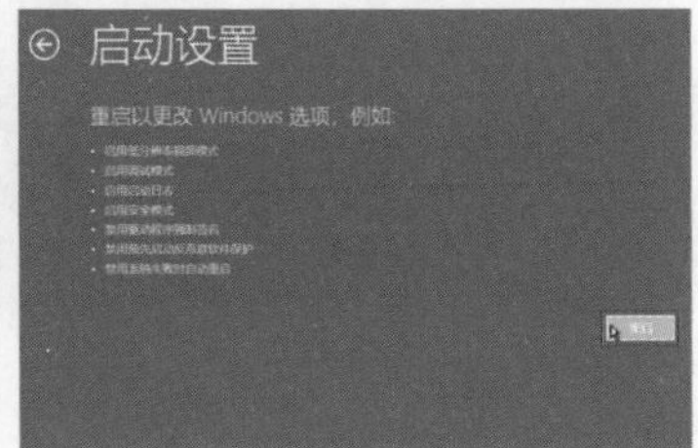


图 10-79

**安全模式**

***安全模式是另一种特殊的系统，是以最小的系统加载项启动 Windows 系统，因为加载的资源少，减少了干扰，所以一般用来处理病毒和驱动的问题。***

“低分辨率模式”用来处理显卡故障；“调试模式”用来处理系统故障；“启动日志”可以检查系统日志；“安全模式”可以进入安全模式中，安全模式分为带网络连接、不带网络连接和带命令提示符的安全模式几种。“禁用驱动强制签名”也是经常使用的，在安装驱动或软件产生授权故障可以到这里禁用强制签名。“禁用反恶意软件”在测试病毒时使用。“禁用系统失败时自动重启”可以关闭系统无法进入而反复重启的情况。

重启后在进入系统时，会显示新的菜单，如图 10-80 所示，使用数字键进入对应的功能界面中。这里按“4”键，启动并登录后进入安全模式中，如图 10-81 所示。

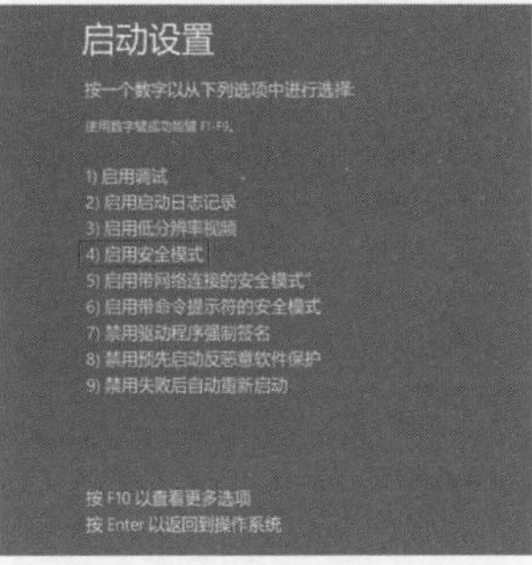


图 10-80

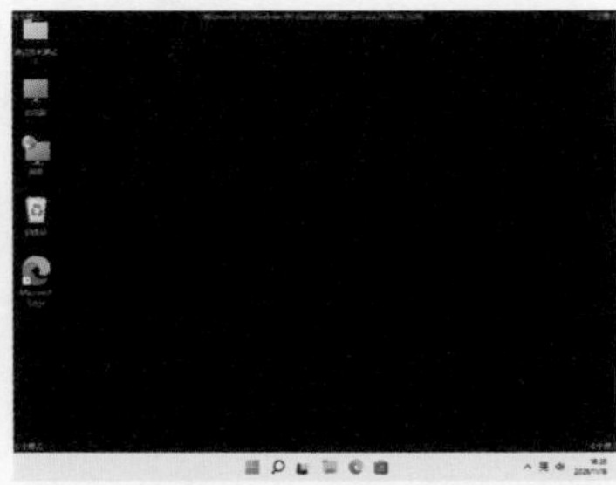

图 10-81

**拓展知识 选择的注意事项**

在该菜单中选择时，速度要快，否则会自动进入系统，建议拍照后确定选项功能。

（6）UEFI 固件设置

“UEFI 固件设置”功能可以在开机后自动进入系统的 BIOS 设置中。进入该功能后，单击“重启”按钮，如图 10-82 所示。

图 10-82

（7）命令提示符

可以进入命令提示符界面中，通过命令提示符界面对电脑进行管理和设置，如图 10-83 所示。

图 10-83

（8）系统还原

该功能就是使用还原点还原系统。读者可以按照前面介绍的步骤创建还原点，再使用该功能还原到还原点状态。

**拓展知识 查看更多恢复选项**

“更多恢复选项”中是使用系统映像恢复系统的功能，前面已经介绍过操作方法，这里就不再赘述了。

## 10.3 系统中其他关键位置的备份与恢复

正常的备份与还原都需要大量的时间，有时比重装系统的时间还长。所以除了系统和用户数据外，系统中的一些关键位置，如注册表与驱动做好备份，在这些功能发生故障后，直接还原，要比其他的备份和还原省很多时间。

### 10.3.1 注册表的备份与还原

注册表存放了系统中的重要功能参数，并管理着这些功能的启动和停止，作用非常大。可以使用第三方软件对注册表进行备份和还原。

这里使用的软件就是“Wise Registry Cleaner”。它是一款小巧的注册表清理优化工具，具有注册表清理、注册表整理、系统优化功能，能对注册表备份和还原。它可以快速扫描注册表问题，清理无效注册表残留垃圾文件，修复清理过程非常安全，整理注册表后能提升系统性能；系统优化功能，能优化相关系统设置，以提高系统速度。

STEP 01 下载安装并启动软件后，打开软件，如图 10-84 所示。

STEP 02 单击右上角的菜单按钮，选择“备份”选项，如图 10-85 所示。

图 10-84

图 10-85

STEP 03 单击“创建完整的注册表备份”，如图 10-86 所示。

STEP 04 软件开始备份注册表的内容，并压缩后存储，如图 10-87 所示。

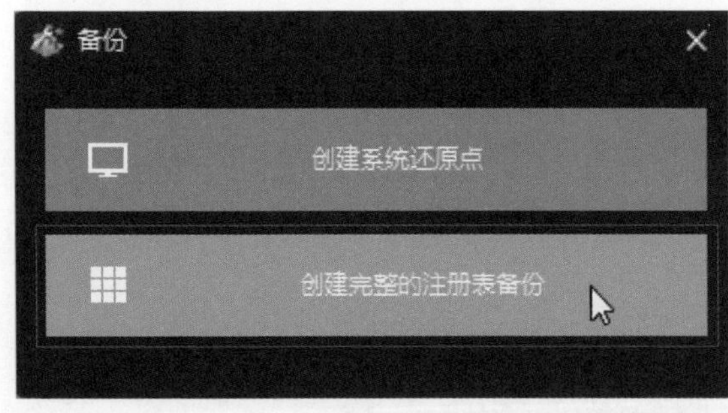


图 10-86

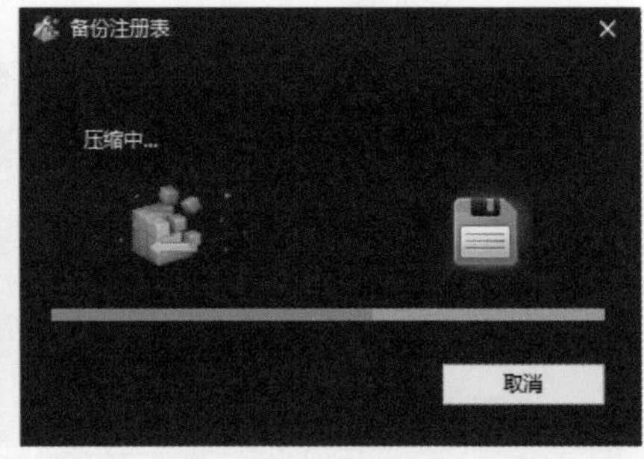


图 10-87

**上手体验** 还原注册表

扫一扫 看视频

还原注册表的过程和备份的步骤类似。

STEP 01 单击软件右上角，从列表中选择“还原”选项，如图 10-88 所示。

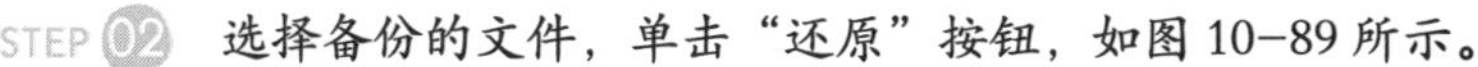

STEP 02 选择备份的文件，单击“还原”按钮，如图10-89所示。

图 10-88

图 10-89

STEP 03 软件解压后进行注册表的还原，如图10-90所示。

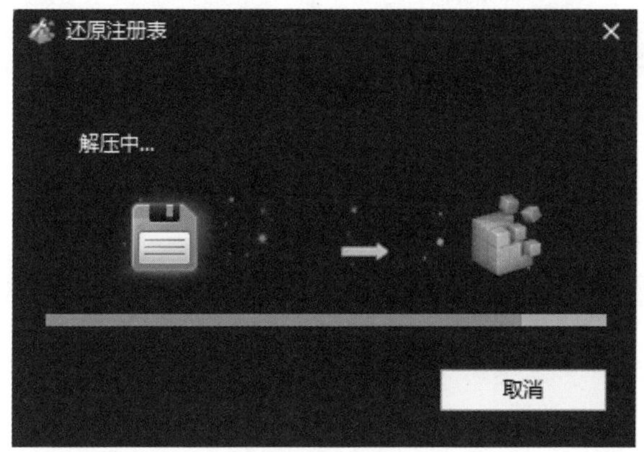


图 10-90

**拓展知识 注册表的清理**

使用该软件还可以进行注册表的清理，备份好注册表后，在主界面中执行“快速扫描”，然后将搜索出的注册表无用项删除即可。

### 10.3.2 驱动的备份和还原

这里可以使用的软件是“IObit Driver Booster Pro”。IObit Driver Booster是一个免费的驱动更新软件，用IObit Driver Booster能够方便地把电脑的驱动升级到最新版本。运行之后，IObit Driver Booster就会自动扫描电脑上的驱动，哪些驱动程序已经过时需要更新，一键就可以下载和安装驱动了。所以利用IObit Driver

Booster，可以节省大量的时间和精力，也可以让驱动问题导致的硬件故障、冲突、系统崩溃降到最低。

(1) 驱动的安装

下载安装并启动该软件后，进入软件主界面中，就可以开始安装驱动了。

STEP 01 单击“扫描”按钮，如图 10-91 所示。

STEP 02 软件会自动搜索电脑硬件，并与驱动对比，并显示扫描结果，单击“立即更新”按钮，如图 10-92 所示。

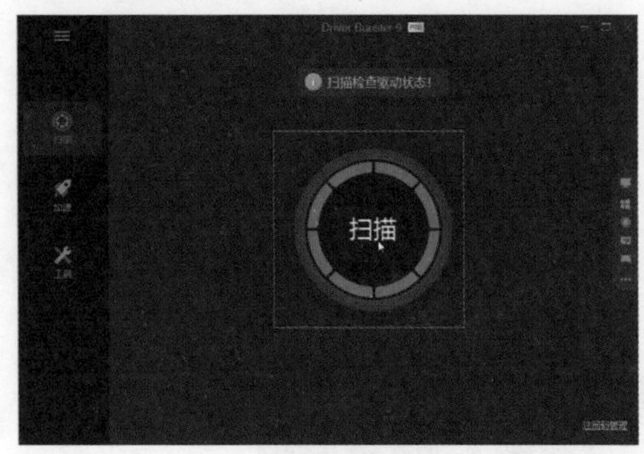


图 10-91

图 10-92

软件会自动下载并安装这些更新。

(2) 驱动的备份

在安装了驱动后，可以对驱动进行备份，虽然 Windows 11 认证的驱动非常多，但仍有一些特殊的设备无法通过 Windows 更新安装驱动。

STEP 01 在软件中切换到“工具”选项卡，单击“备份 & 还原”按钮，如图 10-93 所示。

STEP 02 单击“修改备份文件夹”链接，如图 10-94 所示。

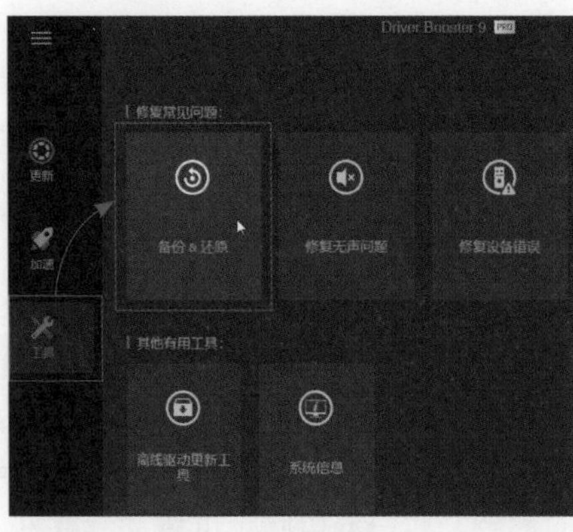


图 10-93

图 10-94

## 〈 拓展知识 〉 其他实用工具

在工具选项卡中除了驱动的备份和还原外，还有很多系统功能修复，如修复声音、设备错误、网络问题、分辨率问题等。

STEP 03　浏览并选中驱动的下载文件夹和备份的文件夹，单击“确定”按钮，如图 10-95 所示。

STEP 04　返回后，选择需要备份的驱动，单击“备份”按钮，如图 10-96 所示。

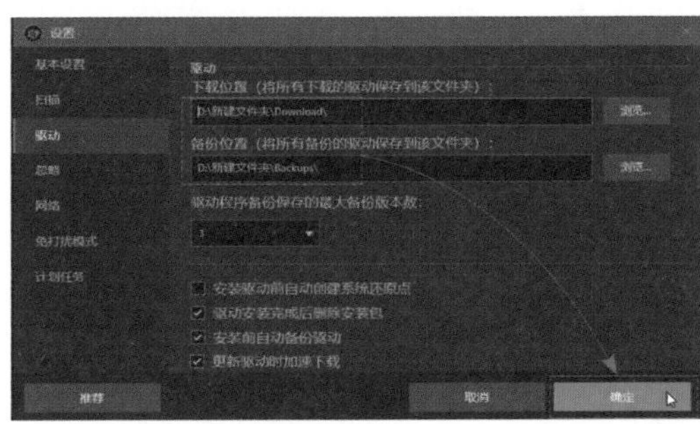


图 10-95

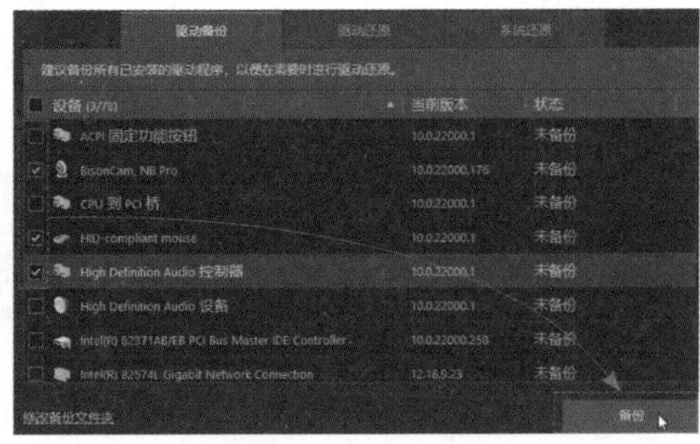


图 10-96

### 上手体验　驱动的还原

扫一扫　看视频

在驱动出现故障后，可以按照前面介绍的步骤，来到“还原中心”中，切换到“驱动还原”选项卡中，勾选需要还原的驱动，单击“还原”按钮，如图 10-97 所示。

驱动会自动进行还原，如果需要重启，则在驱动完成安装后重启电脑即可。

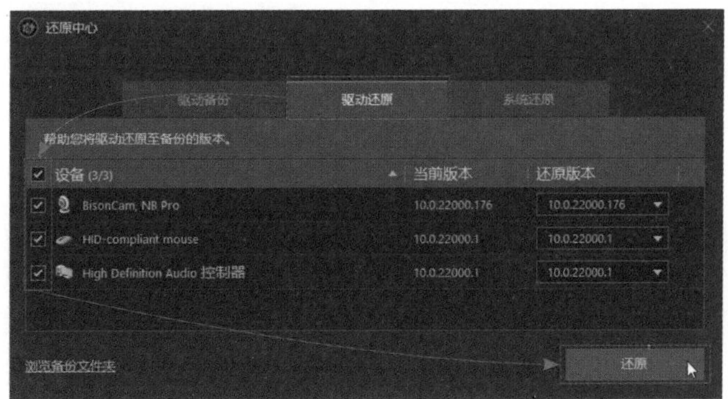


图 10-97

## 〈 拓展知识 〉 找不到驱动

如果重新安装该软件后找不到驱动，可能是驱动更改了备份的位置，可以在图 10-97 中，单击“浏览备份文件夹”来重新指定备份的路径，就可以检测到备份的驱动了。

# 10.4 使用 PE 对系统进行修复

PE 是一个特殊的电脑环境，在电脑出现很棘手的故障后，可以使用 PE 进行修复，而且 PE 经常被用来安装系统。

## 10.4.1 PE 系统简介

Windows PE（Windows Preinstallation Environment）简称 PE，是 Windows 预安装环境，如图 10-98 所示。它是带有有限服务的最小子系统，基于以保护模式运行 Windows 内核。它包括运行 Windows 安装程序及脚本、连接网络共享、自动化基本过程及执行硬件验证所需的最小功能。

图 10-98

PE 现在主要用于系统的安装和维护。可以使用微软的评估和部署工具包来制作纯净版的 PE，然后写入 U 盘中即可使用。纯净版的 PE 可以用来启动电脑以及部署，并实现一些简单功能。

现在网上比较流行的 PE 有 WePE、FirPE、U 深度、老毛桃、大白菜、微 PE 等，如图 10-99 及图 10-100 所示，是在制作好纯净 PE 后，在其中加入很多实用的工具，然后打包。用户使用这些程序，可以直接将他们的 PE 刻录到 U 盘中，非常方便。

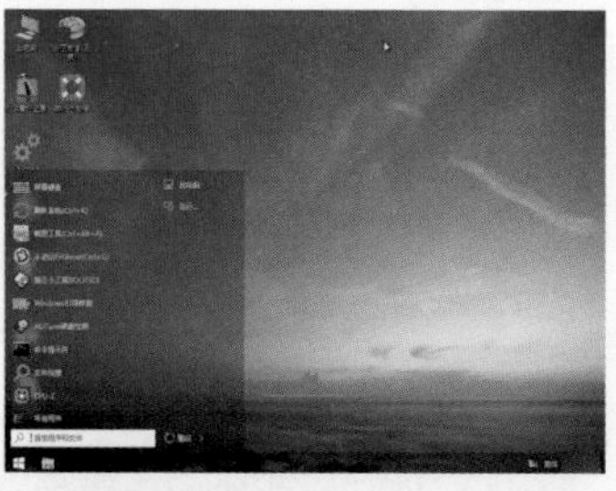

图 10-99

图 10-100

区别主要是这些 PE 加入了很多实用的工具包，用户不用刻意去搜集了，维护和安装系统更加方便。有些加入了各种驱动，可以在 PE 中实现上网、办公、远程协助等功能，比纯净 PE 好用，建议新手和小白使用。用户可以去这些软件的官网，下载制作工具进行制作。

但是因为它们不是纯净版，在制作了系统后，系统中会有广告和一些软件，所以用户需要斟酌选择。当然有些是可以取消广告的。如果用户需要打造自己的 PE，可以在纯净的 PE 基础上加入自己的工具，然后手动使用第三方工具如 UltraISO 进行写入即可。高级用户可以手动 DIY 自己的 PE。

## 10.4.2 恢复误删除的文件

前面介绍安装操作系统时，介绍了 RE 环境，其实就是一种特殊的 PE，在其中可以执行各种系统级别的操作，比如通过部署工具安装操作系统。下面就介绍一些 PE 中常见的修复，如修复误删除的文件。

（1）误删除文件的修复原理

清空了回收站或者使用“Shift+Delete”彻底删除的文件，一般来说是无法找回的。但其实这些文件并没有从硬盘上消失，这是 Windows 磁盘的管理策略所决定的。简单来说，彻底删除文件后，该文件在硬盘的存储位置会被做上标记，可以擦除。下次再有数据需要存储时就可以直接覆盖在该位置，这样以前的数据就真的不见了，也就是无法恢复了。如果没有被新的数据覆盖，可以通过一些特殊软件对硬盘进行扫描，重新发现这些数据，并提取出来，排序并整理后，就可以恢复了。

这在原理上是可行的，前提是数据一定不能被覆盖。如果非常重要的数据被误删除了，用户需要立刻切断电脑电源，防止数据位置被新数据覆盖。接下来将硬盘交给专业人士进行恢复。有一定技术的读者也可以尝试恢复。

这里重申一遍，任何数据恢复都无法保证百分百做到，所以重要的数据一定要及时进行备份。

（2）进入 PE 环境

首先介绍如何进入 PE 环境，关于 PE 的下载和制作，读者可以参考对应网站的教程和说明。

STEP 01　将 U 盘插入电脑，启动后，通过 BIOS 或设备选择界面，选择 U 盘。在启动后会弹出系统选择界面，这里选择“Windows 11 PE X64”选项，如图 10-101 所示。

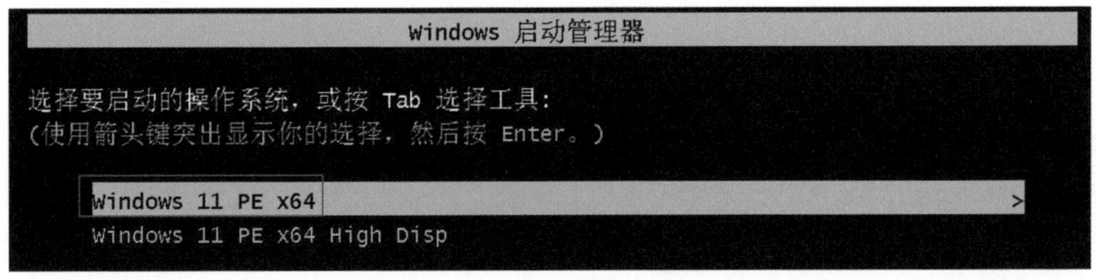


图 10-101

STEP 02　启动后会自动进入 Windows PE 环境，如图 10-102 所示。

（3）使用 EasyRecovery 进行数据恢复

EasyRecovery 是一款操作简单、功能强大的数据恢复软件，通过 EasyRecovery 可以从硬盘、光盘、U 盘、数码相机、手机等各种设备中恢复被删除或丢失的文件、图片、音频、视频等数据文件。为了演示，将三首 MP3 歌曲彻底删除，如图 10-103 所示。下面介绍恢复步骤。

图 10-102

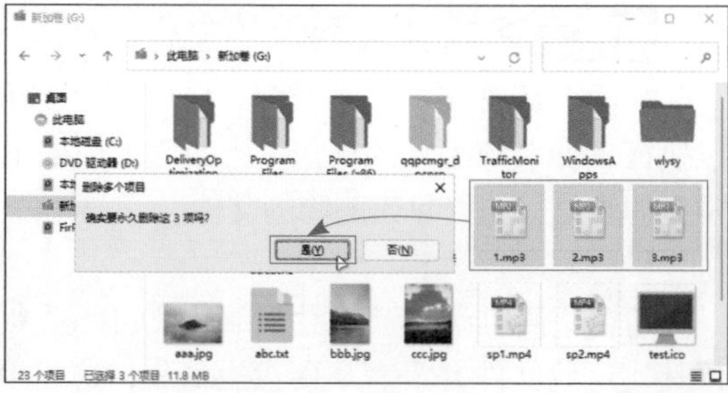


图 10-103

STEP 01 从“开始屏幕”或桌面中找到软件，单击启动，如图 10-104 所示。单击“OK”按钮，如图 10-105 所示。

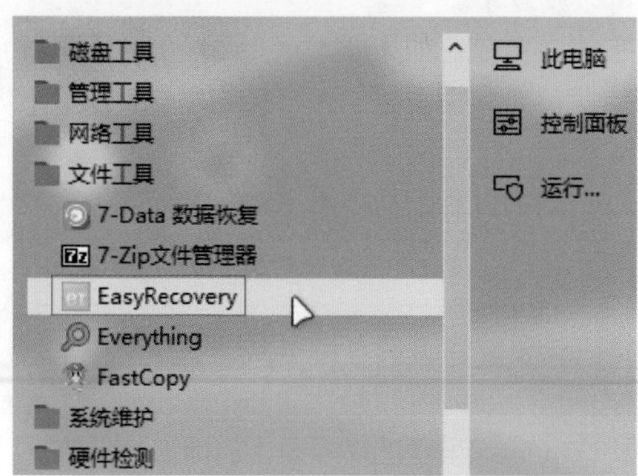


图 10-104

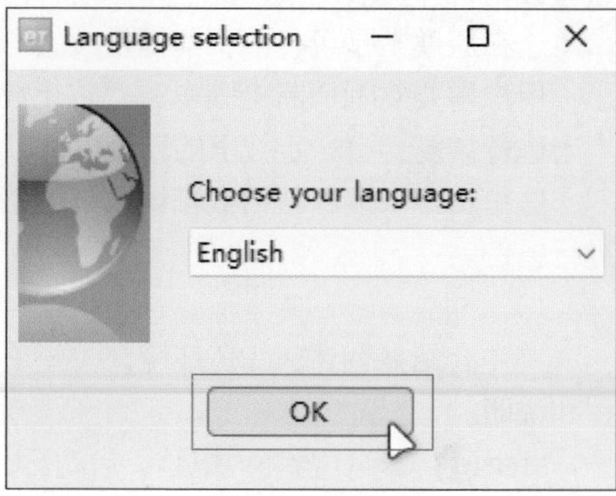


图 10-105

STEP 02 弹出向导，单击“继续”按钮，如图 10-106 所示。

STEP 03 选择介质类型，这里选择“硬盘驱动器”，单击“继续”按钮，如图 10-107 所示。

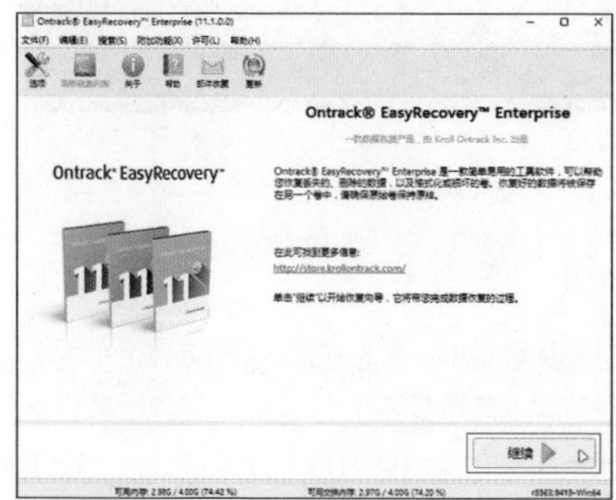


图 10-106

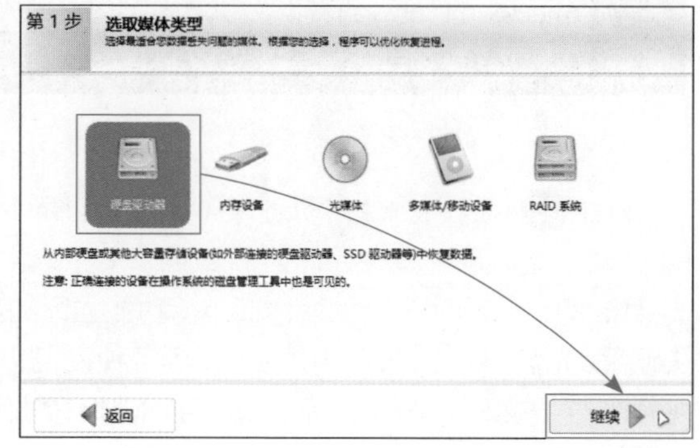


图 10-107

STEP 04　选择删除的文件所在的硬盘分区，单击“继续”按钮，如图 10-108 所示。

STEP 05　选择恢复的方案，这里选择“删除文件恢复”，单击“继续”按钮，如图 10-109 所示。

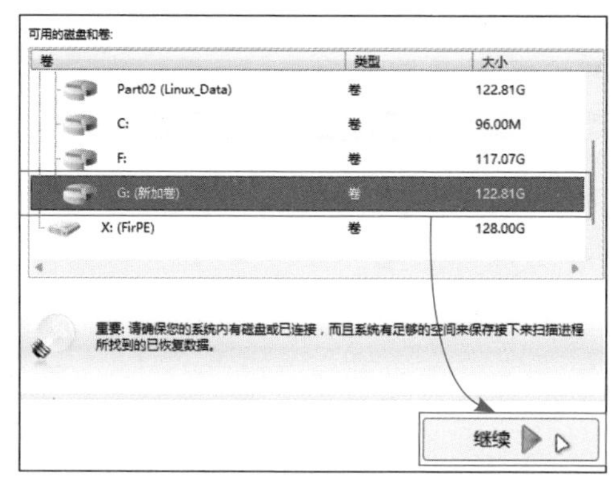


图 10-108

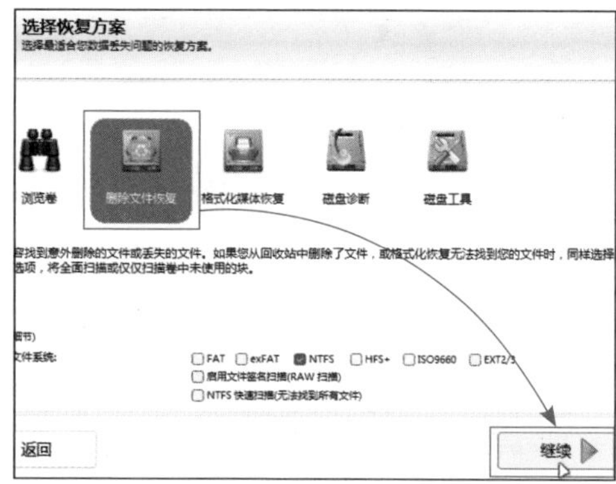


图 10-109

STEP 06　确认信息后，单击“继续”按钮，如图 10-110 所示。

STEP 07　扫描完毕，弹出扫描结果，如图 10-111 所示。

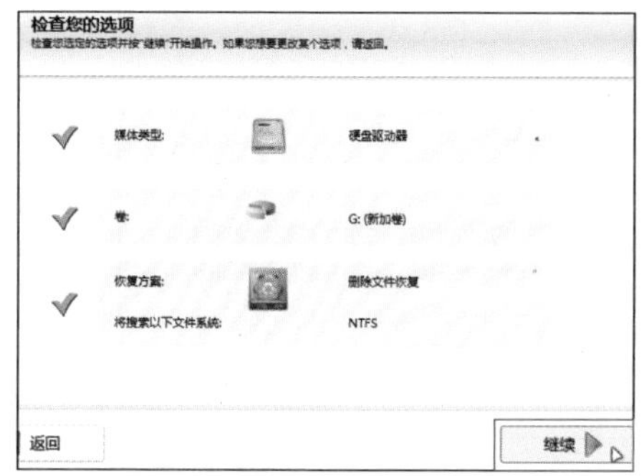


图 10-110

图 10-111

STEP 08　输入搜索内容“.mp3”，单击“搜索”按钮，搜索到所有的 MP3 类型文件，可以查找到刚删除的文件，如图 10-112 所示。

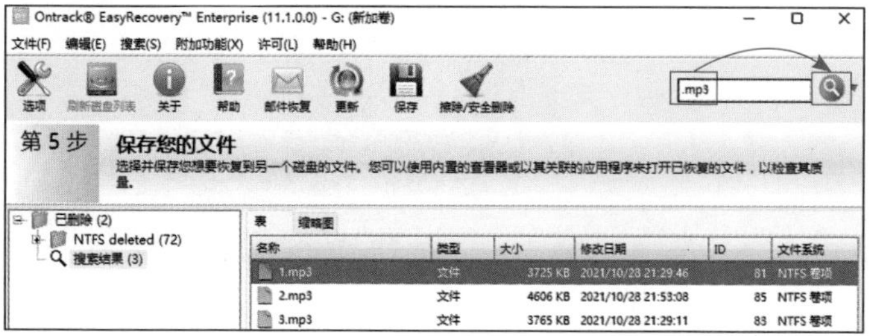


图 10-112

STEP 09 选中要恢复的 MP3 文件，单击鼠标右键，选择“另存为”选项，如图 10-113 所示。

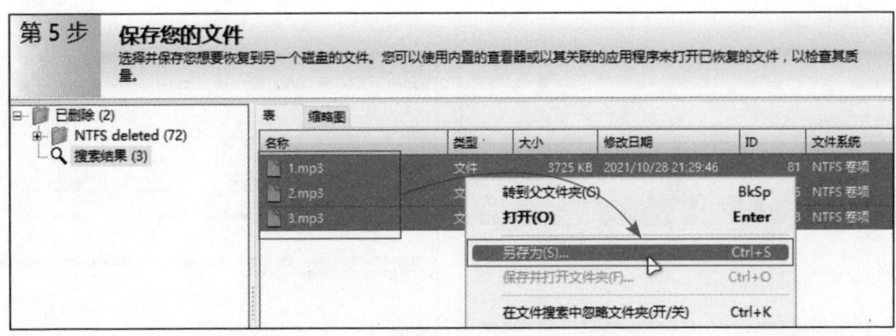


图 10-113

STEP 10 选择保存的位置，单击“保存”按钮，如图 10-114 所示。

图 10-114

STEP 11 进入恢复文件的保存位置，打开文件测试是否可用，如图 10-115 所示。

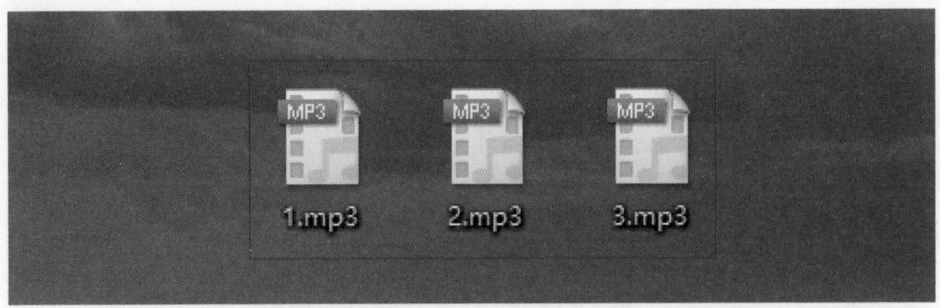


图 10-115

## 〈 拓展知识 〉 恢复时的位置选择

恢复的文件建议保存到其他的介质上，以防止硬盘损坏，恢复的成果丢失。

## 上手体验 使用 DiskGenius 进行数据恢复

扫一扫 看视频

除了上面介绍的软件外，用户也可以使用其他的工具进行数据修复，基本流程就是选择位置后进行扫描，从扫描结果中搜索文件，最后执行恢复操作。这里可以使用 DiskGenius 进行数据恢复。该软件主要的作用包括分区、无损调整分区、修复引导、格式化分区、备份分区、搜索分区等，功能非常强大。

STEP 01 启动 DiskGenius 后，在分区上单击鼠标右键，选择"恢复丢失的文件"选项，如图 10-116 所示。

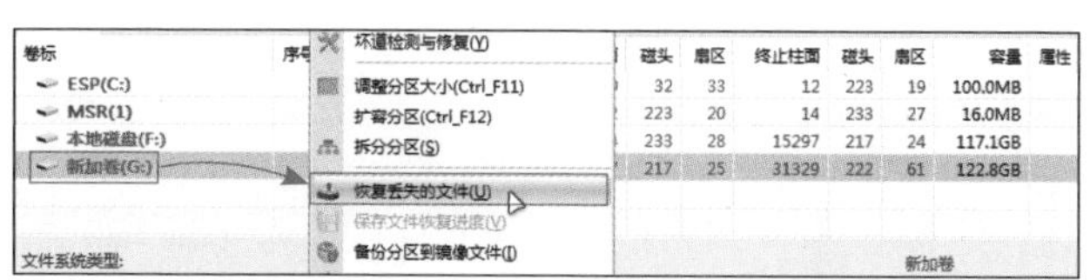

图 10-116

STEP 02 单击"开始"按钮，启动扫描，如图 10-117 所示。

STEP 03 扫描完毕后，勾选"已删除"复选框，输入搜索条件"*.mp3"，单击"过滤"按钮，如图 10-118 所示。

STEP 04 在结果中显示了被删除的所有扩展名为".mp3"的文件。选中文件，在其上单击鼠标右键，选择"复制到'桌面'"选项，如图 10-119 所示。

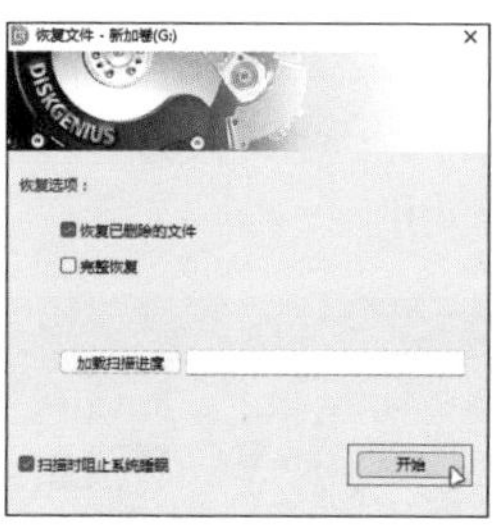

图 10-117

图 10-118

## 〈 拓展知识 〉 搜索时的通用符

根据不同的软件要求，这里并不统一，一般以"*.mp4"代表所有的MP4文件，或者直接指定 MP4，也有勾选选项进行筛选的情况。

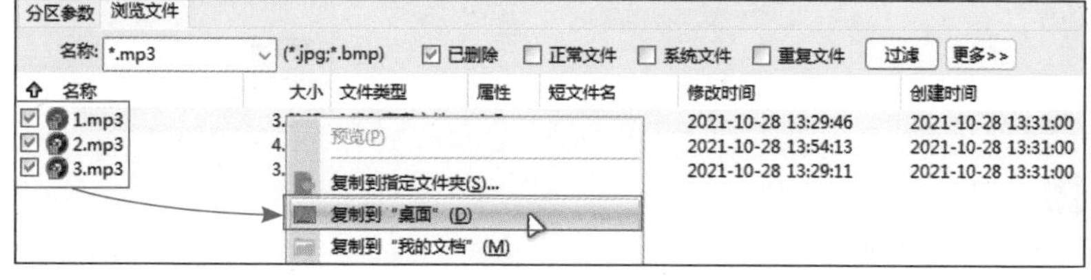

图 10-119

STEP 05 复制完成，单击“完成”按钮，如图 10-120 所示，可以去查看文件恢复情况。

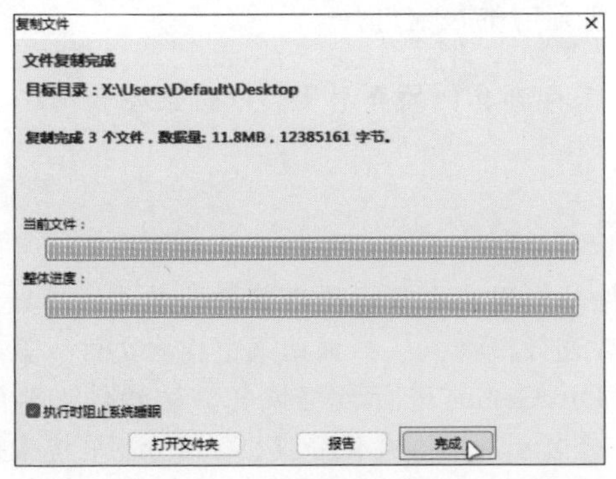


图 10-120

## 10.5 用户账户密码的清空和重置

这里的账户密码主要指的是本地密码，微软账户密码并不能这样操作，但可以通过密码找回功能找回。这里使用的软件是 NTPWEdit，该软件主要用来解锁账户和修改密码。当然该功能在一般的 PE 中都会集成，用户可以到自己的 PE 工具中查找使用。

扫一扫 看视频

STEP 01 进入PE后，在桌面上双击“Windows 密码修改”图标，如图 10-121 所示。

STEP 02 在NTPWEdit 界面中，可以看到当前系统中的所有账号，选中超级管理员 Administrotor，可以使用解锁功能解锁该账户，如图 10-122 所示。

STEP 03 选中其他的本地账户，单击“修改密码”按钮，如图 10-123 所示。

STEP 04 输入新密码和确认密码后，单击“确认”按钮，如图 10-124 所示。

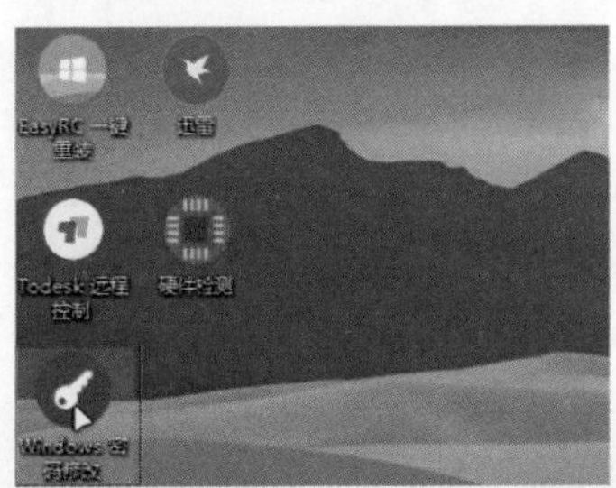


图 10-121

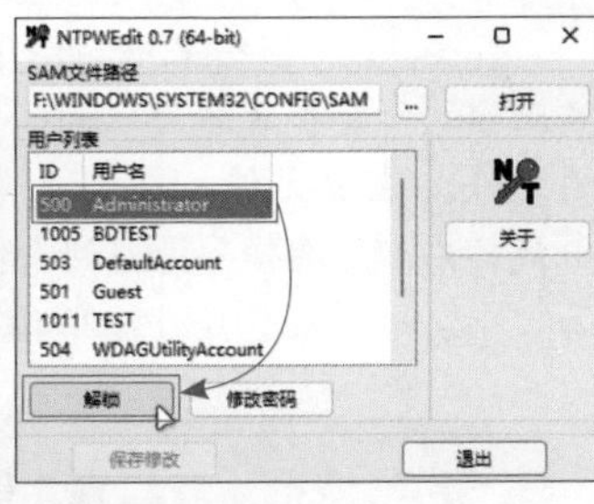


图 10-122

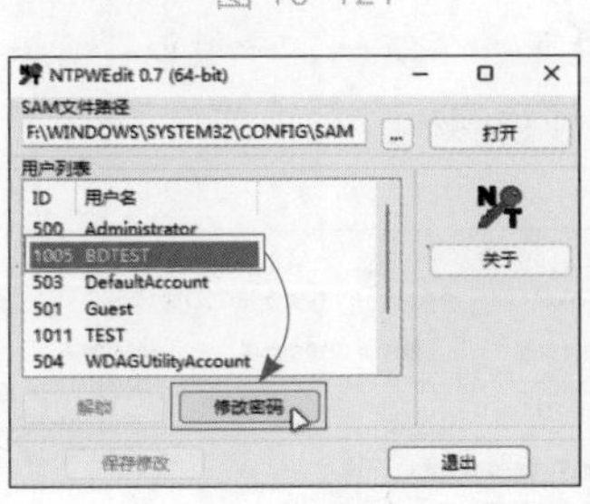


图 10-123

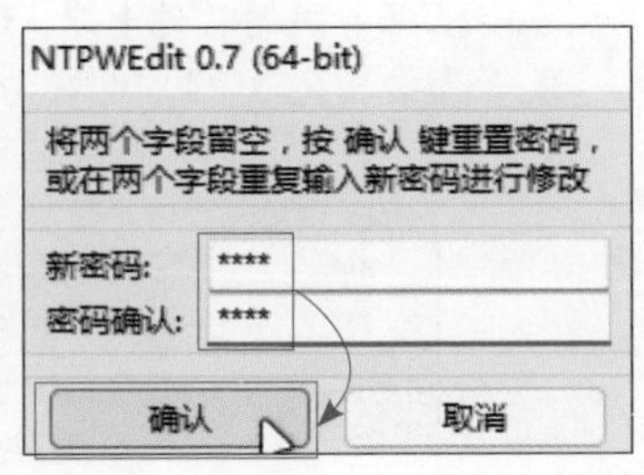


图 10-124

## 〈拓展知识〉设置空密码

如果要设置空密码，在新密码中不要输入内容，单击“确认”就可以设置为空密码了。

STEP 05　返回主界面，单击“保存修改”按钮，保存创建的密码到校验文件中，如图10-125所示。

如果无法自动读取到SAM文件，也可以手动找到SAM文件夹的位置，如图10-126所示。

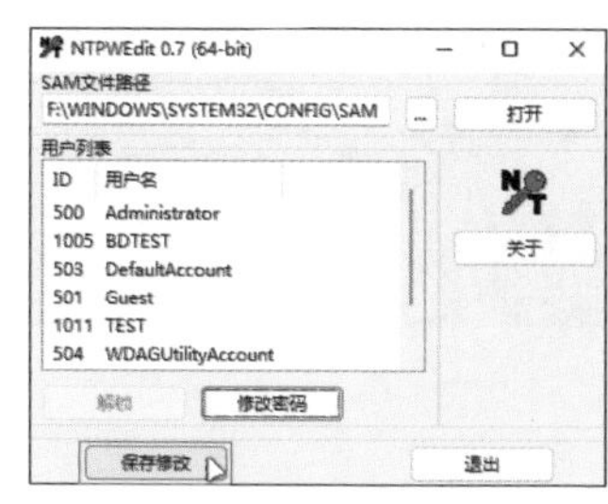


图10-125

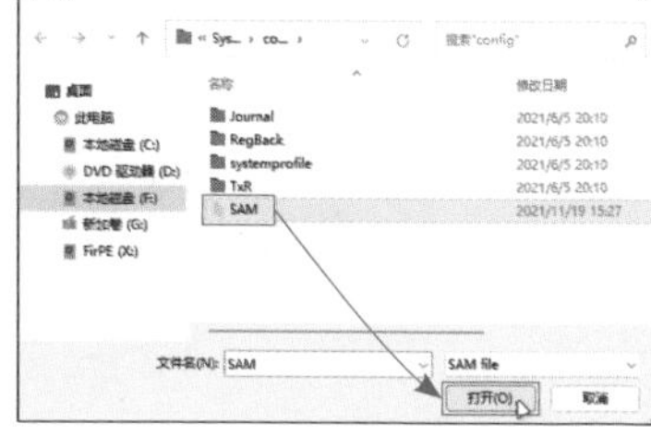


图10-126

### SAM文件

SAM（Security Account Manager，安全账号管理器），是Windows的用户账户数据库，所有用户的登录名及口令等相关信息都会保存在这个文件中。通过软件可以修改SAM文件的内容，但只能删除或清空密码，无法查看密码内容。

## 上手体验　修复系统引导

操作系统在开机时需要读取引导信息，然后进入系统启动过程中。引导文件一旦损坏、丢失，就无法正常进入系统了。下面介绍使用第三方功能进行引导的修复。

STEP 01　进入PE中，从“开始”菜单中找到并选择“Windows引导修复”选项，如图10-127所示。

STEP 02　选择引导分区所在盘符，这里用键盘输入“C”，如图10-128所示。

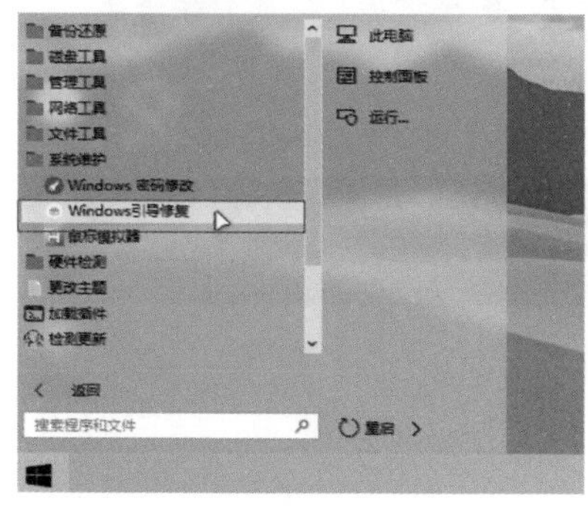


图10-127

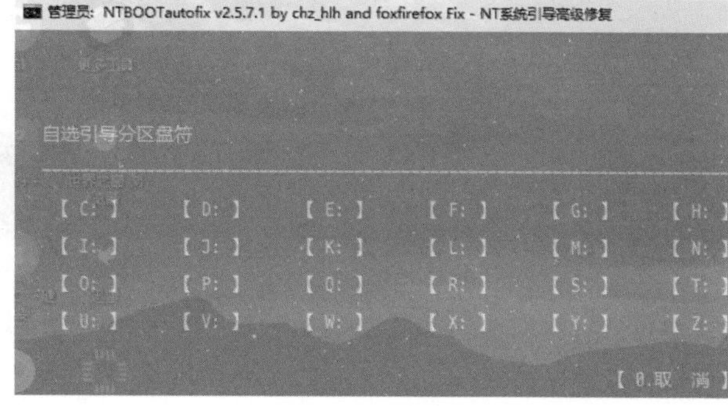


图10-128

STEP 03 输入数字“1”，如图 10-129 所示。

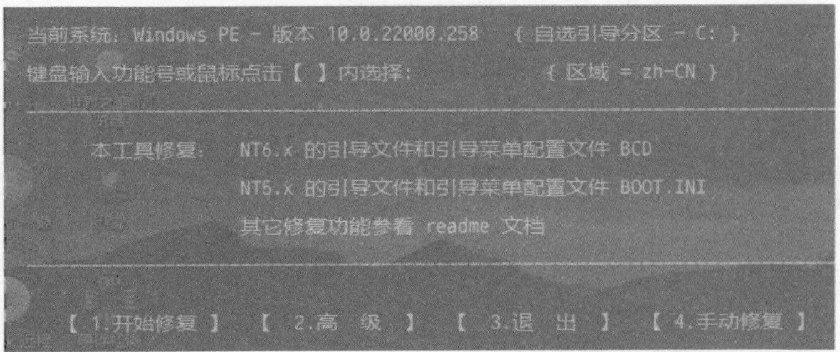


图 10-129

STEP 04 软件开始修复引导，如图 10-130 所示。其他引导修复的原理差不多，用户可以自行选择修复软件。

程序准备中，请稍候 ......

F: - Windows 10 Pro x64 系统，修复中，请稍候...

图 10-130

## 〈 拓展知识 〉 用命令修复系统引导

除了这种方法外，用户也可以使用命令修复引导。在 PE 中，以管理员权限运行“CMD”后输入命令“bcdboot f:\windows /f UEFI /s c: /l zh-cn”。其中“f: \windows”代表 Windows 所在的路径。/f UEFI：设置成默认 UEFI 启动模式。“/s c:”代表引导分区所在盘符。“/l zh-cn”代表语言为默认简体中文，回车执行后完成引导修复，如图 10-131 所示。

```
X:\Users\Default>bcdboot f:\windows /f UEFI /s c: /l zh-cn
已成功创建启动文件。
```

图 10-131

# Windows 11 常用快捷键汇总

| 快捷键 | 功能说明 |
| --- | --- |
| Win+A | 打开控制中心 |
| Win+B | 快速跳转系统托盘 |
| Win+C | 打开 Microsoft Teams |
| Win+D | 快速显示桌面 |
| Win+E | 打开资源管理器 |
| Win+F | 打开快速反馈中心 |
| Win+G | 打开 Xbox Game Bar |
| Win+H | 打开语音听写 |
| Win+I | 打开系统设置 |
| Win+K | 打开投屏功能 |
| Win+L | 快速锁定屏幕 |
| Win+M | 窗口最小化 |
| Win+N | 打开通知面板 |
| Win+P | 修改投影模式 |
| Win+Q/Win+S | 启动搜索功能 |

| 快捷键 | 功能说明 |
| --- | --- |
| Win+R | 启动运行对话框 |
| Win+T | 任务栏切换已打开的程序窗口 |
| Win+U | 打开显示设置界面 |
| Win+V | 打开剪贴板 |
| Win+W | 打开资讯与兴趣 |
| Win+X | 打开简易开始菜单 |
| Win+Z | 打开窗口布局 |
| Win+ 数字键 | 打开任务栏的对应程序 |
| Win+Tab | 虚拟桌面切换 |
| Win+ “+” | 开打放大镜（Win+Esc 关闭） |
| Win+ 方向键 | 窗口排版 |
| Win+PrtScr | 一键截屏 |
| Win+Shift+S | 自带截屏功能 |
| Win+ 空格键 | 输入法切换 |
| Win+Home | 最小化非活动窗口 |
| Win+Ctrl+D | 新建虚拟桌面 |
| Win+Ctrl+O | 打开屏幕键盘 |
| Ctrl+Shift+Esc | 调出任务管理器 |